应用型本科高校系列教材

线性代数

主　编　杜洪艳　张馨元
副主编　朱小红　洪　宁　崔淑琪
参　编　曹枫林　陈继芹　晏　磊　黄蓉蓉

西安电子科技大学出版社

内 容 简 介

本书是根据高等教育本科“线性代数”课程的教学基本要求，结合编者多年的教学经验编写而成的. 全书共 7 章，主要内容包括行列式、矩阵及其运算、矩阵的初等变换与线性方程组、向量的线性关系、矩阵的特征值、二次型、线性空间与线性变换等. 各章均配有典型例题及习题，书末附有习题参考答案.

本书注重渗透数学思想方法，适当降低理论推导难度，在内容选择上突出精选够用，在语言表达上力求通俗易懂、深入浅出.

本书可作为普通高等院校非数学专业“线性代数”课程的教材，也可作为科技工作者的参考书.

图书在版编目(CIP)数据

线性代数/杜洪艳，张馨元主编. --西安：西安电子科技大学出版社，2023.7
ISBN 978 - 7 - 5606 - 6871 - 0

Ⅰ. ①线…　Ⅱ. ①杜…　②张…　Ⅲ. ①线性代数—高等学校—教材　Ⅳ. ①O151.2

中国国家版本馆 CIP 数据核字(2023)第 091934 号

策　　划　杨丕勇
责任编辑　武翠琴
出版发行　西安电子科技大学出版社(西安市太白南路 2 号)
电　　话　(029)88202421　88201467　　邮　　编　710071
网　　址　www.xduph.com　　电子邮箱　xdupfxb001@163.com
经　　销　新华书店
印刷单位　咸阳华盛印务有限责任公司
版　　次　2023 年 7 月第 1 版　2023 年 7 月第 1 次印刷
开　　本　787 毫米×1092 毫米　1/16　印张　14
字　　数　327 千字
印　　数　1～3000 册
定　　价　39.00 元
ISBN 978 - 7 - 5606 - 6871 - 0/O

XDUP 7173001 - 1

前　言

“线性代数”是高等院校大多数专业的学生必修的一门重要基础理论课程。它不仅提供了解决实际问题的有力数学工具，还给学生提供了一种思维的训练方法.

本书是根据高等教育本科“线性代数”课程的教学基本要求，结合编者多年的教学经验编写而成的. 本书注重渗透数学思想方法，旨在培养学生的逻辑思维能力和分析问题、解决问题的能力，提高学生的数学素养。本书在内容选择上突出精选够用，在语言表达上力求通俗易懂、深入浅出，同时适当降低理论推导难度，增加典型例题的讲解，以便学生加深理解知识的内涵，熟悉解题方法与技巧.

本书共 7 章：第 1 章是行列式，介绍二阶与三阶行列式、n 阶行列式的定义、n 阶行列式的性质、行列式的展开、Cramer 法则等内容；第 2 章是矩阵及其运算，介绍矩阵的概念、矩阵的运算、逆矩阵、分块矩阵等内容；第 3 章是矩阵的初等变换与线性方程组，介绍矩阵的初等变换、矩阵的秩、线性方程组的解等内容；第 4 章是向量的线性关系，介绍向量组及其线性组合、向量组的线性相关性、向量组的秩、线性方程组的解的结构、向量空间等内容；第 5 章是矩阵的特征值，介绍向量的内积、方阵的特征值与特征向量、相似矩阵及其对角化、实对称矩阵的对角化等内容；第 6 章是二次型，介绍二次型及其标准形、规范形及其唯一性、正定二次型等内容；第 7 章是线性空间与线性变换，介绍线性空间的定义与性质，维数、基与坐标，基变换与坐标变换，线性变换，线性变换的矩阵表示式等内容. 本书各章既紧密联系又相互独立，其中第 1 至 4 章为基础部分，第 5、6 章为应用提高部分，第 7 章供对数学要求较高的专业选用.

本书由武昌理工学院通适素质教育学院数学教研室组织编写，杜洪艳、张馨元担任主编，朱小红、洪宁、崔淑琪担任副主编，参加本书编写的还有曹枫林、陈继芹、晏磊、黄蓉蓉等. 全书的框架结构由杜洪艳、张馨元负责，统稿及定稿由张馨元负责.

由于编者水平有限，书中难免有不妥之处，敬请各位专家、读者批评指正.

编　者

2023 年 1 月

目 录

第1章 行 列 式

【学习目标】

(1) 了解 n 阶行列式的定义与性质.

(2) 掌握计算行列式的基本方法.

(3) 掌握 Cramer 法则，并会运用 Cramer 法则求解比较简单的线性方程组.

(4) 掌握余子式和代数余子式的概念.

(5) 了解行列式递归的定义.

线性代数的核心内容是研究线性方程组的解的存在条件、解的结构以及解的求法，所用的基本工具是矩阵，而行列式是研究矩阵的有效工具之一. 行列式作为一种数学工具，不但在本课程中极其重要，而且在众多的科学技术领域内有广泛的应用.

本章将从二阶和三阶行列式出发，引入 n 阶行列式的概念，并讨论行列式的一些基本性质与计算方法，最后给出用行列式来解线性方程组的 Cramer 法则.

1.1 二阶与三阶行列式

1.1.1 二阶行列式

考察二元线性方程组

$$\begin{cases} a_{11}x_1+a_{12}x_2=b_1, \\ a_{21}x_1+a_{22}x_2=b_2. \end{cases} \tag{1.1}$$

用消元法求解线性方程组(1.1)，分别消去未知数 x_1 和 x_2，得同解方程组

$$\begin{cases} (a_{11}a_{22}-a_{12}a_{21})x_1=b_1a_{22}-b_2a_{12}, \\ (a_{11}a_{22}-a_{12}a_{21})x_2=b_2a_{11}-b_1a_{21}. \end{cases} \tag{1.2}$$

当 $a_{11}a_{22}-a_{12}a_{21}\neq 0$ 时，得方程组(1.1)的唯一解为

$$x_1=\frac{b_1a_{22}-b_2a_{12}}{a_{11}a_{22}-a_{12}a_{21}},\ x_2=\frac{b_2a_{11}-b_1a_{21}}{a_{11}a_{22}-a_{12}a_{21}}. \tag{1.3}$$

为便于记忆求解公式(1.3)，引入记号

$$\begin{vmatrix} a_{11} & a_{12} \\ a_{21} & a_{22} \end{vmatrix}$$

表示代数和 $a_{11}a_{22}-a_{12}a_{21}$，称其为二阶行列式，常记为 D，即

$$D=\begin{vmatrix} a_{11} & a_{12} \\ a_{21} & a_{22} \end{vmatrix}=a_{11}a_{22}-a_{12}a_{21} \tag{1.4}$$

其中数 $a_{ij}(i=1,2;\ j=1,2)$ 称为行列式(1.4)的元素或元. 元素 a_{ij} 的第一个下标 i 称为行标，表明该元素位于第 i 行；第二个下标 j 称为列标，表明该元素位于第 j 列. 位于第 i 行

第 j 列的元素称为行列式(1.4)的(i, j)元.

从行列式左上角到右下角的连线称为行列式的主对角线，即图 1.1 中从 a_{11} 到 a_{22} 的实连线；从行列式右上角到左下角的连线称为行列式的副对角线，即图 1.1 中从 a_{12} 到 a_{21} 的虚连线. 于是二阶行列式便等于主对角线上两元素之积减去副对角线上两元素之积. 该法则称为“对角线法则”.

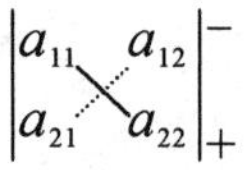

图 1.1

若将行列式 D 中的第一列元素换成方程组(1.1)中的常数项，则得到行列式

$$D_1=\begin{vmatrix} b_1 & a_{12} \\ b_2 & a_{22} \end{vmatrix}.$$

同理，将行列式 D 中的第二列元素换成方程组(1.1)中的常数项，得到行列式

$$D_2=\begin{vmatrix} a_{11} & b_1 \\ a_{21} & b_2 \end{vmatrix}.$$

于是式(1.3)可以写成

$$x_1=\frac{D_1}{D}=\frac{\begin{vmatrix} b_1 & a_{12} \\ b_2 & a_{22} \end{vmatrix}}{\begin{vmatrix} a_{11} & a_{12} \\ a_{21} & a_{22} \end{vmatrix}},\ x_2=\frac{D_2}{D}=\frac{\begin{vmatrix} a_{11} & b_1 \\ a_{21} & b_2 \end{vmatrix}}{\begin{vmatrix} a_{11} & a_{12} \\ a_{21} & a_{22} \end{vmatrix}}. \tag{1.5}$$

例 1.1 求解二元线性方程组

$$\begin{cases} 2x_1+x_2=5, \\ x_1-3x_2=-1. \end{cases}$$

解 因为

$$D=\begin{vmatrix} 2 & 1 \\ 1 & -3 \end{vmatrix}=-6-1=-7,$$

$$D_1=\begin{vmatrix} 5 & 1 \\ -1 & -3 \end{vmatrix}=-15+1=-14,$$

$$D_2=\begin{vmatrix} 2 & 5 \\ 1 & -1 \end{vmatrix}=-2-5=-7,$$

所以方程组的解为

$$x_1=\frac{D_1}{D}=2,\ x_2=\frac{D_2}{D}=1.$$

1.1.2 三阶行列式

定义 1.1 记号 $\begin{vmatrix} a_{11} & a_{12} & a_{13} \\ a_{21} & a_{22} & a_{23} \\ a_{31} & a_{32} & a_{33} \end{vmatrix}$ 表示代数和

$$a_{11}a_{22}a_{33}+a_{12}a_{23}a_{31}+a_{13}a_{21}a_{32}-a_{13}a_{22}a_{31}-a_{12}a_{21}a_{33}-a_{11}a_{23}a_{32},$$

称为三阶行列式，即

$$\begin{vmatrix} a_{11} & a_{12} & a_{13} \\ a_{21} & a_{22} & a_{23} \\ a_{31} & a_{32} & a_{33} \end{vmatrix} = a_{11}a_{22}a_{33} + a_{12}a_{23}a_{31} + a_{13}a_{21}a_{32} - a_{13}a_{22}a_{31} - a_{12}a_{21}a_{33} - a_{11}a_{23}a_{32}. \quad (1.6)$$

由定义 1.1 可见，三阶行列式有 6 项，每一项均为不同行、不同列的三个元素之积并冠以正负号，其运算规律遵循图 1.2 所示的“对角线法则”：图中的三条实线看作是平行于主对角线的连线，三条虚线看作是平行于副对角线的连线，实线上三个元素的乘积冠正号，虚线上三个元素的乘积冠负号.

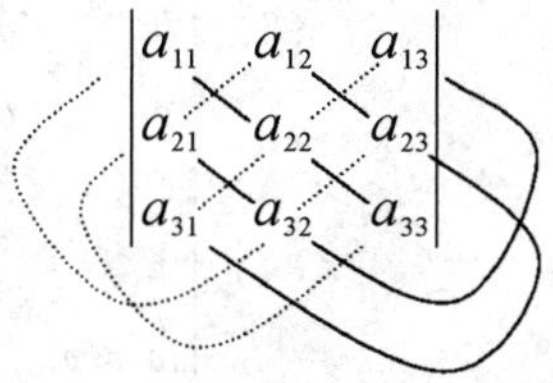

图 1.2

例 1.2 计算三阶行列式

$$D = \begin{vmatrix} 1 & 2 & 2 \\ -1 & 5 & 1 \\ 2 & 1 & -4 \end{vmatrix}.$$

解 $D = 1\times5\times(-4) + (-1)\times1\times2 + 2\times1\times2 - 2\times5\times2 - 1\times1\times1 - 2\times(-1)\times(-4)$
$= -20 - 2 + 4 - 20 - 1 - 8 = -47.$

例 1.3 求解方程 $\begin{vmatrix} 3 & 1 & x \\ 4 & x & 0 \\ 1 & 0 & x \end{vmatrix} = 0.$

解 方程左端 $=3x^2 - x^2 - 4x = 2x^2 - 4x = 2x(x-2)$，故 $2x(x-2)=0$，解得 $x=0$ 或 $x=2$.

例 1.4 解线性方程组 $\begin{cases} x_1 - x_2 + 2x_3 = 13, \\ x_1 + x_2 + x_3 = 10, \\ 2x_1 + 3x_2 - x_3 = 1. \end{cases}$

解 因为

$$D = \begin{vmatrix} 1 & -1 & 2 \\ 1 & 1 & 1 \\ 2 & 3 & -1 \end{vmatrix} = -5,\ D_1 = \begin{vmatrix} 13 & -1 & 2 \\ 10 & 1 & 1 \\ 1 & 3 & -1 \end{vmatrix} = -5,$$

$$D_2 = \begin{vmatrix} 1 & 13 & 2 \\ 1 & 10 & 1 \\ 2 & 1 & -1 \end{vmatrix} = -10,\ D_3 = \begin{vmatrix} 1 & -1 & 13 \\ 1 & 1 & 10 \\ 2 & 3 & 1 \end{vmatrix} = -35,$$

所以

$$x_1 = \frac{D_1}{D} = 1,\ x_2 = \frac{D_2}{D} = 2,\ x_3 = \frac{D_3}{D} = 7.$$

■习题 1.1

1. 计算下列行列式：

(1) $\begin{vmatrix} 3 & 7 \\ -1 & 2 \end{vmatrix}$；　　(2) $\begin{vmatrix} a & b \\ a^2 & b^2 \end{vmatrix}$；

(3) $\begin{vmatrix} x-1 & 1 \\ x^2 & x^2+x+1 \end{vmatrix}$；　　(4) $\begin{vmatrix} 1 & 4 & 2 \\ 3 & 5 & 1 \\ 2 & 1 & 6 \end{vmatrix}$；

(5) $\begin{vmatrix} 2 & -1 & 5 \\ 3 & 1 & -2 \\ 1 & 4 & 6 \end{vmatrix}$；　　(6) $\begin{vmatrix} a & b & c \\ b & c & a \\ c & a & b \end{vmatrix}$；

(7) $\begin{vmatrix} 1 & 1 & 1 \\ a & b & c \\ a^2 & b^2 & c^2 \end{vmatrix}$；　　(8) $\begin{vmatrix} x & y & x+y \\ y & x+y & x \\ x+y & x & y \end{vmatrix}$.

2. 解三元一次线性方程组

$$\begin{cases} x_1-x_2-x_3=-1, \\ -2x_1+2x_2+x_3=1, \\ 2x_1-x_2+3x_3=1. \end{cases}$$

3. 求解方程 $\begin{vmatrix} 1 & 1 & 1 \\ 2 & 3 & x \\ 4 & 9 & x^2 \end{vmatrix}=0$.

4. 当 x 取何值时，$\begin{vmatrix} 3 & 1 & x \\ 4 & x & 0 \\ 1 & 0 & x \end{vmatrix}\neq 0$.

1.2　n 阶行列式的定义

有了二阶、三阶行列式的概念后，自然想到四阶或更高阶行列式的定义问题. 下面将二阶、三阶行列式的概念加以推广，引出 n 阶行列式的概念，从而使定义的 n 阶行列式具有统一性质，并能用以讨论 n 元线性方程组的求解问题. 对于 $n>3$ 的行列式，图 1.1 与图 1.2 的画线法显然不适用，故需要用新的规则来定义. 为此，先介绍排列及其逆序数的概念.

1.2.1　排列

定义 1.2　由自然数 1，2，3，…，n 组成的一个有序数组称为一个 n 级排列.

例如，2134 是一个 4 级排列，34125 是一个 5 级排列.

例 1.5　写出所有的 3 级排列.

解　由自然数 1，2，3 组成的有序数组共有 6 个，它们是

$$123，132，213，231，321，312.$$

以上所示就是所有的 3 级排列.

我们知道，n 级排列一共有 $n!$ 个. 显然，$123\cdots n$ 也是一个 n 级排列，这个排列具有自然顺序，就是按递增的顺序排起来的，我们称之为自然排列.

定义 1.3　在一个排列中，如果一对数的前后顺序与大小顺序相反，即前面的数大于后面的数，那么它们就称为一个逆序. 一个排列中所有逆序的总数称为这个排列的逆序数.

下面来讨论计算排列的逆序数的方法.

设有 $1\sim n$ 这 n 个自然数，并规定由小到大为标准次序. 设

$$p_1 p_2 \cdots p_n$$

为这 n 个自然数的一个排列，对于排列中任一元素 $p_i(i=1, 2, \cdots, n)$，如果比 p_i 大的且排在 p_i 前面的元素有 t_i 个，则称 p_i 这个元素的逆序数是 t_i. 全体元素的逆序数的总和

$$t = t_1 + t_2 + \cdots + t_n = \sum_{i=1}^{n} t_i$$

即是这个排列的逆序数.

例 1.6　求 5 级排列 35412 的逆序数.

解　构成逆序的数对有 31，32，54，51，52，41，42，共 7 对，因此

$$t(35412)=7.$$

例 1.7　求 n 级排列 $n(n-1)\cdots 321$ 的逆序数.

解　因为在这个排列中，n 后面比它小的数有 $n-1$ 个，$(n-1)$ 后面比它小的数有 $n-2$ 个，……，3 后面比它小的数有 2 个，2 后面比它小的数有 1 个，所以

$$t[n(n-1)\cdots 321]=(n-1)+(n-2)+\cdots+2+1=\frac{n(n-1)}{2}.$$

一个排列的逆序数在一定程度上刻画了这个排列的性质.

定义 1.4　逆序数是偶数的排列称为偶排列，逆序数是奇数的排列称为奇排列.

例如，$t(31452)=4$，因此 31452 是偶排列；$t(35412)=7$，因此 35412 是奇排列.

定义 1.5　把一个排列中某两个元素的位置互换，而其余元素不动，就得到另一个排列，这样的一个变换称为对换.

排列 31452 经过 1 和 5 对换，变成排列 35412，记作 $31452 \xrightarrow{(1,\ 5)} 35412$. 由于 31452 是偶排列，35412 是奇排列，因此对换(1，5)改变了排列 31452 的奇偶性.

定理 1.1　一个排列中的任意两个元素对换，排列改变奇偶性.

推论 1.1　奇排列变成标准排列的对换次数为奇数，偶排列变成标准排列的对换次数为偶数.

例如，$35412 \xrightarrow{(5,\ 2)} 32415 \xrightarrow{(1,\ 4)} 32145 \xrightarrow{(3,\ 1)} 12345$，所作对换次数 3 与 $t(35412)=7$ 都是奇数.

1.2.2　n 阶行列式

为了把二阶和三阶行列式的概念推广到 n 阶行列式，先来分析三阶行列式的特点. 三阶行列式定义为

$$\begin{vmatrix} a_{11} & a_{12} & a_{13} \\ a_{21} & a_{22} & a_{23} \\ a_{31} & a_{32} & a_{33} \end{vmatrix} = a_{11}a_{22}a_{33}+a_{12}a_{23}a_{31}+a_{13}a_{21}a_{32}-a_{13}a_{22}a_{31}-a_{12}a_{21}a_{33}-a_{11}a_{23}a_{32},$$

容易看出：

(1) 等式右边的每一项都是三个取自不同行、不同列的元素的乘积，即每一项除正负号外都可以写成

$$a_{1p_1}a_{2p_2}a_{3p_3},$$

其中，$a_{1p_1}a_{2p_2}a_{3p_3}$ 的第一个下标(行标)排成标准次序，而第二个下标(列标)排成 $p_1p_2p_3$，它是数 1，2，3 所有可能排列中的一个排列. 这样的排列一共有 6 种，分别对应等式右端中的六项.

(2) 各项的正负号与列标的排列的逆序数有关.

带正号的三项列标排列是 123，231，312；

带负号的三项列标排列是 132，213，321.

通过计算可知，前三项排列都是偶排列，而后三项排列都是奇排列. 因此各项所带的正、负号可以表示为$(-1)^t$，其中 t 为列标的排列的逆序数.

由此，三阶行列式可以写为

$$\begin{vmatrix} a_{11} & a_{12} & a_{13} \\ a_{21} & a_{22} & a_{23} \\ a_{31} & a_{32} & a_{33} \end{vmatrix} = \sum_{p_1p_2p_3} (-1)^{t(p_1p_2p_3)} a_{1p_1}a_{2p_2}a_{3p_3},$$

其中，t 为排列 $p_1p_2p_3$ 的逆序数，$\sum$ 表示对 1，2，3 三个数的所有排列取和.

现在我们就可以给出 n 阶行列式的定义.

定义 1.6　设有 n^2 个数，排成 n 行 n 列的数表

$$\begin{matrix} a_{11} & a_{12} & \cdots & a_{1n} \\ a_{21} & a_{22} & \cdots & a_{2n} \\ \vdots & \vdots & & \vdots \\ a_{n1} & a_{n2} & \cdots & a_{nn} \end{matrix},$$

作出表中位于不同行、不同列的 n 个数的乘积，并冠以符号$(-1)^t$，得到形如

$$(-1)^{t(p_1p_2\cdots p_n)} a_{1p_1}a_{2p_2}\cdots a_{np_n} \tag{1.7}$$

的项，其中 $p_1p_2\cdots p_n$ 为自然数 1，2，…，n 的一个排列，t 为这个排列的逆序数. 由于这样的排列共有 $n!$ 个，因此形如式(1.7)的项共有 $n!$ 项. 所有这 $n!$ 项的代数和

$$\sum_{p_1p_2\cdots p_n} (-1)^{t(p_1p_2\cdots p_n)} a_{1p_1}a_{2p_2}\cdots a_{np_n}$$

称为 n 阶行列式，记作

$$D=\begin{vmatrix} a_{11} & a_{12} & \cdots & a_{1n} \\ a_{21} & a_{22} & \cdots & a_{2n} \\ \vdots & \vdots & & \vdots \\ a_{n1} & a_{n2} & \cdots & a_{nn} \end{vmatrix} = \sum_{p_1p_2\cdots p_n} (-1)^{t(p_1p_2\cdots p_n)} a_{1p_1}a_{2p_2}\cdots a_{np_n}, \tag{1.8}$$

简记作 $\det(a_{ij})$，其中数 a_{ij} 为行列式 D 的(i, j)元.

当 $n=2$ 或 $n=3$ 时，式(1.8)表示二阶或三阶行列式. 由一个元素 a 构成的一阶行列式 $|a|$ 就是其本身.

例 1.8 计算行列式

(1) $\begin{vmatrix} 0 & 0 & 0 & a_{14} \\ 0 & 0 & a_{23} & 0 \\ 0 & a_{32} & 0 & 0 \\ a_{41} & 0 & 0 & 0 \end{vmatrix}$； (2) $\begin{vmatrix} 0 & a_{12} & 0 & 0 \\ 0 & 0 & 0 & a_{24} \\ a_{31} & 0 & 0 & 0 \\ 0 & 0 & a_{43} & 0 \end{vmatrix}$.

解 (1) 根据定义 1.6 可知

$$\begin{vmatrix} 0 & 0 & 0 & a_{14} \\ 0 & 0 & a_{23} & 0 \\ 0 & a_{32} & 0 & 0 \\ a_{41} & 0 & 0 & 0 \end{vmatrix} = \sum_{p_1 p_2 p_3 p_4} (-1)^{t(p_1 p_2 p_3 p_4)} a_{1p_1} a_{2p_2} a_{3p_3} a_{4p_4},$$

因为原行列式中有许多零元素，这表明 $a_{1p_1} a_{2p_2} a_{3p_3} a_{4p_4}$ 中有许多项应等于零. 于是，只要把不为零的项求出来就可以了.

取一般项

$$(-1)^{t(p_1 p_2 p_3 p_4)} a_{1p_1} a_{2p_2} a_{3p_3} a_{4p_4},$$

显然，只有当 $p_1=4$，$p_2=3$，$p_3=2$，$p_4=1$ 时，$a_{14}a_{23}a_{32}a_{41}\neq 0$. 其他项中都含有零元素，因此它们的乘积为零.

又因为 $a_{14}a_{23}a_{32}a_{41}$ 的列标的排列的逆序数为 6，所以$(-1)^{t(4321)}$取正号，得

$$\begin{vmatrix} 0 & 0 & 0 & a_{14} \\ 0 & 0 & a_{23} & 0 \\ 0 & a_{32} & 0 & 0 \\ a_{41} & 0 & 0 & 0 \end{vmatrix} = a_{14}a_{23}a_{32}a_{41}.$$

(2) 与(1)相同，我们可以确定它的一般项

$$(-1)^{t(p_1 p_2 p_3 p_4)} a_{1p_1} a_{2p_2} a_{3p_3} a_{4p_4}$$

中不为零的项. 显然当 $p_1=2$，$p_2=4$，$p_3=1$，$p_4=3$ 时，$a_{12}a_{24}a_{31}a_{43}\neq 0$，其余各项均为零. 而 2413 的逆序数为 3，所以$(-1)^{t(2413)}$取负号，得

$$\begin{vmatrix} 0 & a_{12} & 0 & 0 \\ 0 & 0 & 0 & a_{24} \\ a_{31} & 0 & 0 & 0 \\ 0 & 0 & a_{43} & 0 \end{vmatrix} = -a_{12}a_{24}a_{31}a_{43}.$$

主对角线下方的元素全为零的行列式称为上三角形行列式；主对角线上方的元素全为零的行列式称为下三角形行列式；上、下三角形行列式统称为三角形行列式. 特别地，主对角线上方和下方的元素全为零的行列式称为对角行列式.

例 1.9 计算四阶行列式

$$\begin{vmatrix} a_{11} & a_{12} & a_{13} & a_{14} \\ 0 & a_{22} & a_{23} & a_{24} \\ 0 & 0 & a_{33} & a_{34} \\ 0 & 0 & 0 & a_{44} \end{vmatrix}.$$

解 根据定义 1.6 可知

$$\begin{vmatrix} a_{11} & a_{12} & a_{13} & a_{14} \\ 0 & a_{22} & a_{23} & a_{24} \\ 0 & 0 & a_{33} & a_{34} \\ 0 & 0 & 0 & a_{44} \end{vmatrix} = \sum_{p_1p_2p_3p_4} (-1)^{t(p_1p_2p_3p_4)} a_{1p_1}a_{2p_2}a_{3p_3}a_{4p_4},$$

显然，当 $p_1=1$，$p_2=2$，$p_3=3$，$p_4=4$ 时，$a_{11}a_{22}a_{33}a_{44}\neq 0$，其余各项都等于零. 而 1234 的逆序数为 0，所以$(-1)^{t(1234)}$取正号，于是

$$\begin{vmatrix} a_{11} & a_{12} & a_{13} & a_{14} \\ 0 & a_{22} & a_{23} & a_{24} \\ 0 & 0 & a_{33} & a_{34} \\ 0 & 0 & 0 & a_{44} \end{vmatrix} = a_{11}a_{22}a_{33}a_{44}.$$

对于 n 阶上、下三角形行列式，同样可以证明以下结论：

$$\begin{vmatrix} a_{11} & a_{12} & \cdots & a_{1n} \\ 0 & a_{22} & \cdots & a_{2n} \\ \vdots & \vdots & & \vdots \\ 0 & 0 & \cdots & a_{nn} \end{vmatrix} = a_{11}a_{22}\cdots a_{nn},$$

$$\begin{vmatrix} a_{11} & 0 & \cdots & 0 \\ a_{21} & a_{22} & \cdots & 0 \\ \vdots & \vdots & & \vdots \\ a_{n1} & a_{n2} & \cdots & a_{nn} \end{vmatrix} = a_{11}a_{22}\cdots a_{nn}.$$

由此可知，若能先将一般高阶行列式化成三角形行列式再求值，便得到了一种计算行列式的方法.

例 1.10 证明 n 阶行列式：

(1) $\begin{vmatrix} \lambda_1 & 0 & \cdots & 0 \\ 0 & \lambda_2 & \cdots & 0 \\ \vdots & \vdots & & \vdots \\ 0 & 0 & \cdots & \lambda_n \end{vmatrix} = \lambda_1\lambda_2\cdots\lambda_n$；

(2) $\begin{vmatrix} 0 & 0 & \cdots & 0 & \lambda_1 \\ 0 & 0 & \cdots & \lambda_2 & 0 \\ \vdots & \vdots & & \vdots & \vdots \\ \lambda_n & 0 & \cdots & 0 & 0 \end{vmatrix} = (-1)^{\frac{n(n-1)}{2}}\lambda_1\lambda_2\cdots\lambda_n$.

证明 (1) 此行列式为对角行列式，其结果是显然的.

(2) 根据定义 1.6 可知

$$\begin{vmatrix} 0 & 0 & \cdots & 0 & \lambda_1 \\ 0 & 0 & \cdots & \lambda_2 & 0 \\ \vdots & \vdots & & \vdots & \vdots \\ \lambda_n & 0 & \cdots & 0 & 0 \end{vmatrix} = \begin{vmatrix} 0 & 0 & \cdots & 0 & a_{1n} \\ 0 & 0 & \cdots & a_{2,n-1} & 0 \\ \vdots & \vdots & & \vdots & \vdots \\ a_{n1} & 0 & \cdots & 0 & 0 \end{vmatrix}$$

$$= (-1)^{t[n(n-1)\cdots 21]} a_{1n}a_{2,n-1}\cdots a_{n1}$$

$$= (-1)^{t[n(n-1)\cdots 21]} \lambda_1\lambda_2\cdots\lambda_n,$$

其中 $t[n(n-1)\cdots 21]$ 为排列 $n(n-1)\cdots 21$ 的逆序数，故

$$t[n(n-1)\cdots 21]=0+1+2+\cdots+(n-1)=\frac{n(n-1)}{2}.$$

n 阶行列式的表达式还可以等价地表示为

$$D=\begin{vmatrix} a_{11} & a_{12} & \cdots & a_{1n} \\ a_{21} & a_{22} & \cdots & a_{2n} \\ \vdots & \vdots & & \vdots \\ a_{n1} & a_{n2} & \cdots & a_{nn} \end{vmatrix}=\sum_{p_1 p_2 \cdots p_n}(-1)^{t(p_1 p_2 \cdots p_n)} a_{p_1 1} a_{p_2 2} \cdots a_{p_n n}, \tag{1.9a}$$

或

$$D=\begin{vmatrix} a_{11} & a_{12} & \cdots & a_{1n} \\ a_{21} & a_{22} & \cdots & a_{2n} \\ \vdots & \vdots & & \vdots \\ a_{n1} & a_{n2} & \cdots & a_{nn} \end{vmatrix}=\sum(-1)^{t(p_1 p_2 \cdots p_n)+t(q_1 q_2 \cdots q_n)} a_{p_1 q_1} a_{p_2 q_2} \cdots a_{p_n q_n}. \tag{1.9b}$$

■习题 1.2

1. 求下列排列的逆序数：

(1) 4132；　(2) 2413；　(3) 36715284；

(4) 3712456；　(5) $n123\cdots(n-1)$；　(6) $13\cdots(2n-1)24\cdots(2n)$.

2. 写出四阶行列式中含有因子 $a_{11}a_{23}$ 的项.

3. 在六阶行列式中，下列各元素的乘积应取什么符号？

(1) $a_{15}a_{23}a_{32}a_{44}a_{51}a_{66}$；　(2) $a_{11}a_{26}a_{32}a_{44}a_{53}a_{65}$；

(3) $a_{21}a_{53}a_{16}a_{42}a_{65}a_{34}$.

4. 若 $(-1)^{t(i432k)+t(52j14)}a_{i5}a_{42}a_{3j}a_{21}a_{k4}$ 是五阶行列式的项，则 i、j、k 应为何值？此时该项的符号是什么？

5. 用行列式的定义计算下列行列式：

(1) $\begin{vmatrix} 0 & 0 & 1 & 0 \\ 0 & 1 & 0 & 0 \\ 0 & 0 & 0 & 1 \\ 1 & 0 & 0 & 0 \end{vmatrix}$；　(2) $\begin{vmatrix} 1 & 1 & 1 & 0 \\ 0 & 1 & 0 & 1 \\ 0 & 1 & 1 & 1 \\ 0 & 0 & 1 & 0 \end{vmatrix}$；

(3) $\begin{vmatrix} 0 & 0 & 0 & 1 & 0 \\ 0 & 0 & 2 & 0 & 0 \\ 0 & 3 & 10 & 0 & 0 \\ 4 & 11 & 0 & 12 & 0 \\ 9 & 8 & 7 & 6 & 5 \end{vmatrix}$；　(4) $\begin{vmatrix} 0 & 1 & 0 & \cdots & 0 \\ 0 & 0 & 2 & \cdots & 0 \\ \vdots & \vdots & \vdots & & \vdots \\ 0 & 0 & 0 & \cdots & n-1 \\ n & 0 & 0 & \cdots & 0 \end{vmatrix}$.

1.3 n 阶行列式的性质

将行列式 D 的行与列互换后得到的行列式称为转置行列式，记为 D^{T}. 即如果

$$D=\begin{vmatrix} a_{11} & a_{12} & \cdots & a_{1n} \\ a_{21} & a_{22} & \cdots & a_{2n} \\ \vdots & \vdots & & \vdots \\ a_{n1} & a_{n2} & \cdots & a_{nn} \end{vmatrix},$$

那么

$$D^{\mathrm{T}}=\begin{vmatrix} a_{11} & a_{21} & \cdots & a_{n1} \\ a_{12} & a_{22} & \cdots & a_{n2} \\ \vdots & \vdots & & \vdots \\ a_{1n} & a_{2n} & \cdots & a_{nn} \end{vmatrix}.$$

根据行列式的定义可知，行列式有以下性质及推论.

性质 1.1　行列式与它的转置行列式相等，即 $D=D^{\mathrm{T}}$.

由性质 1.1 知道，行列式中的行与列具有相同的地位，行列式的行所具有的性质，其列也同样具有.

性质 1.2　互换行列式的两行(列)，行列式变号.

推论 1.2　若行列式有两行(列)的元素对应相等，则此行列式等于零.

性质 1.3　行列式的某一行(列)的所有元素都乘同一个数 k，等于用数 k 乘此行列式，即

$$\begin{vmatrix} a_{11} & a_{12} & \cdots & a_{1n} \\ \vdots & \vdots & & \vdots \\ ka_{i1} & ka_{i2} & \cdots & ka_{in} \\ \vdots & \vdots & & \vdots \\ a_{n1} & a_{n2} & \cdots & a_{nn} \end{vmatrix}=k\begin{vmatrix} a_{11} & a_{12} & \cdots & a_{1n} \\ \vdots & \vdots & & \vdots \\ a_{i1} & a_{i2} & \cdots & a_{in} \\ \vdots & \vdots & & \vdots \\ a_{n1} & a_{n2} & \cdots & a_{nn} \end{vmatrix}.$$

推论 1.3　行列式中某一行(列)的所有元素的公因子可以提到行列式记号的外面.

第 i 行(或列)提取公因子 k，记作 $r_i\div k$(或 $c_i\div k$).

推论 1.4　若行列式中有两行(列)的对应元素成比例，则此行列式等于零.

性质 1.4　若行列式中某一行(列)的元素都是两数之和，例如第 i 行的元素都是两数之和：

$$D=\begin{vmatrix} a_{11} & a_{12} & \cdots & a_{1n} \\ a_{21} & a_{22} & \cdots & a_{2n} \\ \vdots & \vdots & & \vdots \\ b_{i1}+c_{i1} & b_{i2}+c_{i2} & \cdots & b_{in}+c_{in} \\ \vdots & \vdots & & \vdots \\ a_{n1} & a_{n2} & \cdots & a_{nn} \end{vmatrix},$$

则行列式 D 等于下列两个行列式之和：

$$D=\begin{vmatrix} a_{11} & a_{12} & \cdots & a_{1n} \\ a_{21} & a_{22} & \cdots & a_{2n} \\ \vdots & \vdots & & \vdots \\ b_{i1} & b_{i2} & \cdots & b_{in} \\ \vdots & \vdots & & \vdots \\ a_{n1} & a_{n2} & \cdots & a_{nn} \end{vmatrix}+\begin{vmatrix} a_{11} & a_{12} & \cdots & a_{1n} \\ a_{21} & a_{22} & \cdots & a_{2n} \\ \vdots & \vdots & & \vdots \\ c_{i1} & c_{i2} & \cdots & c_{in} \\ \vdots & \vdots & & \vdots \\ a_{n1} & a_{n2} & \cdots & a_{nn} \end{vmatrix}=D_1+D_2.$$

由性质 1.3 和性质 1.4 可得行列式有如下性质.

性质 1.5 将行列式中某一行(列)的各元素乘同一数，并加到另一行(列)对应的元素上去，行列式的值不变.

例如，用数 k 乘第 i 行的各元素，并加到第 j 行对应的元素上(记作 r_j+kr_i)，有

$$\begin{vmatrix} a_{11} & a_{12} & \cdots & a_{1n} \\ \vdots & \vdots & & \vdots \\ a_{i1} & a_{i2} & \cdots & a_{in} \\ \vdots & \vdots & & \vdots \\ a_{j1} & a_{j2} & \cdots & a_{jn} \\ \vdots & \vdots & & \vdots \\ a_{n1} & a_{n2} & \cdots & a_{nn} \end{vmatrix} \xlongequal{r_j+kr_i} \begin{vmatrix} a_{11} & a_{12} & \cdots & a_{1n} \\ \vdots & \vdots & & \vdots \\ a_{i1} & a_{i2} & \cdots & a_{in} \\ \vdots & \vdots & & \vdots \\ a_{j1}+ka_{i1} & a_{j2}+ka_{i2} & \cdots & a_{jn}+ka_{in} \\ \vdots & \vdots & & \vdots \\ a_{n1} & a_{n2} & \cdots & a_{nn} \end{vmatrix} \quad (i\neq j).$$

用数 k 乘第 j 列的各元素，并加到第 i 列对应的元素上，记作 c_i+kc_j.

下面通过一些例题说明如何利用行列式的性质来计算行列式.

例 1.11 计算行列式

$$D=\begin{vmatrix} a_1+a_2 & b_1+b_2 \\ c_1+c_2 & d_1+d_2 \end{vmatrix}.$$

解 由性质 1.4 可知，按 D 的第一行拆开得到

$$\begin{aligned} D &= \begin{vmatrix} a_1+a_2 & b_1+b_2 \\ c_1+c_2 & d_1+d_2 \end{vmatrix} = \begin{vmatrix} a_1 & b_1 \\ c_1+c_2 & d_1+d_2 \end{vmatrix} + \begin{vmatrix} a_2 & b_2 \\ c_1+c_2 & d_1+d_2 \end{vmatrix} \\ &= \begin{vmatrix} a_1 & b_1 \\ c_1 & d_1 \end{vmatrix} + \begin{vmatrix} a_1 & b_1 \\ c_2 & d_2 \end{vmatrix} + \begin{vmatrix} a_2 & b_2 \\ c_1 & d_1 \end{vmatrix} + \begin{vmatrix} a_2 & b_2 \\ c_2 & d_2 \end{vmatrix} \\ &= a_1d_1-b_1c_1+a_1d_2-b_1c_2+a_2d_1-b_2c_1+a_2d_2-b_2c_2. \end{aligned}$$

按 D 的第一列拆开得到

$$\begin{aligned} D &= \begin{vmatrix} a_1+a_2 & b_1+b_2 \\ c_1+c_2 & d_1+d_2 \end{vmatrix} = \begin{vmatrix} a_1 & b_1+b_2 \\ c_1 & d_1+d_2 \end{vmatrix} + \begin{vmatrix} a_2 & b_1+b_2 \\ c_2 & d_1+d_2 \end{vmatrix} \\ &= \begin{vmatrix} a_1 & b_1 \\ c_1 & d_1 \end{vmatrix} + \begin{vmatrix} a_1 & b_2 \\ c_1 & d_2 \end{vmatrix} + \begin{vmatrix} a_2 & b_1 \\ c_2 & d_1 \end{vmatrix} + \begin{vmatrix} a_2 & b_2 \\ c_2 & d_2 \end{vmatrix}. \end{aligned}$$

不难验证

$$\begin{vmatrix} a_1 & b_1 \\ c_2 & d_2 \end{vmatrix} + \begin{vmatrix} a_2 & b_2 \\ c_1 & d_1 \end{vmatrix} = \begin{vmatrix} a_1 & b_2 \\ c_1 & d_2 \end{vmatrix} + \begin{vmatrix} a_2 & b_1 \\ c_2 & d_1 \end{vmatrix}.$$

可见，按上述两种不同的拆开方法，所求出的行列式的值是相同的. 在利用性质 1.4 拆开行列式时，应当逐行(逐列)拆开.

例 1.12 计算行列式

$$D=\begin{vmatrix} a_1-b_1 & a_1-b_2 & a_1-b_3 \\ a_2-b_1 & a_2-b_2 & a_2-b_3 \\ a_3-b_1 & a_3-b_2 & a_3-b_3 \end{vmatrix}.$$

解 将行列式的后两行都减去第一行，得

$$D\xlongequal{r_i-r_1(i=2,3)}\begin{vmatrix}a_1-b_1&a_1-b_2&a_1-b_3\\a_2-a_1&a_2-a_1&a_2-a_1\\a_3-a_1&a_3-a_1&a_3-a_1\end{vmatrix}$$

$$=(a_2-a_1)(a_3-a_1)\begin{vmatrix}a_1-b_1&a_1-b_2&a_1-b_3\\1&1&1\\1&1&1\end{vmatrix}=0.$$

例 1.13 计算行列式

$$D=\begin{vmatrix}2&-5&1&2\\-3&7&-1&4\\5&-9&2&7\\4&-6&1&2\end{vmatrix}.$$

解

$$D\xlongequal{c_1\leftrightarrow c_3}\begin{vmatrix}1&-5&2&2\\-1&7&-3&4\\2&-9&5&7\\1&-6&4&2\end{vmatrix}\xlongequal[r_4-r_1]{r_2+r_1 \atop r_3-2r_1}-\begin{vmatrix}1&-5&2&2\\0&2&-1&6\\0&1&1&3\\0&-1&2&0\end{vmatrix}$$

$$\xlongequal{r_2\leftrightarrow r_4}\begin{vmatrix}1&-5&2&2\\0&-1&2&0\\0&1&1&3\\0&2&-1&6\end{vmatrix}\xlongequal[r_4+2r_2]{r_3+r_2}\begin{vmatrix}1&-5&2&2\\0&-1&2&0\\0&0&3&3\\0&0&3&6\end{vmatrix}$$

$$\xlongequal{r_4-r_3}\begin{vmatrix}1&-5&2&2\\0&-1&2&0\\0&0&3&3\\0&0&0&3\end{vmatrix}=-9.$$

例 1.14 计算 n 阶行列式

$$D=\begin{vmatrix}a&b&\cdots&b\\b&a&\cdots&b\\\vdots&\vdots&&\vdots\\b&b&\cdots&a\end{vmatrix}(a\neq b).$$

解 行列式中每行(列)元素之和均为 $a+(n-1)b$，从第二列起，把每列均加到第一列上，提出公因子 $a+(n-1)b$，然后各行减去第一行.

$$D\xlongequal[i=2,3,\cdots,n]{c_1+c_i}\begin{vmatrix}a+(n-1)b&b&\cdots&b\\a+(n-1)b&a&\cdots&b\\\vdots&\vdots&&\vdots\\a+(n-1)b&b&\cdots&a\end{vmatrix}\xlongequal{c_1\div[a+(n-1)b]}[a+(n-1)b]\begin{vmatrix}1&b&\cdots&b\\1&a&\cdots&b\\\vdots&\vdots&&\vdots\\1&b&\cdots&a\end{vmatrix}$$

$$\xlongequal[i=2,3,\cdots,n]{r_i-r_1}[a+(n-1)b]\begin{vmatrix}1&b&\cdots&b\\0&a-b&\cdots&b\\\vdots&\vdots&&\vdots\\0&0&\cdots&a-b\end{vmatrix}=[a+(n-1)b](a-b)^{n-1}.$$

例 1.15 计算四阶行列式

$$D=\begin{vmatrix} a_1 & -a_1 & 0 & 0 \\ 0 & a_2 & -a_2 & 0 \\ 0 & 0 & a_3 & -a_3 \\ 1 & 1 & 1 & 1 \end{vmatrix}.$$

解 根据行列式的特点，可先将第一列加到第二列，再将第二列加到第三列，最后将第三列加到第四列，目的是使 D 中的零元素增多，化为下三角形行列式.

$$D\xlongequal{c_2+c_1}\begin{vmatrix} a_1 & 0 & 0 & 0 \\ 0 & a_2 & -a_2 & 0 \\ 0 & 0 & a_3 & -a_3 \\ 1 & 2 & 1 & 1 \end{vmatrix}\xlongequal{c_3+c_2}\begin{vmatrix} a_1 & 0 & 0 & 0 \\ 0 & a_2 & 0 & 0 \\ 0 & 0 & a_3 & -a_3 \\ 1 & 2 & 3 & 1 \end{vmatrix}$$

$$\xlongequal{c_4+c_3}\begin{vmatrix} a_1 & 0 & 0 & 0 \\ 0 & a_2 & 0 & 0 \\ 0 & 0 & a_3 & 0 \\ 1 & 2 & 3 & 4 \end{vmatrix}=4a_1a_2a_3.$$

例 1.16 计算四阶行列式

$$D=\begin{vmatrix} a & b & c & d \\ a & a+b & a+b+c & a+b+c+d \\ a & 2a+b & 3a+2b+c & 4a+3b+2c+d \\ a & 3a+b & 6a+3b+c & 10a+6b+3c+d \end{vmatrix}.$$

解 从第四行开始，将后一行减去前一行，即

$$D\xlongequal[i=4,3,2]{r_i-r_{i-1}}\begin{vmatrix} a & b & c & d \\ 0 & a & a+b & a+b+c \\ 0 & a & 2a+b & 3a+2b+c \\ 0 & a & 3a+b & 6a+3b+c \end{vmatrix}\xlongequal[i=4,3]{r_i-r_{i-1}}\begin{vmatrix} a & b & c & d \\ 0 & a & a+b & a+b+c \\ 0 & 0 & a & 2a+b \\ 0 & 0 & a & 3a+b \end{vmatrix}$$

$$\xlongequal{r_4-r_3}\begin{vmatrix} a & b & c & d \\ 0 & a & a+b & a+b+c \\ 0 & 0 & a & 2a+b \\ 0 & 0 & 0 & a \end{vmatrix}=a^4.$$

■习题 1.3

1. 用行列式的性质计算下列行列式：

(1) $\begin{vmatrix} 34\,215 & 35\,215 \\ 28\,092 & 29\,092 \end{vmatrix}$； (2) $\begin{vmatrix} 1 & 2 & 3 \\ 0 & 1 & 2 \\ 1 & 1 & 1 \end{vmatrix}$； (3) $\begin{vmatrix} -ab & ac & ae \\ bd & -cd & de \\ bf & cf & -ef \end{vmatrix}$；

(4) $\begin{vmatrix} a & 1 & 0 & 0 \\ -1 & b & 1 & 0 \\ 0 & -1 & c & 1 \\ 0 & 0 & -1 & d \end{vmatrix}$； (5) $\begin{vmatrix} 4 & 1 & 2 & 4 \\ 1 & 2 & 0 & 2 \\ 10 & 5 & 2 & 0 \\ 0 & 1 & 1 & 7 \end{vmatrix}$； (6) $\begin{vmatrix} 1 & 1 & 1 & 1 \\ -1 & 1 & 1 & 1 \\ -1 & -1 & 1 & 1 \\ -1 & -1 & -1 & 1 \end{vmatrix}$.

2. 利用化上三角形行列式方法求下列行列式的值：

(1) $\begin{vmatrix} -2 & 2 & -4 & 0 \\ 4 & -1 & 3 & 5 \\ 3 & 1 & -2 & -3 \\ 2 & 0 & 5 & 1 \end{vmatrix}$；　　(2) $\begin{vmatrix} 1 & 2 & 3 & 4 \\ 2 & 3 & 4 & 1 \\ 3 & 4 & 1 & 2 \\ 4 & 1 & 2 & 3 \end{vmatrix}$.

3. 用行列式的性质证明下列等式：

(1) $\begin{vmatrix} a^2 & ab & b^2 \\ 2a & a+b & 2b \\ 1 & 1 & 1 \end{vmatrix} = (a-b)^3$；

(2) $\begin{vmatrix} a_1+kb_1 & b_1+c_1 & c_1 \\ a_2+kb_2 & b_2+c_2 & c_2 \\ a_3+kb_3 & b_3+c_3 & c_3 \end{vmatrix} = \begin{vmatrix} a_1 & b_1 & c_1 \\ a_2 & b_2 & c_2 \\ a_3 & b_3 & c_3 \end{vmatrix}$；

(3) $\begin{vmatrix} y+z & z+x & x+y \\ x+y & y+z & z+x \\ z+x & x+y & y+z \end{vmatrix} = 2\begin{vmatrix} x & y & z \\ z & x & y \\ y & z & x \end{vmatrix}$；

(4) $\begin{vmatrix} a^2 & (a+1)^2 & (a+2)^2 \\ b^2 & (b+1)^2 & (b+2)^2 \\ c^2 & (c+1)^2 & (c+2)^2 \end{vmatrix} = 4(a-b)(a-c)(b-c)$.

4. 计算下列行列式：

(1) $\begin{vmatrix} 1 & 2 & 3 & \cdots & n-1 & n \\ -1 & 0 & 3 & \cdots & n-1 & n \\ -1 & -2 & 0 & \cdots & n-1 & n \\ \vdots & \vdots & \vdots & & \vdots & \vdots \\ -1 & -2 & -3 & \cdots & 0 & n \\ -1 & -2 & -3 & \cdots & -(n-1) & 0 \end{vmatrix}$；

(2) $\begin{vmatrix} 1 & a_1 & a_2 & \cdots & a_n \\ 1 & a_1+b_1 & a_2 & \cdots & a_n \\ 1 & a_1 & a_2+b_2 & \cdots & a_n \\ \vdots & \vdots & \vdots & & \vdots \\ 1 & a_1 & a_2 & \cdots & a_n+b_n \end{vmatrix}$；

(3) $\begin{vmatrix} 1 & a_1 & a_2 & \cdots & a_n \\ a_1 & 1 & 0 & \cdots & 0 \\ a_2 & 0 & 1 & \cdots & 0 \\ \vdots & \vdots & \vdots & & \vdots \\ a_n & 0 & 0 & \cdots & 1 \end{vmatrix}$；

(4) $\begin{vmatrix} 1+a_1 & 1 & \cdots & 1 \\ 1 & 1+a_2 & \cdots & 1 \\ \vdots & \vdots & & \vdots \\ 1 & 1 & \cdots & 1+a_n \end{vmatrix}$　$(a_1a_2a_3\cdots a_n \neq 0)$.

5. 求解下列方程:

(1) $\begin{vmatrix} x+1 & 2 & -1 \\ 2 & x+1 & 1 \\ -1 & 1 & x+1 \end{vmatrix}=0$;　　(2) $\begin{vmatrix} 1 & 1 & 2 & 3 \\ 1 & 2-x^2 & 2 & 3 \\ 2 & 3 & 1 & 5 \\ 2 & 3 & 1 & 9-x^2 \end{vmatrix}=0$.

1.4 行列式的展开

1.4.1 行列式按行(列)展开

一般说来，低阶行列式比高阶行列式容易计算，因此自然需要考虑用低阶行列式来表示高阶行列式的问题. 为此，先引入余子式和代数余子式的概念.

定义 1.7 **在 n 阶行列式中，把(i, j)元 a_{ij} 所在的第 i 行和第 j 列划去后，留下来的 $n-1$ 阶行列式叫作(i, j)元 a_{ij} 的余子式，记作 M_{ij}. 又记**

$$A_{ij}=(-1)^{i+j}M_{ij},$$

A_{ij} 叫作(i, j)元 a_{ij} 的代数余子式.

例如，三阶行列式

$$D=\begin{vmatrix} a_{11} & a_{12} & a_{13} \\ a_{21} & a_{22} & a_{23} \\ a_{31} & a_{32} & a_{33} \end{vmatrix}$$

中(2, 3)元 a_{23} 的余子式和代数余子式分别为

$$M_{23}=\begin{vmatrix} a_{11} & a_{12} \\ a_{31} & a_{32} \end{vmatrix},\ A_{23}=(-1)^{2+3}M_{23}=-M_{23}.$$

引理 1.1 **一个 n 阶行列式，如果其中第 i 行所有元素除(i, j)元 a_{ij} 外都为零，则这个行列式等于 a_{ij} 与它的代数余子式的乘积，即**

$$D=a_{ij}A_{ij}.$$

证明 首先讨论 D 中第一行除 $a_{11}\neq 0$ 外，其余元素都为零的特殊情形，即

$$D=\begin{vmatrix} a_{11} & 0 & \cdots & 0 \\ a_{21} & a_{22} & \cdots & a_{2n} \\ \vdots & \vdots & & \vdots \\ a_{n1} & a_{n2} & \cdots & a_{nn} \end{vmatrix}.$$

因为 D 的每一项都含有第一行的元素，但第一行中仅有 $a_{11}\neq 0$，所以 D 仅含有下面形式的项

$$(-1)^{t(1p_2\cdots p_n)}a_{11}a_{2p_2}\cdots a_{np_n}=a_{11}[(-1)^{t(p_2\cdots p_n)}a_{2p_2}\cdots a_{np_n}],$$

上式等号右端方括号内正是 M_{11} 的一般项，所以 $D=a_{11}M_{11}$. 再由 $A_{11}=(-1)^{1+1}M_{11}=M_{11}$，得到 $D=a_{11}A_{11}$.

再讨论一般情形，此时

$$D=\begin{vmatrix} a_{11} & \cdots & a_{1j} & \cdots & a_{1n} \\ \vdots & & \vdots & & \vdots \\ 0 & \cdots & a_{ij} & \cdots & 0 \\ \vdots & & \vdots & & \vdots \\ a_{n1} & \cdots & a_{nj} & \cdots & a_{nn} \end{vmatrix}.$$

为了利用上述特殊情形的结果，先将 D 的第 i 行依次与第 $i-1$，…，2，1 行交换，再将第 j 列依次与第 $j-1$，…，2，1 列交换，经过 $i+j-2$ 次交换 D 的行与列后，得

$$D=(-1)^{i+j-2}\begin{vmatrix} a_{ij} & 0 & \cdots & 0 & 0 & \cdots & 0 \\ a_{1j} & a_{11} & \cdots & a_{1,j-1} & a_{1,j+1} & \cdots & a_{1n} \\ \vdots & \vdots & & \vdots & \vdots & & \vdots \\ a_{nj} & a_{n1} & \cdots & a_{n,j-1} & a_{n,j+1} & \cdots & a_{nn} \end{vmatrix}=(-1)^{i+j}a_{ij}M_{ij}=a_{ij}A_{ij}.$$

定理 1.2　行列式等于它的任一行(列)的各元素与其对应的代数余子式乘积之和，即

$$D=a_{i1}A_{i1}+a_{i2}A_{i2}+\cdots+a_{in}A_{in}\quad (i=1,2,\cdots,n),$$

或

$$D=a_{1j}A_{1j}+a_{2j}A_{2j}+\cdots+a_{nj}A_{nj}\quad (j=1,2,\cdots,n).$$

证明 $D=\begin{vmatrix} a_{11} & a_{12} & \cdots & a_{1n} \\ \vdots & \vdots & & \vdots \\ a_{i1} & a_{i2} & \cdots & a_{in} \\ \vdots & \vdots & & \vdots \\ a_{n1} & a_{n2} & \cdots & a_{nn} \end{vmatrix}$

$$=\begin{vmatrix} a_{11} & a_{12} & \cdots & a_{1n} \\ \vdots & \vdots & & \vdots \\ a_{i1}+0+\cdots+0 & 0+a_{i2}+0+\cdots+0 & \cdots & 0+0+\cdots+a_{in} \\ \vdots & \vdots & & \vdots \\ a_{n1} & a_{n2} & \cdots & a_{nn} \end{vmatrix}$$

$$=\begin{vmatrix} a_{11} & a_{12} & \cdots & a_{1n} \\ \vdots & \vdots & & \vdots \\ a_{i1} & 0 & \cdots & 0 \\ \vdots & \vdots & & \vdots \\ a_{n1} & a_{n2} & \cdots & a_{nn} \end{vmatrix}+\begin{vmatrix} a_{11} & a_{12} & \cdots & a_{1n} \\ \vdots & \vdots & & \vdots \\ 0 & a_{i2} & \cdots & 0 \\ \vdots & \vdots & & \vdots \\ a_{n1} & a_{n2} & \cdots & a_{nn} \end{vmatrix}+\cdots+\begin{vmatrix} a_{11} & a_{12} & \cdots & a_{1n} \\ \vdots & \vdots & & \vdots \\ 0 & 0 & \cdots & a_{in} \\ \vdots & \vdots & & \vdots \\ a_{n1} & a_{n2} & \cdots & a_{nn} \end{vmatrix},$$

根据引理 1.1 可得

$$D=a_{i1}A_{i1}+a_{i2}A_{i2}+\cdots+a_{in}A_{in}\quad (i=1,2,\cdots,n).$$

类似地，若按行列式的列证明，可得

$$D=a_{1j}A_{1j}+a_{2j}A_{2j}+\cdots+a_{nj}A_{nj}\quad (j=1,2,\cdots,n).$$

定理 1.2 叫作行列式按行(列)展开法则. 利用这一法则并结合行列式的性质可以简化行列式的计算.

例 1.17 计算行列式

$$D=\begin{vmatrix} 1 & 0 & 0 & 0 & 0 \\ -1 & 3 & 1 & 0 & 6 \\ 0 & 0 & 4 & -2 & 6 \\ 1 & -2 & 5 & 0 & 9 \\ 0 & 2 & -9 & 3 & -9 \end{vmatrix}.$$

解 $D=1\times(-1)^{1+1}\begin{vmatrix} 3 & 1 & 0 & 6 \\ 0 & 4 & -2 & 6 \\ -2 & 5 & 0 & 9 \\ 2 & -9 & 3 & -9 \end{vmatrix}\overset{c_4\div 3}{=\!=}3\begin{vmatrix} 3 & 1 & 0 & 2 \\ 0 & 4 & -2 & 2 \\ -2 & 5 & 0 & 3 \\ 2 & -9 & 3 & -3 \end{vmatrix}$

$$\overset{r_2\div 2}{=\!=}6\begin{vmatrix} 3 & 1 & 0 & 2 \\ 0 & 2 & -1 & 1 \\ -2 & 5 & 0 & 3 \\ 2 & -9 & 3 & -3 \end{vmatrix}\overset{r_4+3r_2}{=\!=}6\begin{vmatrix} 3 & 1 & 0 & 2 \\ 0 & 2 & -1 & 1 \\ -2 & 5 & 0 & 3 \\ 2 & -3 & 0 & 0 \end{vmatrix}$$

$$=6\times(-1)\times(-1)^{2+3}\begin{vmatrix} 3 & 1 & 2 \\ -2 & 5 & 3 \\ 2 & -3 & 0 \end{vmatrix}=3\begin{vmatrix} 3 & 2 & 2 \\ -2 & 10 & 3 \\ 2 & -6 & 0 \end{vmatrix}\overset{c_2+3c_1}{=\!=}3\begin{vmatrix} 3 & 11 & 2 \\ -2 & 4 & 3 \\ 2 & 0 & 0 \end{vmatrix}$$

$$=3\times 2\times(-1)^{3+1}\begin{vmatrix} 11 & 2 \\ 4 & 3 \end{vmatrix}=6\times(33-8)=150.$$

例 1.18 证明范德蒙德(Vandermonde)行列式

$$D_n=\begin{vmatrix} 1 & 1 & \cdots & 1 \\ x_1 & x_2 & \cdots & x_n \\ x_1^2 & x_2^2 & \cdots & x_n^2 \\ \vdots & \vdots & & \vdots \\ x_1^{n-1} & x_2^{n-1} & \cdots & x_n^{n-1} \end{vmatrix}=\prod_{1\leqslant j<i\leqslant n}(x_i-x_j), \tag{1.10}$$

其中记号“ $\prod$ ”表示全体同类因子的乘积.

证明 用数学归纳法进行证明. 因为

$$D_2=\begin{vmatrix} 1 & 1 \\ x_1 & x_2 \end{vmatrix}=x_2-x_1=\prod_{1\leqslant j<i\leqslant 2}(x_i-x_j),$$

所以当 $n=2$ 时式(1.10)成立. 现在假设式(1.10)对于 $n-1$ 阶范德蒙德行列式成立，要证明式(1.10)对 n 阶范德蒙德行列式也成立.

为此，设法把 D_n 降阶，从第 n 行开始，后行减去前行的 x_1 倍，有

$$D_n=\begin{vmatrix} 1 & 1 & 1 & \cdots & 1 \\ 0 & x_2-x_1 & x_3-x_1 & \cdots & x_n-x_1 \\ 0 & x_2(x_2-x_1) & x_3(x_3-x_1) & \cdots & x_n(x_n-x_1) \\ \vdots & \vdots & \vdots & & \vdots \\ 0 & x_2^{n-2}(x_2-x_1) & x_3^{n-2}(x_3-x_1) & \cdots & x_n^{n-2}(x_n-x_1) \end{vmatrix},$$

按第一列展开，并把每列的公因子(x_i-x_1)提出，就有

$$D_n=(x_2-x_1)(x_3-x_1)\cdots(x_n-x_1)\begin{vmatrix}1 & 1 & \cdots & 1\\ x_2 & x_3 & \cdots & x_n\\ \vdots & \vdots & & \vdots\\ x_2^{n-2} & x_3^{n-2} & \cdots & x_n^{n-2}\end{vmatrix},$$

上式右端的行列式是$n-1$阶范德蒙德行列式，按归纳法假设，它等于所有(x_i-x_j)因子的乘积，其中$2\leqslant j<i\leqslant n$，故

$$D_n=(x_2-x_1)(x_3-x_1)\cdots(x_n-x_1)\prod_{2\leqslant j<i\leqslant n}(x_i-x_j)=\prod_{1\leqslant j<i\leqslant n}(x_i-x_j).$$

推论 1.5　行列式某一行(列)的元素与另一行(列)的对应元素的代数余子式乘积之和等于零，即

$$a_{i1}A_{j1}+a_{i2}A_{j2}+\cdots+a_{in}A_{jn}=0\quad(i\neq j),$$

或

$$a_{1i}A_{1j}+a_{2i}A_{2j}+\cdots+a_{ni}A_{nj}=0\quad(i\neq j).$$

证明　将行列式$D=\det(a_{ij})$按第j行展开，有

$$a_{j1}A_{j1}+a_{j2}A_{j2}+\cdots+a_{jn}A_{jn}=\begin{vmatrix}a_{11} & \cdots & a_{1n}\\ \vdots & & \vdots\\ a_{i1} & \cdots & a_{in}\\ \vdots & & \vdots\\ a_{j1} & \cdots & a_{jn}\\ \vdots & & \vdots\\ a_{n1} & \cdots & a_{nn}\end{vmatrix},$$

在上式中把a_{jk}换成a_{ik}($k=1, 2, \cdots, n$)，可得

$$a_{i1}A_{j1}+a_{i2}A_{j2}+\cdots+a_{in}A_{jn}=\begin{vmatrix}a_{11} & \cdots & a_{1n}\\ \vdots & & \vdots\\ a_{i1} & \cdots & a_{in}\\ \vdots & & \vdots\\ a_{i1} & \cdots & a_{in}\\ \vdots & & \vdots\\ a_{n1} & \cdots & a_{nn}\end{vmatrix}\begin{matrix}\\ \\ \text{第 } i \text{ 行}\\ \\ \text{第 } j \text{ 行}\\ \\ \\ \end{matrix},$$

当$i\neq j$时，上式右端行列式中有两行对应元素相同，故行列式等于零，即得

$$a_{i1}A_{j1}+a_{i2}A_{j2}+\cdots+a_{in}A_{jn}=0\quad(i\neq j).$$

上述证法按列进行，即可得

$$a_{1i}A_{1j}+a_{2i}A_{2j}+\cdots+a_{ni}A_{nj}=0\quad(i\neq j).$$

综上所述，可得代数余子式的重要性质，即行列式按行(列)展开公式：

$$\sum_{k=1}^{n}a_{ik}A_{jk}=\begin{cases}D(i=j),\\ 0(i\neq j),\end{cases}$$

或

$$\sum_{k=1}^{n}a_{ki}A_{kj}=\begin{cases}D(i=j),\\ 0(i\neq j).\end{cases}$$

仿照推论 1.5 证明中所用的方法，在行列式 $D=\det(a_{ij})$ 按第 i 行展开的展开式

$$D=a_{i1}A_{i1}+a_{i2}A_{i2}+\cdots+a_{in}A_{in}$$

中，用 b_1，b_2，…，b_n 依次代替 a_{i1}，a_{i2}，…，a_{in}，可得

$$\begin{vmatrix} a_{11} & \cdots & a_{1n} \\ \vdots & & \vdots \\ a_{i-1,1} & \cdots & a_{i-1,n} \\ b_1 & \cdots & b_n \\ a_{i+1,1} & \cdots & a_{i+1,n} \\ \vdots & & \vdots \\ a_{n1} & \cdots & a_{nn} \end{vmatrix}=b_1A_{i1}+b_2A_{i2}+\cdots+b_nA_{in}. \tag{1.11}$$

类似地，用 b_1，b_2，…，b_n 依次代替行列式 $D=\det(a_{ij})$ 中的第 j 列，可得

$$\begin{vmatrix} a_{11} & \cdots & a_{1,j-1} & b_1 & a_{1,j-1} & \cdots & a_{1n} \\ \vdots & & \vdots & \vdots & \vdots & & \vdots \\ a_{n1} & \cdots & a_{n,j-1} & b_n & a_{1,j+1} & \cdots & a_{nn} \end{vmatrix}=b_1A_{1j}+b_2A_{2j}+\cdots+b_nA_{nj}. \tag{1.12}$$

例 1.19 设

$$D=\begin{vmatrix} 3 & -5 & 2 & 1 \\ 1 & 1 & 0 & -5 \\ -1 & 3 & 1 & 3 \\ 2 & -4 & -1 & -3 \end{vmatrix},$$

D 的 (i,j) 元 a_{ij} 的余子式和代数余子式依次记作 M_{ij} 和 A_{ij}，求 $A_{11}+A_{12}+A_{13}+A_{14}$ 及 $M_{11}+M_{21}+M_{31}+M_{41}$.

解 根据式(1.11)可知 $A_{11}+A_{12}+A_{13}+A_{14}$ 等于用 1，1，1，1 代替 D 的第一行所得的行列式，即

$$A_{11}+A_{12}+A_{13}+A_{14}=\begin{vmatrix} 1 & 1 & 1 & 1 \\ 1 & 1 & 0 & -5 \\ -1 & 3 & 1 & 3 \\ 2 & -4 & -1 & -3 \end{vmatrix}\xlongequal[r_3-r_1]{r_4+r_3}\begin{vmatrix} 1 & 1 & 1 & 1 \\ 1 & 1 & 0 & -5 \\ -2 & 2 & 0 & 2 \\ 1 & -1 & 0 & 0 \end{vmatrix}$$

$$=\begin{vmatrix} 1 & 1 & -5 \\ -2 & 2 & 2 \\ 1 & -1 & 0 \end{vmatrix}\xlongequal{c_2+c_1}\begin{vmatrix} 1 & 2 & -5 \\ -2 & 0 & 2 \\ 1 & 0 & 0 \end{vmatrix}=-2\begin{vmatrix} -2 & 2 \\ 1 & 0 \end{vmatrix}=4.$$

根据式(1.12)可知

$$M_{11}+M_{21}+M_{31}+M_{41}=A_{11}-A_{21}+A_{31}-A_{41}$$

$$=\begin{vmatrix} 1 & -5 & 2 & 1 \\ -1 & 1 & 0 & -5 \\ 1 & 3 & 1 & 3 \\ -1 & -4 & -1 & -3 \end{vmatrix}\xlongequal{r_4+r_3}\begin{vmatrix} 1 & -5 & 2 & 1 \\ -1 & 1 & 0 & -5 \\ 1 & 3 & 1 & 3 \\ 0 & -1 & 0 & 0 \end{vmatrix}$$

$$=-\begin{vmatrix} 1 & 2 & 1 \\ -1 & 0 & -5 \\ 1 & 1 & 3 \end{vmatrix}\xlongequal{r_1-2r_3}-\begin{vmatrix} -1 & 0 & -5 \\ -1 & 0 & -5 \\ 1 & 1 & 3 \end{vmatrix}=0.$$

1.4.2 拉普拉斯(Laplace)展开定理

定义 1.8 在一个 n 阶行列式 D 中，任意选定 k 行 k 列($k\leqslant n$)，位于这些行与列的交叉点上的 k^2 个元素按照原来的次序组成一个 k 阶行列式 M，称为行列式 D 的一个 k 阶子式；在 D 中划去这 k 行 k 列后余下的元素按照原来的次序组成一个 $n-k$ 阶行列式 M'，称为 k 阶子式 M 的余子式.

注：M 与 M' 互为余子式.

例 1.20 在四阶行列式

$$D=\begin{vmatrix}1 & 2 & 1 & 4\\ 0 & -1 & 2 & 1\\ 0 & 0 & 2 & 1\\ 0 & 0 & 1 & 3\end{vmatrix}$$

中选定第一、三行，第二、四列得到一个二阶子式 M：

$$M=\begin{vmatrix}2 & 4\\ 0 & 1\end{vmatrix},$$

M 的余子式 $M'=\begin{vmatrix}0 & 2\\ 0 & 1\end{vmatrix}$.

例 1.21 在五阶行列式

$$D_5=\begin{vmatrix}a_{11} & a_{12} & a_{13} & a_{14} & a_{15}\\ a_{21} & a_{22} & a_{23} & a_{24} & a_{25}\\ a_{31} & a_{32} & a_{33} & a_{34} & a_{35}\\ a_{41} & a_{42} & a_{43} & a_{44} & a_{45}\\ a_{51} & a_{52} & a_{53} & a_{54} & a_{55}\end{vmatrix}$$

中，三阶子式 $M=\begin{vmatrix}a_{12} & a_{13} & a_{15}\\ a_{22} & a_{23} & a_{25}\\ a_{42} & a_{43} & a_{45}\end{vmatrix}$ 与 $M'=\begin{vmatrix}a_{31} & a_{34}\\ a_{51} & a_{54}\end{vmatrix}$ 互为余子式.

定义 1.9 设 n 阶行列式 D 的 k 阶子式 M 在 D 中所在的行标和列标分别为 $i_1, i_2, \cdots, i_k$ 和 $j_1, j_2, \cdots, j_k$，则 M 的余子式 M' 前面加上符号 $(-1)^{(i_1+i_2+\cdots+i_k)+(j_1+j_2+\cdots+j_k)}$ 后称为 M 的代数余子式.

引理 1.2 n 阶行列式 D 的任一个 k 阶子式 M 与它的代数余子式 A 的乘积中的每一项都是行列式 D 的展开式中的一项，而且符号也一致.

定理 1.3 (Laplace 定理)设在 n 阶行列式 D 中任意取定 $k(1\leqslant k\leqslant n-1)$ 行，由这 k 行元素所组成的一切 k 阶子式与它们的代数余子式的乘积之和等于行列式 D.

证明 设在 D 中取定 k 行后得到的子式为 $M_1, M_2, \cdots, M_i$，它们的代数余子式分别为 $A_1, A_2, \cdots, A_i$.

由引理 1.2 得 M_iA_i 中的每一项都是行列式 D 的展开式中的一项，且符号相同，而 $\sum\limits_{i=1}^{r}M_iA_i$ 中有 $C_n^k k!(n-k)!=\dfrac{n!}{k!(n-k)!}k!(n-k)!=n!$ 项. 又因为 M_iA_i 和 $M_jA_j(i\neq j)$ 无公共项，所以

$$D=\sum_{i=1}^{r}M_iA_i.$$

例 1.22 计算行列式

$$D=\begin{vmatrix}1&2&1&4\\0&-1&2&1\\1&0&1&3\\0&1&3&1\end{vmatrix}.$$

解 在 D 中取定第一、二行，得到的 6 个子式为

$$M_1=\begin{vmatrix}1&2\\0&-1\end{vmatrix}=-1,\ M_2=\begin{vmatrix}1&1\\0&2\end{vmatrix}=2,\ M_3=\begin{vmatrix}1&4\\0&1\end{vmatrix}=1,$$

$$M_4=\begin{vmatrix}2&1\\-1&2\end{vmatrix}=5,\ M_5=\begin{vmatrix}2&4\\-1&1\end{vmatrix}=6,\ M_6=\begin{vmatrix}1&4\\2&1\end{vmatrix}=-7,$$

它们对应的代数余子式为

$$A_1=(-1)^{(1+2)+(1+2)}\begin{vmatrix}1&3\\3&1\end{vmatrix}=-8,\ A_2=(-1)^{(1+2)+(1+3)}\begin{vmatrix}0&3\\1&1\end{vmatrix}=3,$$

$$A_3=(-1)^{(1+2)+(1+4)}\begin{vmatrix}0&1\\1&3\end{vmatrix}=-1,\ A_4=(-1)^{(1+2)+(2+3)}\begin{vmatrix}1&3\\0&1\end{vmatrix}=1,$$

$$A_5=(-1)^{(1+2)+(2+4)}\begin{vmatrix}1&1\\0&3\end{vmatrix}=-3,\ A_6=(-1)^{(1+2)+(3+4)}\begin{vmatrix}1&0\\0&1\end{vmatrix}=1.$$

根据 Laplace 定理，得

$$D=\sum_{i=1}^{6}M_iA_i=(-1)\times(-8)+2\times3+1\times(-1)+5\times1+6\times(-3)+(-7)\times1=-7.$$

Laplace 定理的应用——行列式乘法定理：

$$\begin{vmatrix}a_{11}&a_{12}&\cdots&a_{1n}\\a_{21}&a_{22}&\cdots&a_{2n}\\\vdots&\vdots&&\vdots\\a_{n1}&a_{n2}&\cdots&a_{nn}\end{vmatrix}\cdot\begin{vmatrix}b_{11}&b_{12}&\cdots&b_{1n}\\b_{21}&b_{22}&\cdots&b_{2n}\\\vdots&\vdots&&\vdots\\b_{n1}&b_{n2}&\cdots&b_{nn}\end{vmatrix}=\begin{vmatrix}c_{11}&c_{12}&\cdots&c_{1n}\\c_{21}&c_{22}&\cdots&c_{2n}\\\vdots&\vdots&&\vdots\\c_{n1}&c_{n2}&\cdots&c_{nn}\end{vmatrix}$$

其中 $c_{ij}=\sum_{k=1}^{n}a_{ik}b_{kj}\ (i,\ j=1,\ 2,\ \cdots,\ n)$.

利用 Laplace 定理还可以得到以下重要公式：

$$\begin{vmatrix}a_{11}&\cdots&a_{1n}&0&\cdots&0\\\vdots&&\vdots&\vdots&&\vdots\\a_{n1}&\cdots&a_{nn}&0&\cdots&0\\c_{11}&\cdots&c_{1n}&b_{11}&\cdots&b_{1m}\\\vdots&&\vdots&\vdots&&\vdots\\c_{m1}&\cdots&c_{mn}&b_{m1}&\cdots&b_{mm}\end{vmatrix}=\begin{vmatrix}a_{11}&\cdots&a_{1n}\\\vdots&&\vdots\\a_{n1}&\cdots&a_{nn}\end{vmatrix}\begin{vmatrix}b_{11}&\cdots&b_{1m}\\\vdots&&\vdots\\b_{m1}&\cdots&b_{mm}\end{vmatrix},\tag{1.13}$$

$$\begin{vmatrix}0&\cdots&0&a_{11}&\cdots&a_{1n}\\\vdots&&\vdots&\vdots&&\vdots\\0&\cdots&0&a_{n1}&\cdots&a_{nn}\\b_{11}&\cdots&b_{1m}&c_{11}&\cdots&c_{1n}\\\vdots&&\vdots&\vdots&&\vdots\\b_{m1}&\cdots&b_{mm}&c_{m1}&\cdots&c_{mn}\end{vmatrix}=(-1)^{mn}\begin{vmatrix}a_{11}&\cdots&a_{1n}\\\vdots&&\vdots\\a_{n1}&\cdots&a_{nn}\end{vmatrix}\begin{vmatrix}b_{11}&\cdots&b_{1m}\\\vdots&&\vdots\\b_{m1}&\cdots&b_{mm}\end{vmatrix}.\tag{1.14}$$

■习题 1.4

1. 计算行列式$\begin{vmatrix} -3 & 0 & 4 \\ 5 & 0 & 3 \\ 2 & -2 & 1 \end{vmatrix}$中元素 2 和 −2 的代数余子式.

2. 已知四阶行列式 D 中第三列元素依次为 −1、2、0、1，它们的余子式依次为 5、3、−7、4，求 D.

3. 按第三列展开下列行列式，并计算其值：

(1) $\begin{vmatrix} 1 & 0 & a & 1 \\ 0 & -1 & b & -1 \\ -1 & -1 & c & -1 \\ -1 & 1 & d & 0 \end{vmatrix}$；　　(2) $\begin{vmatrix} a_{11} & a_{12} & a_{13} & a_{14} & a_{15} \\ a_{21} & a_{22} & a_{23} & a_{24} & a_{25} \\ a_{31} & a_{32} & 0 & 0 & 0 \\ a_{41} & a_{42} & 0 & 0 & 0 \\ a_{51} & a_{52} & 0 & 0 & 0 \end{vmatrix}$.

4. 计算下列各行列式(D_k 为 k 阶行列式)：

(1) $D_n=\begin{vmatrix} a & & 1 \\ & \ddots & \\ 1 & & a \end{vmatrix}$，其中对角线上元素都是 a，未写出的元素都是零；

(2) $D_n=\begin{vmatrix} x & a & \cdots & a \\ a & x & \cdots & a \\ \vdots & \vdots & & \vdots \\ a & a & \cdots & x \end{vmatrix}$；

(3) $D_n=\det(a_{ij})$，其中 $a_{ij}=|i-j|$；

(4) $\begin{vmatrix} 1+x & 1 & 1 & 1 \\ 1 & 1-x & 1 & 1 \\ 1 & 1 & 1+y & 1 \\ 1 & 1 & 1 & 1-y \end{vmatrix}$ $(xy\neq 0)$；

(5) $\begin{vmatrix} 0 & a & b & a \\ a & 0 & a & b \\ b & a & 0 & a \\ a & b & a & 0 \end{vmatrix}$；

(6) $\begin{vmatrix} x & y & 0 & \cdots & 0 & 0 \\ 0 & x & y & \cdots & 0 & 0 \\ \vdots & \vdots & \vdots & & \vdots & \vdots \\ 0 & 0 & 0 & \cdots & x & y \\ y & 0 & 0 & \cdots & 0 & x \end{vmatrix}$；

(7) $\begin{vmatrix} -a_1 & a_1 & 0 & \cdots & 0 & 0 \\ 0 & -a_2 & a_2 & \cdots & 0 & 0 \\ \vdots & \vdots & \vdots & & \vdots & \vdots \\ 0 & 0 & 0 & \cdots & -a_n & a_n \\ 1 & 1 & 1 & \cdots & 1 & 1 \end{vmatrix}$.

5. 设

$$D=\begin{vmatrix} 3 & 1 & -1 & 2 \\ -5 & 1 & 3 & -4 \\ 2 & 0 & 1 & -1 \\ 1 & -5 & 3 & -3 \end{vmatrix},$$

D 的(i, j)元的代数余子式记作 A_{ij}，求 $A_{31}+3A_{32}-2A_{33}+A_{34}$.

6. 把多项式 $f(x)=\begin{vmatrix} 2 & 1 & 0 & 2 \\ x & x^2 & 2 & x^3 \\ -1 & 2 & 3 & 4 \\ 1 & 0 & 0 & 2 \end{vmatrix}$ 写成关于 x 的降幂形式.

7. 利用 Laplace 定理计算 $2n$ 阶行列式：

$$D_{2n}=\begin{vmatrix} a & & & & & b \\ & \ddots & & & \iddots & \\ & & a & b & & \\ & & c & d & & \\ & \iddots & & & \ddots & \\ c & & & & & d \end{vmatrix}.$$

1.5　Cramer 法则

含有 n 个未知数的 n 个线性方程组的一般形式为

$$\begin{cases} a_{11}x_1+a_{12}x_2+\cdots+a_{1n}x_n=b_1, \\ a_{21}x_1+a_{22}x_2+\cdots+a_{2n}x_n=b_2, \\ \qquad\vdots \\ a_{n1}x_1+a_{n2}x_2+\cdots+a_{nn}x_n=b_n, \end{cases} \tag{1.15}$$

它的系数构成的 n 阶行列式

$$D=\begin{vmatrix} a_{11} & a_{12} & \cdots & a_{1n} \\ a_{21} & a_{22} & \cdots & a_{2n} \\ \vdots & \vdots & & \vdots \\ a_{n1} & a_{n2} & \cdots & a_{nn} \end{vmatrix}$$

称为方程组(1.15)的系数行列式.

定理 1.4　(Cramer 法则)如果线性方程组(1.15)的系数行列式 $D=\det(a_{ij})\neq 0$，则方程组(1.15)必有唯一解

$$x_j=\frac{D_j}{D}\quad (j=1, 2, \cdots, n), \tag{1.16}$$

其中

$$D_j=\begin{vmatrix} a_{11} & \cdots & a_{1, j-1} & b_1 & a_{1, j+1} & \cdots & a_{1n} \\ \vdots & & \vdots & \vdots & \vdots & & \vdots \\ a_{i1} & \cdots & a_{i, j-1} & b_i & a_{i, j+1} & \cdots & a_{in} \\ \vdots & & \vdots & \vdots & \vdots & & \vdots \\ a_{n1} & \cdots & a_{n, j-1} & b_n & a_{n, j+1} & \cdots & a_{nn} \end{vmatrix}\quad (j=1, 2, \cdots, n)$$

是将系数行列式 D 中第 j 列的元素 a_{1j}，a_{2j}，…，a_{nj} 对应地换为方程组的常数项 b_1，b_2，…，b_n 得到的行列式.

证明 (1) 任取第 i 个方程，先验证式(1.16)确为它的解. 因为

$$\sum_{j=1}^{n} a_{ij}x_j = \sum_{j=1}^{n} a_{ij}\frac{D_j}{D}=\frac{1}{D}\sum_{j=1}^{n} a_{ij}(b_1A_{1j}+b_2A_{2j}+\cdots+b_nA_{nj})$$

$$=\frac{1}{D}\left(b_1\sum_{j=1}^{n} a_{ij}A_{1j}+\cdots+b_i\sum_{j=1}^{n} a_{ij}A_{ij}+\cdots+b_n\sum_{j=1}^{n} a_{ij}A_{nj}\right)=\frac{1}{D}b_iD=b_i,$$

这相当于把式(1.16)代入方程组(1.15)的每个方程时它们同时变成恒等式，所以式(1.16)确为方程组(1.15)的解.

(2) 用 D 中第 j 列元素的代数余子式 A_{1j}，A_{2j}，…A_{nj} 依次乘方程组(1.15)的几个方程，再把它们相加，得

$$\left(\sum_{k=1}^{n} a_{k1}A_{k1}\right)x_1+\cdots+\left(\sum_{k=1}^{n} a_{kj}A_{kj}\right)x_j+\cdots+\left(\sum_{k=1}^{n} a_{kn}A_{kn}\right)x_n=\sum_{k=1}^{n} b_kA_{kj},$$

于是有

$$Dx_j=D_j,$$

当 $D\neq0$ 时，得解 x_j 一定满足式(1.16).

综合上述，方程组(1.15)有唯一解.

例 1.23 解线性方程组

$$\begin{cases} x_1+x_2-2x_3=-3, \\ 5x_1-2x_2+7x_3=22, \\ 2x_1-5x_2+4x_3=4. \end{cases}$$

解 $D=\begin{vmatrix} 1 & 1 & -2 \\ 5 & -2 & 7 \\ 2 & -5 & 4 \end{vmatrix}=\begin{vmatrix} 1 & 0 & 0 \\ 5 & -7 & 17 \\ 2 & -7 & 8 \end{vmatrix}=(-7)\times8+17\times7=63,$

$$D_1=\begin{vmatrix} -3 & 1 & -2 \\ 22 & -2 & 7 \\ 4 & -5 & 4 \end{vmatrix}=\begin{vmatrix} 0 & 1 & 0 \\ 16 & -2 & 3 \\ -11 & -5 & -6 \end{vmatrix}=-\begin{vmatrix} 16 & 3 \\ -11 & -6 \end{vmatrix}=63,$$

$$D_2=\begin{vmatrix} 1 & -3 & -2 \\ 5 & 22 & 7 \\ 2 & 4 & 4 \end{vmatrix}=\begin{vmatrix} 1 & 0 & 0 \\ 5 & 37 & 17 \\ 2 & 10 & 8 \end{vmatrix}=37\times8-17\times10=126,$$

$$D_3=\begin{vmatrix} 1 & 1 & -3 \\ 5 & -2 & 22 \\ 2 & -5 & 4 \end{vmatrix}=\begin{vmatrix} 1 & 0 & 0 \\ 5 & -7 & 37 \\ 2 & -7 & 10 \end{vmatrix}=(-7)\times10+7\times37=189,$$

由于方程组的系数行列式 $D\neq0$，因此根据 Cramer 法则得方程组的唯一解为

$$x_1=1,\ x_2=2,\ x_3=3.$$

例 1.24 已知三次曲线方程 $y=f(x)=a_0+a_1x+a_2x^2+a_3x^3$ 在四个点 $x=\pm1$，$x=\pm2$ 处的值分别为 $f(1)=f(-1)=f(2)=6$，$f(-2)=-6$，试求 a_0、a_1、a_2、a_3.

解 将三次曲线在四点处的值代入方程，得到关于 a_0、a_1、a_2、a_3 的线性方程组

$$\begin{cases} a_0+a_1+a_2+a_3=6, \\ a_0+(-1)a_1+(-1)^2a_2+(-1)^3a_3=6, \\ a_0+2a_1+2^2a_2+2^3a_3=6, \\ a_0+(-2)a_1+(-2)^2a_2+(-2)^3a_3=-6, \end{cases}$$

它的系数行列式为

$$D=\begin{vmatrix}1 & 1 & 1 & 1\\1 & -1 & (-1)^2 & (-1)^3\\1 & 2 & 2^2 & 2^3\\1 & -2 & (-2)^2 & (-2)^3\end{vmatrix}$$

$$=(-1-1)(2-1)(2+1)(-2-1)(-2+1)(-2-2)=72,$$

于是，由 Cramer 法则可得三次曲线方程的系数 $a_j=\dfrac{D_j}{D}(j=0,1,2,3)$，其中

$$D_0=\begin{vmatrix}6 & 1 & 1 & 1\\6 & -1 & (-1)^2 & (-1)^3\\6 & 2 & 2^2 & 2^3\\-6 & -2 & (-2)^2 & (-2)^3\end{vmatrix}=576,\quad D_1=\begin{vmatrix}1 & 6 & 1 & 1\\1 & 6 & 1 & (-1)^3\\1 & 6 & 2^2 & 2^3\\1 & -6 & (-2)^2 & (-2)^3\end{vmatrix}=-72,$$

$$D_2=\begin{vmatrix}1 & 1 & 6 & 1\\1 & -1 & 6 & (-1)^3\\1 & 2 & 6 & 2^3\\1 & -2 & -6 & (-2)^3\end{vmatrix}=-144,\qquad D_3=\begin{vmatrix}1 & 1 & 1 & 6\\1 & -1 & (-1)^2 & 6\\1 & 2 & 2^2 & 6\\1 & -2 & (-2)^2 & -6\end{vmatrix}=72.$$

所以

$$a_0=8,\ a_1=-1,\ a_2=-2,\ a_3=1.$$

上述解是唯一解，因此过上述四点所确定的三次曲线方程为

$$y=f(x)=8-x-2x^2+x^3.$$

Cramer 法则亦可叙述为如下定理.

定理 1.5　如果线性方程组(1.15)的系数行列式 $D\neq0$，则方程组(1.15)一定有解，且解是唯一的.

定理 1.5 的逆否定理如下.

定理 1.6　如果线性方程组(1.15)无解或有两个不同的解，则它的系数行列式必为零.

当线性方程组(1.15)右端的常数项 $b_1, b_2, \cdots, b_n$ 不全为零时，线性方程组(1.15)叫作非齐次线性方程组；当 $b_1, b_2, \cdots, b_n$ 全为零时，线性方程组(1.15)叫作齐次线性方程组.

齐次线性方程组

$$\begin{cases}a_{11}x_1+a_{12}x_2+\cdots+a_{1n}x_n=0,\\a_{21}x_1+a_{22}x_2+\cdots+a_{2n}x_n=0,\\\qquad\vdots\\a_{n1}x_1+a_{n2}x_2+\cdots+a_{nn}x_n=0\end{cases}\tag{1.17}$$

总有解，$x_1=0, x_2=0, \cdots, x_n=0$ 称为齐次线性方程组(1.17)的零解. 若一组不全为零的数是齐次线性方程组(1.17)的解，则称该组解为齐次线性方程组(1.17)的非零解. 由定理 1.5 可得如下定理.

定理 1.7　如果齐次线性方程组(1.17)的系数行列式 $D\neq0$，则齐次线性方程组(1.17)没有非零解.

定理 1.8　齐次线性方程组(1.17)的系数行列式 $D=0$ 是齐次线性方程组(1.17)有非零解的必要条件.

例 1.25 判断线性方程组

$$\begin{cases} x_1+3x_2-x_3+2x_4=0 \\ x_1-5x_2+3x_3-4x_4=0 \\ 2x_2+x_3-x_4=0 \\ -5x_1+x_2+3x_3-3x_4=0 \end{cases}$$

是否只有零解.

解 因为线性方程组的系数行列式

$$D=\begin{vmatrix} 1 & 3 & -1 & 2 \\ 1 & -5 & 3 & -4 \\ 0 & 2 & 1 & -1 \\ -5 & 1 & 3 & -3 \end{vmatrix} \xlongequal[r_4+5r_1]{r_2-r_1} \begin{vmatrix} 1 & 3 & -1 & 2 \\ 0 & -8 & 4 & -6 \\ 0 & 2 & 1 & -1 \\ 0 & 16 & -2 & 7 \end{vmatrix} = -2\begin{vmatrix} 4 & -2 & 3 \\ 2 & 1 & -1 \\ 16 & -2 & 7 \end{vmatrix}$$

$$=-4\begin{vmatrix} 2 & -2 & 3 \\ 1 & 1 & -1 \\ 8 & -2 & 7 \end{vmatrix} \xlongequal[c_2+c_3]{c_1+c_3} -4\begin{vmatrix} 5 & 1 & 3 \\ 0 & 0 & -1 \\ 15 & 5 & 7 \end{vmatrix} = -4\begin{vmatrix} 5 & 1 \\ 15 & 5 \end{vmatrix} = -40 \neq 0,$$

由定理 1.7 知，已知线性方程组只有零解.

例 1.26 问 λ 为何值时，齐次线性方程组

$$\begin{cases} x_1+\lambda x_2+x_3=0 \\ x_1-x_2+x_3=0 \\ \lambda x_1+x_2+2x_3=0 \end{cases}$$

有非零解？

解 由定理 1.8 可知，如果齐次线性方程组有非零解，那么它的系数行列式

$$D=\begin{vmatrix} 1 & \lambda & 1 \\ 1 & -1 & 1 \\ \lambda & 1 & 2 \end{vmatrix} = -(1+\lambda)(2-\lambda)=0,$$

由此得 $\lambda=-1$ 或 $\lambda=2$. 容易验证，当 $\lambda=-1$ 或 $\lambda=2$ 时，已知齐次线性方程组有非零解.

■习题 1.5

1. 利用 Cramer 法则解下列方程组：

(1) $\begin{cases} x_1+x_2-2x_3=-2, \\ x_2+2x_3=1, \\ x_1-x_2=2; \end{cases}$

(2) $\begin{cases} 2x_1+2x_2-x_3+x_4=4, \\ 4x_1+3x_2-x_3+2x_4=6, \\ 8x_1+5x_2-3x_3+4x_4=12, \\ 3x_1+3x_2-2x_3+2x_4=6; \end{cases}$

(3) $\begin{cases} 2x_1+x_2-5x_3+x_4=8, \\ x_1-3x_2-6x_4=9, \\ 2x_2-x_3+2x_4=-5, \\ x_1+4x_2-7x_3+6x_4=0. \end{cases}$

2. 问 λ 为何值时，齐次方程组

$$\begin{cases}(5-\lambda)x_1+2x_2+2x_3=0,\\ 2x_1+(6-\lambda)x_2 \qquad\quad =0,\\ 2x_1+(4-\lambda)x_3 \qquad\quad =0\end{cases}$$

有非零解？

3. 判断齐次线性方程组 $\begin{cases}2x_1+2x_2-x_3=0,\\ x_1-2x_2+4x_3=0,\\ 5x_1+8x_2-2x_3=0\end{cases}$ 是否仅有零解.

4. 证明：当 $abc\neq 0$ 时，方程组 $\begin{cases}bx+ay=c,\\ cx+az=b,\\ cy+bz=a\end{cases}$ 有唯一解，并求其解.

5. 某公司人员有主管与职员两类，其月薪分别为 5000 元与 2500 元，以前公司每月工资发出 6 万元，现在经营状况不佳，为将月工资发出减少到 3.8 万元，公司决定将主管月薪降至 4000 元，并裁减 $\frac{2}{5}$ 职员，试求公司原有主管与职员的人数.

1.6 典型例题

前面介绍了行列式的性质和行列式按行(列)展开定理. 利用行列式的性质把原行列式化为容易求值的行列式，常用的方法是把原行列式化为上(下)三角形行列式，从而把行列式计算出来；或利用行列式按行(列)展开定理，通过降阶来计算行列式. 对于行列式计算所给的形式不同，其计算方法也不同，有时一道题能用多种方法计算. 本节将介绍几种常用的行列式计算方法.

1. 利用行列式的定义

例 1.27 在一个 n 阶行列式中，等于零的元素个数多于 n^2-n，证明该行列式等于零.

证明 根据行列式的定义可知，全部展开后共有 $n!$ 项，而每项均由来自不同行不同列的几个数相乘. 因 n 阶行列式共有 n^2 个元素，如果其中等于零的元素个数多于 n^2-n，则不等于零的元素个数少于 n，因此该行列式的全部展开式的每项中至少有一个元素是零，故每项都是零，则行列式等于零.

例 1.28 按定义计算

$$f(x)=\begin{vmatrix}2x & x & 1 & 2\\ 1 & x & 1 & -1\\ 3 & 2 & x & 1\\ 1 & 1 & 1 & x\end{vmatrix}$$

中 x^4 和 x^3 的系数，并说明理由.

解 出现 x^4 的乘积为 $a_{11}a_{22}a_{33}a_{44}=2x^4$，故 $f(x)$ 中 x^4 的系数为 2；出现 x^3 的乘积为 $(-1)^{t(2134)}a_{12}a_{21}a_{33}a_{44}=-x^3$，故 $f(x)$ 中 x^3 的系数为 -1.

2. 化为上(下)三角形行列式

例 1.29 计算行列式

$$D_4=\begin{vmatrix} x & -1 & 0 & 0 \\ 0 & x & -1 & 0 \\ 0 & 0 & x & -1 \\ a_0 & a_1 & a_2 & a_3+x \end{vmatrix}.$$

解 解法 1 连续按第一列展开

$$D_4=x\begin{vmatrix} x & -1 & 0 \\ 0 & x & -1 \\ a_1 & a_2 & a_3+x \end{vmatrix}+(-1)^{4+1}a_0\begin{vmatrix} -1 & 0 & 0 \\ x & -1 & 0 \\ 0 & x & -1 \end{vmatrix}$$

$$=a_0(-1)^8+x\left[x\begin{vmatrix} x & -1 \\ a_2 & a_3+x \end{vmatrix}+a_1(-1)^{3+1}\begin{vmatrix} -1 & 0 \\ x & -1 \end{vmatrix}\right]$$

$$=a_0+a_1x+x^2[x(a_3+x)+a_2]$$

$$=a_0+a_1x+a_2x^2+a_3x^3+x^4.$$

解法 2 将第 i 列乘 x 加到第 $i-1$ 列，次序为 $i=4, 3, 2$，即

$$D_4\xlongequal[i=4,\,3,\,2]{c_{i-1}+xc_i}\begin{vmatrix} 0 & -1 & 0 & 0 \\ 0 & 0 & -1 & 0 \\ 0 & 0 & 0 & -1 \\ a_0+a_1x+a_2x^2+a_3x^3+x^4 & a_1+a_2x+a_3x^2+x^3 & a_2+a_3x+x^2 & a_3+x \end{vmatrix}$$

$$=(-1)^{4+1}(a_0+a_1x+a_2x^2+a_3x^3+x^4)\begin{vmatrix} -1 & 0 & 0 \\ 0 & -1 & 0 \\ 0 & 0 & -1 \end{vmatrix}$$

$$=a_0+a_1x+a_2x^2+a_3x^3+x^4.$$

例 1.30 计算行列式

$$D_5=\begin{vmatrix} 1-a & a & 0 & 0 & 0 \\ -1 & 1-a & a & 0 & 0 \\ 0 & -1 & 1-a & a & 0 \\ 0 & 0 & -1 & 1-a & a \\ 0 & 0 & 0 & -1 & 1-a \end{vmatrix}.$$

解 解法 1 先将第 i 列加到第 $i-1$ 列，次序为 $i=5, 4, 3, 2$，再将主对角元素 a_{44}、a_{33}、a_{22}、a_{11} 化为 1，即

$$D_5\xlongequal[i=5,\,4,\,3,\,2]{c_{i-1}+c_i}\begin{vmatrix} 1 & a & 0 & 0 & 0 \\ 0 & 1 & a & 0 & 0 \\ 0 & 0 & 1 & a & 0 \\ 0 & 0 & 0 & 1 & a \\ -a & -a & -a & -a & 1-a \end{vmatrix}$$

$$\xlongequal[i=1,2,3,4]{c_{i+1}-ac_i}\begin{vmatrix}1&0&0&0&0\\0&1&0&0&0\\0&0&1&0&0\\0&0&0&1&0\\-a&-a+a^2&-a+a^2-a^3&-a+a^2-a^3+a^4&1-a+a^2-a^3+a^4-a^5\end{vmatrix}$$

$=1-a+a^2-a^3+a^4-a^5.$

解法 2　先将二、三、四、五列加到第一列，再接第一列展开，即

$$D_5\xlongequal[i=2,3,4,5]{c_1+c_i}\begin{vmatrix}1&a&0&0&0\\0&1-a&a&0&0\\0&-1&1-a&a&0\\0&0&-1&1-a&a\\-a&0&0&-1&1-a\end{vmatrix}$$

$$=D_4+(-1)^{5+1}(-a)\begin{vmatrix}a&0&0&0\\1-a&a&0&0\\-1&1-a&a&0\\0&-1&1-a&a\end{vmatrix}=D_4+(-a)^5,$$

这是一个递推公式，显然有，$D_4=D_3+(-a)^4$，$D_3=D_2+(-a)^3$，$D_2=D_1+(-a)^2$，$D_1=1-a$，逐步递推得

$$\begin{aligned}D_5&=D_4+(-a)^5=D_3+(-a)^4-a^5\\&=D_2+(-a)^3+a^4-a^5\\&=1-a+a^2-a^3+a^4-a^5.\end{aligned}$$

例 1.31　计算 n 阶行列式

$$D_n=\begin{vmatrix}0&1&1&\cdots&1\\1&0&1&\cdots&1\\1&1&0&\cdots&1\\\vdots&\vdots&\vdots&&\vdots\\1&1&1&\cdots&0\end{vmatrix}.$$

解　先将第一行的每个元素乘 -1 加到第 $i(i=2,3,\cdots,n)$ 行，再将 $i(i=2,3,\cdots,n)$ 列加到第一列，即

$$D_n\xlongequal[i=2,3,\cdots,n]{r_i-r_1}\begin{vmatrix}0&1&1&\cdots&1\\1&-1&0&\cdots&0\\1&0&-1&\cdots&0\\\vdots&\vdots&\vdots&&\vdots\\1&0&0&\cdots&-1\end{vmatrix}$$

$$\xlongequal[i=2,3,\cdots,n]{c_1+c_i}\begin{vmatrix}n-1&1&1&\cdots&1\\0&-1&0&\cdots&0\\0&0&-1&\cdots&0\\\vdots&\vdots&\vdots&&\vdots\\0&0&0&\cdots&-1\end{vmatrix}=(-1)^{n-1}(n-1).$$

例 1.32 计算 $n+1$ 阶行列式

$$D_{n+1}=\begin{vmatrix} 1 & a & a^2 & \cdots & a^{n-1} & a^n \\ a^n & 1 & a & \cdots & a^{n-2} & a^{n-1} \\ a^{n-1} & a^n & 1 & \cdots & a^{n-3} & a^{n-2} \\ \vdots & \vdots & \vdots & & \vdots & \vdots \\ a^2 & a^3 & a^4 & \cdots & 1 & a \\ a & a^2 & a^3 & \cdots & a^n & 1 \end{vmatrix}.$$

解 将第 $i+1$ 行乘 $-a$ 加到第 i ($i=1, 2, \cdots, n$)行，得

$$D_{n+1}\xlongequal[i=1,2,\cdots,n]{r_i-ar_{i+1}}\begin{vmatrix} 1-a^{n+1} & 0 & 0 & \cdots & 0 & 0 \\ 0 & 1-a^{n+1} & 0 & \cdots & 0 & 0 \\ 0 & 0 & 1-a^{n+1} & \cdots & 0 & 0 \\ \vdots & \vdots & \vdots & & \vdots & \vdots \\ 0 & 0 & 0 & \cdots & 1-a^{n+1} & 0 \\ a & a^2 & a^3 & \cdots & a^n & 1 \end{vmatrix}$$

$$=(1-a^{n+1})^n.$$

3. 利用行列式展开定理

行列式展开定理及其推论也是计算行列式的主要方法之一，该方法主要通过降阶来达到求出行列式值的目的.

例 1.33 计算行列式

$$D_n=\begin{vmatrix} 1 & 2 & 2 & \cdots & 2 & 2 \\ 2 & 2 & 2 & \cdots & 2 & 2 \\ 2 & 2 & 3 & \cdots & 2 & 2 \\ \vdots & \vdots & \vdots & & \vdots & \vdots \\ 2 & 2 & 2 & \cdots & n-1 & 2 \\ 2 & 2 & 2 & \cdots & 2 & n \end{vmatrix} \quad (n\geqslant 2).$$

解 解法 1

$$D_n=\begin{vmatrix} 1 & 2 & 2 & \cdots & 2 & 2 \\ 2 & 2 & 2 & \cdots & 2 & 2 \\ 2 & 2 & 3 & \cdots & 2 & 2 \\ \vdots & \vdots & \vdots & & \vdots & \vdots \\ 2 & 2 & 2 & \cdots & n-1 & 2 \\ 2 & 2 & 2 & \cdots & 2 & 2 \end{vmatrix}+\begin{vmatrix} 1 & 2 & 2 & \cdots & 2 & 2 \\ 2 & 2 & 2 & \cdots & 2 & 2 \\ 2 & 2 & 3 & \cdots & 2 & 2 \\ \vdots & \vdots & \vdots & & \vdots & \vdots \\ 2 & 2 & 2 & \cdots & n-1 & 2 \\ 0 & 0 & 0 & \cdots & 0 & n-2 \end{vmatrix}$$

$$=0+(n-2)D_{n-1},$$

即有 $D_n=(n-2)D_{n-1}$，且 $D_2=-2$，从而 $D_n=-2(n-2)!$.

解法 2 先将行列式的第二行乘 -1 加到其他行上去，再按第一行展开，即

$$D_n \xlongequal[i=1,3,\cdots,n]{r_i-r_2} \begin{vmatrix} -1 & 0 & 0 & \cdots & 0 & 0 \\ 2 & 2 & 2 & \cdots & 2 & 2 \\ 0 & 0 & 1 & \cdots & 0 & 0 \\ \vdots & \vdots & \vdots & & \vdots & \vdots \\ 0 & 0 & 0 & \cdots & n-3 & 0 \\ 0 & 0 & 0 & \cdots & 0 & n-2 \end{vmatrix}$$

$$=(-1)\begin{vmatrix} 2 & 2 & \cdots & 2 & 2 \\ 0 & 1 & \cdots & 0 & 0 \\ \vdots & \vdots & & \vdots & \vdots \\ 0 & 0 & \cdots & n-3 & 0 \\ 0 & 0 & \cdots & 0 & n-2 \end{vmatrix}=-2(n-2)!.$$

例 1.34 计算行列式

$$D_n=\begin{vmatrix} x & y & 0 & \cdots & 0 & 0 \\ 0 & x & y & \cdots & 0 & 0 \\ 0 & 0 & x & \cdots & 0 & 0 \\ \vdots & \vdots & \vdots & & \vdots & \vdots \\ 0 & 0 & 0 & \cdots & x & y \\ y & 0 & 0 & \cdots & 0 & x \end{vmatrix}.$$

解 $$D_n \xlongequal{\text{按第}n\text{行展开}} x\begin{vmatrix} x & y & \cdots & 0 & 0 \\ 0 & x & \cdots & 0 & 0 \\ \vdots & \vdots & & \vdots & \vdots \\ 0 & 0 & \cdots & x & y \\ 0 & 0 & \cdots & 0 & x \end{vmatrix}_{(n-1)\times(n-1)}+(-1)^{n+1}y\begin{vmatrix} y & 0 & \cdots & 0 & 0 \\ x & y & \cdots & 0 & 0 \\ 0 & x & & 0 & 0 \\ \vdots & \vdots & & \vdots & \vdots \\ 0 & 0 & \cdots & x & y \end{vmatrix}_{(n-1)\times(n-1)}$$

$$=x^n+(-1)^{n+1}y^n.$$

4. 利用数学归纳法和递推关系式

例 1.35 证明

$$D_n=\begin{vmatrix} 2 & -1 & 0 & \cdots & 0 & 0 \\ -1 & 2 & -1 & \cdots & 0 & 0 \\ 0 & -1 & 2 & \cdots & 0 & 0 \\ \vdots & \vdots & \vdots & & \vdots & \vdots \\ 0 & 0 & 0 & \cdots & 2 & -1 \\ 0 & 0 & 0 & \cdots & -1 & 2 \end{vmatrix}=n+1.$$

证明 当 $n=1$ 时，$D_1=2=1+1$，故结论对一阶行列式成立. 假设结论对 $n-1$ 阶行列式成立，即 $D_{n-1}=n-1+1=n$，需要证明结论对 n 阶行列式成立. 将 D_n 中各列加到第一列，再按第一列展开，得

$$D_n \xlongequal[i=2,3,\cdots,n]{c_1+c_i} \begin{vmatrix} 1 & -1 & 0 & \cdots & 0 & 0 \\ 0 & 2 & -1 & \cdots & 0 & 0 \\ 0 & -1 & 2 & \cdots & 0 & 0 \\ \vdots & \vdots & \vdots & & \vdots & \vdots \\ 0 & 0 & 0 & \cdots & 2 & -1 \\ 1 & 0 & 0 & \cdots & -1 & 2 \end{vmatrix}$$

$$=D_{n-1}+(-1)^{n+1}\begin{vmatrix} -1 & 0 & 0 & \cdots & 0 & 0 \\ 2 & -1 & 0 & \cdots & 0 & 0 \\ -1 & 2 & -1 & \cdots & 0 & 0 \\ \vdots & \vdots & \vdots & & \vdots & \vdots \\ 0 & 0 & 0 & \cdots & -1 & 0 \\ 0 & 0 & 0 & \cdots & 2 & -1 \end{vmatrix}$$

$$=D_{n-1}+(-1)^{n+1}(-1)^{n-1}=D_{n-1}+1,$$

由归纳假设 $D_{n-1}=n$，故 $D_n=n+1$，对一切 $n\geqslant 1$ 成立.

例 1.36 计算 n 阶行列式

$$D_n=\begin{vmatrix} a+b & ab & 0 & \cdots & 0 & 0 & 0 \\ 1 & a+b & ab & \cdots & 0 & 0 & 0 \\ 0 & 1 & a+b & \cdots & 0 & 0 & 0 \\ \vdots & \vdots & \vdots & & \vdots & \vdots & \vdots \\ 0 & 0 & 0 & \cdots & 1 & a+b & ab \\ ab & 0 & 0 & \cdots & 0 & 1 & a+b \end{vmatrix}.$$

解 把行列式按第一行展开，得

$$D_n=(a+b)D_{n-1}-abD_{n-2}, \tag{1.18}$$

这就是我们要找的递推关系式. 当 $n>3$ 时，把式(1.18)改写为

$$D_n-aD_{n-1}=b(D_{n-1}-aD_{n-2}),$$

进而可得

$$D_n-aD_{n-1}=b(D_{n-1}-aD_{n-2})=b^2(D_{n-2}-aD_{n-3})=\cdots=b^{n-2}(D_2-aD_1). \tag{1.19}$$

又因为

$$D_1=a+b,\ D_2=\begin{vmatrix} a+b & ab \\ 1 & a+b \end{vmatrix}=(a+b)^2-ab,$$

所以将 D_1、D_2 代入式(1.19)得

$$D_n-aD_{n-1}=b^n. \tag{1.20}$$

由式(1.18)又可得

$$D_n-bD_{n-1}=a^n. \tag{1.21}$$

当 $a\neq b$ 时，联立式(1.20)和式(1.21)解得

$$D_n=\frac{a^{n+1}-b^{n+1}}{a-b}.$$

当 $a=b$ 时，式(1.20)化为 $D_n=aD_{n-1}+a^n$，连续运用这个递推公式，得

$$D_n=a^{n-1}D_1+(n-1)a^n=(n+1)a^n.$$

5. 利用 Vandermonde 行列式

例 1.37 计算行列式

$$D_n=\begin{vmatrix} 1 & 1 & \cdots & 1 \\ x_1+1 & x_2+1 & \cdots & x_n+1 \\ x_1^2+x_1 & x_2^2+x_2 & \cdots & x_n^2+x_n \\ x_1^3+x_1^2 & x_2^3+x_2^2 & \cdots & x_n^3+x_n^2 \\ \vdots & \vdots & & \vdots \\ x_1^{n-1}+x_1^{n-2} & x_2^{n-1}+x_2^{n-2} & \cdots & x_n^{n-1}+x_n^{n-2} \end{vmatrix}.$$

解 观察行列式中元素的规律，先将第一行乘－1 加到第二行，再把新得到的行列式的第二行乘－1 加到第三行，…，依次类推，直到把新得到的行列式的第$(n-1)$行乘－1 加到第 n 行，便得 Vandermonde 行列式，故得

$$D_n=\begin{vmatrix} 1 & 1 & \cdots & 1 \\ x_1 & x_2 & \cdots & x_n \\ x_1^2 & x_2^2 & \cdots & x_n^2 \\ \vdots & \vdots & & \vdots \\ x_1^{n-1} & x_2^{n-1} & \cdots & x_n^{n-1} \end{vmatrix}=\prod_{1\leqslant j<i\leqslant n}(x_i-x_j).$$

本 章 小 结

一、主要内容

(1) 行列式按任一行(列)的展开式为

$$D=a_{i1}A_{i1}+a_{i2}A_{i2}+\cdots+a_{in}A_{in}\quad (i=1,\ 2,\ \cdots,\ n),\text{(按行展开)}$$

或

$$D=a_{1j}A_{1j}+a_{2j}A_{2j}+\cdots+a_{nj}A_{nj}\quad (j=1,\ 2,\ \cdots,\ n),\text{(按列展开)}$$

(2) 行列式的性质：

① 行列式与它的转置行列式相等.

② 互换行列式的两行(列)，行列式变号.

③ 若行列式有两行(列)的元素对应相等，则此行列式等于零.

④ 行列式的某一行(列)的全部元素都乘同一个数 k，等于用数 k 乘这个行列式.

⑤ 若行列式中某一行(列)的元素都是两个数之和，例如第 i 行的元素都是两数之和：

$$D=\begin{vmatrix} a_{11} & a_{12} & \cdots & a_{1n} \\ \vdots & \vdots & & \vdots \\ b_{i1}+c_{i1} & b_{i2}+c_{i2} & \cdots & b_{in}+c_{in} \\ \vdots & \vdots & & \vdots \\ a_{n1} & a_{n2} & \cdots & a_{nn} \end{vmatrix},$$

则行列式 D 等于下列两个行列式之和，

$$D=D_1+D_2=\begin{vmatrix} a_{11} & a_{12} & \cdots & a_{1n} \\ \vdots & \vdots & & \vdots \\ b_{i1} & b_{i2} & \cdots & b_{in} \\ \vdots & \vdots & & \vdots \\ a_{n1} & a_{n2} & \cdots & a_{nn} \end{vmatrix}+\begin{vmatrix} a_{11} & a_{12} & \cdots & a_{1n} \\ \vdots & \vdots & & \vdots \\ c_{i1} & c_{i2} & \cdots & c_{in} \\ \vdots & \vdots & & \vdots \\ a_{n1} & a_{n2} & \cdots & a_{nn} \end{vmatrix}.$$

⑥ 若行列式中有两行(列)的对应元素成比例，则此行列式等于零.

⑦ 把行列式中某一行(列)的各元素乘同一数并加到另一行(列)对应的元素上去，行列式的值不变.

(3) 当含有 n 个方程、n 个未知数的线性方程组的系数行列式不等于零时，该线性方程组必有唯一解.

(4) 当含有 n 个方程、n 个未知数的齐次线性方程组的系数行列式不等于零时，该齐次线性方程组只有零解.

二、重点练习内容

(1) 计算行列式中元素的余子式和代数余子式.

(2) 计算三阶、四阶行列式.

(3) 用行列式的性质及行列式展开定理计算行列式.

(4) 计算各行元素之和相同的行列式以及各列元素之和相同的行列式.

(5) 利用 Cramer 法则解线性方程组.

总习题 1

一、填空题

1. 已知 $\begin{vmatrix} 1 & 2 & 3 \\ 1 & -1 & x \\ 1 & 1 & -1 \end{vmatrix}$ 是关于 x 的一次多项式，该式中 x 的系数为________.

2. 若 $t(124659783)=9$，则 $t(387956421)=$________.

3. 若 $\begin{vmatrix} a & b & c & d \\ 1 & 0 & 2 & 4 \\ 3 & 1 & 0 & 6 \\ 1 & 1 & 1 & 1 \end{vmatrix}=8$，则行列式 $\begin{vmatrix} a+1 & 2 & 2 & 2 \\ b & 1 & 0 & 2 \\ c+2 & 3 & -1 & 2 \\ d+4 & 5 & 5 & 2 \end{vmatrix}=$________.

4. 行列式 $D_5=\begin{vmatrix} 0 & 0 & 0 & 1 & 0 \\ 0 & 0 & 2 & 7 & 0 \\ 0 & 3 & 6 & 9 & 0 \\ 4 & 10 & 11 & -5 & 0 \\ 8 & 1 & 3 & 7 & 5 \end{vmatrix}=$________.

5. 设行列式 $D=\begin{vmatrix} 3 & 0 & 4 & 0 \\ 2 & 2 & 2 & 2 \\ 0 & -7 & 0 & 0 \\ 5 & 3 & -2 & 2 \end{vmatrix}$，则第四行元素的余子式之和的值为________.

二、选择题

1. n 阶行列式 $D_n=0$ 的必要条件是( ).

A. 以 D_n 为系数行列式的齐次线性方程组有非零解

B. D_n 中有两行(或两列)元素对应成比例

C. D_n 中各列元素之和为零

D. D_n 中有一行(或列)元素全为零

2. n 阶行列式 $D_n=0$ 的充分条件是( ).

A. 零元素的个数大于 n B. D_n 中各行元素之和为零

C. 主对角线上元素全为零 D. 次对角线上元素全为零

3. n 阶行列式 $D_n=\begin{vmatrix} 0 & 0 & \cdots & 0 & 1 \\ 0 & 0 & \cdots & 1 & 0 \\ \vdots & \vdots & & \vdots & \vdots \\ 0 & 1 & \cdots & 0 & 0 \\ 1 & 0 & \cdots & 0 & 0 \end{vmatrix}=$( ).

A. -1 B. $(-1)^{\frac{n(n-1)}{2}}$ C. $(-1)^{\frac{n(n+1)}{2}}$ D. 1

4. 设 $f(x)=\begin{vmatrix} x & x & 1 & 0 \\ 1 & x & 2 & 3 \\ 2 & 3 & x & 2 \\ 1 & 1 & 2 & x \end{vmatrix}$，则 $f(x)$ 中的常数项为( ).

A. 0 B. 6 C. -5 D. 2

5. 设 $\begin{vmatrix} \lambda-1 & 1 & 2 \\ 3 & \lambda-2 & 1 \\ 2 & 3 & \lambda-3 \end{vmatrix}=0$，则 λ 的值为( ).

A. 4 B. -4 C. 2 D. -2

6. 设行列式 $D=\begin{vmatrix} a_{11} & a_{12} & a_{13} \\ a_{21} & a_{22} & a_{23} \\ a_{31} & a_{32} & a_{33} \end{vmatrix}=3$，$D_1=\begin{vmatrix} 3a_{11} & 4a_{11}-2a_{12} & a_{13} \\ 3a_{21} & 4a_{21}-2a_{22} & a_{23} \\ 3a_{31} & 4a_{31}-2a_{32} & a_{33} \end{vmatrix}$，则 D_1 的值为( ).

A. 9 B. -9 C. 18 D. -18

7. 行列式 $\begin{vmatrix} 2 & k-3 \\ k-3 & 2 \end{vmatrix}\neq 0$ 的充分必要条件是( ).

A. $k\neq 1$ 且 $k\neq 3$ B. $k\neq 1$ 且 $k\neq 5$ C. $k\neq -1$ 且 $k\neq 3$ D. $k\neq 2$ 且 $k\neq -1$

8. 已知五阶行列式 $D_5=\begin{vmatrix} 1 & 2 & 3 & 4 & 5 \\ 2 & 2 & 2 & 1 & 1 \\ 3 & 1 & 2 & 4 & 5 \\ 1 & 1 & 1 & 2 & 2 \\ 4 & 3 & 1 & 5 & 0 \end{vmatrix}=27$，$A_{2j}$ 是 a_{2j} 的代数余子式，则 $A_{21}+A_{22}+A_{23}$

和 $A_{24}+A_{25}$ 的值分别为(　　).

A. 18 和 9　　B. 9 和 18　　C. 18 和 -9　　D. -9 和 -18

9. 方程 $\begin{vmatrix} 1 & 1 & 1 & 1 \\ 1 & 2 & -2 & x \\ 1 & 4 & 4 & x^2 \\ 1 & 8 & -8 & x^3 \end{vmatrix}=0$ 的根为(　　).

A. 1，2，-2　　B. 1，2，3　　C. 1，-1，2　　D. 0，1，2

10. 当 $a\neq$(　　)时，方程组 $\begin{cases} ax_1 \qquad +x_3=0, \\ 2x_1+ax_2+x_3=0, \\ ax_1-2x_2+x_3=0 \end{cases}$ 只有零解.

A. -1　　B. 0　　C. -2　　D. 2

三、解答题

1. 计算下列行列式：

(1) $\begin{vmatrix} 1 & 1 & 1 & 1 \\ 1 & -1 & 1 & 1 \\ 1 & 1 & -1 & 1 \\ 1 & 1 & 1 & -1 \end{vmatrix}$；

(2) $\begin{vmatrix} 1 & x & y & z \\ x & 1 & 0 & 0 \\ y & 0 & 1 & 0 \\ z & 0 & 0 & 1 \end{vmatrix}$；

(3) $\begin{vmatrix} 5 & 3 & 0 & 0 & 0 \\ 2 & 5 & 3 & 0 & 0 \\ 0 & 2 & 5 & 3 & 0 \\ 0 & 0 & 2 & 5 & 3 \\ 0 & 0 & 0 & 2 & 5 \end{vmatrix}$；

(4) $\begin{vmatrix} 1 & 2 & 0 & 0 & 0 \\ 2 & 5 & 0 & 0 & 0 \\ 9 & 8 & 1 & 2 & 3 \\ 7 & 6 & 4 & 5 & 6 \\ 5 & 4 & 7 & 8 & 9 \end{vmatrix}$；

(5) $D_n=\begin{vmatrix} 2 & 1 & 1 & \cdots & 1 \\ 1 & 2 & 1 & \cdots & 1 \\ 1 & 1 & 2 & & 1 \\ \vdots & \vdots & \vdots & & \vdots \\ 1 & 1 & 1 & \cdots & 2 \end{vmatrix}$；

(6) $D_{n+1}=\begin{vmatrix} x & a_1 & a_2 & \cdots & a_n \\ a_1 & x & a_2 & \cdots & a_n \\ a_1 & a_2 & x & \cdots & a_n \\ \vdots & \vdots & \vdots & & \vdots \\ a_1 & a_2 & a_3 & \cdots & x \end{vmatrix}$；

(7) $D_n=\begin{vmatrix} 1 & 2 & 3 & \cdots & n \\ 2 & 3 & 4 & \cdots & 1 \\ 3 & 4 & 5 & \cdots & 2 \\ \vdots & \vdots & \vdots & & \vdots \\ n & 1 & 2 & \cdots & n-1 \end{vmatrix}$.

2. 证明 $\begin{vmatrix} \cos\alpha & 1 & & & \\ 1 & 2\cos\alpha & 1 & & \\ & \ddots & \ddots & \ddots & \\ & & 1 & 2\cos\alpha & 1 \\ & & & 1 & 2\cos\alpha \end{vmatrix}=\cos n\alpha$.

3. 已知四阶行列式中第一行的元素分别 1、2、0、-4，第三行的元素的余子式依次为 6、x、19、2，试求 x 的值.

4. 设 $D_4=\begin{vmatrix}3&6&9&12\\2&4&6&8\\1&2&0&3\\5&6&4&3\end{vmatrix}$，试求 $A_{41}+2A_{42}+3A_{44}$，其中 A_{4j} 为元素 $a_{4j}(j=1,2,4)$ 的代数余子式.

5. 已知四阶行列式 $D_4=\begin{vmatrix}1&2&3&4\\3&3&4&4\\1&5&6&7\\1&1&2&2\end{vmatrix}=-6$，试求 $A_{41}+A_{42}$ 与 $A_{43}+A_{44}$，其中 A_{4j} $(j=1,2,3,4)$ 是 D_4 中第四行的第 j 个元素的代数余子式.

6. 用 Cramer 法则解下列线性方程组：

(1) $\begin{cases}x_1+x_2+x_3+x_4=0,\\x_2+x_3+x_4+x_5=0,\\x_1+2x_2+3x_3=2,\\x_2+2x_3+3x_4=-2,\\x_3+2x_4+3x_5=2;\end{cases}$

(2) $\begin{cases}x_1+x_2-x_3-x_4=0,\\x_1-2x_2-x_3+x_4=1,\\x_1+2x_2-2x_4=1,\\7x_1-3x_2+5x_3-2x_4=38.\end{cases}$

7. 当 λ、μ 为何值时，齐次线性方程组 $\begin{cases}\lambda x_1+x_2+x_3=0,\\x_1+\mu x_2+x_3=0,\\x_1+2\mu x_2+x_3=0\end{cases}$ 有非零解？

8. 某电器公司销售甲、乙、丙三种电器，其销售原则是，每种电器 10 台以下不打折，10 台及 10 台以上打 9.5 折，20 台及 20 台以上打 9 折，有 A、B、C 三家公司来采购电器，其数量与总价见题 8 表，试求甲、乙、丙三种电器的原价.

表 题8表

公司	电器			
	甲	乙	丙	总价/元
A	10	20	15	21 350
B	20	10	10	17 650
C	20	30	20	31 500

第2章　矩阵及其运算

【学习目标】

(1) 理解矩阵的概念，了解一些特殊矩阵及其性质.

(2) 掌握矩阵的线性运算、乘法、转置及其性质.

(3) 掌握逆矩阵存在的条件，会求逆矩阵(伴随矩阵法、定义法、分块法).

(4) 了解分块矩阵运算的目的及方法.

矩阵是线性代数的主要研究对象之一，它贯穿于线性代数的各个方面，是求解线性方程组的核心工具. 并且，矩阵理论在自然科学、工程技术、经济管理等领域中有着广泛的应用. 本章将讨论矩阵的概念及其相关的运算.

2.1　矩阵的概念

定义 2.1　由 $m\times n$ 个数 $a_{ij}(i=1, 2, \cdots, m; j=1, 2, \cdots, n)$ 排成的 m 行 n 列的数表

$$\begin{matrix} a_{11} & a_{12} & \cdots & a_{1n} \\ a_{21} & a_{22} & \cdots & a_{2n} \\ \vdots & \vdots & & \vdots \\ a_{1n} & a_{2n} & \cdots & a_{mn} \end{matrix}$$

称为 m 行 n 列的矩阵，简称 $m\times n$ 矩阵. 为表示它是一个整体，总是加一个圆括弧(或方括弧)，并用大写黑体字母表示它，记作

$$\boldsymbol{A}=\begin{pmatrix} a_{11} & a_{12} & \cdots & a_{1n} \\ a_{21} & a_{22} & \cdots & a_{2n} \\ \vdots & \vdots & & \vdots \\ a_{1n} & a_{2n} & \cdots & a_{mn} \end{pmatrix},$$

也写成 $\boldsymbol{A}=(a_{ij})_{m\times n}$ 或 $\boldsymbol{A}=(a_{ij})$ 或 $\boldsymbol{A}_{m\times n}$，其中这 $m\times n$ 个数 a_{ij} 称为矩阵 $\boldsymbol{A}$ 的**元素**，数 a_{ij} 为矩阵 $\boldsymbol{A}$ 的第 i 行第 j 列元素.

所有元素是实数的矩阵称为**实矩阵**，元素中有复数的矩阵称为**复矩阵**，本书中的矩阵若不加特别说明，都指实矩阵.

若矩阵 $\boldsymbol{A}=(a_{ij})$ 的行数与列数都等于 n，则称 $\boldsymbol{A}$ 为 n 阶方阵，记为 $\boldsymbol{A}_n$.

只有一行的矩阵

$$\boldsymbol{A}=(a_1\ a_2\ \cdots\ a_n)$$

称为**行矩阵**，也称**行向量**. 为避免元素间的混淆，行矩阵也记作

$$\boldsymbol{A}=(a_1, a_2, \cdots, a_n)$$

只有一列的矩阵

$$B=\begin{pmatrix} b_1 \\ b_2 \\ \vdots \\ b_m \end{pmatrix}$$

称为**列矩阵**，也称**列向量**.

所有元素均为零的矩阵称为**零矩阵**，记为 $\boldsymbol{O}$. 注意不同型的零矩阵是不同的. 1×1 的矩阵 $(a)_{1\times1}$ 通常看成一个数 a.

设矩阵 $\boldsymbol{A}=(a_{ij})_{m\times n}$，若 $\boldsymbol{B}=(-a_{ij})_{m\times n}$，则称 $\boldsymbol{B}$ 为 $\boldsymbol{A}$ 的负矩阵，记作 $\boldsymbol{B}=-\boldsymbol{A}$.

为了加深对矩阵概念的理解，下面我们介绍一些产生矩阵概念的背景.

例 2.1　某厂生产 3 种产品，各产品的季度产值可以用以下矩阵给出

$$\begin{pmatrix} a_{11} & a_{12} & a_{13} \\ a_{21} & a_{22} & a_{23} \\ a_{31} & a_{32} & a_{33} \\ a_{41} & a_{42} & a_{43} \end{pmatrix},$$

其中 a_{ij} 表示第 j 种产品在第 i 季度的产值. 例如，a_{23} 表示第 2 种产品在第 3 季度的产值.

例 2.2　变量 $x_1, x_2, \cdots, x_n$ 与变量 $y_1, y_2, \cdots, y_m$ 之间的关系式

$$\begin{cases} y_1=a_{11}x_1+a_{12}x_2+\cdots+a_{1n}x_n, \\ y_2=a_{21}x_1+a_{22}x_2+\cdots+a_{2n}x_n, \\ \qquad\vdots \\ y_m=a_{m1}x_1+a_{m2}x_2+\cdots+a_{mn}x_n \end{cases} \tag{2.1}$$

称为从变量 $x_1, x_2, \cdots, x_n$ 到变量 $y_1, y_2, \cdots, y_m$ 的**线性变换**，其中 $a_{ij}(i=1, 2, \cdots, m; j=1, 2, \cdots, n)$为常数. 线性变换(2.1)的系数 a_{ij} 构成矩阵 $\boldsymbol{A}=(a_{ij})_{m\times n}$，称其为线性变换(2.1)的**系数矩阵**.

给定了线性变换(2.1)，它的系数矩阵也就确定了. 反之，如果给出一个矩阵作为线性变换的系数矩阵，则线性变换也就确定了. 在这个意义上来说，线性变换和矩阵之间存在一一对应的关系.

例如，线性变换

$$\begin{cases} y_1=x_1, \\ y_2=x_2, \\ \quad\vdots \\ y_m=x_m \end{cases}$$

称为恒等变换，它对应的 n 阶方阵

$$\boldsymbol{E}=\begin{pmatrix} 1 & 0 & \cdots & 0 \\ 0 & 1 & \cdots & 0 \\ \vdots & \vdots & & \vdots \\ 0 & 0 & \cdots & 1 \end{pmatrix}$$

称为 n 阶**单位矩阵**，简称**单位阵**. 这个方阵的特点是：从左上角到右下角的直线(称为主对角线)上的元素都是 1，其他元素都是 0.

又如，线性变换

$$\begin{cases} y_1=\lambda_1 x_1, \\ y_2=\lambda_2 x_2, \\ \quad \vdots \\ y_m=\lambda_m x_m \end{cases}$$

对应的 n 阶方阵为

$$\boldsymbol{\Lambda}=\begin{pmatrix} \lambda_1 & 0 & \cdots & 0 \\ 0 & \lambda_2 & \cdots & 0 \\ \vdots & \vdots & & \vdots \\ 0 & 0 & \cdots & \lambda_n \end{pmatrix},$$

这个方阵的特点是不在对角线上的元素都是 0，这种方阵称为**对角矩阵**，常记作 $\boldsymbol{\Lambda}=\operatorname{diag}(\lambda_1,\lambda_2,\cdots,\lambda_n)$.

由于线性变换与其系数矩阵之间存在一一对应关系，因而可利用矩阵来研究线性变换，亦可利用线性变换来研究矩阵.

例如，矩阵$\begin{pmatrix} 1 & 0 \\ 0 & 0 \end{pmatrix}$所对应的线性变换

$$\begin{cases} x_1=x, \\ y_1=0 \end{cases}$$

可看作是 xOy 平面上把向量$\overrightarrow{OP}=\begin{pmatrix} x \\ y \end{pmatrix}$变为向量$\overrightarrow{OP_1}=\begin{pmatrix} x_1 \\ y_1 \end{pmatrix}=\begin{pmatrix} x \\ 0 \end{pmatrix}$的变换(或看作把点 P 变换为点 P_1 的变换，如图 2.1 所示)，由于向量$\overrightarrow{OP_1}$是向量$\overrightarrow{OP}$在 x 轴上的投影向量(即点 P_1 是点 P 在 x 轴上的投影)，因此这是一个投影变换.

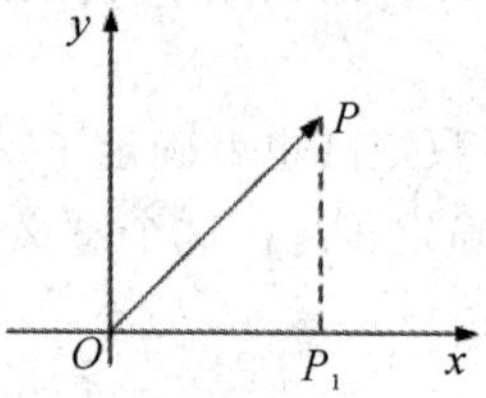

图 2.1

又如，矩阵$\begin{pmatrix} \cos\varphi & -\sin\varphi \\ \sin\varphi & \cos\varphi \end{pmatrix}$对应的线性变换

$$\begin{cases} x_1=x\cos\varphi-y\sin\varphi, \\ y_1=x\sin\varphi+y\cos\varphi \end{cases}$$

把 xOy 平面上的向量$\overrightarrow{OP}=\begin{pmatrix} x \\ y \end{pmatrix}$变为向量$\overrightarrow{OP_1}=\begin{pmatrix} x_1 \\ y_1 \end{pmatrix}$. 设$\overrightarrow{OP}$的长度为 r，辐角为 θ，即设 $x=r\cos\theta$，$y=r\sin\theta$，那么

$$x_1=r(\cos\varphi\cos\theta-\sin\varphi\sin\theta)=r\cos(\theta+\varphi),$$
$$y_1=r(\sin\varphi\cos\theta+\cos\varphi\sin\theta)=r\sin(\theta+\varphi),$$

上面两式表明$\overrightarrow{OP_1}$的长度也为 r，而辐角为 $\theta+\varphi$. 因此，这是把向量$\overrightarrow{OP}$(依逆时针方向)旋

转 φ 角(即把点 P 以原点为中心逆时针旋转 φ 角)的旋转变换，如图 2.2 所示.

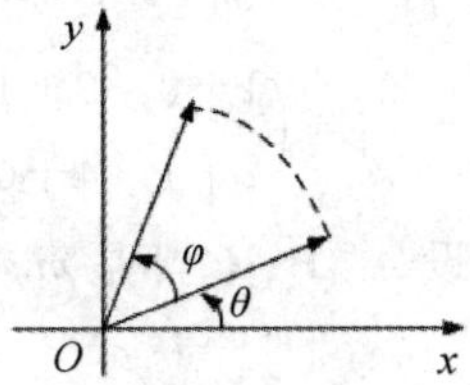

图 2.2

■习题 2.1

1. 已知线性变换

$$\begin{cases} x_1=2y_1+2y_2+y_3, \\ x_2=3y_1+y_2+5y_3, \\ x_3=3y_1+2y_2+3y_3, \end{cases}$$

求从变量 x_1、x_2、x_3 到变量 y_1、y_2、y_3 的线性变换.

2. 已知两个线性变换

$$\begin{cases} x_1= 2y_1+y_3, \\ x_2=-2y_1+3y_2+2y_3, \\ x_3= 4y_1+y_2+5y_3, \end{cases} \text{和} \begin{cases} y_1=-3z_1+z_2, \\ y_2= 2z_1+z_3, \\ y_3=-z_2+3z_3. \end{cases}$$

求从 z_1、z_2、z_3 到 x_1、x_2、x_3 的线性变换.

2.2 矩阵的运算

2.2.1 矩阵的相等

定义 2.2 若有两个矩阵 $\boldsymbol{A}$、$\boldsymbol{B}$，其行数相等，列数也相等，则称 $\boldsymbol{A}$、$\boldsymbol{B}$ 是同型矩阵. 两个同型矩阵 $\boldsymbol{A}=(a_{ij})_{m\times n}$ 与 $\boldsymbol{B}=(b_{ij})_{m\times n}$，如果它们对应位置上的元素均相等，即

$$a_{ij}=b_{ij} \quad (i=1, 2, \cdots, m;\ j=1, 2, \cdots, n)$$

则称这两个矩阵相等，记作 $\boldsymbol{A}=\boldsymbol{B}$.

2.2.2 矩阵的加法

定义 2.3 设有两个同型矩阵 $\boldsymbol{A}=(a_{ij})_{m\times n}$ 和 $\boldsymbol{B}=(b_{ij})_{m\times n}$，那么矩阵 $\boldsymbol{A}$ 与 $\boldsymbol{B}$ 的和定义为

$$\boldsymbol{A}+\boldsymbol{B}=(a_{ij}+b_{ij})_{m\times n}=\begin{pmatrix} a_{11}+b_{11} & a_{12}+b_{12} & \cdots & a_{1n}+b_{1n} \\ a_{21}+b_{21} & a_{22}+b_{22} & \cdots & a_{2n}+b_{2n} \\ \vdots & \vdots & & \vdots \\ a_{m1}+b_{m1} & a_{m2}+b_{m2} & \cdots & a_{mn}+b_{mn} \end{pmatrix}.$$

注：只有当两个矩阵是同型矩阵时，这两个矩阵才能进行矩阵的加法运算. 两个同型矩阵的和即为两个矩阵对应位置上的元素相加得到的矩阵.

例 2.3 设 $\boldsymbol{A}=\begin{pmatrix}1 & 0 & 3\\ 2 & 4 & 6\end{pmatrix}$，$\boldsymbol{B}=\begin{pmatrix}0 & 1 & 2\\ 1 & 0 & 3\end{pmatrix}$，求 $\boldsymbol{A}+\boldsymbol{B}$.

解 $\boldsymbol{A}+\boldsymbol{B}=\begin{pmatrix}1 & 0 & 3\\ 2 & 4 & 6\end{pmatrix}+\begin{pmatrix}0 & 1 & 2\\ 1 & 0 & 3\end{pmatrix}=\begin{pmatrix}1+0 & 0+1 & 3+2\\ 2+1 & 4+0 & 6+3\end{pmatrix}=\begin{pmatrix}1 & 1 & 5\\ 3 & 4 & 9\end{pmatrix}$.

矩阵的加法满足下列运算规律(设 $\boldsymbol{A}$、$\boldsymbol{B}$、$\boldsymbol{C}$ 都是 $m\times n$ 矩阵)：

(1) 交换律：$\boldsymbol{A}+\boldsymbol{B}=\boldsymbol{B}+\boldsymbol{A}$.

(2) 结合律：$(\boldsymbol{A}+\boldsymbol{B})+\boldsymbol{C}=\boldsymbol{A}+(\boldsymbol{B}+\boldsymbol{C})$.

(3) 负矩阵的存在：$\boldsymbol{A}+(-\boldsymbol{A})=\boldsymbol{O}$.

因此规定矩阵的减法为

$$\boldsymbol{A}-\boldsymbol{B}=\boldsymbol{A}+(-\boldsymbol{B}).$$

2.2.3 数与矩阵相乘

定义 2.4 **数 k 与矩阵 $\boldsymbol{A}=(a_{ij})_{m\times n}$ 的乘积定义为**

$$k\boldsymbol{A}=\boldsymbol{A}k-(ka_{ij})_{m\times n}=\begin{pmatrix}ka_{11} & ka_{12} & \cdots & ka_{1n}\\ ka_{21} & ka_{22} & \cdots & ka_{2n}\\ \vdots & \vdots & & \vdots\\ ka_{1n} & ka_{2n} & \cdots & ka_{mn}\end{pmatrix}.$$

例如，$2\begin{pmatrix}1 & 0 & 3\\ 2 & 4 & 6\end{pmatrix}=\begin{pmatrix}2\times1 & 2\times0 & 2\times3\\ 2\times2 & 2\times4 & 2\times6\end{pmatrix}=\begin{pmatrix}2 & 0 & 6\\ 4 & 8 & 12\end{pmatrix}$.

数与矩阵相乘满足下列运算规律(设 $\boldsymbol{A}$、$\boldsymbol{B}$ 为 $m\times n$ 矩阵，k、l 为常数)：

(1) 结合律：$(kl)\boldsymbol{A}=(k l\boldsymbol{A})$.

(2) 分配律：$(k+l)\boldsymbol{A}=k\boldsymbol{A}+l\boldsymbol{A}$，$k(\boldsymbol{A}+\boldsymbol{B})=k\boldsymbol{A}+k\boldsymbol{B}$.

矩阵的加法和数乘两种运算统称为**矩阵的线性运算**.

例 2.4 设 $\boldsymbol{A}=\begin{pmatrix}1 & 0 & 3\\ 2 & 4 & 6\end{pmatrix}$，$\boldsymbol{B}=\begin{pmatrix}0 & 1 & 2\\ 1 & 0 & 3\end{pmatrix}$，求 $3\boldsymbol{A}-2\boldsymbol{B}$.

解 $3\boldsymbol{A}-2\boldsymbol{B}=3\begin{pmatrix}1 & 0 & 3\\ 2 & 4 & 6\end{pmatrix}-2\begin{pmatrix}0 & 1 & 2\\ 1 & 0 & 3\end{pmatrix}=\begin{pmatrix}3 & 0 & 9\\ 6 & 12 & 18\end{pmatrix}-\begin{pmatrix}0 & 2 & 4\\ 2 & 0 & 6\end{pmatrix}$

$=\begin{pmatrix}3 & -2 & 5\\ 4 & 12 & 12\end{pmatrix}$.

2.2.4 矩阵的乘法

定义 2.5 **设矩阵**

$$\boldsymbol{A}=(a_{ij})_{m\times s}=\begin{pmatrix}a_{11} & a_{12} & \cdots & a_{1s}\\ a_{21} & a_{22} & \cdots & a_{2s}\\ \vdots & \vdots & & \vdots\\ a_{1n} & a_{2n} & \cdots & a_{ms}\end{pmatrix},\ \boldsymbol{B}=(b_{ij})_{s\times n}=\begin{pmatrix}b_{11} & b_{12} & \cdots & b_{1n}\\ b_{21} & b_{22} & \cdots & b_{2n}\\ \vdots & \vdots & & \vdots\\ b_{s1} & b_{s2} & \cdots & b_{sn}\end{pmatrix},$$

那么矩阵 $\boldsymbol{A}$ 与矩阵 $\boldsymbol{B}$ 的乘积定义为

$$AB=C=(c_{ij})_{m\times n}=\begin{pmatrix} c_{11} & c_{12} & \cdots & c_{1n} \\ c_{21} & c_{22} & \cdots & c_{2n} \\ \vdots & \vdots & & \vdots \\ c_{m1} & c_{m2} & \cdots & c_{mn} \end{pmatrix},$$

其中

$$c_{ij}=a_{i1}b_{1j}+a_{i2}b_{2j}+\cdots+a_{is}b_{sj}=\sum_{k=1}^{s}a_{ik}b_{kj}\quad(i=1,2,\cdots,m;\ j=1,2,\cdots,n).$$

根据定义 2.5，一个 $1\times s$ 行矩阵与一个 $s\times 1$ 列矩阵的乘积是一个 1 阶的方阵，也就是一个数，即

$$(a_{i1},\ a_{i2},\ \cdots,\ a_{is})\begin{pmatrix} b_{1j} \\ b_{2j} \\ \vdots \\ b_{sj} \end{pmatrix}=a_{i1}b_{1j}+a_{i2}b_{2j}+\cdots+a_{is}b_{sj}.$$

由此可知，矩阵 $C=AB$ 的第 i 行第 j 列元素 c_{ij} 是矩阵 A 的第 i 行与矩阵 B 的第 j 列对应元素乘积之和.

注：只有当左边矩阵的列数等于右边矩阵的行数时，两个矩阵才能进行乘法运算.

例 2.5 设 $A=(1,2,3)$，$B=\begin{pmatrix} 4 \\ 5 \\ 6 \end{pmatrix}$，求 AB、BA.

解 $AB=(1,2,3)\begin{pmatrix} 4 \\ 5 \\ 6 \end{pmatrix}=1\times 4+2\times 5+3\times 6=32$,

$$BA=\begin{pmatrix} 4 \\ 5 \\ 6 \end{pmatrix}(1,2,3)=\begin{pmatrix} 4\times 1 & 4\times 2 & 4\times 3 \\ 5\times 1 & 5\times 2 & 5\times 3 \\ 6\times 1 & 6\times 2 & 6\times 3 \end{pmatrix}=\begin{pmatrix} 4 & 8 & 12 \\ 5 & 10 & 15 \\ 6 & 12 & 18 \end{pmatrix}.$$

显然 $AB\neq BA$.

例 2.6 设 $A=\begin{pmatrix} 1 & 0 & 3 & -1 \\ 2 & 1 & 0 & 2 \end{pmatrix}$，$B=\begin{pmatrix} 4 & 1 & 0 \\ -1 & 1 & 3 \\ 2 & 0 & 1 \\ 3 & 3 & 4 \end{pmatrix}$，求 AB.

解 $AB=\begin{pmatrix} 1 & 0 & 3 & -1 \\ 2 & 1 & 0 & 2 \end{pmatrix}\begin{pmatrix} 4 & 1 & 0 \\ -1 & 1 & 3 \\ 2 & 0 & 1 \\ 3 & 3 & 4 \end{pmatrix}=\begin{pmatrix} 7 & -2 & -1 \\ 13 & 9 & 11 \end{pmatrix}$.

这里 BA 无意义，因为 B 的列数为 3，A 的行数为 2，两者不相等.

例 2.7 设 $A=\begin{pmatrix} -2 & 4 \\ 1 & -2 \end{pmatrix}$，$B=\begin{pmatrix} 2 & 4 \\ -3 & -6 \end{pmatrix}$，求 AB、BA.

解 $AB=\begin{pmatrix} -2 & 4 \\ 1 & -2 \end{pmatrix}\begin{pmatrix} 2 & 4 \\ -3 & -6 \end{pmatrix}=\begin{pmatrix} -16 & -32 \\ 8 & 16 \end{pmatrix}$,

$$BA=\begin{pmatrix} 2 & 4 \\ -3 & -6 \end{pmatrix}\begin{pmatrix} -2 & 4 \\ 1 & -2 \end{pmatrix}=\begin{pmatrix} 0 & 0 \\ 0 & 0 \end{pmatrix}.$$

注：(1) 由例 2.6 知，$\boldsymbol{AB}$ 有意义，而 $\boldsymbol{BA}$ 无意义. 因此做矩阵乘法时，必须注意矩阵相乘的顺序. $\boldsymbol{AB}$ 是 $\boldsymbol{A}$ 左乘 $\boldsymbol{B}$，$\boldsymbol{BA}$ 是 $\boldsymbol{A}$ 右乘 $\boldsymbol{B}$，$\boldsymbol{AB}$ 有意义时 $\boldsymbol{BA}$ 可能没有意义.

(2) 由例 2.7 可知，$\boldsymbol{AB}$ 与 $\boldsymbol{BA}$ 均有意义，但 $\boldsymbol{AB}\neq\boldsymbol{BA}$. 一般来说，矩阵乘法不满足交换律. 若 $\boldsymbol{AB}=\boldsymbol{BA}$，则称矩阵 $\boldsymbol{A}$ 与矩阵 $\boldsymbol{B}$ 可交换.

(3) 由例 2.7 知，$\boldsymbol{A}\neq\boldsymbol{O}$, $\boldsymbol{B}\neq\boldsymbol{O}$, 却有 $\boldsymbol{BA}=\boldsymbol{O}$. 这告诉我们，两个非零矩阵相乘，结果可能是零矩阵，故不能从 $\boldsymbol{AB}=\boldsymbol{O}$ 必然推出 $\boldsymbol{A}=\boldsymbol{O}$ 或 $\boldsymbol{B}=\boldsymbol{O}$.

矩阵的乘法满足下列运算规律(假设运算都可行)：

(1) 结合律：$(\boldsymbol{AB})\boldsymbol{C}=\boldsymbol{A}(\boldsymbol{BC})$，$k(\boldsymbol{AB})=(k\boldsymbol{A})\boldsymbol{B}=\boldsymbol{A}(k\boldsymbol{B})$(其中 k 为数).

(2) 分配律：$(\boldsymbol{A}+\boldsymbol{B})\boldsymbol{C}=\boldsymbol{AC}+\boldsymbol{BC}$，$\boldsymbol{C}(\boldsymbol{A}+\boldsymbol{B})=\boldsymbol{CA}+\boldsymbol{CB}$.

对于单位矩阵 $\boldsymbol{E}$，容易验证

$$\boldsymbol{E}_m\boldsymbol{A}_{m\times n}=\boldsymbol{A}_{m\times n},\ \boldsymbol{A}_{m\times n}\boldsymbol{E}_n=\boldsymbol{A}_{m\times n}.$$

或简写成

$$\boldsymbol{EA}=\boldsymbol{AE}=\boldsymbol{A},$$

可见单位矩阵 $\boldsymbol{E}$ 在矩阵乘法中的作用类似于数 1.

矩阵

$$\boldsymbol{K}=\begin{pmatrix} k & 0 & \cdots & 0 \\ 0 & k & \cdots & 0 \\ \vdots & \vdots & & \vdots \\ 0 & 0 & \cdots & k \end{pmatrix}$$

称为数量矩阵. 也就是说，$\boldsymbol{K}=k\boldsymbol{E}$.

数量矩阵 $\boldsymbol{K}$ 左乘或右乘(如果可以相乘)一个矩阵 $\boldsymbol{A}$，其乘积相当于数 k 乘矩阵 $\boldsymbol{A}$，即 $\boldsymbol{KA}=\boldsymbol{AK}=k\boldsymbol{A}$. 也就是说，$n$ 阶数量矩阵与任一 n 阶方阵相乘时可交换.

如果 n 阶方阵 $\boldsymbol{A}=(a_{ij})$满足 $a_{ij}=0(i>j,\ i,\ j=1,\ 2,\ \cdots,\ n)$，那么称 $\boldsymbol{A}$ 为上三角形矩阵，即

$$\boldsymbol{A}=\begin{pmatrix} a_{11} & a_{12} & \cdots & a_{1n} \\ 0 & a_{22} & \cdots & a_{2n} \\ \vdots & \vdots & & \vdots \\ 0 & 0 & \cdots & a_{nn} \end{pmatrix}.$$

类似地，可以定义下三角形矩阵，即

$$\boldsymbol{A}=\begin{pmatrix} a_{11} & 0 & \cdots & 0 \\ a_{21} & a_{22} & \cdots & 0 \\ \vdots & \vdots & & \vdots \\ a_{n1} & a_{n2} & \cdots & a_{nn} \end{pmatrix}.$$

上、下三角形矩阵统称为三角形矩阵.

如果 $\boldsymbol{A}$、$\boldsymbol{B}$ 为同阶上三角形矩阵，则 $k\boldsymbol{A}$、$\boldsymbol{AB}$、$\boldsymbol{A}+\boldsymbol{B}$ 均为上三角形矩阵. 下三角形矩阵具有类似的性质.

有了矩阵的乘法，就可以定义矩阵的幂. 设 $\boldsymbol{A}$ 是 n 阶方阵，定义

$$\boldsymbol{A}^0=\boldsymbol{E},\ \boldsymbol{A}^1=\boldsymbol{A},\ \boldsymbol{A}^2=\boldsymbol{A}^1\boldsymbol{A}^1,\ \cdots,\ \boldsymbol{A}^k=\boldsymbol{A}^{k-1}\boldsymbol{A}^1,$$

其中 k 为正整数. 也就是说，$\boldsymbol{A}^k$ 就是 k 个 $\boldsymbol{A}$ 相乘. 显然只有方阵的幂才有意义.

由于矩阵乘法满足结合律，因此矩阵的幂满足下列运算规律(k、l 为正整数)：

(1) $\boldsymbol{A}^k\boldsymbol{A}^l=\boldsymbol{A}^{k+l}$.

(2) $(\boldsymbol{A}^k)^l=\boldsymbol{A}^{kl}$.

由于矩阵的乘法不满足交换律，因此对于两个同阶方阵 $\boldsymbol{A}$ 与 $\boldsymbol{B}$，一般来说

$$(\boldsymbol{AB})^k\neq\boldsymbol{A}^k\boldsymbol{B}^k.$$

但是，如果方阵 $\boldsymbol{A}$ 与 $\boldsymbol{B}$ 可交换，则

$$(\boldsymbol{AB})^k=\boldsymbol{A}^k\boldsymbol{B}^k.$$

设 $\boldsymbol{A}$ 为 n 阶方阵，若 $\boldsymbol{A}^2=\boldsymbol{A}$，则称 $\boldsymbol{A}$ 为幂等矩阵. 若对于某个正整数 k，有 $\boldsymbol{A}^k=\boldsymbol{O}$，则称 $\boldsymbol{A}$ 为幂零矩阵.

例如，$\begin{pmatrix}1&0\\0&1\end{pmatrix}$为幂等矩阵；$\begin{pmatrix}3&6&-15\\1&2&-5\\1&2&-5\end{pmatrix}$为幂零矩阵.

利用矩阵乘法，线性方程组

$$\begin{cases}a_{11}x_1+a_{12}x_2+\cdots+a_{1n}x_n=b_1,\\a_{21}x_1+a_{22}x_2+\cdots+a_{2n}x_n=b_2,\\\qquad\vdots\\a_{m1}x_1+a_{m2}x_2+\cdots+a_{mn}x_n=b_m\end{cases}$$

可简洁地表示成矩阵的形式，即

$$\boldsymbol{Ax}=\boldsymbol{b},$$

其中

$$\boldsymbol{A}=\begin{pmatrix}a_{11}&a_{12}&\cdots&a_{1n}\\a_{21}&a_{22}&\cdots&a_{2n}\\\vdots&\vdots&&\vdots\\a_{m1}&a_{m2}&\cdots&a_{mn}\end{pmatrix},\ \boldsymbol{x}=\begin{pmatrix}x_1\\x_2\\\vdots\\x_n\end{pmatrix},\ \boldsymbol{b}=\begin{pmatrix}b_1\\b_2\\\vdots\\b_m\end{pmatrix}.$$

由 2.1 节知，用矩阵 $\boldsymbol{A}=\begin{pmatrix}1&0\\0&0\end{pmatrix}$左乘向量$\overrightarrow{OP}=\begin{pmatrix}x\\y\end{pmatrix}$，相当于把向量$\overrightarrow{OP}$投影到 x 轴上(参见图 2.1). 用矩阵 $\boldsymbol{A}=\begin{pmatrix}\cos\varphi&-\sin\varphi\\\sin\varphi&\cos\varphi\end{pmatrix}$左乘向量$\overrightarrow{OP}=\begin{pmatrix}x\\y\end{pmatrix}$，相当于把向量$\overrightarrow{OP}$按逆时针方向旋转 φ 角(参见图 2.2). 进一步还可以推知，用 $\boldsymbol{A}^n=\begin{pmatrix}\cos\varphi&-\sin\varphi\\\sin\varphi&\cos\varphi\end{pmatrix}^n$ 左乘向量$\overrightarrow{OP}=\begin{pmatrix}x\\y\end{pmatrix}$，相当于把向量$\overrightarrow{OP}$按逆时针方向旋转 n 个 φ 角，即旋转 $n\varphi$ 角，而旋转 $n\varphi$ 角的变换所对应的矩阵为$\begin{pmatrix}\cos n\varphi&-\sin n\varphi\\\sin n\varphi&\cos n\varphi\end{pmatrix}$，即

$$\begin{pmatrix}\cos\varphi&-\sin\varphi\\\sin\varphi&\cos\varphi\end{pmatrix}^n=\begin{pmatrix}\cos n\varphi&-\sin n\varphi\\\sin n\varphi&\cos n\varphi\end{pmatrix}.$$

例 2.8　证明

$$\begin{pmatrix}\cos\varphi&-\sin\varphi\\\sin\varphi&\cos\varphi\end{pmatrix}^n=\begin{pmatrix}\cos n\varphi&-\sin n\varphi\\\sin n\varphi&\cos n\varphi\end{pmatrix}.$$

从前段说明已能推知本例的结论，下面按矩阵幂的定义来证明此结论.

证明 用数学归纳法．当 $n=1$ 时，等式显然成立．设 $n=k$ 时等式成立，即

$$\begin{pmatrix}\cos\varphi & -\sin\varphi\\ \sin\varphi & \cos\varphi\end{pmatrix}^k=\begin{pmatrix}\cos k\varphi & -\sin k\varphi\\ \sin k\varphi & \cos k\varphi\end{pmatrix},$$

要证 $n=k+1$ 时成立．此时有

$$\begin{aligned}&\begin{pmatrix}\cos\varphi & -\sin\varphi\\ \sin\varphi & \cos\varphi\end{pmatrix}^{k+1}\\ =&\begin{pmatrix}\cos\varphi & -\sin\varphi\\ \sin\varphi & \cos\varphi\end{pmatrix}^k\begin{pmatrix}\cos\varphi & -\sin\varphi\\ \sin\varphi & \cos\varphi\end{pmatrix}\\ =&\begin{pmatrix}\cos k\varphi & -\sin k\varphi\\ \sin k\varphi & \cos k\varphi\end{pmatrix}\begin{pmatrix}\cos\varphi & -\sin\varphi\\ \sin\varphi & \cos\varphi\end{pmatrix}\\ =&\begin{pmatrix}\cos k\varphi\cos\varphi-\sin k\varphi\sin\varphi & -\cos k\varphi\sin\varphi-\sin k\varphi\cos\varphi\\ \sin k\varphi\cos\varphi+\cos k\varphi\sin\varphi & -\sin k\varphi\sin\varphi+\cos k\varphi\cos\varphi\end{pmatrix}\\ =&\begin{pmatrix}\cos(k+1)\varphi & -\sin(k+1)\varphi\\ \sin(k+1)\varphi & \cos(k+1)\varphi\end{pmatrix},\end{aligned}$$

于是等式得证．

设 $f(x)=a_nx^n+a_{n-1}x^{n-1}+\cdots a_1x+a_0\,(a_n\neq0)$ 为 n 次多项式，$\boldsymbol{A}$ 为 n 阶方阵，则

$$f(\boldsymbol{A})=a_n\boldsymbol{A}^n+a_{n-1}\boldsymbol{A}^{n-1}+\cdots+a_1\boldsymbol{A}+a_0\boldsymbol{E}\quad(a_n\neq0)$$

仍为一个 n 阶方阵，称 $f(\boldsymbol{A})$ 为方阵 $\boldsymbol{A}$ 的多项式．

例 2.9 设 $f(x)=x^2-2x+2$，$\boldsymbol{A}=\begin{pmatrix}1&0&1\\0&2&0\\1&0&1\end{pmatrix}$，求 $f(\boldsymbol{A})$．

解 因为

$$\boldsymbol{A}^2=\begin{pmatrix}1&0&1\\0&2&0\\1&0&1\end{pmatrix}\begin{pmatrix}1&0&1\\0&2&0\\1&0&1\end{pmatrix}=\begin{pmatrix}2&0&2\\0&4&0\\2&0&2\end{pmatrix}=2\boldsymbol{A},$$

所以 $f(\boldsymbol{A})=\boldsymbol{A}^2-2\boldsymbol{A}+2\boldsymbol{E}=2\boldsymbol{E}$．

2.2.5 矩阵的转置

定义 2.6 把矩阵 $\boldsymbol{A}$ 的行换成同序数的列得到一个新矩阵，称为 $\boldsymbol{A}$ 的转置矩阵，记作 $\boldsymbol{A}^{\mathrm{T}}$(或 $\boldsymbol{A}'$)．

例如，$\boldsymbol{A}=\begin{pmatrix}1&0&3\\2&4&6\end{pmatrix}$ 的转置矩阵为 $\boldsymbol{A}^{\mathrm{T}}=\begin{pmatrix}1&2\\0&4\\3&6\end{pmatrix}$．

矩阵的转置满足下列运算规律(假设运算都可行)：

(1) $(\boldsymbol{A}^{\mathrm{T}})^{\mathrm{T}}=\boldsymbol{A}$．

(2) $(\boldsymbol{A}+\boldsymbol{B})^{\mathrm{T}}=\boldsymbol{A}^{\mathrm{T}}+\boldsymbol{B}^{\mathrm{T}}$．

(3) $(k\boldsymbol{A})^{\mathrm{T}}=k\boldsymbol{A}^{\mathrm{T}}$．

(4) $(\boldsymbol{AB})^{\mathrm{T}}=\boldsymbol{B}^{\mathrm{T}}\boldsymbol{A}^{\mathrm{T}}$．

这里仅证明(4). 设 $\boldsymbol{A}=(a_{ik})_{m\times l}$，$\boldsymbol{B}=(b_{kj})_{l\times n}$，记 $\boldsymbol{AB}=\boldsymbol{C}=(c_{ij})_{m\times n}$，$\boldsymbol{B}^{\mathrm{T}}\boldsymbol{A}^{\mathrm{T}}=\boldsymbol{D}=(d_{ji})_{n\times m}$. 于是根据矩阵乘法有

$$c_{ij}=a_{i1}b_{1j}+a_{i2}b_{2j}+\cdots+a_{il}b_{lj}(i=1,\cdots,m;\ j=1,\cdots,n),$$

而 $\boldsymbol{B}^{\mathrm{T}}$ 的第 j 行为$(b_{1j},\cdots,b_{lj})$，$\boldsymbol{A}^{\mathrm{T}}$ 的第 i 列为$(a_{i1},\cdots,a_{il})^{\mathrm{T}}$，因此

$$d_{ji}=b_{1j}a_{i1}+b_{2j}a_{i2}+\cdots+b_{lj}a_{il}(i=1,\cdots,m;\ j=1,\cdots,n),$$

于是

$$c_{ij}=d_{ji}(i=1,\cdots,m;\ j=1,\cdots,n),$$

所以 $\boldsymbol{D}=\boldsymbol{C}^{\mathrm{T}}$，即$(\boldsymbol{AB})^{\mathrm{T}}=\boldsymbol{B}^{\mathrm{T}}\boldsymbol{A}^{\mathrm{T}}$.

例 2.10 已知 $\boldsymbol{A}=\begin{pmatrix}1&0&3&-1\\2&1&0&2\end{pmatrix}$，$\boldsymbol{B}=\begin{pmatrix}4&1&0\\-1&1&3\\2&0&1\\3&3&4\end{pmatrix}$，求$(\boldsymbol{AB})^{\mathrm{T}}$.

解 解法1 由例2.6知，$\boldsymbol{AB}=\begin{pmatrix}7&-2&-1\\13&9&11\end{pmatrix}$，所以$(\boldsymbol{AB})^{\mathrm{T}}=\begin{pmatrix}7&13\\-2&9\\-1&11\end{pmatrix}$.

解法2 $(\boldsymbol{AB})^{\mathrm{T}}=\boldsymbol{B}^{\mathrm{T}}\boldsymbol{A}^{\mathrm{T}}=\begin{pmatrix}4&-1&2&3\\1&1&0&3\\0&3&1&4\end{pmatrix}\begin{pmatrix}1&2\\0&1\\3&0\\-1&2\end{pmatrix}=\begin{pmatrix}7&13\\-2&9\\-1&11\end{pmatrix}$.

如果 n 阶方阵 $\boldsymbol{A}=(a_{ij})$满足 $\boldsymbol{A}^{\mathrm{T}}=\boldsymbol{A}$，那么称 $\boldsymbol{A}$ 为对称矩阵；如果满足 $\boldsymbol{A}^{\mathrm{T}}=-\boldsymbol{A}$，那么称 $\boldsymbol{A}$ 为反对称矩阵.

例如，$\begin{pmatrix}0&1\\1&0\end{pmatrix}$为一对称矩阵；$\begin{pmatrix}0&-1&2\\1&0&3\\-2&-3&0\end{pmatrix}$为一反对称矩阵.

零矩阵既是对称矩阵，又是反对称矩阵.

例 2.11 设 $\boldsymbol{A}_{m\times n}$，证明 $\boldsymbol{AA}^{\mathrm{T}}$ 与 $\boldsymbol{A}^{\mathrm{T}}\boldsymbol{A}$ 都是对称矩阵.

证明 因为$(\boldsymbol{A}_{m\times n}\boldsymbol{A}_{m\times n}^{\mathrm{T}})^{\mathrm{T}}=(\boldsymbol{A}_{m\times n}^{\mathrm{T}})^{\mathrm{T}}\boldsymbol{A}_{m\times n}^{\mathrm{T}}=\boldsymbol{A}_{m\times n}\boldsymbol{A}_{m\times n}^{\mathrm{T}}$，所以 $\boldsymbol{AA}^{\mathrm{T}}$ 为 m 阶对称矩阵. 同理可证，$\boldsymbol{A}^{\mathrm{T}}\boldsymbol{A}$ 为 n 阶对称矩阵.

例 2.12 证明：任一矩阵均可表示为一个对称矩阵和一个反对称矩阵的和.

证明 任一矩阵 $\boldsymbol{A}=\frac{1}{2}(\boldsymbol{A}+\boldsymbol{A}^{\mathrm{T}})+\frac{1}{2}(\boldsymbol{A}-\boldsymbol{A}^{\mathrm{T}})$，因为

$$\left[\frac{1}{2}(\boldsymbol{A}+\boldsymbol{A}^{\mathrm{T}})\right]^{\mathrm{T}}=\frac{1}{2}[\boldsymbol{A}^{\mathrm{T}}+(\boldsymbol{A}^{\mathrm{T}})^{\mathrm{T}}]=\frac{1}{2}(\boldsymbol{A}+\boldsymbol{A}^{\mathrm{T}})$$

所以$\frac{1}{2}(\boldsymbol{A}+\boldsymbol{A}^{\mathrm{T}})$为一对称矩阵.

又因为

$$\left[\frac{1}{2}(\boldsymbol{A}-\boldsymbol{A}^{\mathrm{T}})\right]^{\mathrm{T}}=\frac{1}{2}[\boldsymbol{A}^{\mathrm{T}}-(\boldsymbol{A}^{\mathrm{T}})^{\mathrm{T}}]=\frac{1}{2}(\boldsymbol{A}^{\mathrm{T}}-\boldsymbol{A})=-\frac{1}{2}(\boldsymbol{A}-\boldsymbol{A}^{\mathrm{T}}),$$

所以$\frac{1}{2}(\boldsymbol{A}-\boldsymbol{A}^{\mathrm{T}})$为一反对称矩阵，故结论成立.

■习题 2.2

1. 设 $\boldsymbol{A}=\begin{pmatrix}1&-1&1\\1&1&-1\end{pmatrix}$，$\boldsymbol{B}=\begin{pmatrix}1&2&3\\-1&-2&4\end{pmatrix}$，求 $\boldsymbol{A}+2\boldsymbol{B}$.

2. 计算下列矩阵的乘积：

(1) $\begin{pmatrix}3&-2\\0&1\\2&4\end{pmatrix}\begin{pmatrix}2&1&-1\\0&-1&0\end{pmatrix}$；　　(2) $\begin{pmatrix}4&3&1\\1&-2&3\\5&7&0\end{pmatrix}\begin{pmatrix}7\\2\\1\end{pmatrix}$.

3. 设 $\boldsymbol{A}=\begin{pmatrix}1&1&1\\1&1&-1\\1&-1&1\end{pmatrix}$，$\boldsymbol{B}=\begin{pmatrix}1&2&3\\-1&-2&4\\0&5&1\end{pmatrix}$，求 $3\boldsymbol{AB}-2\boldsymbol{A}$ 及 $\boldsymbol{A}^{\mathrm{T}}\boldsymbol{B}$.

4. 举例说明下列命题是错误的：

(1) 若 $\boldsymbol{AA}=\boldsymbol{O}$，则 $\boldsymbol{A}=\boldsymbol{O}$；

(2) 若 $\boldsymbol{AX}=\boldsymbol{AY}$，且 $\boldsymbol{A}\neq\boldsymbol{O}$，则 $\boldsymbol{X}=\boldsymbol{Y}$.

5. 设 $\boldsymbol{A}=\begin{pmatrix}1&0\\\lambda&1\end{pmatrix}$，求 $\boldsymbol{A}^n$.

6. 设 $\boldsymbol{A}=\begin{pmatrix}2&2&4\\4&7&3\\0&-1&0\end{pmatrix}$，求对称矩阵 $\boldsymbol{B}$ 和反对称矩阵 $\boldsymbol{C}$，使得 $\boldsymbol{A}=\boldsymbol{B}+\boldsymbol{C}$.

7. 设 $\boldsymbol{A}$ 是对称矩阵，且 $\boldsymbol{A}^2=\boldsymbol{O}$，证明 $\boldsymbol{A}=\boldsymbol{O}$.

8. 设 $\boldsymbol{A}$、$\boldsymbol{B}$ 均为 n 阶方阵，且 $\boldsymbol{A}$ 为对称矩阵，证明 $\boldsymbol{B}^{\mathrm{T}}\boldsymbol{AB}$ 也为对称矩阵.

9. 设 $f(x)=3x^2-2x+5$，$\boldsymbol{A}=\begin{pmatrix}1&-2&3\\2&-4&1\\3&-5&2\end{pmatrix}$，求 $f(\boldsymbol{A})$.

2.3 逆矩阵

2.3.1 方阵的行列式

定义 2.7 由 n 阶方阵 $\boldsymbol{A}$ 的元素所构成的行列式(各元素的位置不改变)称为方阵 $\boldsymbol{A}$ 的行列式，记作 $|\boldsymbol{A}|$ 或 $\det\boldsymbol{A}$.

注：方阵与行列式是两个不同的概念. n 阶方阵是 n^2 个数按一定方式排成的数表，n 阶行列式是这 n^2 个数按一定的运算法则所确定的一个数.

方阵的行列式满足下列运算规律(设 $\boldsymbol{A}$、$\boldsymbol{B}$ 为 n 阶方阵，k 为数)：

(1) $|\boldsymbol{A}^{\mathrm{T}}|=|\boldsymbol{A}|$(行列式性质 1.1).

(2) $|k\boldsymbol{A}|=k^n|\boldsymbol{A}|$.

(3) $|AB|=|A||B|$.

我们仅证明(3). 设 $A=(a_{ij})$，$B=(b_{ij})$，记 $2n$ 阶行列式

$$D=\begin{vmatrix} a_{11} & \cdots & a_{1n} & 0 & \cdots & 0 \\ \vdots & & \vdots & \vdots & & \vdots \\ a_{n1} & \cdots & a_{nn} & 0 & \cdots & 0 \\ -1 & \cdots & 0 & b_{11} & \cdots & b_{1n} \\ \vdots & & \vdots & \vdots & & \vdots \\ 0 & \cdots & -1 & b_{n1} & \cdots & b_{nn} \end{vmatrix}=\begin{vmatrix} A & O \\ -E & B \end{vmatrix},$$

根据式(1.13)可知

$$D=|A||B|.$$

将 D 的第 $n+1$ 行的 a_{11} 倍，第 $n+2$ 行的 a_{12} 倍，……，第 $2n$ 行的 a_{1n} 倍加到第一行得

$$D=\begin{vmatrix} 0 & 0 & \cdots & 0 & c_{11} & c_{12} & \cdots & c_{1n} \\ a_{21} & a_{22} & \cdots & a_{2n} & 0 & 0 & \cdots & 0 \\ \vdots & \vdots & & \vdots & \vdots & \vdots & & \vdots \\ a_{n1} & a_{n2} & \cdots & a_{nn} & 0 & 0 & \cdots & 0 \\ -1 & 0 & \cdots & 0 & b_{11} & b_{12} & \cdots & b_{1n} \\ 0 & -1 & \cdots & 0 & b_{21} & b_{22} & \cdots & b_{2n} \\ \vdots & \vdots & & \vdots & \vdots & \vdots & & \vdots \\ 0 & 0 & \cdots & -1 & b_{n1} & b_{n2} & \cdots & b_{nn} \end{vmatrix},$$

其中 $c_{1j}=a_{11}b_{1j}+a_{12}b_{2j}+\cdots+a_{1n}b_{nj}$ $(j=1, 2, \cdots, n)$.

再依次将 D 的第 $n+1$ 行的 a_{k1} $(k=2, \cdots, n)$倍，第 $n+2$ 行的 a_{k2} 倍，……，第 $2n$ 行的 a_{kn} 倍加到第 k 行得

$$D=\begin{vmatrix} 0 & 0 & \cdots & 0 & c_{11} & c_{12} & \cdots & c_{1n} \\ 0 & 0 & \cdots & 0 & c_{21} & c_{22} & \cdots & c_{2n} \\ \vdots & \vdots & & \vdots & \vdots & \vdots & & \vdots \\ 0 & 0 & \cdots & 0 & c_{n1} & c_{n2} & \cdots & c_{nn} \\ -1 & 0 & \cdots & 0 & b_{11} & b_{12} & \cdots & b_{1n} \\ 0 & -1 & \cdots & 0 & b_{21} & b_{22} & \cdots & b_{2n} \\ \vdots & \vdots & & \vdots & \vdots & \vdots & & \vdots \\ 0 & 0 & \cdots & -1 & b_{n1} & b_{n2} & \cdots & b_{nn} \end{vmatrix},$$

记 $C=\begin{pmatrix} c_{11} & c_{12} & \cdots & c_{1n} \\ c_{21} & c_{22} & \cdots & c_{2n} \\ \vdots & \vdots & & \vdots \\ c_{n1} & c_{n2} & \cdots & c_{nn} \end{pmatrix}$，则 $C=AB$，从而

$$D=\begin{vmatrix} 0 & 0 & \cdots & 0 & c_{11} & c_{12} & \cdots & c_{1n} \\ 0 & 0 & \cdots & 0 & c_{21} & c_{22} & \cdots & c_{23} \\ \vdots & \vdots & & \vdots & \vdots & \vdots & & \vdots \\ 0 & 0 & \cdots & 0 & c_{n1} & c_{n2} & \cdots & c_{nn} \\ -1 & 0 & \cdots & 0 & b_{11} & b_{12} & \cdots & b_{1n} \\ 0 & -1 & \cdots & 0 & b_{21} & b_{22} & \cdots & b_{2n} \\ \vdots & \vdots & & \vdots & \vdots & \vdots & & \vdots \\ 0 & 0 & \cdots & -1 & b_{n1} & b_{n2} & \cdots & b_{nn} \end{vmatrix}$$

$$=(-1)^n\begin{vmatrix} c_{11} & c_{12} & \cdots & c_{1n} & 0 & 0 & \cdots & 0 \\ c_{21} & c_{22} & \cdots & c_{23} & 0 & 0 & \cdots & 0 \\ \vdots & \vdots & & \vdots & \vdots & \vdots & & \vdots \\ c_{n1} & c_{n2} & \cdots & c_{nn} & 0 & 0 & \cdots & 0 \\ b_{11} & b_{12} & \cdots & b_{1n} & -1 & 0 & \cdots & 0 \\ b_{21} & b_{22} & \cdots & b_{2n} & 0 & -1 & \cdots & 0 \\ \vdots & \vdots & & \vdots & \vdots & \vdots & & \vdots \\ b_{n1} & b_{n2} & \cdots & b_{nn} & 0 & 0 & \cdots & -1 \end{vmatrix}$$

$$=(-1)^n\begin{vmatrix} \boldsymbol{C} & \boldsymbol{O} \\ \boldsymbol{B} & -\boldsymbol{E} \end{vmatrix}=(-1)^n|\boldsymbol{C}|\,|-\boldsymbol{E}|$$

$$=(-1)^n|\boldsymbol{C}|(-1)^n=|\boldsymbol{C}|=|\boldsymbol{AB}|,$$

所以$|\boldsymbol{AB}|=|\boldsymbol{A}|\,|\boldsymbol{B}|$.

方阵的行列式满足的第(3)条规律可推广到有限个情况.

推论 2.1　设 $\boldsymbol{A}_1, \boldsymbol{A}_2, \cdots, \boldsymbol{A}_k$ 均为 n 阶方阵，则 $|\boldsymbol{A}_1\boldsymbol{A}_2\cdots\boldsymbol{A}_k|=|\boldsymbol{A}_1|\,|\boldsymbol{A}_2|\cdots|\boldsymbol{A}_k|$.

2.3.2　逆矩阵

定义 2.8　设 $\boldsymbol{A}$ 为 n 阶方阵，如果存在一个矩阵 $\boldsymbol{B}$，使得

$$\boldsymbol{AB}=\boldsymbol{BA}=\boldsymbol{E},$$

那么称 $\boldsymbol{A}$ 为可逆矩阵，称 $\boldsymbol{B}$ 为 $\boldsymbol{A}$ 的逆矩阵，记作 $\boldsymbol{B}=\boldsymbol{A}^{-1}$.

注：(1) 单位矩阵的逆矩阵是单位矩阵.

(2) 零矩阵不是可逆矩阵.

(3) 由于矩阵的乘法规则，因此只有方阵才讨论其逆矩阵问题.

如果方阵 $\boldsymbol{A}$ 是可逆的，那么 $\boldsymbol{A}$ 的逆矩阵是唯一的. 事实上，假设 $\boldsymbol{B}$、$\boldsymbol{C}$ 都为 $\boldsymbol{A}$ 的逆矩阵，则有

$$\boldsymbol{B}=\boldsymbol{BE}=\boldsymbol{B}(\boldsymbol{AC})=(\boldsymbol{BA})\boldsymbol{C}=\boldsymbol{EC}=\boldsymbol{C}.$$

注：不能将 $\boldsymbol{A}^{-1}$ 写为 $\dfrac{1}{\boldsymbol{A}}$.

定义 2.9　设 n 阶方阵

$$\boldsymbol{A}=\begin{pmatrix} a_{11} & a_{12} & \cdots & a_{1n} \\ a_{21} & a_{22} & \cdots & a_{2n} \\ \vdots & \vdots & & \vdots \\ a_{n1} & a_{n2} & \cdots & a_{nn} \end{pmatrix},$$

A_{ij} 为行列式 $|\boldsymbol{A}|$ 中的元素 a_{ij} 的代数余子式，称 A_{ij} 所构成的矩阵

$$\boldsymbol{A}^*=\begin{pmatrix} A_{11} & A_{21} & \cdots & A_{n1} \\ A_{12} & A_{22} & \cdots & A_{n2} \\ \vdots & \vdots & & \vdots \\ A_{1n} & A_{2n} & \cdots & A_{nn} \end{pmatrix}$$

为矩阵 $\boldsymbol{A}$ 的伴随矩阵.

定理 2.1　设 $\boldsymbol{A}$ 为 n 阶方阵，$\boldsymbol{A}$ 可逆当且仅当 $|\boldsymbol{A}|\neq 0$，且 $\boldsymbol{A}^{-1}=\frac{1}{|\boldsymbol{A}|}\boldsymbol{A}^*$，其中 $\boldsymbol{A}^*$ 为 $\boldsymbol{A}$ 的伴随矩阵.

证明　先证必要性. 若 $\boldsymbol{A}$ 可逆，则存在 $\boldsymbol{A}^{-1}$，使得 $\boldsymbol{A}\boldsymbol{A}^{-1}=\boldsymbol{E}$，所以

$$|\boldsymbol{A}\boldsymbol{A}^{-1}|=|\boldsymbol{A}|\,|\boldsymbol{A}^{-1}|=|\boldsymbol{E}|=1,$$

从而 $|\boldsymbol{A}|\neq 0$.

再证充分性. $\boldsymbol{A}\boldsymbol{A}^*=\begin{pmatrix} a_{11} & a_{12} & \cdots & a_{1n} \\ a_{21} & a_{22} & \cdots & a_{2n} \\ \vdots & \vdots & & \vdots \\ a_{n1} & a_{n2} & \cdots & a_{nn} \end{pmatrix}\begin{pmatrix} A_{11} & A_{21} & \cdots & A_{n1} \\ A_{12} & A_{22} & \cdots & A_{n2} \\ \vdots & \vdots & & \vdots \\ A_{1n} & A_{2n} & \cdots & A_{nn} \end{pmatrix}$

$$=\begin{pmatrix} |\boldsymbol{A}| & 0 & \cdots & 0 \\ 0 & |\boldsymbol{A}| & \cdots & 0 \\ \vdots & \vdots & & \vdots \\ 0 & 0 & \cdots & |\boldsymbol{A}| \end{pmatrix}=|\boldsymbol{A}|\boldsymbol{E},$$

类似地可得，$\boldsymbol{A}^*\boldsymbol{A}=|\boldsymbol{A}|\boldsymbol{E}$，即 $\boldsymbol{A}\boldsymbol{A}^*=\boldsymbol{A}^*\boldsymbol{A}=|\boldsymbol{A}|\boldsymbol{E}$.

当 $|\boldsymbol{A}|\neq 0$ 时，$\boldsymbol{A}\left(\frac{1}{|\boldsymbol{A}|}\boldsymbol{A}^*\right)=\left(\frac{1}{|\boldsymbol{A}|}\boldsymbol{A}^*\right)\boldsymbol{A}=\boldsymbol{E}$，由逆矩阵的定义可知，$\boldsymbol{A}$ 可逆，且 $\boldsymbol{A}^{-1}=\frac{1}{|\boldsymbol{A}|}\boldsymbol{A}^*$.

当 $|\boldsymbol{A}|=0$ 时，称 $\boldsymbol{A}$ 为奇异矩阵，否则称为非奇异矩阵. 定理 2.1 可表述为：$\boldsymbol{A}$ 是可逆矩阵的充分必要条件是 $|\boldsymbol{A}|\neq 0$，即可逆矩阵是非奇异矩阵.

由定理 2.1 可得下面推论.

推论 2.2　设 $\boldsymbol{A}$、$\boldsymbol{B}$ 为 n 阶方阵，如果 $\boldsymbol{A}\boldsymbol{B}=\boldsymbol{E}$，则 $\boldsymbol{B}=\boldsymbol{A}^{-1}$.

证明　$|\boldsymbol{A}\boldsymbol{B}|=|\boldsymbol{A}|\,|\boldsymbol{B}|=|\boldsymbol{E}|=1$，故 $|\boldsymbol{A}|\neq 0$，因而 $\boldsymbol{A}^{-1}$ 存在，于是

$$\boldsymbol{B}=\boldsymbol{E}\boldsymbol{B}=(\boldsymbol{A}^{-1}\boldsymbol{A})\boldsymbol{B}=\boldsymbol{A}^{-1}(\boldsymbol{A}\boldsymbol{B})=\boldsymbol{A}^{-1}\boldsymbol{E}=\boldsymbol{A}^{-1}.$$

方阵的逆矩阵满足下列运算规律：

(1) 若 $\boldsymbol{A}$ 可逆，则 $\boldsymbol{A}^{-1}$ 也可逆，且 $(\boldsymbol{A}^{-1})^{-1}=\boldsymbol{A}$.

(2) 若 $\boldsymbol{A}$ 可逆，数 $k\neq 0$，则 $(k\boldsymbol{A})^{-1}=\frac{1}{k}\boldsymbol{A}^{-1}$.

(3) 两个同阶可逆矩阵 $\boldsymbol{A}$、$\boldsymbol{B}$ 的乘积仍是可逆矩阵，且 $(\boldsymbol{A}\boldsymbol{B})^{-1}=\boldsymbol{B}^{-1}\boldsymbol{A}^{-1}$.

(4) 若 $\boldsymbol{A}$ 可逆，则 $\boldsymbol{A}^{\mathrm{T}}$ 也可逆，且 $(\boldsymbol{A}^{\mathrm{T}})^{-1}=(\boldsymbol{A}^{-1})^{\mathrm{T}}$.

(5) 若 $\boldsymbol{A}$ 可逆，则 $|\boldsymbol{A}^{-1}|=\frac{1}{|\boldsymbol{A}|}$.

我们证明(3)和(4).

对于(3)

$$AB(B^{-1}A^{-1})=A(BB^{-1})A^{-1}=AEA^{-1}=AA^{-1}=E,$$

由推论 2.2 知,

$$(AB)^{-1}=B^{-1}A^{-1}.$$

对于(4)

$$A^{T}(A^{-1})^{T}=(A^{-1}A)^{T}=E^{T}=E,$$

由推论 2.2 知, $(A^{T})^{-1}=(A^{-1})^{T}$.

另外,当 A 可逆时,可记 $A^{-k}=(A^{-1})^{k}$(k 为正整数).

例 2.13 设 $A=\begin{pmatrix} a & b \\ c & d \end{pmatrix}$,当 a、b、c、d 满足什么条件时,矩阵 A 可逆?当 A 可逆时,求 A^{-1}.

解 由于 $|A|=\begin{vmatrix} a & b \\ c & d \end{vmatrix}=ad-bc$,因此当 $ad-bc\neq 0$ 时,A 可逆. 此时,

$$A^{-1}=\frac{1}{|A|}A^{*}=\frac{1}{ad-bc}\begin{pmatrix} d & -b \\ -c & a \end{pmatrix}.$$

例 2.14 设 $A=\begin{pmatrix} 3 & 7 & -3 \\ -2 & -5 & 2 \\ -4 & -10 & 3 \end{pmatrix}$,求 A^{-1}.

解 由于 $|A|=\begin{vmatrix} 3 & 7 & -3 \\ -2 & -5 & 2 \\ -4 & -10 & 3 \end{vmatrix}=1\neq 0$,因此 A 可逆. 再计算 $|A|$ 的代数余子式,

$$A_{11}=\begin{vmatrix} -5 & 2 \\ -10 & 3 \end{vmatrix}=5,\ A_{12}=-\begin{vmatrix} -2 & 2 \\ -4 & 3 \end{vmatrix}=-2,\ A_{13}=\begin{vmatrix} -2 & -5 \\ -4 & -10 \end{vmatrix}=0,$$

类似地,$A_{21}=9$,$A_{22}=-3$,$A_{23}=2$,$A_{31}=-1$,$A_{32}=0$,$A_{33}=-1$,即

$$A^{*}=\begin{pmatrix} 5 & 9 & -1 \\ -2 & -3 & 0 \\ 0 & 2 & -1 \end{pmatrix},$$

所以

$$A^{-1}=\frac{1}{|A|}A^{*}=\begin{pmatrix} 5 & 9 & -1 \\ -2 & -3 & 0 \\ 0 & 2 & -1 \end{pmatrix}.$$

例 2.15 设 A 为 4 阶方阵,且 $|A|=2$,求 $|2A^{-1}-2A^{*}|$.

解 因为 $|A|=2$,所以 A 可逆. 又因为 $AA^{*}=|A|E$,所以 $A^{*}=|A|A^{-1}=2A^{-1}$. 因此

$$|2A^{-1}-2A^{*}|=|2A^{-1}-4A^{-1}|=|-2A^{-1}|=(-2)^{4}|A^{-1}|=2^{4}\ \frac{1}{|A|}=8.$$

例 2.16 设 A 为 n 阶方阵,且满足 $A^{2}+2A-3E=O$,则 A、$A+4E$ 是否可逆?若可逆,求其逆矩阵.

解 由 $A^{2}+2A-3E=O$,得

$$A(A+2E)=3E,$$

即 $\boldsymbol{A}\cdot\frac{1}{3}(\boldsymbol{A}+2\boldsymbol{E})=\boldsymbol{E}$，因此 $\boldsymbol{A}$ 可逆，且 $\boldsymbol{A}^{-1}=\frac{1}{3}(\boldsymbol{A}+2\boldsymbol{E})$.

由 $\boldsymbol{A}^2+2\boldsymbol{A}-3\boldsymbol{E}=\boldsymbol{O}$，得

$$(\boldsymbol{A}+4\boldsymbol{E})(\boldsymbol{A}-2\boldsymbol{E})=-5\boldsymbol{E},$$

即 $(\boldsymbol{A}+4\boldsymbol{E})\left[\frac{1}{5}(2\boldsymbol{E}-\boldsymbol{A})\right]=\boldsymbol{E}$，因此 $\boldsymbol{A}+4\boldsymbol{E}$ 可逆，且 $(\boldsymbol{A}+4\boldsymbol{E})^{-1}=\frac{1}{5}(2\boldsymbol{E}-\boldsymbol{A})$.

2.3.3 矩阵方程

矩阵方程是指含有未知矩阵的等式. 标准矩阵方程有以下三种形式：

(1) $\boldsymbol{AX}=\boldsymbol{B}$，当 $\boldsymbol{A}$ 可逆时，$\boldsymbol{X}=\boldsymbol{A}^{-1}\boldsymbol{B}$；

(2) $\boldsymbol{XA}=\boldsymbol{B}$，当 $\boldsymbol{A}$ 可逆时，$\boldsymbol{X}=\boldsymbol{BA}^{-1}$；

(3) $\boldsymbol{AXB}=\boldsymbol{C}$，当 $\boldsymbol{A}$、$\boldsymbol{B}$ 可逆时，$\boldsymbol{X}=\boldsymbol{A}^{-1}\boldsymbol{CB}^{-1}$.

例 2.17 设 $\boldsymbol{A}=\begin{pmatrix}3&7&-3\\-2&-5&2\\-4&-10&3\end{pmatrix}$，$\boldsymbol{B}=\begin{pmatrix}1&1\\-1&0\\2&3\end{pmatrix}$，且 $\boldsymbol{AX}=\boldsymbol{B}$，求 $\boldsymbol{X}$.

解 因为

$$\boldsymbol{A}^{-1}=\begin{pmatrix}5&9&-1\\-2&-3&0\\0&2&-1\end{pmatrix},$$

所以

$$\boldsymbol{X}=\boldsymbol{A}^{-1}\boldsymbol{B}=\begin{pmatrix}5&9&-1\\-2&-3&0\\0&2&-1\end{pmatrix}\begin{pmatrix}1&1\\-1&0\\2&3\end{pmatrix}=\begin{pmatrix}-6&2\\1&-2\\-4&-3\end{pmatrix}.$$

例 2.18 设 $\boldsymbol{A}=\begin{pmatrix}4&2&3\\1&1&0\\-1&2&3\end{pmatrix}$，求矩阵 $\boldsymbol{B}$ 使其满足矩阵方程 $\boldsymbol{AB}=\boldsymbol{A}+2\boldsymbol{B}$.

解 因为 $\boldsymbol{AB}=\boldsymbol{A}+2\boldsymbol{B}$，所以 $(\boldsymbol{A}-2\boldsymbol{E})\boldsymbol{B}=\boldsymbol{A}$. 又因为

$$(\boldsymbol{A}-2\boldsymbol{E})^{-1}=\begin{pmatrix}2&2&3\\1&-1&0\\-1&2&1\end{pmatrix}^{-1}=\begin{pmatrix}1&-4&-3\\1&-5&-3\\-1&6&4\end{pmatrix},$$

所以

$$\boldsymbol{B}=(\boldsymbol{A}-2\boldsymbol{E})^{-1}\boldsymbol{A}=\begin{pmatrix}1&-4&-3\\1&-5&-3\\-1&6&4\end{pmatrix}\begin{pmatrix}4&2&3\\1&1&0\\-1&2&3\end{pmatrix}=\begin{pmatrix}3&-8&-6\\2&-9&-6\\-2&12&9\end{pmatrix}.$$

■习题 2.3

1. 判断下列方阵是否可逆. 若可逆，则求其逆矩阵：

(1) $\boldsymbol{A}=\begin{pmatrix}1&3\\2&4\end{pmatrix}$；　　(2) $\boldsymbol{B}=\begin{pmatrix}\cos x&\sin x\\-\sin x&\cos x\end{pmatrix}$；

(3) $\boldsymbol{C}=\begin{pmatrix}1 & 0 & 2\\ 2 & -1 & 3\\ 4 & 1 & 8\end{pmatrix}$；　　(4) $\boldsymbol{D}=\begin{pmatrix}1 & 0 & 0 & 0\\ a & 1 & 0 & 0\\ a^2 & a & 1 & 0\\ a^3 & a^2 & a & 1\end{pmatrix}$.

2. 已知三阶方阵 $\boldsymbol{A}$ 的逆矩阵 $\boldsymbol{A}^{-1}=\begin{pmatrix}1 & 1 & 1\\ 1 & 2 & 1\\ 1 & 1 & 3\end{pmatrix}$，求伴随矩阵 $\boldsymbol{A}^*$ 的逆矩阵.

3. 解下列矩阵方程：

(1) $\begin{pmatrix}2 & 0\\ -1 & 1\end{pmatrix}\boldsymbol{X}=\begin{pmatrix}3 & 1\\ 0 & -1\end{pmatrix}$；

(2) $\boldsymbol{X}\begin{pmatrix}1 & 1 & -1\\ 0 & 2 & 2\\ 1 & -1 & 0\end{pmatrix}=\begin{pmatrix}1 & -1 & 1\\ 1 & 1 & 0\\ 2 & 1 & 1\end{pmatrix}$；

(3) $\begin{pmatrix}-1 & 0 & 0\\ 0 & 5 & 3\\ 0 & 2 & 1\end{pmatrix}\boldsymbol{X}\begin{pmatrix}-2 & -3\\ 3 & 5\end{pmatrix}=\begin{pmatrix}2 & 3\\ 1 & 2\\ -1 & -2\end{pmatrix}$.

4. 设 $\boldsymbol{A}$ 是三阶方阵，且 $|\boldsymbol{A}|=\dfrac{1}{27}$，求 $|(3\boldsymbol{A})^{-1}-18\boldsymbol{A}^*|$.

5. 设 $\boldsymbol{P}=\begin{pmatrix}1 & 2\\ 1 & 4\end{pmatrix}$，$\boldsymbol{B}=\begin{pmatrix}1 & 0\\ 0 & 2\end{pmatrix}$，且 $\boldsymbol{AP}=\boldsymbol{PB}$，求 $\boldsymbol{A}^n$.

6. n 阶方阵 $\boldsymbol{A}$ 满足 $\boldsymbol{A}^2-2\boldsymbol{A}-4\boldsymbol{E}=\boldsymbol{O}$，证明 $\boldsymbol{A}$ 可逆，并求其逆矩阵.

7. 已知 $\boldsymbol{A}=\begin{pmatrix}1 & 0 & 1\\ 0 & 2 & 0\\ 3 & 0 & 1\end{pmatrix}$ 满足 $\boldsymbol{BA}-2\boldsymbol{E}=\boldsymbol{B}-2\boldsymbol{A}^2$，求矩阵 $\boldsymbol{B}$.

2.4 分块矩阵

2.4.1 分块矩阵的概念

在理论研究及一些实际问题中，经常遇到行数和列数较多或者结构特殊的矩阵，运算时常采用分块法，使大矩阵的运算化成若干小矩阵间的运算，同时也使原矩阵的结构显得简单而清晰. 具体做法是：将大矩阵 $\boldsymbol{A}$ 用若干条横线和竖线分成多个小矩阵，每个小矩阵称为 $\boldsymbol{A}$ 的子块，以子块为元素的形式上的矩阵称为**分块矩阵**. 矩阵的分块有多种方式，可根据具体需要而定.

例如，将 4 阶矩阵 $\boldsymbol{A}=\begin{pmatrix}1 & 0 & 0 & 0\\ 0 & 1 & 0 & 0\\ -1 & 2 & 1 & 0\\ 1 & 1 & 0 & 1\end{pmatrix}$ 分成子块的方法很多，下面举出三种分块形式：

(1) $\left(\begin{array}{cc:cc} 1 & 0 & 0 & 0 \\ 0 & 1 & 0 & 0 \\ \hdashline -1 & 2 & 1 & 0 \\ 1 & 1 & 0 & 1 \end{array}\right)$；　(2) $\left(\begin{array}{c:c:c:c} 1 & 0 & 0 & 0 \\ 0 & 1 & 0 & 0 \\ -1 & 2 & 1 & 0 \\ 1 & 1 & 0 & 1 \end{array}\right)$；　(3) $\left(\begin{array}{c:cc:c} 1 & 0 & 0 & 0 \\ \hdashline 0 & 1 & 0 & 0 \\ -1 & 2 & 1 & 0 \\ 1 & 1 & 0 & 1 \end{array}\right)$.

分法(1)可记为

$$\boldsymbol{A}=\begin{pmatrix} \boldsymbol{E}_2 & \boldsymbol{O} \\ \boldsymbol{A}_1 & \boldsymbol{E}_2 \end{pmatrix},$$

其中

$$\boldsymbol{E}_2=\begin{pmatrix} 1 & 0 \\ 0 & 1 \end{pmatrix},\ \boldsymbol{A}_1=\begin{pmatrix} -1 & 2 \\ 1 & 1 \end{pmatrix},\ \boldsymbol{O}=\begin{pmatrix} 0 & 0 \\ 0 & 0 \end{pmatrix},$$

即 $\boldsymbol{E}_2$、$\boldsymbol{A}_1$、$\boldsymbol{O}$、$\boldsymbol{E}_2$ 为 $\boldsymbol{A}$ 的子块，而 $\boldsymbol{A}$ 形式上成为以这些子块为元素的分块矩阵. 分法(2)和(3)的分块矩阵读者可以类似地写出.

2.3 节证明公式 $|\boldsymbol{AB}|=|\boldsymbol{A}||\boldsymbol{B}|$ 时出现的矩阵 $\begin{pmatrix} \boldsymbol{A} & \boldsymbol{O} \\ -\boldsymbol{E} & \boldsymbol{B} \end{pmatrix}$ 正是分块矩阵，在那里是把四个矩阵拼成一个大矩阵，这与把大矩阵分成多个小矩阵是同一个概念的两个方面.

2.4.2　分块矩阵的运算

分块矩阵的运算规则与普通矩阵的运算规则相似. 分块时要注意，运算的两矩阵按分块能运算，并且参与运算的子块也能运算.

1. 分块矩阵的加法

设矩阵 $\boldsymbol{A}$ 与 $\boldsymbol{B}$ 的行数相同、列数相同，采用相同的分块法，若

$$\boldsymbol{A}=\begin{pmatrix} \boldsymbol{A}_{11} & \cdots & \boldsymbol{A}_{1t} \\ \vdots & & \vdots \\ \boldsymbol{A}_{s1} & \cdots & \boldsymbol{A}_{st} \end{pmatrix},\ \boldsymbol{B}=\begin{pmatrix} \boldsymbol{B}_{11} & \cdots & \boldsymbol{B}_{1t} \\ \vdots & & \vdots \\ \boldsymbol{B}_{s1} & \cdots & \boldsymbol{B}_{st} \end{pmatrix},$$

其中 $\boldsymbol{A}_{ij}$ 与 $\boldsymbol{B}_{ij}$ 均为同型矩阵，那么

$$\boldsymbol{A}+\boldsymbol{B}=\begin{pmatrix} \boldsymbol{A}_{11}+\boldsymbol{B}_{11} & \cdots & \boldsymbol{A}_{1t}+\boldsymbol{B}_{1t} \\ \vdots & & \vdots \\ \boldsymbol{A}_{s1}+\boldsymbol{B}_{s1} & \cdots & \boldsymbol{A}_{st}+\boldsymbol{B}_{st} \end{pmatrix}.$$

2. 数乘分块矩阵

用数 k 乘一个分块矩阵等于用 k 乘分块矩阵的每一个子块，即

$$k\boldsymbol{A}=k\begin{pmatrix} \boldsymbol{A}_{11} & \cdots & \boldsymbol{A}_{1t} \\ \vdots & & \vdots \\ \boldsymbol{A}_{s1} & \cdots & \boldsymbol{A}_{st} \end{pmatrix}=\begin{pmatrix} k\boldsymbol{A}_{11} & \cdots & k\boldsymbol{A}_{1t} \\ \vdots & & \vdots \\ k\boldsymbol{A}_{s1} & \cdots & k\boldsymbol{A}_{st} \end{pmatrix}.$$

3. 分块矩阵的乘法

设 $\boldsymbol{A}$ 为 $m\times l$ 矩阵，$\boldsymbol{B}$ 为 $l\times n$ 矩阵，分块成

$$\boldsymbol{A}=\begin{pmatrix} \boldsymbol{A}_{11} & \cdots & \boldsymbol{A}_{1t} \\ \vdots & & \vdots \\ \boldsymbol{A}_{s1} & \cdots & \boldsymbol{A}_{st} \end{pmatrix},\ \boldsymbol{B}=\begin{pmatrix} \boldsymbol{B}_{11} & \cdots & \boldsymbol{B}_{1r} \\ \vdots & & \vdots \\ \boldsymbol{B}_{t1} & \cdots & \boldsymbol{B}_{tr} \end{pmatrix},$$

其中 $\boldsymbol{A}_{i1}$, $\boldsymbol{A}_{i2}$, …, $\boldsymbol{A}_{it}$ ($i=1, 2, \cdots, s$)的列数分别等于 $\boldsymbol{B}_{1j}$, $\boldsymbol{B}_{2j}$, …, $\boldsymbol{B}_{tj}$ ($j=1, 2, \cdots, r$)的行数，那么

$$\boldsymbol{AB}=\begin{pmatrix}\boldsymbol{C}_{11} & \cdots & \boldsymbol{C}_{1r}\\ \vdots & & \vdots\\ \boldsymbol{C}_{s1} & \cdots & \boldsymbol{C}_{sr}\end{pmatrix},$$

其中 $\boldsymbol{C}_{ij}=\sum\limits_{k=1}^{t}\boldsymbol{A}_{ik}\boldsymbol{B}_{kj}$ ($i=1, 2, \cdots, s$; $j=1, 2, \cdots, r$).

例 2.19 设 $\boldsymbol{A}=\begin{pmatrix}1 & 0 & 0 & 0\\ 0 & 1 & 0 & 0\\ -1 & 2 & 1 & 0\\ 1 & 1 & 0 & 1\end{pmatrix}$, $\boldsymbol{B}=\begin{pmatrix}1 & 0 & 1 & 0\\ -1 & 2 & 0 & 1\\ 1 & 0 & 4 & 1\\ -1 & -1 & 2 & 0\end{pmatrix}$，用分块矩阵计算 $2\boldsymbol{A}+\boldsymbol{B}$ 及 $\boldsymbol{AB}$.

解 将矩阵 $\boldsymbol{A}$、$\boldsymbol{B}$ 进行如下分块：

$$\boldsymbol{A}=\left(\begin{array}{cc:cc}1 & 0 & 0 & 0\\ 0 & 1 & 0 & 0\\ \hdashline -1 & 2 & 1 & 0\\ 1 & 1 & 0 & 1\end{array}\right)=\begin{pmatrix}\boldsymbol{E} & \boldsymbol{O}\\ \boldsymbol{A}_1 & \boldsymbol{E}\end{pmatrix},$$

$$\boldsymbol{B}=\left(\begin{array}{cc:cc}1 & 0 & 1 & 0\\ -1 & 2 & 0 & 1\\ \hdashline 1 & 0 & 4 & 1\\ -1 & -1 & 2 & 0\end{array}\right)=\begin{pmatrix}\boldsymbol{B}_1 & \boldsymbol{E}\\ \boldsymbol{B}_2 & \boldsymbol{B}_3\end{pmatrix},$$

则

$$2\boldsymbol{A}+\boldsymbol{B}=2\begin{pmatrix}\boldsymbol{E} & \boldsymbol{O}\\ \boldsymbol{A}_1 & \boldsymbol{E}\end{pmatrix}+\begin{pmatrix}\boldsymbol{B}_1 & \boldsymbol{E}\\ \boldsymbol{B}_2 & \boldsymbol{B}_3\end{pmatrix}=\begin{pmatrix}2\boldsymbol{E}+\boldsymbol{B}_1 & \boldsymbol{E}\\ 2\boldsymbol{A}_1+\boldsymbol{B}_2 & 2\boldsymbol{E}+\boldsymbol{B}_3\end{pmatrix}$$

$$=\begin{pmatrix}3 & 0 & 1 & 0\\ -1 & 4 & 0 & 1\\ -1 & 4 & 6 & 1\\ 1 & 1 & 2 & 2\end{pmatrix},$$

$$\boldsymbol{AB}=\begin{pmatrix}\boldsymbol{E} & \boldsymbol{O}\\ \boldsymbol{A}_1 & \boldsymbol{E}\end{pmatrix}\begin{pmatrix}\boldsymbol{B}_1 & \boldsymbol{E}\\ \boldsymbol{B}_2 & \boldsymbol{B}_3\end{pmatrix}=\begin{pmatrix}\boldsymbol{B}_1 & \boldsymbol{E}\\ \boldsymbol{A}_1\boldsymbol{B}_1+\boldsymbol{B}_2 & \boldsymbol{A}_1+\boldsymbol{B}_3\end{pmatrix},$$

又

$$\boldsymbol{A}_1\boldsymbol{B}_1+\boldsymbol{B}_2=\begin{pmatrix}-1 & 2\\ 1 & 1\end{pmatrix}\begin{pmatrix}1 & 0\\ -1 & 2\end{pmatrix}+\begin{pmatrix}1 & 0\\ -1 & -1\end{pmatrix}=\begin{pmatrix}-2 & 4\\ -1 & 1\end{pmatrix},$$

$$\boldsymbol{A}_1+\boldsymbol{B}_3=\begin{pmatrix}-1 & 2\\ 1 & 1\end{pmatrix}+\begin{pmatrix}4 & 1\\ 2 & 0\end{pmatrix}=\begin{pmatrix}3 & 3\\ 3 & 1\end{pmatrix},$$

于是

$$\boldsymbol{AB}=\begin{pmatrix}1 & 0 & 1 & 0\\ -1 & 2 & 0 & 1\\ -2 & 4 & 3 & 3\\ -1 & 1 & 3 & 1\end{pmatrix}.$$

4. 分块矩阵的转置

设 $\boldsymbol{A}=\begin{pmatrix}\boldsymbol{A}_{11} & \cdots & \boldsymbol{A}_{1t}\\ \vdots & & \vdots\\ \boldsymbol{A}_{s1} & \cdots & \boldsymbol{A}_{st}\end{pmatrix}$，则 $A^{\mathrm{T}}=\begin{pmatrix}\boldsymbol{A}_{11}^{\mathrm{T}} & \cdots & \boldsymbol{A}_{s1}^{\mathrm{T}}\\ \vdots & & \vdots\\ \boldsymbol{A}_{1t}^{\mathrm{T}} & \cdots & \boldsymbol{A}_{st}^{\mathrm{T}}\end{pmatrix}$.

例如，$\boldsymbol{A}=\left(\begin{array}{c:cc:c}1 & 0 & 0 & 0\\ \hdashline 0 & 1 & 0 & 0\\ -1 & 2 & 1 & 0\\ 1 & 1 & 0 & 1\end{array}\right)=\begin{pmatrix}\boldsymbol{E}_1 & \boldsymbol{O} & \boldsymbol{O}\\ \boldsymbol{A}_1 & \boldsymbol{A}_2 & \boldsymbol{A}_3\end{pmatrix}$，则

$$\boldsymbol{A}^{\mathrm{T}}=\begin{pmatrix}\boldsymbol{E}_1^{\mathrm{T}} & \boldsymbol{A}_1^{\mathrm{T}}\\ \boldsymbol{O}^{\mathrm{T}} & \boldsymbol{A}_2^{\mathrm{T}}\\ \boldsymbol{O}^{\mathrm{T}} & \boldsymbol{A}_3^{\mathrm{T}}\end{pmatrix}=\left(\begin{array}{c:ccc}1 & 0 & -1 & 1\\ \hdashline 0 & 1 & 2 & 1\\ 0 & 0 & 1 & 0\\ \hdashline 0 & 0 & 0 & 1\end{array}\right).$$

5. 分块矩阵的对角矩阵

设 $\boldsymbol{A}$ 为 n 阶矩阵，若 $\boldsymbol{A}$ 的分块矩阵只有在对角线上有非零子块，其余子块都为零矩阵，且在对角线上的子块都是方阵，即

$$\boldsymbol{A}=\begin{pmatrix}\boldsymbol{A}_1 & & & \boldsymbol{O}\\ & \boldsymbol{A}_2 & & \\ & & \ddots & \\ \boldsymbol{O} & & & \boldsymbol{A}_s\end{pmatrix},$$

其中 $\boldsymbol{A}_i(i=1, 2, \cdots, s)$都是方阵，则称 $\boldsymbol{A}$ 为分块对角矩阵.

分块对角矩阵具有以下性质：

(1) 若$|\boldsymbol{A}_i|\neq 0(i=1, 2, \cdots, s)$，则$|\boldsymbol{A}|\neq 0$，且$|\boldsymbol{A}|=|\boldsymbol{A}_1||\boldsymbol{A}_2|\cdots|\boldsymbol{A}_s|$.

(2) 若 $\boldsymbol{A}$ 可逆，则 $\boldsymbol{A}^{-1}=\begin{pmatrix}\boldsymbol{A}_1^{-1} & & & \boldsymbol{O}\\ & \boldsymbol{A}_2^{-1} & & \\ & & \ddots & \\ \boldsymbol{O} & & & \boldsymbol{A}_s^{-1}\end{pmatrix}$.

(3) 同结构的对角分块矩阵的和、差、积、幂仍是对角分块矩阵，且其运算表现为对应子块的运算，即设

$$\boldsymbol{A}=\begin{pmatrix}\boldsymbol{A}_1 & & & \boldsymbol{O}\\ & \boldsymbol{A}_2 & & \\ & & \ddots & \\ \boldsymbol{O} & & & \boldsymbol{A}_s\end{pmatrix}, \boldsymbol{B}=\begin{pmatrix}\boldsymbol{B}_1 & & & \boldsymbol{O}\\ & \boldsymbol{B}_2 & & \\ & & \ddots & \\ \boldsymbol{O} & & & \boldsymbol{B}_s\end{pmatrix},$$

其中 $\boldsymbol{A}_i$、$\boldsymbol{B}_i(i=1, 2, \cdots, s)$为同阶的子方块，则

$$\boldsymbol{A}\pm\boldsymbol{B}=\begin{pmatrix}\boldsymbol{A}_1\pm\boldsymbol{B}_1 & & & \boldsymbol{O}\\ & \boldsymbol{A}_2\pm\boldsymbol{B}_2 & & \\ & & \ddots & \\ \boldsymbol{O} & & & \boldsymbol{A}_s\pm\boldsymbol{B}_s\end{pmatrix},$$

$$AB=\begin{pmatrix} A_1B_1 & & & O \\ & A_2B_2 & & \\ & & \ddots & \\ O & & & A_sB_s \end{pmatrix},$$

$$A^k=\begin{pmatrix} A_1^k & & & O \\ & A_2^k & & \\ & & \ddots & \\ O & & & A_s^k \end{pmatrix}.$$

分块对角矩阵的这几个性质请读者自己证明.

例 2.20 设矩阵 $A=\begin{pmatrix} 5 & 0 & 0 \\ 0 & 3 & 1 \\ 0 & 2 & 1 \end{pmatrix}$，求 A^{-1}.

解 因为

$$A=\left(\begin{array}{c:cc} 5 & 0 & 0 \\ \hdashline 0 & 3 & 1 \\ 0 & 2 & 1 \end{array}\right)=\begin{pmatrix} A_1 & O \\ O & A_2 \end{pmatrix},$$

$$A_1=(5),\ A_1^{-1}=\left(\frac{1}{5}\right),$$

$$A_2=\begin{pmatrix} 3 & 1 \\ 2 & 1 \end{pmatrix},\ A_2^{-1}=\begin{pmatrix} 1 & -1 \\ -2 & 3 \end{pmatrix},$$

所以

$$A^{-1}=\left(\begin{array}{c:cc} \frac{1}{5} & 0 & 0 \\ \hdashline 0 & 1 & -1 \\ 0 & -2 & 3 \end{array}\right).$$

例 2.21 设矩阵 A、B 均可逆，求下列矩阵的逆矩阵：

(1) $\begin{pmatrix} O & A \\ B & O \end{pmatrix}$；　　(2) $\begin{pmatrix} A & O \\ C & B \end{pmatrix}$.

解 (1) 令 $\begin{pmatrix} O & A \\ B & O \end{pmatrix}^{-1}=\begin{pmatrix} X & Y \\ Z & W \end{pmatrix}$，则有

$$\begin{pmatrix} O & A \\ B & O \end{pmatrix}\begin{pmatrix} X & Y \\ Z & W \end{pmatrix}=\begin{pmatrix} E & O \\ O & E \end{pmatrix},$$

比较上式得

$$\begin{cases} AZ=E, \\ AW=O, \\ BX=O, \\ BY=E, \end{cases}$$

解得 $X=O$, $Y=B^{-1}$, $Z=A^{-1}$, $W=O$, 于是

$$\begin{pmatrix} O & A \\ B & O \end{pmatrix}^{-1}=\begin{pmatrix} O & B^{-1} \\ A^{-1} & O \end{pmatrix}.$$

(2) 仿照(1)可求出

$$\begin{pmatrix} \boldsymbol{A} & \boldsymbol{O} \\ \boldsymbol{C} & \boldsymbol{B} \end{pmatrix}^{-1} = \begin{pmatrix} \boldsymbol{A}^{-1} & \boldsymbol{O} \\ -\boldsymbol{B}^{-1}\boldsymbol{C}\boldsymbol{A}^{-1} & \boldsymbol{B}^{-1} \end{pmatrix}.$$

类似地，

$$\begin{pmatrix} \boldsymbol{A} & \boldsymbol{C} \\ \boldsymbol{O} & \boldsymbol{B} \end{pmatrix}^{-1} = \begin{pmatrix} \boldsymbol{A}^{-1} & -\boldsymbol{A}^{-1}\boldsymbol{C}\boldsymbol{B}^{-1} \\ \boldsymbol{O} & \boldsymbol{B}^{-1} \end{pmatrix}$$

恰当地将矩阵分块对解决代数问题有着十分重要的意义. 对矩阵分块时，有两种分块方法应予以特别重视，这就是按行分块和按列分块.

$m\times n$ 矩阵 $\boldsymbol{A}$ 有 m 行，称为矩阵 $\boldsymbol{A}$ 的 m 个行向量. 若将第 i 行记作

$$\boldsymbol{\alpha}_i^{\mathrm{T}}=(a_{i1},\ a_{i2},\ \cdots,\ a_{in})\quad (i=1,\ 2,\ \cdots,\ m)$$

则矩阵 $\boldsymbol{A}$ 可按行分块为

$$\boldsymbol{A}=\begin{pmatrix} \boldsymbol{\alpha}_1^{\mathrm{T}} \\ \boldsymbol{\alpha}_2^{\mathrm{T}} \\ \vdots \\ \boldsymbol{\alpha}_m^{\mathrm{T}} \end{pmatrix}.$$

$m\times n$ 矩阵 $\boldsymbol{A}$ 有 n 列，称为矩阵 $\boldsymbol{A}$ 的 n 个列向量. 若将第 j 列记作

$$\boldsymbol{\alpha}_j=\begin{pmatrix} a_{1j} \\ a_{2j} \\ \vdots \\ a_{mj} \end{pmatrix}\quad (j=1,\ 2,\ \cdots,\ n),$$

则矩阵 $\boldsymbol{A}$ 可按列分块为

$$\boldsymbol{A}=(\boldsymbol{\alpha}_1,\ \boldsymbol{\alpha}_2,\ \cdots,\ \boldsymbol{\alpha}_n).$$

对于矩阵 $\boldsymbol{A}=(a_{ij})_{m\times s}$ 与矩阵 $\boldsymbol{B}=(b_{ij})_{s\times n}$ 的乘积矩阵 $\boldsymbol{AB}=\boldsymbol{C}=(c_{ij})_{m\times n}$，若把 $\boldsymbol{A}$ 按行分成 m 块，把 $\boldsymbol{B}$ 按列分成 n 块，便有

$$\boldsymbol{AB}=\begin{pmatrix} \boldsymbol{\alpha}_1^{\mathrm{T}} \\ \boldsymbol{\alpha}_2^{\mathrm{T}} \\ \vdots \\ \boldsymbol{\alpha}_m^{\mathrm{T}} \end{pmatrix}(\boldsymbol{b}_1,\ \boldsymbol{b}_2,\ \cdots,\ \boldsymbol{b}_n)=\begin{pmatrix} \boldsymbol{\alpha}_1^{\mathrm{T}}\boldsymbol{b}_1 & \boldsymbol{\alpha}_1^{\mathrm{T}}\boldsymbol{b}_2 & \cdots & \boldsymbol{\alpha}_1^{\mathrm{T}}\boldsymbol{b}_n \\ \boldsymbol{\alpha}_2^{\mathrm{T}}\boldsymbol{b}_1 & \boldsymbol{\alpha}_2^{\mathrm{T}}\boldsymbol{b}_2 & \cdots & \boldsymbol{\alpha}_2^{\mathrm{T}}\boldsymbol{b}_n \\ \vdots & \vdots & & \vdots \\ \boldsymbol{\alpha}_m^{\mathrm{T}}\boldsymbol{b}_1 & \boldsymbol{\alpha}_m^{\mathrm{T}}\boldsymbol{b}_2 & \cdots & \boldsymbol{\alpha}_m^{\mathrm{T}}\boldsymbol{b}_n \end{pmatrix}=(c_{ij})_{m\times n},$$

其中

$$c_{ij}=\boldsymbol{\alpha}_i^{\mathrm{T}}\boldsymbol{b}_j=(a_{i1},\ a_{i2},\ \cdots,\ a_{is})\begin{pmatrix} b_{1j} \\ b_{2j} \\ \vdots \\ b_{sj} \end{pmatrix}=a_{i1}b_{1j}+a_{i2}b_{2j}+\cdots+a_{is}b_{sj}=\sum_{k=1}^{s}a_{ik}b_{kj},$$

由此可以进一步领会矩阵相乘的定义.

对于线性方程组

$$\begin{cases} a_{11}x_1+a_{12}x_2+\cdots+a_{1n}x_n=b_1, \\ a_{21}x_1+a_{22}x_2+\cdots+a_{2n}x_n=b_2, \\ \qquad\vdots \\ a_{m1}x_1+a_{m2}x_2+\cdots+a_{mn}x_n=b_m, \end{cases}$$

若记

$$A=\begin{pmatrix} a_{11} & a_{12} & \cdots & a_{1n} \\ a_{21} & a_{22} & \cdots & a_{2n} \\ \vdots & \vdots & & \vdots \\ a_{m1} & a_{m2} & \cdots & a_{mn} \end{pmatrix},\ x=\begin{pmatrix} x_1 \\ x_2 \\ \vdots \\ x_n \end{pmatrix},\ b=\begin{pmatrix} b_1 \\ b_2 \\ \vdots \\ b_m \end{pmatrix},$$

则方程组可写成矩阵方程 $\boldsymbol{Ax}=\boldsymbol{b}$.

若将方程组的系数矩阵按行分块，则线性方程组 $\boldsymbol{Ax}=\boldsymbol{b}$ 可记成

$$\begin{pmatrix} \boldsymbol{\alpha}_1^{\mathrm{T}} \\ \boldsymbol{\alpha}_2^{\mathrm{T}} \\ \vdots \\ \boldsymbol{\alpha}_m^{\mathrm{T}} \end{pmatrix}\boldsymbol{x}=\boldsymbol{b},$$

这就相当于把每个线性方程

$$a_{i1}x_1+a_{i2}x_2+\cdots+a_{in}x_n=b_i$$

记成 $\boldsymbol{\alpha}_i^{\mathrm{T}}\boldsymbol{x}=b_i(i=1, 2, \cdots, m)$.

若将方程组的系数矩阵按列分块，则线性方程组 $\boldsymbol{Ax}=\boldsymbol{b}$ 可记成

$$(\boldsymbol{\alpha}_1, \boldsymbol{\alpha}_2, \cdots, \boldsymbol{\alpha}_n)\begin{pmatrix} x_1 \\ x_2 \\ \vdots \\ x_n \end{pmatrix}=\boldsymbol{b},$$

也就是

$$x_1\boldsymbol{\alpha}_1+x_2\boldsymbol{\alpha}_2+\cdots+x_n\boldsymbol{\alpha}_n=\boldsymbol{b}.$$

■习题 2.4

1. 设矩阵 $\boldsymbol{A}=\begin{pmatrix} 1 & 1 & 0 & 0 \\ 3 & 2 & 0 & 0 \\ 0 & 0 & 3 & -2 \\ 0 & 0 & 0 & -1 \end{pmatrix}$，求 $|\boldsymbol{A}|$、$\boldsymbol{A}^{-1}$、$|\boldsymbol{A}^{10}|$、$\boldsymbol{AA}^{\mathrm{T}}$.

2. 求下列矩阵的逆矩阵：

(1) $\begin{pmatrix} 5 & 2 & 0 & 0 \\ 2 & 1 & 0 & 0 \\ 0 & 0 & 8 & 3 \\ 0 & 0 & 5 & 2 \end{pmatrix}$；　　(2) $\begin{pmatrix} 1 & 0 & 0 & 0 \\ 1 & 2 & 0 & 0 \\ 2 & 1 & 3 & 0 \\ 1 & 2 & 1 & 4 \end{pmatrix}$.

3. 证明：(1) $\begin{pmatrix} \boldsymbol{A} & \boldsymbol{O} \\ \boldsymbol{C} & \boldsymbol{B} \end{pmatrix}^{-1}=\begin{pmatrix} \boldsymbol{A}^{-1} & \boldsymbol{O} \\ -\boldsymbol{B}^{-1}\boldsymbol{CA}^{-1} & \boldsymbol{B}^{-1} \end{pmatrix}$；

(2) $\begin{pmatrix} \boldsymbol{A} & \boldsymbol{C} \\ \boldsymbol{O} & \boldsymbol{B} \end{pmatrix}^{-1}=\begin{pmatrix} \boldsymbol{A}^{-1} & -\boldsymbol{A}^{-1}\boldsymbol{CB}^{-1} \\ \boldsymbol{O} & \boldsymbol{B}^{-1} \end{pmatrix}$.

4. 设三阶矩阵 $\boldsymbol{A}$ 列分块为 $\boldsymbol{A}=(\boldsymbol{a}_1, \boldsymbol{a}_2, \boldsymbol{a}_3)$，矩阵 $\boldsymbol{B}=(2\boldsymbol{a}_1+3\boldsymbol{a}_2-5\boldsymbol{a}_3, \boldsymbol{a}_1+\boldsymbol{a}_2, \boldsymbol{a}_3)$，若 $|\boldsymbol{A}|=5$，求矩阵 $\boldsymbol{B}$ 的行列式值.

2.5 典型例题

例 2.22 设四阶矩阵 $\boldsymbol{A}=\begin{pmatrix}1&-1&0&0\\0&1&-1&0\\0&0&1&-1\\0&0&0&1\end{pmatrix}$，$\boldsymbol{B}=\begin{pmatrix}2&1&3&4\\0&2&1&3\\0&0&2&1\\0&0&0&2\end{pmatrix}$，且矩阵 $\boldsymbol{X}$ 满足关系式 $\boldsymbol{X}(\boldsymbol{E}-\boldsymbol{B}^{-1}\boldsymbol{A})^{\mathrm{T}}\boldsymbol{B}^{\mathrm{T}}=\boldsymbol{E}$，求矩阵 $\boldsymbol{X}$.

解 先化简，再计算. 因为

$$\boldsymbol{X}(\boldsymbol{E}-\boldsymbol{B}^{-1}\boldsymbol{A})^{\mathrm{T}}\boldsymbol{B}^{\mathrm{T}}=\boldsymbol{X}[\boldsymbol{B}(\boldsymbol{E}-\boldsymbol{B}^{-1}\boldsymbol{A})]^{\mathrm{T}}=\boldsymbol{X}[\boldsymbol{B}-\boldsymbol{B}\boldsymbol{B}^{-1}\boldsymbol{A}]^{\mathrm{T}}=\boldsymbol{X}[\boldsymbol{B}-\boldsymbol{A}]^{\mathrm{T}}=\boldsymbol{E}$$

所以

$$\boldsymbol{X}=[(\boldsymbol{B}-\boldsymbol{A})^{\mathrm{T}}]^{-1}.$$

又因为

$$\boldsymbol{B}-\boldsymbol{A}=\begin{pmatrix}1&2&3&4\\0&1&2&3\\0&0&1&2\\0&0&0&1\end{pmatrix},$$

所以

$$\boldsymbol{X}=[(\boldsymbol{B}-\boldsymbol{A})^{\mathrm{T}}]^{-1}=\begin{pmatrix}1&0&0&0\\2&1&0&0\\3&2&1&0\\4&3&2&1\end{pmatrix}^{-1}=\begin{pmatrix}1&0&0&0\\-2&1&0&0\\1&-2&1&0\\0&1&-2&1\end{pmatrix}.$$

例 2.23 设 $\boldsymbol{A}=\begin{pmatrix}\lambda&1&0\\0&\lambda&1\\0&0&\lambda\end{pmatrix}$，求 $\boldsymbol{A}^n$，其中 n 为正整数.

解 因为

$$\boldsymbol{A}^2=\begin{pmatrix}\lambda&1&0\\0&\lambda&1\\0&0&\lambda\end{pmatrix}\begin{pmatrix}\lambda&1&0\\0&\lambda&1\\0&0&\lambda\end{pmatrix}=\begin{pmatrix}\lambda^2&2\lambda&1\\0&\lambda^2&2\lambda\\0&0&\lambda^2\end{pmatrix},$$

$$\boldsymbol{A}^3=\begin{pmatrix}\lambda^2&2\lambda&1\\0&\lambda^2&2\lambda\\0&0&\lambda^2\end{pmatrix}\begin{pmatrix}\lambda&1&0\\0&\lambda&1\\0&0&\lambda\end{pmatrix}=\begin{pmatrix}\lambda^3&3\lambda^2&3\lambda\\0&\lambda^3&3\lambda^2\\0&0&\lambda^3\end{pmatrix},$$

所以猜想

$$\boldsymbol{A}^n=\begin{pmatrix}\lambda^n&n\lambda^{n-1}&\frac{n(n-1)}{2}\lambda^{n-2}\\0&\lambda^n&n\lambda^{n-1}\\0&0&\lambda^n\end{pmatrix}.$$

下面用数学归纳法证明猜想成立.

当 $n=1$ 时，结论成立. 假设当 $n=k$ 时，结论成立，即

$$A^k=\begin{pmatrix}\lambda^k & k\lambda^{k-1} & \frac{k(k-1)}{2}\lambda^{k-2}\\ 0 & \lambda^k & k\lambda^{k-1}\\ 0 & 0 & \lambda^k\end{pmatrix},$$

当 $n=k+1$ 时，

$$A^{k+1}=A^kA=\begin{pmatrix}\lambda^k & k\lambda^{k-1} & \frac{k(k-1)}{2}\lambda^{k-2}\\ 0 & \lambda^k & k\lambda^{k-1}\\ 0 & 0 & \lambda^k\end{pmatrix}\begin{pmatrix}\lambda & 1 & 0\\ 0 & \lambda & 1\\ 0 & 0 & \lambda\end{pmatrix}=\begin{pmatrix}\lambda^{k+1} & (k+1)\lambda^k & \frac{k(k+1)}{2}\lambda^{k-1}\\ 0 & \lambda^{k+1} & (k+1)\lambda^k\\ 0 & 0 & \lambda^{k+1}\end{pmatrix},$$

因此猜想成立.

例 2.24 已知 $AP=PB$，其中 $B=\begin{pmatrix}1 & 0 & 0\\ 0 & 0 & 0\\ 0 & 0 & -1\end{pmatrix}$，$P=\begin{pmatrix}1 & 0 & 0\\ 2 & -1 & 0\\ 2 & 1 & 1\end{pmatrix}$，求 A 及 A^{10}.

解 因为 $|P|\neq 0$，所以 P 可逆. 由 $AP=PB$ 可得

$$\begin{aligned}A=PBP^{-1}&=\begin{pmatrix}1 & 0 & 0\\ 2 & -1 & 0\\ 2 & 1 & 1\end{pmatrix}\begin{pmatrix}1 & 0 & 0\\ 0 & 0 & 0\\ 0 & 0 & -1\end{pmatrix}\begin{pmatrix}1 & 0 & 0\\ 2 & -1 & 0\\ 2 & 1 & 1\end{pmatrix}^{-1}\\ &=\begin{pmatrix}1 & 0 & 0\\ 2 & -1 & 0\\ 2 & 1 & 1\end{pmatrix}\begin{pmatrix}1 & 0 & 0\\ 0 & 0 & 0\\ 0 & 0 & -1\end{pmatrix}\begin{pmatrix}1 & 0 & 0\\ 2 & -1 & 0\\ -4 & 1 & 1\end{pmatrix}\\ &=\begin{pmatrix}1 & 0 & 0\\ 2 & 0 & 0\\ 6 & -1 & -1\end{pmatrix}.\end{aligned}$$

又因为

$$A^{10}=\underbrace{(PBP^{-1})(PBP^{-1})(PBP^{-1})\cdots(PBP^{-1})}_{10}=PB^{10}P^{-1},$$

并且由

$$\begin{aligned}B^3&=\begin{pmatrix}1 & 0 & 0\\ 0 & 0 & 0\\ 0 & 0 & -1\end{pmatrix}\begin{pmatrix}1 & 0 & 0\\ 0 & 0 & 0\\ 0 & 0 & -1\end{pmatrix}\begin{pmatrix}1 & 0 & 0\\ 0 & 0 & 0\\ 0 & 0 & -1\end{pmatrix}\\ &=\begin{pmatrix}1 & 0 & 0\\ 0 & 0 & 0\\ 0 & 0 & 1\end{pmatrix}\begin{pmatrix}1 & 0 & 0\\ 0 & 0 & 0\\ 0 & 0 & -1\end{pmatrix}=\begin{pmatrix}1 & 0 & 0\\ 0 & 0 & 0\\ 0 & 0 & -1\end{pmatrix}=B\end{aligned}$$

可得

$$B^{10}=B^2=\begin{pmatrix}1 & 0 & 0\\ 0 & 0 & 0\\ 0 & 0 & 1\end{pmatrix},$$

所以

$$A^{10}=PB^{10}P^{-1}=PB^2P^{-1}=\begin{pmatrix}1 & 0 & 0\\ 2 & 0 & 0\\ -2 & 1 & 1\end{pmatrix}.$$

由例 2.24 知，若 $\boldsymbol{AP}=\boldsymbol{PB}$，且 $\boldsymbol{B}$ 是对角矩阵，$\boldsymbol{P}$ 可逆，则 $\boldsymbol{A}^k=\boldsymbol{PB}^k\boldsymbol{P}^{-1}$.

例 2.25 设 $\boldsymbol{P}=\begin{pmatrix}-1&1&1\\1&0&2\\1&1&-1\end{pmatrix}$，$\boldsymbol{\Lambda}=\begin{pmatrix}1&&\\&2&\\&&-3\end{pmatrix}$，且 $\boldsymbol{AP}=\boldsymbol{P\Lambda}$，求 $\varphi(\boldsymbol{A})=\boldsymbol{A}^3+2\boldsymbol{A}^2-3\boldsymbol{A}$.

解 由 $|\boldsymbol{P}|=\begin{vmatrix}-1&1&1\\1&0&2\\1&1&-1\end{vmatrix}=6$ 可知 $\boldsymbol{P}$ 可逆，从而 $\boldsymbol{A}=\boldsymbol{P\Lambda P}^{-1}$. 由例 2.24 的结论可知，

$$\begin{aligned}\varphi(\boldsymbol{A})&=\boldsymbol{A}^3+2\boldsymbol{A}^2-3\boldsymbol{A}=\boldsymbol{P\Lambda}^3\boldsymbol{P}^{-1}+2\boldsymbol{P\Lambda}^2\boldsymbol{P}^{-1}-3\boldsymbol{P\Lambda P}^{-1}\\&=\boldsymbol{P\Lambda}^3\boldsymbol{P}^{-1}+\boldsymbol{P}(2\boldsymbol{\Lambda}^2)\boldsymbol{P}^{-1}+\boldsymbol{P}(-3\boldsymbol{\Lambda})\boldsymbol{P}^{-1}\\&=\boldsymbol{P}\varphi(\boldsymbol{\Lambda})\boldsymbol{P}^{-1}.\end{aligned}$$

因为

$$\varphi(\boldsymbol{\Lambda})=\begin{pmatrix}0&&\\&10&\\&&0\end{pmatrix},$$

所以

$$\begin{aligned}\varphi(\boldsymbol{A})=\boldsymbol{P}\varphi(\boldsymbol{\Lambda})\boldsymbol{P}^{-1}&=\begin{pmatrix}-1&1&1\\1&0&2\\1&1&-1\end{pmatrix}\begin{pmatrix}0&&\\&10&\\&&0\end{pmatrix}\frac{1}{|\boldsymbol{P}|}\boldsymbol{P}^*\\&=\frac{10}{6}\begin{pmatrix}0&1&0\\0&0&0\\0&1&0\end{pmatrix}\begin{pmatrix}A_{11}&A_{21}&A_{31}\\A_{12}&A_{22}&A_{32}\\A_{13}&A_{23}&A_{33}\end{pmatrix}=\frac{5}{3}\begin{pmatrix}A_{12}&A_{22}&A_{23}\\0&0&0\\A_{12}&A_{22}&A_{23}\end{pmatrix},\end{aligned}$$

而 $A_{12}=3$，$A_{22}=0$，$A_{32}=3$，故

$$\varphi(\boldsymbol{A})=5\begin{pmatrix}1&0&1\\0&0&0\\1&0&1\end{pmatrix}.$$

例 2.26 设矩阵

$$\boldsymbol{A}=\begin{pmatrix}5&2&0&0\\2&1&0&0\\0&0&8&3\\0&0&5&2\end{pmatrix},$$

计算 $\boldsymbol{A}^{-1}$ 及 $|\boldsymbol{A}^4|$.

解 将矩阵 $\boldsymbol{A}$ 进行如下分块

$$\boldsymbol{A}=\left(\begin{array}{cc:cc}5&2&0&0\\2&1&0&0\\\hdashline 0&0&8&3\\0&0&5&2\end{array}\right)=\begin{pmatrix}\boldsymbol{A}_1&\boldsymbol{O}\\\boldsymbol{O}&\boldsymbol{A}_2\end{pmatrix},$$

其中$\boldsymbol{A}_1=\begin{pmatrix}5 & 2\\ 2 & 1\end{pmatrix}$，$\boldsymbol{A}_2=\begin{pmatrix}8 & 3\\ 5 & 2\end{pmatrix}$，则$|\boldsymbol{A}|=|\boldsymbol{A}_1||\boldsymbol{A}_2|=1\times 1=1\neq 0$，所以

$$\boldsymbol{A}^{-1}=\begin{pmatrix}\boldsymbol{A}_1^{-1} & \boldsymbol{O}\\ \boldsymbol{O} & \boldsymbol{A}_2^{-1}\end{pmatrix}=\begin{pmatrix}1 & -2 & 0 & 0\\ -2 & 5 & 0 & 0\\ 0 & 0 & 2 & -3\\ 0 & 0 & -5 & 8\end{pmatrix},$$

$$|\boldsymbol{A}^4|=|\boldsymbol{A}|^4=1.$$

例 2.27 若方阵$\boldsymbol{A}$满足$\boldsymbol{A}^2-\boldsymbol{A}-2\boldsymbol{E}=\boldsymbol{O}$，证明$\boldsymbol{A}$及$\boldsymbol{A}+2\boldsymbol{E}$都可逆，并求$\boldsymbol{A}^{-1}$及$(\boldsymbol{A}+2\boldsymbol{E})^{-1}$.

证明 由$\boldsymbol{A}^2-\boldsymbol{A}-2\boldsymbol{E}=\boldsymbol{O}$得$\boldsymbol{A}(\boldsymbol{A}-\boldsymbol{E})=2\boldsymbol{E}$，即

$$\boldsymbol{A}\left[\frac{1}{2}(\boldsymbol{A}-\boldsymbol{E})\right]=\boldsymbol{E},$$

所以$\boldsymbol{A}$可逆且$\boldsymbol{A}^{-1}=\frac{1}{2}(\boldsymbol{A}-\boldsymbol{E})$.

又由$\boldsymbol{A}^2-\boldsymbol{A}-2\boldsymbol{E}=\boldsymbol{O}$得$(\boldsymbol{A}+2\boldsymbol{E})(\boldsymbol{A}-3\boldsymbol{E})=-4\boldsymbol{E}$，即

$$(\boldsymbol{A}+2\boldsymbol{E})\left[-\frac{1}{4}(\boldsymbol{A}-3\boldsymbol{E})\right]=\boldsymbol{E},$$

所以$\boldsymbol{A}+2\boldsymbol{E}$可逆且$(\boldsymbol{A}+2\boldsymbol{E})^{-1}=-\frac{1}{4}(\boldsymbol{A}-3\boldsymbol{E})$.

例 2.28 设列矩阵$\boldsymbol{X}=(x_1, \cdots, x_n)^{\mathrm{T}}$，$\boldsymbol{A}=\boldsymbol{E}-\boldsymbol{X}\boldsymbol{X}^{\mathrm{T}}$，证明：

(1) $\boldsymbol{A}^2=\boldsymbol{A}$的充分必要条件是$\boldsymbol{X}^{\mathrm{T}}\boldsymbol{X}=1$；

(2) 当$\boldsymbol{X}^{\mathrm{T}}\boldsymbol{X}=1$时，$\boldsymbol{A}$是不可逆矩阵.

分析 在线性代数中，若要证明$\boldsymbol{A}$不可逆或$|\boldsymbol{A}|=0$，往往可以用反证法，即假设$\boldsymbol{A}$可逆，再在已知等式两端同乘$\boldsymbol{A}^{-1}$，即可得到所需要的结论，或者直接由$\boldsymbol{A}\boldsymbol{X}=\boldsymbol{O}$有非零解，得$|\boldsymbol{A}|=0$.

证明 (1) 由$\boldsymbol{A}^2=\boldsymbol{A}$得

$$\boldsymbol{A}^2=(\boldsymbol{E}-\boldsymbol{X}\boldsymbol{X}^{\mathrm{T}})^2=\boldsymbol{E}-\boldsymbol{X}\boldsymbol{X}^{\mathrm{T}},$$

也就是

$$\boldsymbol{E}-2\boldsymbol{X}\boldsymbol{X}^{\mathrm{T}}+\boldsymbol{X}(\boldsymbol{X}^{\mathrm{T}}\boldsymbol{X})\boldsymbol{X}^{\mathrm{T}}=\boldsymbol{E}-\boldsymbol{X}\boldsymbol{X}^{\mathrm{T}},$$

于是

$$(\boldsymbol{X}^{\mathrm{T}}\boldsymbol{X})\boldsymbol{X}\boldsymbol{X}^{\mathrm{T}}-\boldsymbol{X}\boldsymbol{X}^{\mathrm{T}}=\boldsymbol{O},$$

即

$$(\boldsymbol{X}^{\mathrm{T}}\boldsymbol{X}-1)\boldsymbol{X}\boldsymbol{X}^{\mathrm{T}}=\boldsymbol{O},$$

因为$\boldsymbol{X}\neq\boldsymbol{O}$，所以$\boldsymbol{X}^{\mathrm{T}}\neq\boldsymbol{O}$，从而$\boldsymbol{X}^{\mathrm{T}}\boldsymbol{X}-1=0$，即$\boldsymbol{X}^{\mathrm{T}}\boldsymbol{X}=1$.

反之，由$\boldsymbol{X}^{\mathrm{T}}\boldsymbol{X}=1$可知$\boldsymbol{A}^2=\boldsymbol{A}$.

(2) 若$\boldsymbol{X}^{\mathrm{T}}\boldsymbol{X}=1$，由(1)知$\boldsymbol{A}^2=\boldsymbol{A}$. 假设$\boldsymbol{A}$可逆，即$|\boldsymbol{A}|=0$，将$\boldsymbol{A}^2=\boldsymbol{A}$两端同时乘$\boldsymbol{A}^{-1}$，得$\boldsymbol{A}^2\boldsymbol{A}^{-1}=\boldsymbol{A}\boldsymbol{A}^{-1}$，即$\boldsymbol{A}=\boldsymbol{E}$.

由$\boldsymbol{A}=\boldsymbol{E}-\boldsymbol{X}\boldsymbol{X}^{\mathrm{T}}$得$\boldsymbol{X}\boldsymbol{X}^{\mathrm{T}}=\boldsymbol{O}$，这与$\boldsymbol{X}\neq\boldsymbol{O}$矛盾，故$\boldsymbol{A}$是不可逆矩阵.

例 2.29 证明矩阵$\boldsymbol{A}=\boldsymbol{O}$的充分必要条件是$\boldsymbol{A}^{\mathrm{T}}\boldsymbol{A}=\boldsymbol{O}$.

证明 必要性显然成立. 下面证明充分性.

设 $\boldsymbol{A}=(a_{ij})_{m\times n}$，把 $\boldsymbol{A}$ 用列向量表示为 $\boldsymbol{A}=(\boldsymbol{\alpha}_1, \boldsymbol{\alpha}_2, \cdots, \boldsymbol{\alpha}_n)$，则

$$\boldsymbol{A}^{\mathrm{T}}\boldsymbol{A}=\begin{pmatrix}\boldsymbol{\alpha}_1^{\mathrm{T}}\\ \boldsymbol{\alpha}_2^{\mathrm{T}}\\ \vdots\\ \boldsymbol{\alpha}_n^{\mathrm{T}}\end{pmatrix}(\boldsymbol{\alpha}_1, \boldsymbol{\alpha}_2, \cdots, \boldsymbol{\alpha}_n)=\begin{pmatrix}\boldsymbol{\alpha}_1^{\mathrm{T}}\boldsymbol{\alpha}_1 & \boldsymbol{\alpha}_1^{\mathrm{T}}\boldsymbol{\alpha}_2 & \cdots & \boldsymbol{\alpha}_1^{\mathrm{T}}\boldsymbol{\alpha}_n\\ \boldsymbol{\alpha}_2^{\mathrm{T}}\boldsymbol{\alpha}_1 & \boldsymbol{\alpha}_2^{\mathrm{T}}\boldsymbol{\alpha}_2 & \cdots & \boldsymbol{\alpha}_2^{\mathrm{T}}\boldsymbol{\alpha}_n\\ \vdots & \vdots & & \vdots\\ \boldsymbol{\alpha}_n^{\mathrm{T}}\boldsymbol{\alpha}_1 & \boldsymbol{\alpha}_n^{\mathrm{T}}\boldsymbol{\alpha}_2 & \cdots & \boldsymbol{\alpha}_n^{\mathrm{T}}\boldsymbol{\alpha}_n\end{pmatrix},$$

即 $\boldsymbol{A}^{\mathrm{T}}\boldsymbol{A}$ 的(i, j)元素为 $\boldsymbol{\alpha}_i^{\mathrm{T}}\boldsymbol{\alpha}_j$. 因为 $\boldsymbol{A}^{\mathrm{T}}\boldsymbol{A}=\boldsymbol{O}$，所以

$$\boldsymbol{\alpha}_i^{\mathrm{T}}\boldsymbol{\alpha}_j=0 \quad (i, j=1, 2, \cdots, n).$$

特别地，有

$$\boldsymbol{\alpha}_j^{\mathrm{T}}\boldsymbol{\alpha}_j=0 \quad (j=1, 2, \cdots, n),$$

而

$$\boldsymbol{\alpha}_j^{\mathrm{T}}\boldsymbol{\alpha}_j=(a_{1j}, a_{2j}, \cdots, a_{mj})\begin{pmatrix}a_{1j}\\ a_{2j}\\ \vdots\\ a_{mj}\end{pmatrix}=a_{1j}^2+a_{2j}^2+\cdots+a_{mj}^2,$$

则

$$a_{1j}^2+a_{2j}^2+\cdots+a_{mj}^2=0,$$

于是

$$a_{1j}=a_{2j}=\cdots=a_{mj}=0,$$

即

$$\boldsymbol{A}=\boldsymbol{O}.$$

本 章 小 结

一、主要内容

1. 矩阵的定义

矩阵是由 $m\times n$ 个数 $a_{ij}(i=1, 2, \cdots, m; j=1, 2, \cdots, n)$排成的 m 行 n 列的数表，当 $m=n$ 时，称之为 n 阶矩阵；当 $m=1$ 或 $n=1$ 时，称之为行矩阵或列矩阵.

两个矩阵的行数、列数均相等的矩阵称为同型矩阵. 所有元素都是零的矩阵称为零矩阵，记作 $\boldsymbol{O}$. 主对角线上的元素都是 1，其他元素都是 0 的 n 阶方阵称为 n 阶单位矩阵，记作 $\boldsymbol{E}$. 矩阵按其结构和性质，可分为零矩阵、单位矩阵、数量矩阵、对角矩阵、三角矩阵、对称与反对称矩阵、转置矩阵、可逆矩阵、伴随矩阵、分块矩阵等.

要注意矩阵与行列式是有本质区别的. 行列式是一个算式，一个数字行列式通过计算可求得其值，而矩阵仅仅是一个数表，它的行数和列数可以不同.

2. 矩阵的相等

两个矩阵为同型矩阵且对应位置上的元素都相等，则称这两个矩阵相等.

3. 矩阵的运算

矩阵的运算主要包括矩阵的加法、数与矩阵相乘、矩阵的乘法和矩阵的转置.

(1) 矩阵的加法运算需满足的条件是两矩阵为同型矩阵.

(2) 矩阵的乘法运算需满足的条件是前一个矩阵的列数等于后一个矩阵的行数.

(3) 矩阵的加法和数与矩阵相乘满足交换律、结合律、分配律；矩阵的乘法满足结合律、分配律. 一般情况下矩阵的乘法不满足交换律和消去律，即 $\boldsymbol{AB}\neq\boldsymbol{BA}$；且当 $\boldsymbol{AB}=\boldsymbol{AC}$ 时，即使有 $\boldsymbol{A}\neq\boldsymbol{O}$，也不能得出 $\boldsymbol{B}=\boldsymbol{C}$ 的结论，只有当 $\boldsymbol{A}$ 是可逆矩阵(即 $|\boldsymbol{A}|\neq 0$)时，此结论才成立. 当矩阵 $\boldsymbol{A}$、$\boldsymbol{B}$ 满足 $\boldsymbol{AB}=\boldsymbol{BA}$ 时，称矩阵 $\boldsymbol{A}$ 与 $\boldsymbol{B}$ 是可交换的.

(4) 两个非零矩阵的乘积可能是零矩阵.

(5) 转置矩阵. 设 $\boldsymbol{A}=(a_{ij})_{nm\times}$，定义 $\boldsymbol{B}=(b_{ij})_{n\times m}$(其中 $b_{ij}=a_{ji}$)为 $\boldsymbol{A}$ 的转置矩阵，记作 $\boldsymbol{B}=\boldsymbol{A}^{\mathrm{T}}$. 矩阵的转置满足下列运算性质：

① $(\boldsymbol{A}^{\mathrm{T}})^{\mathrm{T}}=\boldsymbol{A}$；② $(\boldsymbol{A}+\boldsymbol{B})^{\mathrm{T}}=\boldsymbol{A}^{\mathrm{T}}+\boldsymbol{B}^{\mathrm{T}}$；③ $(k\boldsymbol{A})^{\mathrm{T}}=k\boldsymbol{A}^{\mathrm{T}}$；④ $(\boldsymbol{AB})^{\mathrm{T}}=\boldsymbol{B}^{\mathrm{T}}\boldsymbol{A}^{\mathrm{T}}$.

4. 逆矩阵.

对于 n 阶方阵 $\boldsymbol{A}$，若存在一个矩阵 $\boldsymbol{B}$，使得 $\boldsymbol{AB}=\boldsymbol{BA}=\boldsymbol{E}$，则称 $\boldsymbol{B}$ 为 $\boldsymbol{A}$ 的逆矩阵(简称为 $\boldsymbol{A}$ 的逆).

(1) 可逆矩阵的判别方法和求逆矩阵的方法.

① n 阶矩阵 $\boldsymbol{A}$ 可逆的充分必要条件为 $\det\boldsymbol{A}\neq 0$.

② 设 $\boldsymbol{A}$ 和 $\boldsymbol{B}$ 都是 n 阶矩阵，如果 $\boldsymbol{AB}=\boldsymbol{E}$ 成立，则 $\boldsymbol{A}$ 和 $\boldsymbol{B}$ 都是可逆的.

(2) 求逆矩阵的方法有伴随矩阵法：$\boldsymbol{A}^{-1}=\dfrac{\boldsymbol{A}^*}{|\boldsymbol{A}|}$；分块矩阵法.

(3) 可逆矩阵的性质：$(\boldsymbol{A}^{-1})^{-1}=\boldsymbol{A}$；$(\boldsymbol{AB})^{-1}=\boldsymbol{B}^{-1}\boldsymbol{A}^{-1}$；$(\boldsymbol{A}^{\mathrm{T}})^{-1}=(\boldsymbol{A}^{-1})^{\mathrm{T}}$；$(k\boldsymbol{A})^{-1}=\dfrac{1}{k}\boldsymbol{A}^{\mathrm{T}}$；$|\boldsymbol{A}^{-1}|=|\boldsymbol{A}|^{-1}$，其中 $\boldsymbol{A}$、$\boldsymbol{B}$ 为同阶可逆矩阵.

注意：(1) 对于伴随矩阵法，$\boldsymbol{A}^*$ 中元素的排列顺序与一般矩阵中元素的排列顺序不同. (2)只有方阵才有可逆矩阵的概念，只有非奇异矩阵才存在逆矩阵.

4. 矩阵的分块法及其运算

对矩阵进行分块的目的在于简化运算，便于论证.

二、重点练习内容

(1) 矩阵的运算，包括矩阵的加法、数与矩阵相乘、矩阵的乘法以及矩阵的行列式.

(2) 矩阵的求逆，求逆的方法包括定义法、伴随矩阵法、分块矩阵法以及初等变换法(第 3 章介绍).

(3) 分块矩阵的运算.

总习题 2

一、填空题

1. 设 $\boldsymbol{A}=\begin{pmatrix}1&2&3\\1&2&1\end{pmatrix}$，$\boldsymbol{B}=\begin{pmatrix}1&2&1\\1&2&3\end{pmatrix}$，则 $\boldsymbol{AB}^{\mathrm{T}}=$______.

2. $\begin{bmatrix}5&0&0\\0&3&1\\0&2&1\end{bmatrix}^{-1}=$______.

3. 若 $\boldsymbol{A}$、$\boldsymbol{B}$ 均为三阶矩阵，且 $|\boldsymbol{A}|=2$，$\boldsymbol{B}=-3\boldsymbol{E}$，则 $|\boldsymbol{AB}|=$______.

4. 设 $\boldsymbol{A}$ 为二阶方阵，且 $|\boldsymbol{A}|=\dfrac{1}{2}$，则 $|2\boldsymbol{A}^*|=$__________.

5. 设 $\boldsymbol{A}=\begin{pmatrix}2&0&0\\0&0&1\\0&1&0\end{pmatrix}$，则 $|\boldsymbol{A}^5|=$______.

二、选择题

1. 设 $\boldsymbol{A}$ 是 $m\times n$ 矩阵，$\boldsymbol{B}$ 是 $s\times n$ 矩阵，$\boldsymbol{C}$ 是 $m\times s$ 矩阵，则下列运算有意义的是(　　).

A. $\boldsymbol{AB}$　　B. $\boldsymbol{BC}$　　C. $\boldsymbol{AB}^{\mathrm{T}}$　　D. $\boldsymbol{AC}^{\mathrm{T}}$

2. 在下列矩阵中，可逆的是(　　).

A. $\begin{pmatrix}0&0&0\\0&1&0\\0&0&1\end{pmatrix}$　　B. $\begin{pmatrix}1&1&0\\2&2&0\\0&0&1\end{pmatrix}$

C. $\begin{pmatrix}1&1&0\\0&1&1\\1&2&1\end{pmatrix}$　　D. $\begin{pmatrix}1&0&0\\1&1&1\\1&0&1\end{pmatrix}$

3. 若 $\boldsymbol{A}$ 是(　　)，则 $\boldsymbol{A}$ 必为方阵.

A. 分块矩阵　　B. 可逆矩阵

C. 转置矩阵　　D. 线性方程组的系数矩阵

4. 对任意 n 阶方阵 $\boldsymbol{A}$、$\boldsymbol{B}$，总有(　　).

A. $\boldsymbol{AB}=\boldsymbol{BA}$　　B. $|\boldsymbol{AB}|=|\boldsymbol{BA}|$

C. $(\boldsymbol{AB})^{\mathrm{T}}=\boldsymbol{A}^{\mathrm{T}}\boldsymbol{B}^{\mathrm{T}}$　　D. $(\boldsymbol{AB})^2=\boldsymbol{A}^2\boldsymbol{B}^2$

5. 设 $\boldsymbol{A}$、$\boldsymbol{B}$ 是两个 n 阶方阵，若 $\boldsymbol{AB}=\boldsymbol{O}$，则必有(　　).

A. $\boldsymbol{A}=\boldsymbol{O}$ 且 $\boldsymbol{B}=\boldsymbol{O}$　　B. $\boldsymbol{A}=\boldsymbol{O}$ 或 $\boldsymbol{B}=\boldsymbol{O}$

C. $|\boldsymbol{A}|=0$ 且 $|\boldsymbol{B}|=0$　　D. $|\boldsymbol{A}|=0$ 或 $|\boldsymbol{B}|=0$

三、解答题

1. 解矩阵方程 $\boldsymbol{X}\begin{pmatrix}2&1&-1\\1&1&1\\3&2&1\end{pmatrix}=\begin{pmatrix}1&-1&3\\4&3&2\\2&-2&5\end{pmatrix}$.

2. 设 $\boldsymbol{A}=\begin{pmatrix}1&0&1\\0&2&0\\1&0&1\end{pmatrix}$，矩阵 $\boldsymbol{X}$ 满足方程 $\boldsymbol{AX}+\boldsymbol{E}=\boldsymbol{A}^2+\boldsymbol{X}$，求矩阵 $\boldsymbol{X}$.

3. 设矩阵 $\boldsymbol{P}=\begin{pmatrix}-1&-4\\1&1\end{pmatrix}$，$\boldsymbol{D}=\begin{pmatrix}-1&0\\0&2\end{pmatrix}$，矩阵 $\boldsymbol{A}$ 由矩阵方程 $\boldsymbol{P}^{-1}\boldsymbol{AP}=\boldsymbol{D}$ 确定，试求 $\boldsymbol{A}^5$.

4. 设矩阵 $\boldsymbol{A}$ 可逆，证明 $(\boldsymbol{A}^*)^{-1}=|\boldsymbol{A}^{-1}|\boldsymbol{A}$.

5. 设矩阵 $\boldsymbol{A}=\begin{pmatrix}2&2&1\\1&1&0\\-1&2&3\end{pmatrix}$，求矩阵 $\boldsymbol{B}$，使 $\boldsymbol{A}+2\boldsymbol{B}=\boldsymbol{AB}$.

6. 设矩阵 $\boldsymbol{A}=\begin{pmatrix}1 & 1 & -1\\ -1 & 1 & 1\\ 1 & -1 & 1\end{pmatrix}$，矩阵 $\boldsymbol{X}$ 满足 $\boldsymbol{A}^*\boldsymbol{X}=\boldsymbol{A}^{-1}+2\boldsymbol{X}$，其中 $\boldsymbol{A}^*$ 是 $\boldsymbol{A}$ 的伴随矩阵，求矩阵 $\boldsymbol{X}$.

7. 设 $\boldsymbol{A}$ 是四阶方阵，且 $|\boldsymbol{A}^{-1}|=2$，求 $|3(\boldsymbol{A}^*)^{-1}-2\boldsymbol{A}|$.

8. 证明：若对称矩阵 $\boldsymbol{A}$ 为非奇异矩阵，则 $\boldsymbol{A}^{-1}$ 也是对称矩阵.

9. 设 $\boldsymbol{A}$ 是 n 阶方阵，$|\boldsymbol{A}|\neq 0$，证明 $|\boldsymbol{A}^*|=|\boldsymbol{A}|^{n-1}$.

10. 设方阵 $\boldsymbol{A}$ 满足 $\boldsymbol{A}^3=\boldsymbol{O}$，证明 $\boldsymbol{E}-\boldsymbol{A}$ 可逆，且 $(\boldsymbol{E}-\boldsymbol{A})^{-1}=\boldsymbol{E}+\boldsymbol{A}+\boldsymbol{A}^2$.

11. 设 $\boldsymbol{A}$、$\boldsymbol{B}$ 均为 n 阶方阵，且 $\boldsymbol{A}^2=\boldsymbol{A}$，$\boldsymbol{B}^2=\boldsymbol{B}$，证明 $(\boldsymbol{A}+\boldsymbol{B})^2=\boldsymbol{A}+\boldsymbol{B}$ 的充分必要条件是 $\boldsymbol{AB}=\boldsymbol{BA}=\boldsymbol{O}$.

12. 设 $\boldsymbol{A}$ 是 n 阶非零矩阵，$\boldsymbol{A}^*$ 是其伴随矩阵，且满足 $a_{ij}=A_{ij}$，证明 $\boldsymbol{A}$ 可逆.

第3章　矩阵的初等变换与线性方程组

【学习目标】

(1) 掌握矩阵的初等变换、初等矩阵及相关定理.

(2) 会用矩阵的初等变换求逆矩阵.

(3) 理解矩阵秩的概念，并掌握其求法.

(4) 理解非齐次线性方程组有解的充要条件和齐次线性方程组有非零解的充要条件.

(5) 能熟练地运用初等行变换法求出线性方程组的解.

本章先引入矩阵的初等变换，建立矩阵的秩的概念，并利用初等变换讨论矩阵的秩的性质；然后利用矩阵的秩讨论线性方程组无解、有唯一解或有无穷多解的充分必要条件，并介绍利用初等变换解线性方程组的方法.

3.1　矩阵的初等变换

3.1.1　矩阵初等变换的定义

在本节中，我们将给出矩阵的初等变换与初等矩阵的概念，并建立矩阵的初等变换与矩阵乘法的联系.

定义 3.1　矩阵的下列三种变换称为矩阵的初等行变换：

(1) 将矩阵的任意两行交换位置(第 i 行与第 j 行互换记作 $r_i\leftrightarrow r_j$)；

(2) 以一个非零的常数 λ 乘矩阵的某一行(以 $\lambda(\lambda\neq 0)$ 乘第 i 行记作 $r_i\times\lambda$)；

(3) 将矩阵某一行所有元素的 λ 倍加到另一行对应的元素上去(第 j 行的 λ 倍加到第 i 行上去记作 $r_i+\lambda r_j$).

如果将定义 3.1 中的“行”换成“列”，即得矩阵的初等列变换的定义(记号“r”换成“c”). 矩阵的初等行变换与初等列变换统称为矩阵的初等变换.

显然，矩阵的三种初等变换均是可逆的，且其逆变换仍与原变换是同一类型的初等变换. 例如，变换 $r_i\leftrightarrow r_j$ 的逆变换即为其本身；变换 $r_i\times\lambda$ 的逆变换为 $r_i\times\frac{1}{\lambda}$；变换 $r_i+\lambda r_j$ 的逆变换为 $r_i+(-\lambda)r_j$(或记作 $r_i-\lambda r_j$).

定义 3.2　若矩阵 $\boldsymbol{A}$ 经过有限次初等行(列)变换变成矩阵 $\boldsymbol{B}$，则称矩阵 $\boldsymbol{A}$ 与矩阵 $\boldsymbol{B}$ 行(列)等价；若矩阵 $\boldsymbol{A}$ 经过有限次初等变换变成矩阵 $\boldsymbol{B}$，则称矩阵 $\boldsymbol{A}$ 与矩阵 $\boldsymbol{B}$ 等价.

我们用 $\boldsymbol{A}\overset{r}{\sim}\boldsymbol{B}$(或 $\boldsymbol{A}\overset{r}{\rightarrow}\boldsymbol{B}$)表示矩阵 $\boldsymbol{A}$ 与矩阵 $\boldsymbol{B}$ 行等价，用 $\boldsymbol{A}\overset{c}{\sim}\boldsymbol{B}$(或 $\boldsymbol{A}\overset{c}{\rightarrow}\boldsymbol{B}$)表示矩阵 $\boldsymbol{A}$ 与矩阵 $\boldsymbol{B}$ 列等价，用 $\boldsymbol{A}\sim\boldsymbol{B}$(或 $\boldsymbol{A}\rightarrow\boldsymbol{B}$)表示矩阵 $\boldsymbol{A}$ 与矩阵 $\boldsymbol{B}$ 等价.

注：在理论表述或证明中，常用记号“$\sim$”，在对矩阵作初等变换运算的过程中常用记号“$\rightarrow$”.

矩阵之间的等价关系具有下列基本性质：

(1) 自反性：$\boldsymbol{A}\sim\boldsymbol{A}$.

(2) 对称性：若 $\boldsymbol{A}\sim\boldsymbol{B}$，则 $\boldsymbol{B}\sim\boldsymbol{A}$.

(3) 传递性：若 $\boldsymbol{A}\sim\boldsymbol{B}$，$\boldsymbol{B}\sim\boldsymbol{C}$，则 $\boldsymbol{A}\sim\boldsymbol{C}$.

例 3.1 已知矩阵 $\boldsymbol{A}=\begin{pmatrix}1&-1&-1&1&0\\0&1&2&-4&1\\2&-2&-4&6&-1\\3&-3&-5&7&-1\end{pmatrix}$，对其作如下初等行变换：

$$\boldsymbol{A}=\begin{pmatrix}1&-1&-1&1&0\\0&1&2&-4&1\\2&-2&-4&6&-1\\3&-3&-5&7&-1\end{pmatrix}\xrightarrow[r_4+(-3)r_1]{r_3+(-2)r_1}\begin{pmatrix}1&-1&-1&1&0\\0&1&2&-4&1\\0&0&-2&4&-1\\0&0&-2&4&-1\end{pmatrix}$$

$$\xrightarrow[r_4-r_3]{r_2+r_3}\begin{pmatrix}1&-1&-1&1&0\\0&1&0&0&0\\0&0&-2&4&-1\\0&0&0&0&0\end{pmatrix}=\boldsymbol{B},$$

这里的矩阵 $\boldsymbol{B}$ 依其形状的特征称为行阶梯形矩阵.

一般地，称满足下列条件的矩阵为行阶梯形矩阵：

(1) 零行(元素全为零的行)位于矩阵的下方；

(2) 各非零行的首非零元素(从左至右的第一个不为零的元素)的列标随着行标的增大而严格增大(或说其列标一定不小于行标).

对例 3.1 中的矩阵 $\boldsymbol{B}=\begin{pmatrix}1&-1&-1&1&0\\0&1&0&0&0\\0&0&-2&4&-1\\0&0&0&0&0\end{pmatrix}$再作初等行变换：

$$\boldsymbol{B}\xrightarrow{-\frac{1}{2}r_3}\begin{pmatrix}1&-1&-1&1&0\\0&1&0&0&0\\0&0&1&-2&\frac{1}{2}\\0&0&0&0&0\end{pmatrix}\xrightarrow[r_1+r_3]{r_1+r_2}\begin{pmatrix}1&0&0&-1&\frac{1}{2}\\0&1&0&0&0\\0&0&1&-2&\frac{1}{2}\\0&0&0&0&0\end{pmatrix}=\boldsymbol{C},$$

称这种特殊形状的阶梯形矩阵 $\boldsymbol{C}$ 为行最简形矩阵.

一般地，称满足下列条件的阶梯形矩阵为行最简形矩阵：

(1) 各非零行的首非零元素都是 1；

(2) 每个首非零元素所在列的其余元素都是零.

如果对上述矩阵 $\boldsymbol{C}=\begin{pmatrix}1&0&0&-1&\frac{1}{2}\\0&1&0&0&0\\0&0&1&-2&\frac{1}{2}\\0&0&0&0&0\end{pmatrix}$再作初等列变换：

$$C \xrightarrow[c_5+\left(-\frac{1}{2}\right)c_1]{c_4+c_1} \begin{pmatrix} 1 & 0 & 0 & 0 & 0 \\ 0 & 1 & 0 & 0 & 0 \\ 0 & 0 & 1 & -2 & \frac{1}{2} \\ 0 & 0 & 0 & 0 & 0 \end{pmatrix} \xrightarrow[c_5-\frac{1}{2}c_3]{c_4+2c_3} \begin{pmatrix} 1 & 0 & 0 & 0 & 0 \\ 0 & 1 & 0 & 0 & 0 \\ 0 & 0 & 1 & 0 & 0 \\ 0 & 0 & 0 & 0 & 0 \end{pmatrix} = \boldsymbol{D},$$

这里的矩阵 $\boldsymbol{D}$ 称为原矩阵 $\boldsymbol{A}$ 的标准形.

一般地，矩阵 $\boldsymbol{A}$ 的标准形 $\boldsymbol{D}$ 具有如下特点：$\boldsymbol{D}$ 的左上角是一个单位矩阵，其余元素全为 0.

定理 3.1 **任意一个矩阵 $\boldsymbol{A}=(a_{ij})_{m\times n}$ 经过有限次初等变换，都可以化为下列标准形矩阵**

$$\left.\begin{pmatrix} 1 & & & & & \\ & \ddots & & & & \\ & & 1 & & & \\ & & & 0 & & \\ & & & & \ddots & \\ & & & & & 0 \end{pmatrix}\right\} r \text{ 行} = \begin{pmatrix} \boldsymbol{E}_{r\times r} & \boldsymbol{O}_{r\times(n-r)} \\ \boldsymbol{O}_{(m-r)\times r} & \boldsymbol{O}_{(m-r)\times(n-r)} \end{pmatrix}.$$

推论 3.1 **如果 $\boldsymbol{A}$ 为 n 阶可逆矩阵，则矩阵 $\boldsymbol{A}$ 经过有限次初等变换可以化为单位矩阵 $\boldsymbol{E}_n$.**

例 3.2 将矩阵 $\boldsymbol{A}=\begin{pmatrix} 1 & 2 & 3 \\ 0 & 1 & -1 \\ 1 & 2 & 1 \end{pmatrix}$ 化为标准形.

解

$$\boldsymbol{A}=\begin{pmatrix} 1 & 2 & 3 \\ 0 & 1 & -1 \\ 1 & 2 & 1 \end{pmatrix} \xrightarrow{r_1\leftrightarrow r_3} \begin{pmatrix} 1 & 2 & 1 \\ 0 & 1 & -1 \\ 1 & 2 & 3 \end{pmatrix} \xrightarrow{r_3-r_1} \begin{pmatrix} 1 & 2 & 1 \\ 0 & 1 & -1 \\ 0 & 0 & 2 \end{pmatrix}$$

$$\xrightarrow[\frac{1}{2}r_3]{r_1-2r_2} \begin{pmatrix} 1 & 0 & 3 \\ 0 & 1 & -1 \\ 0 & 0 & 1 \end{pmatrix} \xrightarrow[r_2+r_3]{r_1-3r_3} \begin{pmatrix} 1 & 0 & 0 \\ 0 & 1 & 0 \\ 0 & 0 & 1 \end{pmatrix}.$$

3.1.2 初等矩阵

定义 3.3 **对单位矩阵 $\boldsymbol{E}$ 施行一次初等变换所得到的矩阵称为初等矩阵. 三种初等变换分别对应着三种初等矩阵.**

(1) 交换单位矩阵 $\boldsymbol{E}$ 的第 i 行与第 j 行(或第 i 列与第 j 列)，得到初等矩阵

$$\boldsymbol{E}(i,j)=\begin{pmatrix} 1 & & & & & & & & \\ & \ddots & & & & & & & \\ & & 1 & & & & & & \\ & & & 0 & & \cdots & 1 & & \\ & & & & 1 & & & & \\ & & & \vdots & & \ddots & \vdots & & \\ & & & & & 1 & & & \\ & & & 1 & & \cdots & 0 & & \\ & & & & & & & 1 & \\ & & & & & & & & \ddots \\ & & & & & & & & & 1 \end{pmatrix} \begin{matrix} \\ \\ \\ \text{第 } i \text{ 行} \\ \\ \\ \\ \text{第 } j \text{ 行} \\ \\ \\ \\ \end{matrix};$$

(2) **将单位矩阵 $\boldsymbol{E}$ 的第 i 行(列)所有元素乘 $\lambda(\lambda\neq 0)$，得到初等矩阵**

$$\boldsymbol{E}(i(\lambda))=\begin{pmatrix}1 & & & & & & \\ & \ddots & & & & & \\ & & 1 & & & & \\ & & & \lambda & & & \\ & & & & 1 & & \\ & & & & & \ddots & \\ & & & & & & 1\end{pmatrix}\text{第 } i \text{ 行；}$$

(3) **将单位矩阵 $\boldsymbol{E}$ 第 j 行元素的 $\lambda(\lambda\neq 0)$ 倍加到第 i 行上去(第 i 列元素的 λ 倍加到第 j 列上去)，得到初等矩阵**

$$\boldsymbol{E}(ij(\lambda))=\begin{pmatrix}1 & & & & & & \\ & \ddots & & & & & \\ & & 1 & \cdots & \lambda & & \\ & & & \ddots & \vdots & & \\ & & & & 1 & & \\ & & & & & \ddots & \\ & & & & & & 1\end{pmatrix}\begin{matrix}\text{第 } i \text{ 行}\\ \\ \text{第 } j \text{ 行}\end{matrix}.$$

由行列式的性质可知，上面初等矩阵的行列式皆不为 0，因此初等矩阵是可逆矩阵，且其逆矩阵

$$\boldsymbol{E}(i,\ j)^{-1}=\boldsymbol{E}(i,\ j),\ \boldsymbol{E}(i(\lambda))^{-1}=\boldsymbol{E}\left(i\left(\frac{1}{\lambda}\right)\right),\ \boldsymbol{E}(ij(\lambda))^{-1}=\boldsymbol{E}(ij(-\lambda))$$

也是同一类型的初等矩阵.

定理 3.2　设 $\boldsymbol{A}$ 是一个 $m\times n$ 矩阵，对矩阵 $\boldsymbol{A}$ 施行一次初等行变换，相当于用对应的 m 阶初等矩阵左乘矩阵 $\boldsymbol{A}$；对矩阵 $\boldsymbol{A}$ 施行一次初等列变换，相当于用对应的 n 阶初等矩阵右乘矩阵 $\boldsymbol{A}$.

证明　只需理解初等变换的意义，然后用矩阵乘法直接验证即可，具体验证留给读者.

例 3.3　设有矩阵 $\boldsymbol{A}=\begin{pmatrix}3 & 0 & 1\\ 1 & -1 & 2\\ 0 & 1 & 1\end{pmatrix}$，而 $\boldsymbol{E}_3(1,\ 2)=\begin{pmatrix}0 & 1 & 0\\ 1 & 0 & 0\\ 0 & 0 & 1\end{pmatrix}$，则

$$\boldsymbol{E}_3(1,\ 2)\boldsymbol{A}=\begin{pmatrix}0 & 1 & 0\\ 1 & 0 & 0\\ 0 & 0 & 1\end{pmatrix}\begin{pmatrix}3 & 0 & 1\\ 1 & -1 & 2\\ 0 & 1 & 1\end{pmatrix}=\begin{pmatrix}1 & -1 & 2\\ 3 & 0 & 1\\ 0 & 1 & 1\end{pmatrix},$$

即用 $\boldsymbol{E}_3(1,\ 2)$ 左乘 $\boldsymbol{A}$ 相当于交换矩阵 $\boldsymbol{A}$ 的第一行与第二行. 又

$$\boldsymbol{E}_3(31(2))=\begin{pmatrix}1 & 0 & 0\\ 0 & 1 & 0\\ 2 & 0 & 1\end{pmatrix},$$

$$\boldsymbol{A}\boldsymbol{E}_3(31(2))=\begin{pmatrix}3 & 0 & 1\\ 1 & -1 & 2\\ 0 & 1 & 1\end{pmatrix}\begin{pmatrix}1 & 0 & 0\\ 0 & 1 & 0\\ 2 & 0 & 1\end{pmatrix}=\begin{pmatrix}5 & 0 & 1\\ 5 & -1 & 2\\ 2 & 1 & 1\end{pmatrix},$$

即用 $\boldsymbol{E}_3(31(2))$ 右乘 $\boldsymbol{A}$ 相当于将矩阵 $\boldsymbol{A}$ 的第三列乘 2 之后加到第一列.

3.1.3 求逆矩阵的初等变换法

2.3 节中不仅给出了矩阵 $\boldsymbol{A}$ 可逆的充分必要条件，也给出了利用伴随矩阵求其逆矩阵的一种方法，即

$$\boldsymbol{A}^{-1}=\frac{1}{|\boldsymbol{A}|}\boldsymbol{A}^*,$$

这种方法称为伴随矩阵法.

对于较高阶的矩阵，用伴随矩阵法求逆矩阵时的计算量太大，下面介绍一种较为简便的方法——初等变换法.

定理 3.3 n 阶方阵 $\boldsymbol{A}$ 可逆的充分必要条件是 $\boldsymbol{A}$ 可以表示为若干个初等矩阵的乘积.

证明 因为初等矩阵是可逆的，所以充分性是显然的.

必要性. 设矩阵 $\boldsymbol{A}$ 可逆，则由推论 3.1 知，$\boldsymbol{A}$ 可以经过有限次初等变换化为单位矩阵 $\boldsymbol{E}$，即存在初等矩阵 $\boldsymbol{P}_1$，$\boldsymbol{P}_2$，…，$\boldsymbol{P}_s$，$\boldsymbol{Q}_1$，$\boldsymbol{Q}_2$，…，$\boldsymbol{Q}_t$，使得

$$\boldsymbol{P}_s\cdots\boldsymbol{P}_2\boldsymbol{P}_1\boldsymbol{A}\boldsymbol{Q}_1\boldsymbol{Q}_2\cdots\boldsymbol{Q}_t=\boldsymbol{E},$$

所以

$$\boldsymbol{A}=\boldsymbol{P}_1^{-1}\boldsymbol{P}_2^{-1}\cdots\boldsymbol{P}_s^{-1}\boldsymbol{E}\boldsymbol{Q}_t^{-1}\cdots\boldsymbol{Q}_2^{-1}\boldsymbol{Q}_1^{-1}=\boldsymbol{P}_1^{-1}\boldsymbol{P}_2^{-1}\cdots\boldsymbol{P}_s^{-1}\boldsymbol{Q}_t^{-1}\cdots\boldsymbol{Q}_2^{-1}\boldsymbol{Q}_1^{-1},$$

即矩阵 $\boldsymbol{A}$ 可表示为若干个初等矩阵的乘积.

注：若 $\boldsymbol{A}$ 可逆，则 $\boldsymbol{A}^{-1}$ 也可逆，由定理 3.3 可知，$\boldsymbol{A}^{-1}$ 也可以表示为若干个初等矩阵的乘积，即

$$\boldsymbol{A}^{-1}=\boldsymbol{G}_1\boldsymbol{G}_2\cdots\boldsymbol{G}_r,$$

于是

$$(\boldsymbol{G}_1\boldsymbol{G}_2\cdots\boldsymbol{G}_r)\boldsymbol{A}=\boldsymbol{E},\quad (\boldsymbol{G}_1\boldsymbol{G}_2\cdots\boldsymbol{G}_r)\boldsymbol{E}=\boldsymbol{A}^{-1},$$

亦即

$$\boldsymbol{G}_1\boldsymbol{G}_2\cdots\boldsymbol{G}_r(\boldsymbol{A},\ \boldsymbol{E})=(\boldsymbol{E},\ \boldsymbol{A}^{-1}),$$

或

$$(\boldsymbol{A},\ \boldsymbol{E})\rightarrow(\boldsymbol{E},\ \boldsymbol{A}^{-1}),$$

这表示可逆矩阵只经过初等行变换便可化为单位矩阵，其逆矩阵可这样得到：先构造 $n\times 2n$ 矩阵$(\boldsymbol{A},\ \boldsymbol{E})$，再对$(\boldsymbol{A},\ \boldsymbol{E})$施行初等行变换，将矩阵 $\boldsymbol{A}$ 化为单位矩阵 $\boldsymbol{E}$，则上述初等行变换同时也将其中的单位矩阵 $\boldsymbol{E}$ 化为 $\boldsymbol{A}$ 的逆矩阵 $\boldsymbol{A}^{-1}$，即

$$(\boldsymbol{A},\ \boldsymbol{E})\rightarrow(\boldsymbol{E},\ \boldsymbol{A}^{-1}),$$

这就是求逆矩阵的初等变换法.

例 3.4 设 $\boldsymbol{A}=\begin{pmatrix}1&-1&0\\-1&2&1\\2&2&3\end{pmatrix}$，试证明矩阵 $\boldsymbol{A}$ 可逆，并求出 $\boldsymbol{A}^{-1}$.

解 对分块矩阵$(\boldsymbol{A},\ \boldsymbol{E})$作初等行变换，目的是将子块 $\boldsymbol{A}$ 变成单位矩阵 $\boldsymbol{E}$，即

$$(\boldsymbol{A},\ \boldsymbol{E})=\left(\begin{array}{ccc:ccc}1&-1&0&1&0&0\\-1&2&1&0&1&0\\2&2&3&0&0&1\end{array}\right)\xrightarrow[r_3-2r_1]{r_2+r_1}\left(\begin{array}{ccc:ccc}1&-1&0&1&0&0\\0&1&1&1&1&0\\0&4&3&-2&0&1\end{array}\right)$$

$$\xrightarrow{r_3-4r_2}\left(\begin{array}{ccc:ccc}1&-1&0&1&0&0\\0&1&1&1&1&0\\0&0&-1&-6&-4&1\end{array}\right)\xrightarrow{r_3\times(-1)}\left(\begin{array}{ccc:ccc}1&-1&0&1&0&0\\0&1&1&1&1&0\\0&0&1&6&4&-1\end{array}\right)$$

$$\xrightarrow{r_2-r_3}\left(\begin{array}{ccc:ccc}1&-1&0&1&0&0\\0&1&0&-5&-3&1\\0&0&1&6&4&-1\end{array}\right)\xrightarrow{r_1+r_2}\left(\begin{array}{ccc:ccc}1&0&0&-4&-3&1\\0&1&0&-5&-3&1\\0&0&1&6&4&-1\end{array}\right),$$

所以 $\boldsymbol{A}$ 可逆，且

$$\boldsymbol{A}^{-1}=\begin{pmatrix}-4&-3&1\\-5&-3&1\\6&4&-1\end{pmatrix}.$$

3.1.4 用初等变换法求解矩阵方程 $\boldsymbol{AX}=\boldsymbol{B}$

解矩阵方程也可以使用初等变换的方法. 设矩阵 $\boldsymbol{A}$ 可逆，则求解矩阵方程 $\boldsymbol{AX}=\boldsymbol{B}$ 等价于求矩阵 $\boldsymbol{X}=\boldsymbol{A}^{-1}\boldsymbol{B}$，为此，构造矩阵$(\boldsymbol{A},\boldsymbol{B})$，对其施行初等行变换，当 $\boldsymbol{A}$ 化为单位矩阵 $\boldsymbol{E}$ 时，上述初等行变换同时也将其中的矩阵 $\boldsymbol{B}$ 化为了 $\boldsymbol{A}^{-1}\boldsymbol{B}$，即

$$(\boldsymbol{A},\boldsymbol{B})\xrightarrow{r}(\boldsymbol{E},\boldsymbol{A}^{-1}\boldsymbol{B}),$$

这样就给出了用初等行变换求解矩阵方程 $\boldsymbol{AX}=\boldsymbol{B}$ 的方法.

例 3.5 求矩阵 $\boldsymbol{X}$，使 $\boldsymbol{AX}=\boldsymbol{B}$，其中 $\boldsymbol{A}=\begin{pmatrix}-2&3&3\\1&-1&0\\-1&2&1\end{pmatrix}$，$\boldsymbol{B}=\begin{pmatrix}1&2\\5&3\\0&-1\end{pmatrix}$.

解 $$(\boldsymbol{A},\boldsymbol{B})=\left(\begin{array}{ccc:cc}-2&3&3&1&2\\1&-1&0&5&3\\-1&2&1&0&-1\end{array}\right)\xrightarrow{r_1\leftrightarrow r_2}\left(\begin{array}{ccc:cc}1&-1&0&5&3\\-2&3&3&1&2\\-1&2&1&0&-1\end{array}\right)$$

$$\xrightarrow[r_3+r_1]{r_2+2r_1}\left(\begin{array}{ccc:cc}1&-1&0&5&3\\0&1&3&11&8\\0&1&1&5&2\end{array}\right)\xrightarrow{r_3-r_2}\left(\begin{array}{ccc:cc}1&-1&0&5&3\\0&1&3&11&8\\0&0&-2&-6&-6\end{array}\right)$$

$$\xrightarrow{-\frac{1}{2}r_3}\left(\begin{array}{ccc:cc}1&-1&0&5&3\\0&1&3&11&8\\0&0&1&3&3\end{array}\right)\xrightarrow{r_2-3r_3}\left(\begin{array}{ccc:cc}1&-1&0&5&3\\0&1&0&2&-1\\0&0&1&3&3\end{array}\right)$$

$$\xrightarrow{r_1+r_2}\left(\begin{array}{ccc:cc}1&0&0&7&2\\0&1&0&2&-1\\0&0&1&3&3\end{array}\right),$$

所以

$$\boldsymbol{X}=\boldsymbol{A}^{-1}\boldsymbol{B}=\begin{pmatrix}7&2\\2&-1\\3&3\end{pmatrix}.$$

■习题 3.1

1. 计算下列矩阵的乘积，并说明它们与矩阵的初等变换的关系：

(1) $\begin{pmatrix}1&0\\1&1\end{pmatrix}\begin{pmatrix}1&-1&2\\2&3&0\end{pmatrix}$； (2) $\begin{pmatrix}2&3&-1\\1&0&-2\end{pmatrix}\begin{pmatrix}0&1&0\\1&0&0\\0&0&1\end{pmatrix}$.

2. 利用初等行变换将下列矩阵化为行最简形矩阵：

(1) $\begin{pmatrix} 1 & -1 & 2 \\ 3 & -3 & 1 \\ -2 & 2 & -4 \end{pmatrix}$；　　(2) $\begin{pmatrix} 1 & -1 & 2 \\ 3 & 2 & 1 \\ 1 & -2 & 0 \end{pmatrix}$；

(3) $\begin{pmatrix} 1 & 3 & 4 & 3 \\ 3 & 5 & 4 & 1 \\ 2 & 3 & 2 & 0 \\ 3 & 4 & 2 & -1 \end{pmatrix}$；　　(4) $\begin{pmatrix} 3 & 2 & 9 & -1 \\ -1 & -3 & 6 & -5 \\ 1 & 4 & -7 & 3 \end{pmatrix}$.

3. 判断下列矩阵是否可逆，若可逆，则求其逆矩阵：

(1) $\boldsymbol{A}=\begin{pmatrix} 1 & 3 & 1 \\ 2 & 2 & 1 \\ 3 & 5 & 2 \end{pmatrix}$；　　(2) $\boldsymbol{B}=\begin{pmatrix} 2 & 3 & 0 \\ 1 & 1 & -1 \\ -1 & 0 & 1 \end{pmatrix}$；

(3) $\boldsymbol{C}=\begin{pmatrix} 1 & 2 & 3 & 4 \\ 2 & 3 & 1 & 2 \\ 1 & 1 & 1 & -1 \\ 1 & 0 & -1 & -6 \end{pmatrix}$；　　(4) $\boldsymbol{D}=\begin{pmatrix} 3 & -2 & 0 & -1 \\ 0 & 2 & 2 & 1 \\ 1 & -2 & -3 & -2 \\ 0 & 1 & 2 & 1 \end{pmatrix}$.

4. 用初等变换法解下列矩阵方程：

(1) $\boldsymbol{AX}=\boldsymbol{B}$，其中 $\boldsymbol{A}=\begin{pmatrix} 3 & 4 \\ 1 & 2 \end{pmatrix}$，$\boldsymbol{B}=\begin{pmatrix} -1 & 2 \\ 5 & 0 \end{pmatrix}$；

(2) $\boldsymbol{AX}=\boldsymbol{B}$，其中 $\boldsymbol{A}=\begin{pmatrix} 1 & 0 & 1 \\ 2 & 1 & 0 \\ -3 & 2 & -5 \end{pmatrix}$，$\boldsymbol{B}=\begin{pmatrix} 1 & 0 \\ -2 & 1 \\ 1 & 0 \end{pmatrix}$；

(3) $\boldsymbol{XA}=\boldsymbol{B}$，其中 $\boldsymbol{A}=\begin{pmatrix} 1 & 1 & -1 \\ 2 & -1 & 1 \\ 3 & 0 & 1 \end{pmatrix}$，$\boldsymbol{B}=\begin{pmatrix} 8 & -1 & 4 \\ 4 & 1 & -1 \end{pmatrix}$；

(4) $\boldsymbol{AX}=\boldsymbol{A}-3\boldsymbol{X}$，其中 $\boldsymbol{A}=\begin{pmatrix} -2 & 2 & -3 \\ 1 & 0 & 1 \\ 1 & 2 & -5 \end{pmatrix}$.

3.2　矩阵的秩

矩阵的秩是讨论向量组的线性相关性、线性方程组解的存在性等问题的重要工具. 从3.1节已知，矩阵可经初等行变换化为行阶梯形矩阵，且行阶梯形矩阵所含非零行的行数是唯一确定的，这个数实质上就是矩阵的“秩”. 鉴于这个数的唯一性尚未证明，在本节中，我们首先利用行列式来定义矩阵的秩，然后给出利用初等变换求矩阵的秩的方法.

3.2.1　矩阵的秩的概念

定义 3.4　设 $\boldsymbol{A}$ 为 $m\times n$ 矩阵，在矩阵 $\boldsymbol{A}$ 中任意选定 k 行和 k 列($1\leqslant k\leqslant m$，$1\leqslant k\leqslant n$)，位

于这些行列交叉处的 k^2 个元素按原来相对位置组成的 k 阶行列式称为矩阵 $\boldsymbol{A}$ 的 k 阶子式.

例如，设矩阵 $\boldsymbol{A}=\begin{pmatrix}1&3&2&-1\\-1&4&0&3\\0&-1&1&2\end{pmatrix}$，在 $\boldsymbol{A}$ 中选取第一、三两行，第二、四两列，它们交叉处的元素构成的 $\boldsymbol{A}$ 的一个二阶子式为 $\begin{vmatrix}3&-1\\-1&2\end{vmatrix}$.

$m\times n$ 矩阵 $\boldsymbol{A}$ 一共有 $C_m^k C_n^k$ 个 k 阶子式.

定义 3.5 **设在矩阵 $\boldsymbol{A}$ 中存在一个不等于 0 的 r 阶子式 D，且所有 $r+1$ 阶子式(如果存在的话)全等于 0，则 D 称为矩阵 $\boldsymbol{A}$ 的最高阶非零子式，并将子式 D 的阶数 r 称为矩阵 $\boldsymbol{A}$ 的秩.**

规定零矩阵的秩等于 0.

显然矩阵的秩具有下列性质.

性质 3.1 **若矩阵 $\boldsymbol{A}$ 中有某个 s 阶子式不为 0，而所有的 t 阶子式全为 0，则 $s\leqslant R(\boldsymbol{A})<t$.**

性质 3.2 **任意矩阵的秩均不大于该矩阵的行数与列数，即若 $\boldsymbol{A}$ 为 $m\times n$ 矩阵，则**

$$0\leqslant R(\boldsymbol{A})\leqslant \min\{m, n\}.$$

性质 3.3 **转置矩阵的秩与原矩阵的秩相等，即 $R(\boldsymbol{A}^{\mathrm{T}})=R(\boldsymbol{A})$.**

性质 3.4 **n 阶矩阵 $\boldsymbol{A}$ 的秩 $R(\boldsymbol{A})=n$ 当且仅当 $\boldsymbol{A}$ 为可逆矩阵.**

对于性质 3.4，因为 $\boldsymbol{A}$ 的 n 阶子式只有一个 $|\boldsymbol{A}|$，所以当 $|\boldsymbol{A}|\neq 0$，即 $\boldsymbol{A}$ 可逆时，$R(\boldsymbol{A})=n$，否则 $R(\boldsymbol{A})<n$.

由性质 3.4 可知，可逆矩阵的秩等于矩阵的阶数，故称其为满秩矩阵(或非奇异矩阵)；不可逆矩阵的秩小于矩阵的阶数，故称其为降秩矩阵(或奇异矩阵).

例 3.6 求下列矩阵的秩：

(1) $\boldsymbol{A}=\begin{pmatrix}1&-3&2&0&5\\0&2&-1&4&3\\0&0&0&1&2\\0&0&0&0&0\end{pmatrix}$；　　(2) $\boldsymbol{B}=\begin{pmatrix}1&1&-1\\1&2&2\\4&7&5\\3&4&0\end{pmatrix}$.

解 (1) $\boldsymbol{A}$ 是一个行阶梯形矩阵，容易看出 $\boldsymbol{A}$ 的所有四阶子式全为零，存在一个三阶子式 $\begin{vmatrix}1&-3&0\\0&2&4\\0&0&1\end{vmatrix}\neq 0$，因此 $R(\boldsymbol{A})=3$.

(2) $\boldsymbol{B}$ 的最高阶非零子式为三阶，共有 4 个：

$$\begin{vmatrix}1&1&-1\\1&2&2\\4&7&5\end{vmatrix}=0,\quad \begin{vmatrix}1&1&-1\\1&2&2\\3&4&0\end{vmatrix}=0,\quad \begin{vmatrix}1&1&-1\\4&7&5\\3&4&0\end{vmatrix}=0,\quad \begin{vmatrix}1&2&2\\4&7&5\\3&4&0\end{vmatrix}=0,$$

$\boldsymbol{B}$ 的所有三阶子式全为零，且有一个二阶子式 $\begin{vmatrix}1&1\\1&2\end{vmatrix}\neq 0$，因此 $R(\boldsymbol{B})=2$.

由例 3.6 可知，当矩阵的行数与列数较高时，按定义计算矩阵的秩是比较麻烦的.

3.2.2　利用初等变换求矩阵的秩

由例 3.6 可以看出，行阶梯形矩阵容易求秩，其秩就是其非零行的行数. 而任一矩阵可经过初等行变换化为行阶梯形矩阵. 那么初等变换是否改变矩阵的秩呢？我们不加证明地给出下面的定理.

定理 3.4　初等变换不改变矩阵的秩，即若矩阵 $\boldsymbol{A}\sim\boldsymbol{B}$，则 $R(\boldsymbol{A})=R(\boldsymbol{B})$.

例 3.7　设 $\boldsymbol{A}=\begin{pmatrix}-2&1&1&0\\1&-2&1&3\\1&1&-2&-3\end{pmatrix}$，求矩阵 $\boldsymbol{A}$ 的秩.

解

$$\boldsymbol{A}=\begin{pmatrix}-2&1&1&0\\1&-2&1&3\\1&1&-2&-3\end{pmatrix}\xrightarrow{r_1\leftrightarrow r_2}\begin{pmatrix}1&-2&1&3\\-2&1&1&0\\1&1&-2&-3\end{pmatrix}$$

$$\xrightarrow[r_3-r_1]{r_2+2r_1}\begin{pmatrix}1&-2&1&3\\0&-3&3&6\\0&3&-3&-6\end{pmatrix}\xrightarrow[-\frac{1}{3}r_2]{r_3+r_2}\begin{pmatrix}1&-2&1&3\\0&1&-1&-2\\0&0&0&0\end{pmatrix},$$

故矩阵 $\boldsymbol{A}$ 的秩为 2.

例 3.8　设 $\boldsymbol{A}=\begin{pmatrix}1&2&0&2\\-2&-5&1&-1\\0&-3&3&4\\3&6&0&-7\end{pmatrix}$，$\boldsymbol{b}=\begin{pmatrix}5\\-3\\1\\2\end{pmatrix}$，求矩阵 $\widetilde{\boldsymbol{A}}=(\boldsymbol{A},\boldsymbol{b})$ 的秩，并求矩阵 $\boldsymbol{A}$ 的一个最高阶非零子式.

解　对 $\widetilde{\boldsymbol{A}}$ 作初等行变换得

$$\widetilde{\boldsymbol{A}}=(\boldsymbol{A},\boldsymbol{b})=\left(\begin{array}{cccc:c}1&2&0&2&5\\-2&-5&1&-1&-3\\0&-3&3&4&1\\3&6&0&-7&2\end{array}\right)\xrightarrow[r_4-3r_1]{r_2+2r_1}\left(\begin{array}{cccc:c}1&2&0&2&5\\0&-1&1&3&7\\0&-3&3&4&1\\0&0&0&-13&-13\end{array}\right)$$

$$\xrightarrow[-\frac{1}{13}r_4]{r_3-3r_2}\left(\begin{array}{cccc:c}1&2&0&2&5\\0&-1&1&3&7\\0&0&0&-5&-20\\0&0&0&1&1\end{array}\right)\xrightarrow[r_3\leftrightarrow r_4]{-r_2}\left(\begin{array}{cccc:c}1&2&0&2&5\\0&1&-1&-3&-7\\0&0&0&1&1\\0&0&0&-5&-20\end{array}\right)$$

$$\xrightarrow[-\frac{1}{15}r_4]{r_4+5r_3}\left(\begin{array}{cccc:c}1&2&0&2&5\\0&1&-1&-3&-7\\0&0&0&1&1\\0&0&0&0&1\end{array}\right),$$

从变换所得的行阶梯形矩阵可同时看出矩阵 $\boldsymbol{A}$ 及 $\widetilde{\boldsymbol{A}}$ 的秩，即 $R(\boldsymbol{A})=3$，$R(\widetilde{\boldsymbol{A}})=4$.

接下来求 $\boldsymbol{A}$ 的最高阶非零子式. $\boldsymbol{A}$ 的行阶梯形矩阵中非零行的第一个非零元素所在的列为第 1、2、4 列，又 $R(\boldsymbol{A})=3$，计算 $\boldsymbol{A}$ 的第 1、2、4 列与前三行构成的三阶子式

$$\begin{vmatrix}1&2&2\\-2&-5&-1\\0&-3&4\end{vmatrix}=\begin{vmatrix}1&2&2\\0&-1&3\\0&-3&4\end{vmatrix}=-\begin{vmatrix}1&3\\3&4\end{vmatrix}\neq0,$$

因此，这个子式即为矩阵 $\boldsymbol{A}$ 的一个最高阶非零子式.

例 3.9 设 $\boldsymbol{A}=\begin{pmatrix}1 & 2 & 1 & -1\\ 1 & 0 & 4 & \lambda\\ -2 & -6 & \mu & 5\end{pmatrix}$，已知 $R(\boldsymbol{A})=2$，求 λ 与 μ 的值.

解 $\boldsymbol{A}\xrightarrow[r_3+2r_1]{r_2-r_1}\begin{pmatrix}1 & 2 & 1 & -1\\ 0 & -2 & 3 & \lambda+1\\ 0 & -2 & \mu+2 & 3\end{pmatrix}\xrightarrow{r_3-r_2}\begin{pmatrix}1 & 2 & 1 & -1\\ 0 & -2 & 3 & \lambda+1\\ 0 & 0 & \mu-1 & 2-\lambda\end{pmatrix}$，

由于 $R(\boldsymbol{A})=2$，故

$$\begin{cases}2-\lambda=0,\\ \mu-1=0,\end{cases}$$

解得

$$\begin{cases}\lambda=2,\\ \mu=1.\end{cases}$$

由于初等变换不改变矩阵的秩，且可逆矩阵可表示为若干个初等矩阵的乘积，因此我们可得矩阵秩的另一性质.

性质 3.5 矩阵 $\boldsymbol{A}$ 左乘或者右乘一个可逆矩阵，其秩不改变.

3.2.3 矩阵秩的不等式

我们知道矩阵的秩既不超过其行数，也不超过其列数. 除此以外，矩阵的秩还有如下常用不等式.

性质 3.6 若矩阵 $\boldsymbol{A}$、$\boldsymbol{B}$ 的行数相同，则

$$\max\{R(\boldsymbol{A}),\ R(\boldsymbol{B})\}\leqslant R(\boldsymbol{A},\ \boldsymbol{B})\leqslant R(\boldsymbol{A})+R(\boldsymbol{B}).$$

特别地，当 $\boldsymbol{B}=\boldsymbol{b}$ 为非零列向量时，有 $R(\boldsymbol{A})\leqslant R(\boldsymbol{A},\ \boldsymbol{b})\leqslant R(\boldsymbol{A})+1$.

证明 由矩阵秩的定义可知，$R(\boldsymbol{A},\ \boldsymbol{B})\geqslant R(\boldsymbol{A})$ 且 $R(\boldsymbol{A},\ \boldsymbol{B})\geqslant R(\boldsymbol{B})$，故 $\max\{R(\boldsymbol{A}),\ R(\boldsymbol{B})\}\leqslant R(\boldsymbol{A},\ \boldsymbol{B})$.

若对矩阵 $\boldsymbol{A}$、$\boldsymbol{B}$ 分别进行初等列变换，则 $\boldsymbol{A}$、$\boldsymbol{B}$ 最终可分别变为两个列阶梯形矩阵 $\widetilde{\boldsymbol{A}}$、$\widetilde{\boldsymbol{B}}$，且分别含有 $R(\boldsymbol{A})$ 和 $R(\boldsymbol{B})$ 个非零列，即矩阵 $(\widetilde{\boldsymbol{A}},\ \widetilde{\boldsymbol{B}})$ 中含有 $R(\boldsymbol{A})+R(\boldsymbol{B})$ 个非零列，因此 $R(\widetilde{\boldsymbol{A}},\ \widetilde{\boldsymbol{B}})=R(\boldsymbol{A},\ \boldsymbol{B})\leqslant R(\boldsymbol{A})+R(\boldsymbol{B})$.

综上所述，得到 $\max\{R(\boldsymbol{A}),\ R(\boldsymbol{B})\}\leqslant R(\boldsymbol{A},\ \boldsymbol{B})\leqslant R(\boldsymbol{A})+R(\boldsymbol{B})$.

性质 3.7 若 $\boldsymbol{A}$、$\boldsymbol{B}$ 为同型矩阵，则 $R(\boldsymbol{A}+\boldsymbol{B})\leqslant R(\boldsymbol{A})+R(\boldsymbol{B})$.

证明 对矩阵 $(\boldsymbol{A}+\boldsymbol{B},\ \boldsymbol{B})$ 作初等列变换，即得 $(\boldsymbol{A}+\boldsymbol{B},\ \boldsymbol{B})\sim(\boldsymbol{A},\ \boldsymbol{B})$，于是

$$R(\boldsymbol{A}+\boldsymbol{B})\leqslant R(\boldsymbol{A}+\boldsymbol{B},\ \boldsymbol{B})=R(\boldsymbol{A},\ \boldsymbol{B})\leqslant R(\boldsymbol{A})+R(\boldsymbol{B}).$$

性质 3.8 两矩阵乘积的秩不大于各矩阵因子的秩，即 $R(\boldsymbol{AB})\leqslant\min\{R(\boldsymbol{A}),\ R(\boldsymbol{B})\}$.

证明 设 $\boldsymbol{A}$ 为 $m\times n$ 矩阵，$\boldsymbol{B}$ 为 $n\times s$ 矩阵，且 $R(\boldsymbol{A})=r$，则与 $\boldsymbol{A}$ 等价的标准形为

$$\begin{pmatrix}\boldsymbol{E}_{r\times r} & \boldsymbol{O}_{r\times(n-r)}\\ \boldsymbol{O}_{(m-r)\times r} & \boldsymbol{O}_{(m-r)\times(n-r)}\end{pmatrix},$$

即存在可逆矩阵 $\boldsymbol{P}$、$\boldsymbol{Q}$，使得 $\boldsymbol{A}=\boldsymbol{P}\begin{pmatrix}\boldsymbol{E}_r & \boldsymbol{O}\\ \boldsymbol{O} & \boldsymbol{O}\end{pmatrix}\boldsymbol{Q}$，于是

$$\boldsymbol{AB}=\boldsymbol{P}\begin{pmatrix}\boldsymbol{E}_r & \boldsymbol{O}\\ \boldsymbol{O} & \boldsymbol{O}\end{pmatrix}\boldsymbol{QB}.$$

设 $\boldsymbol{QB}=\begin{pmatrix}\boldsymbol{C}_{r\times s}\\ \boldsymbol{C}_{(n-r)\times s}\end{pmatrix}$，则

$$\boldsymbol{AB}=\boldsymbol{P}\begin{pmatrix}\boldsymbol{E}_{r\times r} & \boldsymbol{O}_{r\times(n-r)}\\ \boldsymbol{O}_{(m-r)\times r} & \boldsymbol{O}_{(m-r)\times(n-r)}\end{pmatrix}\begin{pmatrix}\boldsymbol{C}_{r\times s}\\ \boldsymbol{C}_{(n-r)\times s}\end{pmatrix}=\boldsymbol{P}\begin{pmatrix}\boldsymbol{C}_{r\times s}\\ \boldsymbol{O}\end{pmatrix},$$

由于 $\boldsymbol{P}$ 可逆，故由定理 3.4 可知

$$R(\boldsymbol{AB})=R\left(\boldsymbol{P}\begin{pmatrix}\boldsymbol{C}_{r\times s}\\ \boldsymbol{O}\end{pmatrix}\right)=R\begin{pmatrix}\boldsymbol{C}_{r\times s}\\ \boldsymbol{O}\end{pmatrix}\leqslant r=R(\boldsymbol{A}).$$

同理可证，$R(\boldsymbol{AB})\leqslant R(\boldsymbol{B})$，所以 $R(\boldsymbol{AB})\leqslant\min\{R(\boldsymbol{A}),\ R(\boldsymbol{B})\}$.

性质 3.9　若 $\boldsymbol{A}_{m\times n}\boldsymbol{B}_{n\times s}=\boldsymbol{O}$，则 $R(\boldsymbol{A})+R(\boldsymbol{B})\leqslant n$.

证明见下一章例 4.16.

例 3.10　设 $\boldsymbol{A}$ 为 n 阶幂等矩阵($\boldsymbol{A}^2=\boldsymbol{A}$)，证明 $R(\boldsymbol{A})+R(\boldsymbol{E}-\boldsymbol{A})=n$.

证明　由 $\boldsymbol{A}^2=\boldsymbol{A}$ 得 $\boldsymbol{A}(\boldsymbol{E}-\boldsymbol{A})=\boldsymbol{O}$，由性质 3.9 可知

$$R(\boldsymbol{A})+R(\boldsymbol{E}-\boldsymbol{A})\leqslant n.$$

又由性质 3.7 可知，$R(\boldsymbol{A})+R(\boldsymbol{E}-\boldsymbol{A})\geqslant R(\boldsymbol{A}+\boldsymbol{E}-\boldsymbol{A})=R(\boldsymbol{E})=n$，故

$$R(\boldsymbol{A})+R(\boldsymbol{E}-\boldsymbol{A})=n.$$

■习题 3.2

1. 下列命题是否正确？

(1) 若矩阵 $\boldsymbol{A}$ 的秩为 r，则矩阵 $\boldsymbol{A}$ 的所有 $r-1$ 阶子式均非零.

(2) 若矩阵 $\boldsymbol{A}$ 的秩为 r，则矩阵 $\boldsymbol{A}$ 必有一个 $r-1$ 阶子式非零.

(3) 若矩阵 $\boldsymbol{A}$ 的秩为 r，则矩阵 $\boldsymbol{A}$ 的所有 $r+1$ 阶子式均为零.

(4) 若矩阵 $\boldsymbol{A}$ 的秩为 r，则矩阵 $\boldsymbol{A}$ 的所有 r 阶子式均非零.

(5) 若矩阵 $\boldsymbol{A}$ 有一个 r 阶子式非零，则矩阵 $\boldsymbol{A}$ 的秩为 r.

(6) 若矩阵 $\boldsymbol{A}$ 的所有 r 阶子式均为零，则矩阵 $\boldsymbol{A}$ 的秩小于 r.

2. 求下列矩阵的秩：

(1) $\begin{pmatrix}1 & 2 & -3 & 4\\ 2 & 4 & -6 & 8\end{pmatrix}$；　　(2) $\begin{pmatrix}2 & -1 & 3 & -2 & 4\\ 4 & -2 & 5 & 1 & 7\\ 2 & -1 & 1 & 8 & 2\end{pmatrix}$；

(3) $\begin{pmatrix}3 & 2 & -1 & -3 & -1\\ 2 & -1 & 3 & 1 & -3\\ 2 & 0 & 5 & 1 & 8\\ 5 & 1 & 2 & -2 & -4\end{pmatrix}$.

3. 设矩阵 $\boldsymbol{A}=\begin{pmatrix}1 & \lambda & -1 & 2\\ 2 & -1 & \lambda & 5\\ 1 & 10 & -6 & 1\end{pmatrix}$，对于不同的 λ 值，求矩阵 $\boldsymbol{A}$ 的秩.

4. 设 $\boldsymbol{A}=\begin{pmatrix}2&0&4\\-1&1&a\\1&2&6\end{pmatrix}$，且 $R(\boldsymbol{A})=2$，求 a.

5. 设 $\boldsymbol{A}=\begin{pmatrix}1&-2&3k\\-1&2k&-3\\k&-2&3\end{pmatrix}$，问 k 为何值可使

(1) $R(\boldsymbol{A})=1$；

(2) $R(\boldsymbol{A})=2$；

(3) $R(\boldsymbol{A})=3$.

3.3 线性方程组的解

在第 1 章里我们已经研究了线性方程组的一种特殊情形，即线性方程组所含方程的个数等于未知量的个数，且方程组的系数行列式不等于零的情形. 求解线性方程组在科学技术与经济管理等领域有着相当广泛的应用. 这一节我们将借助前面介绍的矩阵理论来讨论一般线性方程组的求解方法.

设含有 n 个未知数、m 个线性方程的线性方程组

$$\begin{cases}a_{11}x_1+a_{12}x_2+\cdots+a_{1n}x_n=b_1,\\a_{21}x_1+a_{22}x_2+\cdots+a_{2n}x_n=b_2,\\\qquad\qquad\vdots\\a_{m1}x_1+a_{m2}x_2+\cdots+a_{mn}x_n=b_m,\end{cases}\tag{3.1}$$

若记 $\boldsymbol{A}=\begin{pmatrix}a_{11}&a_{12}&\cdots&a_{1n}\\a_{21}&a_{22}&\cdots&a_{2n}\\\vdots&\vdots&&\vdots\\a_{m1}&a_{m2}&\cdots&a_{mn}\end{pmatrix}$，$\boldsymbol{b}=\begin{pmatrix}b_1\\b_2\\\vdots\\b_m\end{pmatrix}$，则方程组(3.1)可以写成以向量 $\boldsymbol{x}=\begin{pmatrix}x_1\\x_2\\\vdots\\x_m\end{pmatrix}$ 为未知元的向量方程

$$\boldsymbol{Ax}=\boldsymbol{b},\tag{3.2}$$

其中，$\boldsymbol{A}$ 称为方程组(3.1)的系数矩阵，$(\boldsymbol{A},\boldsymbol{b})=\left(\begin{array}{cccc:c}a_{11}&a_{12}&\cdots&a_{1n}&b_1\\a_{21}&a_{22}&\cdots&a_{2n}&b_2\\\vdots&\vdots&&\vdots&\vdots\\a_{m1}&a_{m2}&\cdots&a_{mn}&b_m\end{array}\right)$ 称为方程组(3.1)的增广矩阵.

当 $b_i=0(i=1,2,\cdots m)$ 时，称方程组(3.1)为齐次线性方程组，否则，称方程组(3.1)为非齐次线性方程组. 显然齐次线性方程组的矩阵形式为

$$\boldsymbol{Ax}=\boldsymbol{0},$$

其中 $\boldsymbol{0}=(0,0,\cdots,0)^{\mathrm{T}}$.

下面我们将利用矩阵的初等变换对线性方程组进行求解，并通过对系数矩阵及增广矩阵的研究来讨论下列问题：

(1) 线性方程组有解的充要条件是什么？

(2) 当线性方程组有解时，它有多少个解？如何求解？

(3) 当线性方程组的解不唯一时，这些解之间有什么关系？

3.3.1　高斯(Gauss)消元法

Gauss 消元法是求解 $m\times n$ 型线性方程组的实用而有效的方法. 高斯消元法的基本思想是对线性方程组进行同解变形，从而得到与原方程组有同解的阶梯形方程组.

例 3.11　用 Gauss 消元法解线性方程组

$$\begin{cases} x_1+2x_2+x_3=6, & (3.3)\\ 2x_1+x_2-x_3=3, & (3.4)\\ -3x_1-x_2+5x_3=0. & (3.5)\end{cases}$$

解　方程(3.4)减去方程(3.3)的两倍，方程(3.5)加上方程(3.3)的 3 倍，得

$$\begin{cases} x_1+2x_2+x_3=6, & (3.6)\\ -3x_2-3x_3=-9, & (3.7)\\ 5x_2+8x_3=18, & (3.8)\end{cases}$$

方程(3.7)的$\frac{5}{3}$倍加到方程(3.8)后将所得方程乘$\frac{1}{3}$，将方程(3.7)乘$-\frac{1}{3}$，得

$$\begin{cases} x_1+2x_2+x_3=6,\\ x_2+x_3=3,\\ x_3=1,\end{cases}$$

回代解得

$$\begin{cases} x_1=1,\\ x_2=2,\\ x_3=1.\end{cases}$$

观察例 3.11 的解题过程中的线性方程组的系数矩阵及增广矩阵，我们发现线性方程组变化时对应着矩阵的初等行变换.

增广矩阵的变换过程如下：

$$\boldsymbol{B}=(\boldsymbol{A},\boldsymbol{b})=\left(\begin{array}{ccc:c}1&2&1&6\\2&1&-1&3\\-3&-1&5&0\end{array}\right)\xrightarrow[r_3+3r_1]{r_2-2r_1}\left(\begin{array}{ccc:c}1&2&1&6\\0&-3&-3&-9\\0&5&8&18\end{array}\right)$$

$$\xrightarrow[r_2\times\left(-\frac{1}{3}\right)]{\frac{1}{3}\left(r_3+\frac{5}{3}r_2\right)}\left(\begin{array}{ccc:c}1&2&1&6\\0&1&1&3\\0&0&1&1\end{array}\right)\xrightarrow[r_1-r_3]{r_2-r_3}\left(\begin{array}{ccc:c}1&2&0&5\\0&1&0&2\\0&0&1&1\end{array}\right)$$

$$\xrightarrow{r_1-2r_2}\left(\begin{array}{ccc:c}1&0&0&1\\0&1&0&2\\0&0&1&1\end{array}\right).$$

从例 3.11 可看出，求解线性方程组的过程实际上就是对增广矩阵进行初等行变换的过程，即先将增广矩阵化为行阶梯形矩阵，然后再将行阶梯形矩阵化为行最简形矩阵，即可写出相应的解.

例 3.12 用 Gauss 消元法解下列线性方程组：

(1) $\begin{cases} x_1 - x_2 = 2, \\ -x_1 + 2x_2 + x_3 = -2, \\ 2x_1 + 2x_2 + 3x_3 = 1; \end{cases}$ (2) $\begin{cases} x_1 + x_2 - 2x_3 + 3x_4 = 1, \\ 2x_1 + x_2 + 3x_3 + x_4 = -1, \\ x_1 + 2x_2 - 9x_3 + 6x_4 = 2; \end{cases}$

(3) $\begin{cases} x_1 - 2x_2 + 3x_3 = 1, \\ 2x_1 - 4x_2 + 7x_3 = 5, \\ 3x_1 - 6x_2 + 10x_3 = 7. \end{cases}$

解 把 Gauss 消元法步骤直接作用到增广矩阵上作初等行变换.

(1) $$(\boldsymbol{A}, \boldsymbol{b}) = \left(\begin{array}{ccc|c} 1 & -1 & 0 & 2 \\ -1 & 2 & 1 & -2 \\ 2 & 2 & 3 & 1 \end{array}\right) \xrightarrow[r_3 - 2r_1]{r_2 + r_1} \left(\begin{array}{ccc|c} 1 & -1 & 0 & 2 \\ 0 & 1 & 1 & 0 \\ 0 & 4 & 3 & -3 \end{array}\right)$$

$$\xrightarrow{r_3 - 4r_2} \left(\begin{array}{ccc|c} 1 & -1 & 0 & 2 \\ 0 & 1 & 1 & 0 \\ 0 & 0 & -1 & -3 \end{array}\right) \xrightarrow{r_3 \times (-1)} \left(\begin{array}{ccc|c} 1 & -1 & 0 & 2 \\ 0 & 1 & 1 & 0 \\ 0 & 0 & 1 & 3 \end{array}\right)$$

$$\xrightarrow{r_2 - r_3} \left(\begin{array}{ccc|c} 1 & -1 & 0 & 2 \\ 0 & 1 & 0 & -3 \\ 0 & 0 & 1 & 3 \end{array}\right) \xrightarrow{r_1 + r_2} \left(\begin{array}{ccc|c} 1 & 0 & 0 & -1 \\ 0 & 1 & 0 & -3 \\ 0 & 0 & 1 & 3 \end{array}\right),$$

此时 $R(\boldsymbol{A}) = R(\boldsymbol{A}, \boldsymbol{b}) = 3$，相应地线性方程组变为

$$\begin{cases} x_1 = -1, \\ x_2 = -3, \\ x_3 = 3, \end{cases}$$

此即为方程组的解.

(2) $$(\boldsymbol{A}, \boldsymbol{b}) = \left(\begin{array}{cccc|c} 1 & 1 & -2 & 3 & 1 \\ 2 & 1 & 3 & 1 & -1 \\ 1 & 2 & -9 & 6 & 2 \end{array}\right) \xrightarrow[r_3 - r_1]{r_2 - 2r_1} \left(\begin{array}{cccc|c} 1 & 1 & -2 & 3 & 1 \\ 0 & -1 & 7 & -5 & -3 \\ 0 & 1 & -7 & 3 & 1 \end{array}\right)$$

$$\xrightarrow{r_3 + r_2} \left(\begin{array}{cccc|c} 1 & 1 & -2 & 3 & 1 \\ 0 & -1 & 7 & -5 & -3 \\ 0 & 0 & 0 & -2 & -2 \end{array}\right) \xrightarrow[r_3 \times \left(-\frac{1}{2}\right)]{r_2 \times (-1)} \left(\begin{array}{cccc|c} 1 & 1 & -2 & 3 & 1 \\ 0 & 1 & -7 & 5 & 3 \\ 0 & 0 & 0 & 1 & 1 \end{array}\right)$$

$$\xrightarrow[r_1 - 3r_3]{r_2 - 5r_3} \left(\begin{array}{cccc|c} 1 & 1 & -2 & 0 & -2 \\ 0 & 1 & -7 & 0 & -2 \\ 0 & 0 & 0 & 1 & 1 \end{array}\right) \xrightarrow{r_1 - r_2} \left(\begin{array}{cccc|c} 1 & 0 & 5 & 0 & 0 \\ 0 & 1 & -7 & 0 & -2 \\ 0 & 0 & 0 & 1 & 1 \end{array}\right)$$

此时 $R(\boldsymbol{A}) = R(\boldsymbol{A}, \boldsymbol{b}) = 3$，相应地线性方程组变为

$$\begin{cases} x_1 + 5x_3 = 0, \\ x_2 - 7x_3 = -2, \\ x_4 = 1, \end{cases}$$

故方程组的解为

$$\begin{cases} x_1 = -5x_3, \\ x_2 = 7x_3 - 2, \\ x_3 = x_3, \\ x_4 = 1, \end{cases}$$

这里 x_3 任取一个常数，均可得到方程组的一个解，称其为自由未知量.

$$(3)\ (\boldsymbol{A},\boldsymbol{b})=\left(\begin{array}{ccc:c}1&-2&3&1\\2&-4&7&5\\3&-6&10&7\end{array}\right)\xrightarrow[r_3-3r_1]{r_2-2r_1}\left(\begin{array}{ccc:c}1&-2&3&1\\0&0&1&3\\0&0&1&4\end{array}\right)\xrightarrow{r_3-r_2}\left(\begin{array}{ccc:c}1&-2&3&1\\0&0&1&3\\0&0&0&1\end{array}\right),$$

此时 $R(\boldsymbol{A})=2$，而 $R(\boldsymbol{A},\boldsymbol{b})=3$，行最简形矩阵的最后一行对应矛盾方程 $0=1$，因此线性方程组无解.

3.3.2　线性方程组的解

从例 3.12 中可注意到如下几点：

(1) 如果增广矩阵的行最简形矩阵中含有如下行：

$$(0,0,\cdots,0\ \vdots\ 1),$$

则线性方程组无解. 因为任何实数 $x_1,x_2,\cdots,x_n$ 都不能满足该行给出的方程

$$0x_1+0x_2+\cdots+0x_n=1.$$

(2) 当 $R(\boldsymbol{A})=R(\boldsymbol{A},\boldsymbol{b})=r<n$ 时，线性方程组的解不唯一，而且有无穷多个解. 这时方程组的解中有 $n-R(\boldsymbol{A})$ 个自由未知量，自由未知量的一种合适取法是：行最简形矩阵中的 i 列对应线性方程组中未知量 x_i 前面的系数，将每一个首非零元素的列对应的未知量作主变量，其余变量作为自由未知量.

我们给出以下结论，证明留给读者.

定理 3.5　n **元非齐次线性方程组** $\boldsymbol{Ax}=\boldsymbol{b}$

(1) **无解的充分必要条件是** $R(\boldsymbol{A})<R(\boldsymbol{A},\boldsymbol{b})$；

(2) **有唯一解的充分必要条件是** $R(\boldsymbol{A})=R(\boldsymbol{A},\boldsymbol{b})=n$；

(3) **有无穷多解的充分必要条件是** $R(\boldsymbol{A})=R(\boldsymbol{A},\boldsymbol{b})<n$.

显然，齐次线性方程组 $\boldsymbol{Ax}=\boldsymbol{0}$ 一定有解 $\boldsymbol{x}=\boldsymbol{0}$，这个解称为齐次线性方程组的零解. 如果齐次线性方程组有唯一解，则这个唯一解必定是零解. 当齐次线性方程组有无穷多解时，我们称齐次线性方程组有非零解. 对于齐次线性方程组 $\boldsymbol{Ax}=\boldsymbol{0}$，其增广矩阵的秩必等于系数矩阵的秩，由定理 3.5 可得如下结论.

定理 3.6　n **元齐次线性方程组** $\boldsymbol{Ax}=\boldsymbol{0}$ **存在非零解的充分必要条件是** $R(\boldsymbol{A})<n$.

推论 3.2　**若齐次线性方程组中方程的个数** m **少于未知数的个数** n，**则该齐次线性方程组必存在非零解.**

证明　因为 $R(\boldsymbol{A})\leqslant m<n$，由定理 3.6 可知，该齐次线性方程组有非零解.

推论 3.3　**若齐次线性方程组** $\boldsymbol{Ax}=\boldsymbol{0}$ **中方程的个数与未知数的个数一样多，即** $\boldsymbol{A}$ **为** n **阶方阵，则** $\boldsymbol{Ax}=\boldsymbol{0}$ **有非零解的充要条件是** $|\boldsymbol{A}|=0$；$\boldsymbol{Ax}=\boldsymbol{0}$ **仅有零解的充要条件是** $|\boldsymbol{A}|\neq 0$.

例 3.13　求解线性方程组

$$\begin{cases}x_1-x_2+4x_3-x_4=-1,\\x_1+5x_3+2x_4=1,\\x_1+2x_2+7x_3+8x_4=5.\end{cases}$$

解　对增广矩阵进行初等行变换得

$$(\boldsymbol{A}\,\vdots\,\boldsymbol{b})=\left(\begin{array}{cccc:c}1&-1&4&-1&-1\\1&0&5&2&1\\1&2&7&8&5\end{array}\right)\xrightarrow[r_3-r_1]{r_2-r_1}\left(\begin{array}{cccc:c}1&-1&4&-1&-1\\0&1&1&3&2\\0&3&3&9&6\end{array}\right)\xrightarrow[r_1+r_2]{r_3-3r_2}\left(\begin{array}{cccc:c}1&0&5&2&1\\0&1&1&3&2\\0&0&0&0&0\end{array}\right),$$

故题设线性方程组对应的同解方程组为

$$\begin{cases}x_1+5x_3+2x_4=1,\\x_2+x_3+3x_4=2,\end{cases}$$

取 x_3、x_4 为自由未知量，则题设方程组的解为

$$\begin{cases}x_1=-5x_3-2x_4+1,\\x_2=-x_3-3x_4+2,\\x_3=x_3,\\x_4=x_4,\end{cases}$$

其中 x_3、x_4 为任意常数.

例 3.14 问 a 为何值时，齐次线性方程组 $\begin{cases}ax_1+x_2-x_3=0\\x_1+ax_2-x_3=0\\2x_1-x_2+x_3=0\end{cases}$ 有非零解？

解 齐次线性方程组的系数行列式为

$$|\boldsymbol{A}|=\begin{vmatrix}a&1&-1\\1&a&-1\\2&-1&1\end{vmatrix}=\begin{vmatrix}a&1&0\\1&a&a-1\\2&-1&0\end{vmatrix}=(a-1)(a+2),$$

因此当 $a=1$ 或 $a=-2$ 时，$|\boldsymbol{A}|=0$，题设齐次线性方程组有非零解.

例 3.15 设非齐次线性方程组

$$\begin{cases}(1+\lambda)x_1+x_2+x_3=0,\\x_1+(1+\lambda)x_2+x_3=3,\\x_1+x_2+(1+\lambda)x_3=\lambda,\end{cases}$$

求 λ 为何值时，此方程组(1) 有唯一解；(2) 无解；(3) 有无穷多解？并在有无穷多解时求其解.

解 先利用矩阵的初等行变换将增广矩阵$(\boldsymbol{A},\boldsymbol{b})$化成行阶梯形矩阵，即

$$(\boldsymbol{A},\boldsymbol{b})=\left(\begin{array}{ccc:c}1+\lambda&1&1&0\\1&1+\lambda&1&3\\1&1&1+\lambda&\lambda\end{array}\right)\xrightarrow{r_1\leftrightarrow r_3}\left(\begin{array}{ccc:c}1&1&1+\lambda&\lambda\\1&1+\lambda&1&3\\1+\lambda&1&1&0\end{array}\right)$$

$$\xrightarrow[r_3-(1+\lambda)r_1]{r_2-r_1}\left(\begin{array}{ccc:c}1&1&1+\lambda&\lambda\\0&\lambda&-\lambda&3-\lambda\\0&-\lambda&-\lambda(2+\lambda)&-\lambda(1+\lambda)\end{array}\right)$$

$$\xrightarrow{r_3+r_2}\left(\begin{array}{ccc:c}1&1&1+\lambda&\lambda\\0&\lambda&-\lambda&3-\lambda\\0&0&-\lambda(3+\lambda)&(1-\lambda)(3+\lambda)\end{array}\right).$$

(1) 当 $\lambda(3+\lambda)\neq0$，即 $\lambda\neq0$ 且 $\lambda\neq-3$ 时，有 $R(\boldsymbol{A})=R(\boldsymbol{A},\boldsymbol{b})=3$，故题设方程组有唯一解.

(2) 当 $\lambda=0$ 时，有

$$(\boldsymbol{A},\ \boldsymbol{b})\rightarrow\left(\begin{array}{ccc:c}1&1&1&0\\0&0&0&3\\0&0&0&3\end{array}\right),$$

此时 $R(\boldsymbol{A})=1\neq R(\boldsymbol{A},\ \boldsymbol{b})=2$，所以题设方程组无解.

(3) 当 $\lambda=-3$ 时，有

$$(\boldsymbol{A},\ \boldsymbol{b})\rightarrow\left(\begin{array}{ccc:c}1&1&-2&-3\\0&-3&3&6\\0&0&0&0\end{array}\right),$$

此时 $R(\boldsymbol{A})=R(\boldsymbol{A},\ \boldsymbol{b})=2<3$，所以题设方程组有无穷多解.

将增广矩阵$(\boldsymbol{A},\ \boldsymbol{b})$的行阶梯形矩阵进一步化成行最简形矩阵，即

$$(\boldsymbol{A},\ \boldsymbol{b})\xrightarrow[r_1-r_2]{r_2\times\left(-\frac{1}{3}\right)}\left(\begin{array}{ccc:c}1&0&-1&-1\\0&1&-1&-2\\0&0&0&0\end{array}\right),$$

故题设方程组对应的同解方程组为

$$\begin{cases}x_1\quad -x_3=-1,\\ \quad x_2-x_3=-2,\end{cases}$$

因此题设方程组的解为

$$\begin{cases}x_1=x_3-1,\\x_2=x_3-2,\\x_3=x_3,\end{cases}$$

其中 x_3 为自由未知量. 或写出向量形式

$$\begin{pmatrix}x_1\\x_2\\x_3\end{pmatrix}=\begin{pmatrix}c-1\\c-2\\c\end{pmatrix}=c\begin{pmatrix}1\\1\\1\end{pmatrix}+\begin{pmatrix}-1\\-2\\0\end{pmatrix}\quad (c\text{ 为任意常数}).$$

■习题 3.3

1. 用消元法求解下列齐次线性方程组：

(1) $\begin{cases}x_1+x_2-x_3=0,\\2x_1+4x_2-x_3=0,\\3x_1+2x_2+2x_3=0;\end{cases}$

(2) $\begin{cases}x_1+x_2+2x_3-x_4=0,\\2x_1+x_2+x_3-x_4=0,\\2x_1+2x_2+x_3+2x_4=0;\end{cases}$

(3) $\begin{cases}x_1+2x_2+2x_3+x_4=0,\\2x_1+x_2-2x_3-2x_4=0,\\x_1-x_2-4x_3-3x_4=0;\end{cases}$

(4) $\begin{cases}x_1+2x_2+x_3-x_4=0,\\3x_1+6x_2-x_3-3x_4=0,\\5x_1+10x_2+x_3-5x_4=0.\end{cases}$

2. 用消元法求解下列非齐次线性方程组：

(1) $\begin{cases}2x_1+x_2-2x_3=10,\\3x_1+2x_2+2x_3=1,\\3x_1+4x_2+3x_3=2;\end{cases}$

(2) $\begin{cases}x_1+2x_2-3x_3=6,\\2x_1-x_2+4x_3=2,\\4x_1+3x_2-2x_3=14;\end{cases}$

(3) $\begin{cases} x_1-x_2+x_3+2x_4=1, \\ -2x_1+2x_2-3x_3+3x_4=2, \\ x_1-x_2+2x_3+5x_4=-1, \\ -x_1+x_2-3x_3+2x_4=4; \end{cases}$ (4) $\begin{cases} x_1+x_2-x_3-x_4=1, \\ 2x_1+x_2+x_3+x_4=4, \\ 4x_1+3x_2-x_3-x_4=6, \\ x_1+2x_2-4x_3-4x_4=-1. \end{cases}$

3. a 取何值时，线性方程组

$$\begin{cases} x_1-2x_2+x_3+x_4=1, \\ x_1-x_2-x_3+x_4=-1, \\ x_1-4x_2+5x_3+x_4=a \end{cases}$$

(1) 无解；(2) 有解，并求出其解.

4. 设非齐次线性方程组

$$\begin{cases} x_1+x_2-x_3=1, \\ 2x_1+3x_2+\lambda x_3=3, \\ x_1+\lambda x_2+3x_3=2, \end{cases}$$

当 λ 取何值时，线性方程组有唯一解、无解或有无穷多解？并在有无穷多解时求其解.

5. 设齐次方程组 $\begin{cases} ax_1+x_2+x_3+x_4=0, \\ x_1+ax_2+x_3+x_4=0, \\ x_1+x_2+ax_3+x_4=0, \\ x_1+x_2+x_3+ax_4=0 \end{cases}$ 有非零解，求 a 的可能取值.

6. 设 a_1、a_2、a_3 是互不相等的实数，证明：线性方程组 $\begin{cases} x_1+a_1x_2=a_1^2, \\ x_1+a_2x_2=a_2^2, \\ x_1+a_3x_2=a_3^2 \end{cases}$ 无解.

3.4 典型例题

例 3.16 用初等变换法解矩阵方程 $\boldsymbol{AXB}=\boldsymbol{C}$，其中

$$\boldsymbol{A}=\begin{pmatrix} 1 & 2 & 3 \\ 2 & 2 & 1 \\ 3 & 4 & 3 \end{pmatrix}, \quad \boldsymbol{B}=\begin{pmatrix} 2 & 1 \\ 5 & 3 \end{pmatrix}, \quad \boldsymbol{C}=\begin{pmatrix} 1 & 3 \\ 2 & 0 \\ 3 & 1 \end{pmatrix}.$$

解 由 $\boldsymbol{AXB}=\boldsymbol{C}$ 可得 $\boldsymbol{X}=\boldsymbol{A}^{-1}\boldsymbol{CB}^{-1}$，先求 $\boldsymbol{A}^{-1}C$：

$$(\boldsymbol{A}, \boldsymbol{C})=\left(\begin{array}{ccc:cc} 1 & 2 & 3 & 1 & 3 \\ 2 & 2 & 1 & 2 & 0 \\ 3 & 4 & 3 & 3 & 1 \end{array}\right) \xrightarrow[r_3-3r_1]{r_2-2r_1} \left(\begin{array}{ccc:cc} 1 & 2 & 3 & 1 & 3 \\ 0 & -2 & -5 & 0 & -6 \\ 0 & -2 & -6 & 0 & -8 \end{array}\right)$$

$$\xrightarrow{r_3-r_2} \left(\begin{array}{ccc:cc} 1 & 2 & 3 & 1 & 3 \\ 0 & -2 & -5 & 0 & -6 \\ 0 & 0 & -1 & 0 & -2 \end{array}\right) \xrightarrow[r_2-5r_3]{r_1+3r_3} \left(\begin{array}{ccc:cc} 1 & 2 & 0 & 1 & -3 \\ 0 & -2 & 0 & 0 & 4 \\ 0 & 0 & -1 & 0 & -2 \end{array}\right)$$

$$\xrightarrow{r_1+r_2} \left(\begin{array}{ccc:cc} 1 & 0 & 0 & 1 & 1 \\ 0 & -2 & 0 & 0 & 4 \\ 0 & 0 & -1 & 0 & -2 \end{array}\right) \xrightarrow[r_3\times(-1)]{r_2\times\left(-\frac{1}{2}\right)} \left(\begin{array}{ccc:cc} 1 & 0 & 0 & 1 & 1 \\ 0 & 1 & 0 & 0 & -2 \\ 0 & 0 & 1 & 0 & 2 \end{array}\right)$$

故 $\boldsymbol{A}^{-1}\boldsymbol{C}=\begin{pmatrix}1&1\\0&-2\\0&2\end{pmatrix}$. 再对 $\begin{pmatrix}\boldsymbol{B}\\\boldsymbol{A}^{-1}\boldsymbol{C}\end{pmatrix}$ 施行初等列变换法求出 $\boldsymbol{A}^{-1}\boldsymbol{C}\boldsymbol{B}^{-1}$：

$$\begin{pmatrix}\boldsymbol{B}\\\boldsymbol{A}^{-1}\boldsymbol{C}\end{pmatrix}=\begin{pmatrix}2&1\\5&3\\\hdashline 1&1\\0&-2\\0&2\end{pmatrix}\xrightarrow{c_1-2c_2}\begin{pmatrix}0&1\\-1&3\\\hdashline -1&1\\4&-2\\-4&2\end{pmatrix}\xrightarrow{c_2+3c_1}\begin{pmatrix}0&1\\-1&0\\\hdashline -1&-2\\4&10\\-4&-10\end{pmatrix}\xrightarrow[c_1\leftrightarrow c_2]{c_1\times(-1)}\begin{pmatrix}1&0\\0&1\\\hdashline -2&1\\10&-4\\-10&4\end{pmatrix},$$

从而 $\boldsymbol{X}=\boldsymbol{A}^{-1}\boldsymbol{C}\boldsymbol{B}^{-1}=\begin{pmatrix}-2&1\\10&-4\\-10&4\end{pmatrix}$.

例 3.17　设线性方程组

$$\begin{cases}x_1+x_2+x_3=0,\\ax_1+bx_2+cx_3=0,\\a^2x_1+b^2x_2+c^2x_3=0.\end{cases}$$

(1) a、b、c 满足何种关系时，方程组仅有零解？

(2) a、b、c 满足何种关系时，方程组有非零解？并求出非零解.

解　系数行列式 $|\boldsymbol{A}|=\begin{vmatrix}1&1&1\\a&b&c\\a^2&b^2&c^2\end{vmatrix}=(c-b)(c-a)(b-a)$，

(1) 当 a、b、c 两两互不相等，即 $a\neq b$ 且 $b\neq c$ 且 $c\neq a$ 时，$|\boldsymbol{A}|\neq 0$，方程组仅有零解；

(2) 当 $a=b$ 或 $b=c$ 或 $c=a$ 时，方程组有非零解。下面分类讨论。

① 当 $a=b=c$ 时，$|\boldsymbol{A}|=0$，方程组有非零解. 题设方程组等价于 $x_1+x_2+x_3=0$，故题设方程组的解为

$$\begin{cases}x_1=-x_2-x_3,\\x_2=x_2,\\x_3=x_3,\end{cases}$$

其中 x_2、x_3 为自由未知量，亦即

$$\begin{pmatrix}x_1\\x_2\\x_3\end{pmatrix}=c_1\begin{pmatrix}-1\\1\\0\end{pmatrix}+c_2\begin{pmatrix}-1\\0\\1\end{pmatrix}\quad(\text{其中 } c_1\text{、}c_2 \text{ 为任意常数}).$$

② 当 $a=b$ 且 $a\neq c$，$b\neq c$ 时，$|\boldsymbol{A}|=0$，题设方程组有非零解. 题设方程组等价于

$$\begin{cases}x_1+x_2+x_3=0,\\ax_1+ax_2+cx_3=0,\\a^2x_1+a^2x_2+c^2x_3=0,\end{cases}$$

对系数矩阵做初等行变换得

$$\begin{pmatrix}1&1&1\\a&a&c\\a^2&a^2&c^2\end{pmatrix}\xrightarrow[r_3-a^2r_1]{r_2-ar_1}\begin{pmatrix}1&1&1\\0&0&c-a\\0&0&c^2-a^2\end{pmatrix}\xrightarrow[r_2\times\left(\frac{1}{c-a}\right)]{r_3-(a+c)r_2}\begin{pmatrix}1&1&1\\0&0&1\\0&0&0\end{pmatrix}\xrightarrow{r_1-r_2}\begin{pmatrix}1&1&0\\0&0&1\\0&0&0\end{pmatrix},$$

题设方程组对应的同解方程组为

$$\begin{cases} x_1+x_2=0, \\ x_3=0, \end{cases}$$

故题设方程组的解为

$$\begin{cases} x_1=-x_2, \\ x_2=x_2, \\ x_3=0, \end{cases}$$

其中 x_2 为自由未知量，亦即

$$\begin{pmatrix} x_1 \\ x_2 \\ x_3 \end{pmatrix}=c\begin{pmatrix} -1 \\ 1 \\ 0 \end{pmatrix} \quad (\text{其中 } c \text{ 为任意常数}).$$

③ 当 $a=c$ 且 $a\neq b$，$c\neq b$ 时，题设方程组的解为

$$\begin{cases} x_1=-x_3, \\ x_2=0, \\ x_3=x_3, \end{cases}$$

其中 x_3 为自由未知量，亦即

$$\begin{pmatrix} x_1 \\ x_2 \\ x_3 \end{pmatrix}=c\begin{pmatrix} -1 \\ 0 \\ 1 \end{pmatrix} \quad (\text{其中 } c \text{ 为任意常数}).$$

④ 当 $b=c$ 且 $b\neq a$，$c\neq a$ 时，题设方程组的解为

$$\begin{cases} x_1=0, \\ x_2=-x_3, \\ x_3=x_3, \end{cases}$$

其中 x_3 为自由未知量，亦即

$$\begin{pmatrix} x_1 \\ x_2 \\ x_3 \end{pmatrix}=c\begin{pmatrix} 0 \\ -1 \\ 1 \end{pmatrix} \quad (\text{其中 } c \text{ 为任意常数}).$$

例 3.18 设矩阵 $\boldsymbol{A}=\begin{pmatrix} a_1 & b_1 & c_1 \\ a_2 & b_2 & c_2 \\ a_3 & b_3 & c_3 \end{pmatrix}$ 是满秩的，证明直线 l_1：$\dfrac{x-a_3}{a_1-a_2}=\dfrac{y-b_3}{b_1-b_2}=\dfrac{z-c_3}{c_1-c_2}$ 与直线 l_2：$\dfrac{x-a_1}{a_2-a_3}=\dfrac{y-b_1}{b_2-b_3}=\dfrac{z-c_1}{c_2-c_3}$ 相交于一点.

证明 设点 P 和点 Q 的坐标分别为 (a_3, b_3, c_3) 和 (a_1, b_1, c_1)，向量 $\boldsymbol{s}_1=(a_1-a_2, b_1-b_2, c_1-c_2)$，$\boldsymbol{s}_2=(a_2-a_3, b_2-b_3, c_2-c_3)$，则

$$\overrightarrow{PQ}\cdot(\boldsymbol{s}_1\times\boldsymbol{s}_2)=\begin{vmatrix} a_1-a_3 & b_1-b_3 & c_1-c_3 \\ a_1-a_2 & b_1-b_2 & c_1-c_2 \\ a_2-a_3 & b_2-b_3 & c_2-c_3 \end{vmatrix} \xlongequal{r_2+r_3} \begin{vmatrix} a_1-a_3 & b_1-b_3 & c_1-c_3 \\ a_1-a_3 & b_1-b_3 & c_1-c_3 \\ a_2-a_3 & b_2-b_3 & c_2-c_3 \end{vmatrix}=0,$$

故直线 l_1 与 l_2 共面. 又 $\boldsymbol{A}=\begin{pmatrix} a_1 & b_1 & c_1 \\ a_2 & b_2 & c_2 \\ a_3 & b_3 & c_3 \end{pmatrix}$ 是满秩的，且

$$\boldsymbol{A}=\begin{pmatrix} a_1 & b_1 & c_1 \\ a_2 & b_2 & c_2 \\ a_3 & b_3 & c_3 \end{pmatrix} \xrightarrow[r_2-r_3]{r_1-r_2} \begin{pmatrix} a_1-a_2 & b_1-b_2 & c_1-c_2 \\ a_2-a_3 & b_2-b_3 & c_2-c_3 \\ a_3 & b_3 & c_3 \end{pmatrix},$$

故 $\boldsymbol{s}_1$ 与 $\boldsymbol{s}_2$ 不平行，因此直线 l_1 和 l_2 必相交于一点.

例 3.19　图 3.1 是某城市某区域的道路网，据统计，进入交叉路口 A 的每小时车流量为 500 辆，从路口 B 和 C 出来的车流量分别为每小时 150 辆和 350 辆.

(1) 求各路段每小时的车流量；

(2) 若 BC 路段因故封闭，求此时各路段每小时车流量.

解　关于交通流量的基本假设是交通网络的总流入量等于总流出量，且流入每个节点的总流量等于流出此节点的总流量. 设各路段的交通流量分别为 x_1、x_2、x_3、x_4、x_5、x_6、x_7，其中，x_6 为 BC 方向的交通流量，x_7 为 CB 方向的交通流量.

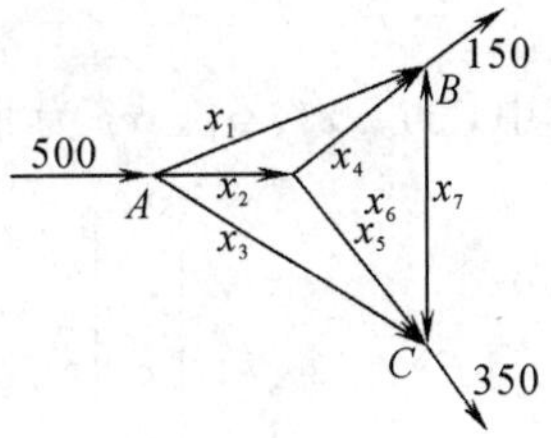

图 3.1

(1) 未知流量应满足下列非齐次线性方程组：

$$\begin{cases} x_1+x_2+x_3 = 500, \\ x_1+x_4-x_6+x_7=150, \\ x_3+x_5+x_6-x_7=350, \\ x_2-x_4-x_5=0, \end{cases}$$

利用初等行变换先将上述非齐次线性方程组的增广矩阵$(\boldsymbol{A},\boldsymbol{b})$化简成行阶梯形矩阵，即

$$(\boldsymbol{A},\boldsymbol{b})=\left(\begin{array}{ccccccc|c} 1 & 1 & 1 & 0 & 0 & 0 & 0 & 500 \\ 1 & 0 & 0 & 1 & 0 & -1 & 1 & 150 \\ 0 & 0 & 1 & 0 & 1 & 1 & -1 & 350 \\ 0 & 1 & 0 & -1 & -1 & 0 & 0 & 0 \end{array}\right)$$

$$\xrightarrow{r_2-r_1}\left(\begin{array}{ccccccc|c} 1 & 1 & 1 & 0 & 0 & 0 & 0 & 500 \\ 0 & -1 & -1 & 1 & 0 & -1 & 1 & -350 \\ 0 & 0 & 1 & 0 & 1 & 1 & -1 & 350 \\ 0 & 1 & 0 & -1 & -1 & 0 & 0 & 0 \end{array}\right)$$

$$\xrightarrow{r_4+r_2}\left(\begin{array}{ccccccc|c} 1 & 1 & 1 & 0 & 0 & 0 & 0 & 500 \\ 0 & -1 & -1 & 1 & 0 & -1 & 1 & -350 \\ 0 & 0 & 1 & 0 & 1 & 1 & -1 & 350 \\ 0 & 0 & -1 & 0 & -1 & -1 & 1 & -350 \end{array}\right)$$

$$\xrightarrow[r_2\times(-1)]{r_4+r_3}\left(\begin{array}{ccccccc|c} 1 & 1 & 1 & 0 & 0 & 0 & 0 & 500 \\ 0 & 1 & 1 & -1 & 0 & 1 & -1 & 350 \\ 0 & 0 & 1 & 0 & 1 & 1 & -1 & 350 \\ 0 & 0 & 0 & 0 & 0 & 0 & 0 & 0 \end{array}\right),$$

因为 $R(\boldsymbol{A})=R(\boldsymbol{A},\boldsymbol{b})=3<7$，所以方程组有无穷多解. 继续将上述行阶梯形矩阵进一步化

简成为行最简形矩阵，即

$$\begin{pmatrix} 1 & 1 & 1 & 0 & 0 & 0 & 0 & \vdots & 500 \\ 0 & 1 & 1 & -1 & 0 & 1 & -1 & \vdots & 350 \\ 0 & 0 & 1 & 0 & 1 & 1 & -1 & \vdots & 350 \\ 0 & 0 & 0 & 0 & 0 & 0 & 0 & \vdots & 0 \end{pmatrix} \xrightarrow[r_2-r_3]{r_1-r_2} \begin{pmatrix} 1 & 0 & 0 & 1 & 0 & -1 & 1 & \vdots & 150 \\ 0 & 1 & 0 & -1 & -1 & 0 & 0 & \vdots & 0 \\ 0 & 0 & 1 & 0 & 1 & 1 & -1 & \vdots & 350 \\ 0 & 0 & 0 & 0 & 0 & 0 & 0 & \vdots & 0 \end{pmatrix},$$

得方程组的解为

$$\begin{cases} x_1 = -x_4 + x_6 - x_7 + 150, \\ x_2 = x_4 + x_5, \\ x_3 = -x_5 - x_6 + x_7 + 350, \\ x_4 = x_4, \\ x_5 = x_5, \\ x_6 = x_6, \\ x_7 = x_7, \end{cases}$$

其中，x_4、x_5、x_6、x_7 为非负整数，且 $x_4 - x_6 + x_7 \leqslant 150$，$x_5 + x_6 - x_7 \leqslant 350$. 亦即

$$\begin{pmatrix} x_1 \\ x_2 \\ x_3 \\ x_4 \\ x_5 \\ x_6 \\ x_7 \end{pmatrix} = c_1 \begin{pmatrix} -1 \\ 1 \\ 0 \\ 1 \\ 0 \\ 0 \\ 0 \end{pmatrix} + c_2 \begin{pmatrix} 0 \\ 1 \\ -1 \\ 0 \\ 1 \\ 0 \\ 0 \end{pmatrix} + c_3 \begin{pmatrix} 1 \\ 0 \\ -1 \\ 0 \\ 0 \\ 1 \\ 0 \end{pmatrix} + c_4 \begin{pmatrix} -1 \\ 0 \\ 1 \\ 0 \\ 0 \\ 0 \\ 1 \end{pmatrix} + \begin{pmatrix} 150 \\ 0 \\ 350 \\ 0 \\ 0 \\ 0 \\ 0 \end{pmatrix},$$

其中，c_1、c_2、c_3、c_4 为非负整数，且 $c_1 - c_3 + c_4 \leqslant 150$，$c_2 + c_3 - c_4 \leqslant 350$.

(2) 若 BC 路段因故封闭，则 $x_6 = x_7 = 0$，得方程组的解为

$$\begin{cases} x_1 = -x_4 + 150, \\ x_2 = x_4 + x_5, \\ x_3 = -x_5 + 350, \\ x_4 = x_4, \\ x_5 = x_5, \\ x_6 = 0, \\ x_7 = 0, \end{cases}$$

其中 x_4、x_5 为非负整数，且 $x_4 \leqslant 150$，$x_5 \leqslant 350$. 亦即

$$\begin{pmatrix} x_1 \\ x_2 \\ x_3 \\ x_4 \\ x_5 \\ x_6 \\ x_7 \end{pmatrix} = c_1 \begin{pmatrix} -1 \\ 1 \\ 0 \\ 1 \\ 0 \\ 0 \\ 0 \end{pmatrix} + c_2 \begin{pmatrix} 0 \\ 1 \\ -1 \\ 0 \\ 1 \\ 0 \\ 0 \end{pmatrix} + \begin{pmatrix} 150 \\ 0 \\ 350 \\ 0 \\ 0 \\ 0 \\ 0 \end{pmatrix},$$

其中，c_1、c_2 为非负整数，且 $c_1 \leqslant 150$，$c_2 \leqslant 350$.

本章小结

一、主要内容

1. 矩阵的初等变换和初等矩阵

(1) 矩阵的初等变换. 下列三种变换称为矩阵的初等行(列)变换. 矩阵的初等行变换与初等列变换统称为矩阵的初等变换.

① 将矩阵的任意两行(列)交换位置;

② 以一个非零的常数$\lambda(\lambda\neq0)$乘矩阵的某一行(列);

③ 将矩阵某一行(列)所有元素的λ倍加到另一行(列)对应的元素上去.

(2) 初等矩阵. 单位矩阵经过一次初等变换所得到的矩阵称为初等矩阵. 初等矩阵的有关结论:

① 三种初等变换分别对应着三种初等矩阵;

② 初等矩阵都可逆, 且其逆矩阵也是初等矩阵;

③ 初等矩阵的转置矩阵还是初等矩阵.

④ 初等矩阵左(右)乘一个矩阵相当于对该矩阵做相应的初等行(列)变换.

2. 等价矩阵

若矩阵$\boldsymbol{A}$经过有限次初等变换变成了矩阵$\boldsymbol{B}$, 则称矩阵$\boldsymbol{A}$与$\boldsymbol{B}$等价, 记作$\boldsymbol{A}\sim\boldsymbol{B}$(或$\boldsymbol{A}\to\boldsymbol{B}$).

(1) 等价矩阵具有下列性质:

① 反身性: $\boldsymbol{A}\sim\boldsymbol{A}$;

② 对称性: 若$\boldsymbol{A}\sim\boldsymbol{B}$, 则$\boldsymbol{B}\sim\boldsymbol{A}$;

③ 传递性: 若$\boldsymbol{A}\sim\boldsymbol{B}$, $\boldsymbol{B}\sim\boldsymbol{C}$, 则$\boldsymbol{A}\sim\boldsymbol{C}$.

(2) 等价矩阵的有关结论:

① 矩阵总可以经过一系列的初等变换化为标准形. 特别地, 若矩阵可逆, 则其标准形为单位矩阵;

② 若$\boldsymbol{A}\sim\boldsymbol{B}$, 则$R(\boldsymbol{A})=R(\boldsymbol{B})$;

③ $\boldsymbol{A}\sim\boldsymbol{B}$的充要条件是存在可逆矩阵$\boldsymbol{P}$、$\boldsymbol{Q}$, 使得$\boldsymbol{PAQ}=\boldsymbol{B}$.

3. 利用矩阵的初等变换求逆矩阵

(1) n阶方阵$\boldsymbol{A}$可逆的充分必要条件是$\boldsymbol{A}$可以表示为若干个初等矩阵的乘积.

(2) 求n阶可逆矩阵$\boldsymbol{A}$的逆矩阵的方法是, 先构造$n\times2n$矩阵$(\boldsymbol{A}, \boldsymbol{E})$, 再对$(\boldsymbol{A}, \boldsymbol{E})$施行初等行变换, 将矩阵$\boldsymbol{A}$化为单位矩阵$\boldsymbol{E}$, 则上述初等行变换同时也将其中的单位矩阵$E$化为$A$的逆矩阵$A^{-1}$.

4. 矩阵的秩

矩阵中最高阶非零余子式的阶数称为矩阵的秩. 矩阵的秩的关结论如下:

(1) 初等变换不改变矩阵的秩;

(2) 若矩阵中有一个r阶子式不等于零, 且所有$r+1$阶子式全为零, 则该矩阵的秩为r.

(3) 两个矩阵乘积的秩不大于各个矩阵的秩.

(4) 若 $\boldsymbol{A}$、$\boldsymbol{B}$ 为同型矩阵，则 $\boldsymbol{A}$ 与 $\boldsymbol{B}$ 等价的充要条件是 $R(\boldsymbol{A})=R(\boldsymbol{B})$.

(5) 若 $\boldsymbol{A}$、$\boldsymbol{B}$ 为同型矩阵，则 $R(\boldsymbol{A}+\boldsymbol{B})\leqslant R(\boldsymbol{A})+R(\boldsymbol{B})$.

5. 线性方程组

(1) 对于 n 元齐次线性方程组 $\boldsymbol{Ax}=\boldsymbol{0}$，

① 当 $R(\boldsymbol{A})=n$ 时，方程组只有零解.

② 当 $R(\boldsymbol{A})<n$ 时，方程组有非零解.

(2) 对于 n 元非齐次线性方程组 $\boldsymbol{Ax}=\boldsymbol{b}$，

① $\boldsymbol{Ax}=\boldsymbol{b}$ 有解的充要条件是它的系数矩阵的秩等于其增广矩阵的秩.

② 当 $R(\boldsymbol{A})=R(\boldsymbol{A},\boldsymbol{b})=n$ 时，方程组有唯一解；当 $R(\boldsymbol{A})=R(\boldsymbol{A},\boldsymbol{b})<n$ 时，方程组有无穷多解.

二、重点练习内容

(1) 利用矩阵的初等变换求逆矩阵.

(2) 求矩阵的秩.

(3) 利用矩阵的秩的性质证明相关结论.

(4) 讨论含参数的线性方程组有无穷多解、唯一解、无解时的参数取值.

(5) 运用初等行变换法求出线性方程组的解.

总习题 3

1. 已知 $\boldsymbol{A}=\begin{pmatrix}2&1&0\\1&2&1\\0&1&2\end{pmatrix}$，$\boldsymbol{B}=\begin{pmatrix}1&2\\2&3\end{pmatrix}$，$\boldsymbol{C}=\begin{pmatrix}1&2\\3&4\\2&1\end{pmatrix}$，求解下列矩阵方程：

(1) $\boldsymbol{AX}=\boldsymbol{X}+\boldsymbol{C}$；　　(2) $\boldsymbol{AXB}=\boldsymbol{C}$.

2. 设 $\boldsymbol{A}=\begin{pmatrix}1&-1&1&2\\3&a&-1&2\\5&3&b&6\end{pmatrix}$，若 $R(\boldsymbol{A})=2$，求 a、b 的值.

3. 设 $n(n\geqslant3)$阶矩阵 $\boldsymbol{A}=\begin{pmatrix}1&a&\cdots&a\\a&1&\cdots&a\\\vdots&\vdots&&\vdots\\a&a&\cdots&1\end{pmatrix}$，如果矩阵 $\boldsymbol{A}$ 的秩为 $n-1$，求 a.

4. 设 n 阶矩阵 $\boldsymbol{A}$ 满足 $\boldsymbol{A}^2=\boldsymbol{E}$，试证：$R(\boldsymbol{E}-\boldsymbol{A})+R(\boldsymbol{E}+\boldsymbol{A})=n$.

5. 设 $\boldsymbol{A}=\begin{pmatrix}1&1&1&1\\a_1&a_2&a_3&a_4\\a_1^2&a_2^2&a_3^2&a_4^2\\(a_1+1)^2&(a_2+1)^2&(a_3+1)^2&(a_4+1)^2\end{pmatrix}$，若 a_1、a_2、a_3、a_4 互不相等，求矩阵的秩.

6. 设非齐次线性方程组 $\boldsymbol{Ax}=\boldsymbol{b}$ 和齐次线性方程组 $\boldsymbol{Ax}=\boldsymbol{0}$，

(1) 若 $\boldsymbol{Ax}=\boldsymbol{0}$ 只有零解，能否由此推出 $\boldsymbol{Ax}=\boldsymbol{b}$ 有唯一解？反之，若 $\boldsymbol{Ax}=\boldsymbol{b}$ 有唯一解，

能否推出 $\boldsymbol{Ax}=\boldsymbol{0}$ 只有零解？为什么？

(2) 若 $\boldsymbol{Ax}=\boldsymbol{0}$ 有非零解，能否由此推出 $\boldsymbol{Ax}=\boldsymbol{b}$ 有无穷多个解？反之，若 $\boldsymbol{Ax}=\boldsymbol{b}$ 有无穷多个解，能否由此推出 $\boldsymbol{Ax}=\boldsymbol{0}$ 有非零解？为什么？

7. 已知线性方程组 $\begin{cases} x_1+x_2+2x_3=3, \\ x_1+ax_2+x_3=2, \\ x_1+x_2+ax_3=2. \end{cases}$

(1) 讨论 a 为何值时，方程组无解、唯一解、无穷多个解？

(2) 当方程组有无穷多个解时，求方程组的解.

8. 设线性方程组 $\begin{cases} x_1+x_2+x_3=0, \\ x_1+2x_2+ax_3=0, \\ x_1+4x_2+a^2x_3=0 \end{cases}$ 与方程 $x_1+2x_2+x_3=a-1$ 有公共解，求 a 的值及所有的公共解.

第4章 向量的线性关系

【学习目标】

(1) 理解 n 维向量、向量组的相关性的概念，了解极大无关组，向量组的秩，n 维向量空间、子空间、基底、维数、坐标等概念.

(2) 了解向量线性相关性的有关结论，能熟练地判断向量组的线性相关性，会求其极大无关组.

(3) 理解向量组的秩的概念，并掌握其求法.

(4) 理解齐次、非齐次线性方程组的解的性质，掌握基础解系的概念，会用基础解系表示其通解.

上一章我们利用矩阵的秩讨论了线性方程组无解、有唯一解或有无穷多解的充分必要条件，但当线性方程组有解时，如何求解以及当线性方程组有多个解时，解与解之间有什么关系？为了从理论上系统地解决以上问题，本章先引入向量组，建立向量组的线性相关性与线性无关的概念，并利用向量组的等价引出向量组的秩；然后给出线性方程组的解的结构，也就是当线性方程组有多个解时，解与解之间的关系.

现在把3.3节的线性方程组(3.1)写成如下形式：

$$x_1\begin{pmatrix}a_{11}\\a_{21}\\\vdots\\a_{m1}\end{pmatrix}+x_2\begin{pmatrix}a_{12}\\a_{22}\\\vdots\\a_{m2}\end{pmatrix}+\cdots+x_n\begin{pmatrix}a_{1n}\\a_{2n}\\\vdots\\a_{mn}\end{pmatrix}=\begin{pmatrix}b_1\\b_2\\\vdots\\b_m\end{pmatrix},$$

方程左端是一个未知量乘上一组数然后连加起来，方程右端也是一组数，使两者相等就构成一个线性方程组. 这启发我们：不应当研究单独的数，而应当把一个按一定次序排列起来的数组当作新的研究对象.

4.1 向量组及其线性组合

4.1.1 向量组的概念

定义 4.1 **n 个实数 a_1，a_2，$\cdots a_n$ 组成的有序数组称为 n 维向量，这 n 个数称为该向量的 n 个分量，其中第 i 个数 a_i 称为该向量的第 i 个分量**($i=1, 2, \cdots, n$).

n 维向量可写成一行，也可写成一列，记作：

$$(a_1, a_2, \cdots, a_n)\text{或}\begin{pmatrix}a_1\\a_2\\\vdots\\a_n\end{pmatrix},$$

分别称为行向量和列向量(也就是行矩阵和列矩阵)，并规定行向量与列向量都按矩阵的运算规则进行运算. 因此，n 维行向量和 n 维列向量总看作两个不同的向量.

n 维向量一般用 $\boldsymbol{\alpha}$，$\boldsymbol{\beta}$，$\boldsymbol{\gamma}$ 等希腊字母或 $\boldsymbol{a}$，$\boldsymbol{b}$，$\boldsymbol{c}$ 等英文小写黑体字母表示. 若不加特别说明，则本书中所涉及的向量均为 n 维列向量.

平面直角坐标系中的有向线段是 2 维向量的几何表示，空间直角坐标系中的有向线段是 3 维向量的几何表示.

若干个同维数的列向量(或同维数的行向量)所组成的集合称为向量组. 例如，将矩阵 $\boldsymbol{A}=(a_{ij})_{m\times n}$ 按列分块为

$$\boldsymbol{A}=(\boldsymbol{\alpha}_1, \boldsymbol{\alpha}_2, \cdots, \boldsymbol{\alpha}_n),$$

其中 $\boldsymbol{\alpha}_j=(a_{1j}, a_{2j}, \cdots, a_{mj})^{\mathrm{T}}$，$j=1, 2, \cdots, n$，则 $\boldsymbol{\alpha}_1, \boldsymbol{\alpha}_2, \cdots, \boldsymbol{\alpha}_n$ 称为矩阵 $\boldsymbol{A}$ 的列向量组. 将矩阵 $\boldsymbol{A}=(a_{ij})_{m\times n}$ 按行分块为

$$\boldsymbol{A}=\begin{pmatrix}\boldsymbol{\beta}_1^{\mathrm{T}}\\ \boldsymbol{\beta}_2^{\mathrm{T}}\\ \vdots\\ \boldsymbol{\beta}_m^{\mathrm{T}}\end{pmatrix},$$

其中 $\boldsymbol{\beta}_i^{\mathrm{T}}=(a_{i1}, a_{i2}, \cdots, a_{in})$，$i=1, 2, \cdots, m$，则 $\boldsymbol{\beta}_1^{\mathrm{T}}, \boldsymbol{\beta}_2^{\mathrm{T}}, \cdots, \boldsymbol{\beta}_m^{\mathrm{T}}$ 称为矩阵 $\boldsymbol{A}$ 的行向量组. 这样，含有有限个向量的有序向量组可以和矩阵一一对应. 在很多情况下，对矩阵的讨论都归结于对它们的列向量组或行向量组的讨论；反之，对向量组的讨论也常常归结于对矩阵的讨论.

例 4.1 (向量与线性方程组)在一个含有 m 个方程、n 个未知数的线性方程组

$$\begin{cases}a_{11}x_1+a_{12}x_2+\cdots+a_{1n}x_n=b_1,\\ a_{21}x_1+a_{22}x_2+\cdots+a_{2n}x_n=b_2,\\ \quad\vdots\\ a_{m1}x_1+a_{m2}x_2+\cdots+a_{mn}x_n=b_m\end{cases}\tag{4.1}$$

中，未知量 x_i 的系数与等式右端的常数项都是列向量，记为

$$\boldsymbol{\alpha}_1=\begin{pmatrix}a_{11}\\ a_{21}\\ \vdots\\ a_{m1}\end{pmatrix}, \boldsymbol{\alpha}_2=\begin{pmatrix}a_{12}\\ a_{22}\\ \vdots\\ a_{m2}\end{pmatrix}, \cdots, \boldsymbol{\alpha}_n=\begin{pmatrix}a_{1n}\\ a_{2n}\\ \vdots\\ a_{mn}\end{pmatrix}, \boldsymbol{b}=\begin{pmatrix}b_1\\ b_2\\ \vdots\\ b_m\end{pmatrix},$$

应用 m 维向数的加法和数乘运算，线性方程组(4.1)可以改写为如下的向量方程：

$$x_1\boldsymbol{\alpha}_1+x_2\boldsymbol{\alpha}_2+\cdots+x_n\boldsymbol{\alpha}_n=\boldsymbol{b}.\tag{4.2}$$

4.1.2　向量组的线性组合

定义 4.2　给定向量组 A：$\boldsymbol{\alpha}_1, \boldsymbol{\alpha}_2, \cdots, \boldsymbol{\alpha}_s$ 以及向量 $\boldsymbol{b}$，若存在一组数 $k_1, k_2, \cdots, k_s$，使得

$$\boldsymbol{b}=k_1\boldsymbol{\alpha}_1+k_2\boldsymbol{\alpha}_2+\cdots+k_s\boldsymbol{\alpha}_s,$$

则称向量 $\boldsymbol{b}$ 可由向量组 A 线性表示，也称向量 $\boldsymbol{b}$ 是向量组 A 的一个线性组合，$k_1, k_2, \cdots, k_s$ 称为这个线性组合的系数.

例 4.2 证明 $\mathbf{R}^3$ 中任何向量都是 3 维单位坐标向量组

$$\boldsymbol{e}_1=(1,0,0)^{\mathrm{T}},\ \boldsymbol{e}_2=(0,1,0)^{\mathrm{T}},\ \boldsymbol{e}_3=(0,0,1)^{\mathrm{T}}$$

的线性组合.

证明 对于任一 3 维向量 $\boldsymbol{\alpha}=(a_1,a_2,a_3)^{\mathrm{T}}$，有

$$\boldsymbol{\alpha}=\boldsymbol{E}_3\boldsymbol{\alpha}=(\boldsymbol{e}_1,\boldsymbol{e}_2,\boldsymbol{e}_3)\begin{pmatrix}a_1\\a_2\\a_3\end{pmatrix}=a_1\boldsymbol{e}_1+a_2\boldsymbol{e}_2+a_3\boldsymbol{e}_3,$$

故 $\boldsymbol{\alpha}$ 是 $\boldsymbol{e}_1$，$\boldsymbol{e}_2$，$\boldsymbol{e}_3$ 的线性组合.

如果方程组(4.1)有一组解

$$x_1=k_1,\ x_2=k_2,\ \cdots,\ x_n=k_n,$$

将其代入式(4.2)，得

$$\boldsymbol{b}=k_1\boldsymbol{\alpha}_1+k_2\boldsymbol{\alpha}_2+\cdots+k_n\boldsymbol{\alpha}_n,$$

即向量 $\boldsymbol{b}$ 能被向量组 $\boldsymbol{\alpha}_1$，$\boldsymbol{\alpha}_2$，…，$\boldsymbol{\alpha}_n$ 线性表示. 反之，若向量 $\boldsymbol{b}$ 能被向量组 $\boldsymbol{\alpha}_1$，$\boldsymbol{\alpha}_2$，…，$\boldsymbol{\alpha}_n$ 线性表示，则这个线性组合的系数就是方程组(4.1)的一组解. 由定理 3.5 知，非齐次线性方程组 $\boldsymbol{A}\boldsymbol{x}=\boldsymbol{b}$ 有解的充分必要条件是 $R(\boldsymbol{A})=R(\boldsymbol{A},\boldsymbol{b})$，于是可得如下定理.

定理 4.1 向量 $\boldsymbol{b}$ 能由向量组 $\boldsymbol{\alpha}_1$，$\boldsymbol{\alpha}_2$，…，$\boldsymbol{\alpha}_n$ 线性表示的充分必要条件是矩阵 $\boldsymbol{A}=(\boldsymbol{\alpha}_1,\boldsymbol{\alpha}_2,\cdots,\boldsymbol{\alpha}_n)$ 的秩与矩阵 $(\boldsymbol{A},\boldsymbol{b})=(\boldsymbol{\alpha}_1,\boldsymbol{\alpha}_2,\cdots,\boldsymbol{\alpha}_n,\boldsymbol{b})$ 的秩相等.

由定理 4.1 可知，当 $R(\boldsymbol{A})=R(\boldsymbol{A},\boldsymbol{b})=n$(向量组所含向量个数)时，向量 $\boldsymbol{b}$ 能由向量组 $\boldsymbol{\alpha}_1$，$\boldsymbol{\alpha}_2$，…，$\boldsymbol{\alpha}_n$ 线性表示，且表示式唯一；当 $R(\boldsymbol{A})=R(\boldsymbol{A},\boldsymbol{b})<n$(向量组所含向量个数)时，向量 $\boldsymbol{b}$ 能由向量组 $\boldsymbol{\alpha}_1$，$\boldsymbol{\alpha}_2$，…，$\boldsymbol{\alpha}_n$ 线性表示，但表示式不唯一.

例 4.3 将下列线性方程组

$$\begin{cases}x_1-x_2+4x_3-x_4=-1,\\x_1\qquad+5x_3+2x_4=1,\\x_1+2x_2+7x_3+8x_4=5\end{cases}$$

写成向量方程的形式.

解 令

$$\boldsymbol{\alpha}_1=\begin{pmatrix}1\\1\\1\end{pmatrix},\ \boldsymbol{\alpha}_2=\begin{pmatrix}-1\\0\\2\end{pmatrix},\ \boldsymbol{\alpha}_3=\begin{pmatrix}4\\5\\7\end{pmatrix},\ \boldsymbol{\alpha}_4=\begin{pmatrix}-1\\2\\8\end{pmatrix},\ \boldsymbol{b}=\begin{pmatrix}-1\\1\\5\end{pmatrix},$$

得向量方程

$$x_1\boldsymbol{\alpha}_1+x_2\boldsymbol{\alpha}_2+x_3\boldsymbol{\alpha}_3+x_4\boldsymbol{\alpha}_4=\boldsymbol{b}.$$

利用 3.3 节的方法求得方程组的一组解为

$$x_1=-6,\ x_2=-2,\ x_3=1,\ x_4=1,$$

于是

$$\boldsymbol{b}=-6\boldsymbol{\alpha}_1-2\boldsymbol{\alpha}_2+\boldsymbol{\alpha}_3+\boldsymbol{\alpha}_4.$$

因为例 4.3 中线性方程组的解不唯一($x_1=1$，$x_2=2$，$x_3=0$，$x_4=0$ 也是一组解)，所以向量 $\boldsymbol{b}$ 表成的线性组合的方法也不唯一. 实际上有无穷多种不同的表示法(方程组有无穷多组解).

■习题 4.1

1. 设矩阵 $\boldsymbol{A}=\begin{pmatrix}1 & 2 & 4 & 0\\ 3 & 2 & 7 & 1\end{pmatrix}$，分别给出矩阵 $\boldsymbol{A}$ 的行向量组和列向量组.

2. 设 $\boldsymbol{\alpha}_1=(1, 1, 2)^{\mathrm{T}}$，$\boldsymbol{\alpha}_2=(0, 1, 1)^{\mathrm{T}}$，$\boldsymbol{\alpha}_3=(3, 4, 2)^{\mathrm{T}}$，求 $2\boldsymbol{\alpha}_1+\boldsymbol{\alpha}_2-3\boldsymbol{\alpha}_3$ 和 $\boldsymbol{\alpha}_1-4\boldsymbol{\alpha}_2+2\boldsymbol{\alpha}_3$.

3. 设向量 $\boldsymbol{\alpha}_1=(1, 2, 1)^{\mathrm{T}}$，$\boldsymbol{\alpha}_2=(3, 0, -4)^{\mathrm{T}}$，$\boldsymbol{\alpha}_3$ 满足 $3(\boldsymbol{\alpha}_1+\boldsymbol{\alpha}_3)+2(\boldsymbol{\alpha}_2-\boldsymbol{\alpha}_3)=\boldsymbol{0}$，求 $\boldsymbol{\alpha}_3$.

4. 设 $\boldsymbol{\beta}=(7, 2, \lambda)^{\mathrm{T}}$，$\boldsymbol{\alpha}_1=(2, 3, 5)^{\mathrm{T}}$，$\boldsymbol{\alpha}_2=(3, 7, 8)^{\mathrm{T}}$，$\boldsymbol{\alpha}_3=(1, -6, 1)^{\mathrm{T}}$，且 $\boldsymbol{\beta}$ 可由 $\boldsymbol{\alpha}_1$，$\boldsymbol{\alpha}_2$，$\boldsymbol{\alpha}_3$ 线性表示，求 λ.

5. 已知 $\boldsymbol{\alpha}_1=(1, 0, 2, 3)^{\mathrm{T}}$，$\boldsymbol{\alpha}_2=(1, 1, 3, 5)^{\mathrm{T}}$，$\boldsymbol{\alpha}_3=(1, -1, a+2, 1)^{\mathrm{T}}$，$\boldsymbol{\alpha}_4=(1, 2, 4, a+8)^{\mathrm{T}}$，$\boldsymbol{\beta}=(1, 1, b+3, 5)^{\mathrm{T}}$.

(1) 当 a、b 为何值时，$\boldsymbol{\beta}$ 不能表示成 $\boldsymbol{\alpha}_1$，$\boldsymbol{\alpha}_2$，$\boldsymbol{\alpha}_3$，$\boldsymbol{\alpha}_4$ 的线性组合？

(2) 当 a、b 为何值时，$\boldsymbol{\beta}$ 能唯一由 $\boldsymbol{\alpha}_1$，$\boldsymbol{\alpha}_2$，$\boldsymbol{\alpha}_3$，$\boldsymbol{\alpha}_4$ 线性表示？

4.2　向量组的线性相关性

定义 4.3　给定向量组 A：$\boldsymbol{\alpha}_1$，$\boldsymbol{\alpha}_2$，…，$\boldsymbol{\alpha}_s$，如果存在不全为零的数 k_1，k_2，…，k_s，使

$$k_1\boldsymbol{\alpha}_1+k_2\boldsymbol{\alpha}_2+\cdots+k_s\boldsymbol{\alpha}_s=\boldsymbol{0},$$

则称向量组 A 线性相关，否则称向量组 A 线性无关.

线性相关与线性无关是相互对立的概念. 由定义 4.3 可知，向量组 A 线性无关的条件是任取一组数 k_1，k_2，…，k_s，要使 $k_1\boldsymbol{\alpha}_1+k_2\boldsymbol{\alpha}_2+\cdots+k_s\boldsymbol{\alpha}_s=\boldsymbol{0}$，只有 $k_1=k_2=\cdots=k_s=0$. 这个等价定义的逻辑结构比较复杂，难以掌握. 正确地理解和运用这个定义的关键是记住："由 $k_1\boldsymbol{\alpha}_1+k_2\boldsymbol{\alpha}_2+\cdots+k_s\boldsymbol{\alpha}_s=\boldsymbol{0}$ 必定推出 $k_1=k_2=\cdots=k_s=0$"等价于向量方程

$$x_1\boldsymbol{\alpha}_1+x_2\boldsymbol{\alpha}_2+\cdots+x_s\boldsymbol{\alpha}_s=\boldsymbol{0}$$

只有零解. 向量组 A 线性相关就是上述齐次线性方程组存在非零解.

向量组线性相关与线性无关还有一种定义方法，我们用定理的形式叙述出来.

定理 4.2　向量组 A：$\boldsymbol{\alpha}_1$，$\boldsymbol{\alpha}_2$，…，$\boldsymbol{\alpha}_s$（$s\geqslant 2$）线性相关的充分必要条件是至少有一个向量可由其余的 $s-1$ 个向量线性表示.

证明　先证必要性. 因为 $\boldsymbol{\alpha}_1$，$\boldsymbol{\alpha}_2$，…，$\boldsymbol{\alpha}_s$ 线性相关，故存在一组不全为零的数 k_1，k_2，…，k_s，使

$$k_1\boldsymbol{\alpha}_1+k_2\boldsymbol{\alpha}_2+\cdots+k_s\boldsymbol{\alpha}_s=\boldsymbol{0},$$

不妨设 $k_i\neq 0(1\leqslant i\leqslant n)$，于是便有

$$k_i\boldsymbol{\alpha}_i=-k_1\boldsymbol{\alpha}_1-\cdots-k_{i-1}\boldsymbol{\alpha}_{i-1}-k_{i+1}\boldsymbol{\alpha}_{i+1}-\cdots-k_s\boldsymbol{\alpha}_s,$$

$$\boldsymbol{\alpha}_i=-\frac{k_1}{k_i}\boldsymbol{\alpha}_1-\cdots-\frac{k_{i-1}}{k_i}\boldsymbol{\alpha}_{i-1}-\frac{k_{i+1}}{k_i}\boldsymbol{\alpha}_{i+1}-\cdots-\frac{k_s}{k_i}\boldsymbol{\alpha}_s,$$

即 $\boldsymbol{\alpha}_i$ 能由 $\boldsymbol{\alpha}_1$，…，$\boldsymbol{\alpha}_{i-1}$，$\boldsymbol{\alpha}_{i+1}$，…，$\boldsymbol{\alpha}_s$ 线性表示.

再证充分性．因为至少有一个向量可由其余的 $s-1$ 个向量线性表示，不妨设 $\boldsymbol{\alpha}_i(1\leqslant i\leqslant n)$ 能由 $\boldsymbol{\alpha}_1,\cdots,\boldsymbol{\alpha}_{i-1},\boldsymbol{\alpha}_{i+1},\cdots,\boldsymbol{\alpha}_s$ 线性表示，即

$$\boldsymbol{\alpha}_i=k_1\boldsymbol{\alpha}_1+\cdots+k_{i-1}\boldsymbol{\alpha}_{i-1}+k_{i+1}\boldsymbol{\alpha}_{i+1}+\cdots+k_s\boldsymbol{\alpha}_s,$$

移项，得

$$k_1\boldsymbol{\alpha}_1+\cdots+k_{i-1}\boldsymbol{\alpha}_{i-1}+(-1)\boldsymbol{\alpha}_i+k_{i+1}\boldsymbol{\alpha}_{i+1}+\cdots+k_s\boldsymbol{\alpha}_s=\mathbf{0},$$

于是有一组不全为零的数 $k_1,\cdots,k_{i-1},k_i=-1,k_{i+1},\cdots,k_s$ 使

$$k_1\boldsymbol{\alpha}_1+\cdots+k_{i-1}\boldsymbol{\alpha}_{i-1}+k_i\boldsymbol{\alpha}_i+k_{i+1}\boldsymbol{\alpha}_{i+1}+\cdots+k_s\boldsymbol{\alpha}_s=\mathbf{0},$$

故 $\boldsymbol{\alpha}_1,\boldsymbol{\alpha}_2,\cdots,\boldsymbol{\alpha}_s$ 线性相关．

推论 4.1　如果向量组 A：$\boldsymbol{\alpha}_1,\boldsymbol{\alpha}_2,\cdots,\boldsymbol{\alpha}_s(s\geqslant 2)$ 中任一向量都不能由其余的 $s-1$ 个向量线性表示，则此向量组线性无关．

推论 4.1 揭示：一个线性无关的向量组中的向量之间是相互“独立”的，其中任何一个向量不能由其余向量线性表示．若存在一个向量能由其余向量线性表示，则这个向量组中的向量之间是“不独立”的，即该向量组线性相关．

讨论向量组 $\boldsymbol{\alpha}_1,\boldsymbol{\alpha}_2,\cdots,\boldsymbol{\alpha}_s$ 的线性相关性时，通常指 $s\geqslant 2$ 的情形，但定义 4.3 也适用于 $s=1$ 的情形．对于只含一个向量 $\boldsymbol{\alpha}$ 的向量组，当 $\boldsymbol{\alpha}=\mathbf{0}$ 时是线性相关的，当 $\boldsymbol{\alpha}\neq\mathbf{0}$ 时是线性无关的．当向量组含有两个向量 $\boldsymbol{\alpha}_1,\boldsymbol{\alpha}_2$ 时，由定义 4.3 可知，若 $\boldsymbol{\alpha}_1,\boldsymbol{\alpha}_2$ 线性相关，则存在数 k，使 $\boldsymbol{\alpha}_1=k\boldsymbol{\alpha}_2$（或 $\boldsymbol{\alpha}_2=k\boldsymbol{\alpha}_1$），也就是 $\boldsymbol{\alpha}_1,\boldsymbol{\alpha}_2$ 的对应分量成比例，其几何意义是 $\boldsymbol{\alpha}_1,\boldsymbol{\alpha}_2$ 共线．对于含有三个向量 $\boldsymbol{\alpha}_1,\boldsymbol{\alpha}_2,\boldsymbol{\alpha}_3$ 的向量组，它们线性相关的几何意义是 $\boldsymbol{\alpha}_1,\boldsymbol{\alpha}_2,\boldsymbol{\alpha}_3$ 共面．

例 4.4　设向量组 $\boldsymbol{\alpha}_1=(1,-2,3)^{\mathrm{T}},\boldsymbol{\alpha}_2=(2,5,-1)^{\mathrm{T}},\boldsymbol{\alpha}_3=(3,3,2)^{\mathrm{T}}$，讨论 $\boldsymbol{\alpha}_1,\boldsymbol{\alpha}_2,\boldsymbol{\alpha}_3$ 的线性相关性．

解　设

$$k_1\boldsymbol{\alpha}_1+k_2\boldsymbol{\alpha}_2+k_3\boldsymbol{\alpha}_3=\mathbf{0},$$

即

$$k_1\begin{pmatrix}1\\-2\\3\end{pmatrix}+k_2\begin{pmatrix}2\\5\\-1\end{pmatrix}+k_3\begin{pmatrix}3\\3\\2\end{pmatrix}=\begin{pmatrix}0\\0\\0\end{pmatrix}$$

或

$$\begin{cases}k_1+2k_2+3k_3=0,\\-2k_1+5k_2+3k_3=0,\\3k_1-k_2+2k_3=0,\end{cases}$$

解得 $k_1=1,k_2=1,k_3=-1$，因此

$$\boldsymbol{\alpha}_1+\boldsymbol{\alpha}_2-\boldsymbol{\alpha}_3=\mathbf{0},$$

所以 $\boldsymbol{\alpha}_1,\boldsymbol{\alpha}_2,\boldsymbol{\alpha}_3$ 线性相关．

根据齐次线性方程组的解的判定定理可得如下结论．

定理 4.3　设向量组 A：$\boldsymbol{\alpha}_1,\boldsymbol{\alpha}_2,\cdots,\boldsymbol{\alpha}_s$ 构成矩阵 $A=(\boldsymbol{\alpha}_1,\boldsymbol{\alpha}_2,\cdots,\boldsymbol{\alpha}_s)$，则向量组 A 线性相关的充分必要条件是 $R(\boldsymbol{A})<s$；而向量组 A 线性无关的充分必要条件是 $R(\boldsymbol{A})=s$．

例 4.5　设向量组 A：$\boldsymbol{\alpha}_1=(1,0,-1)^{\mathrm{T}},\boldsymbol{\alpha}_2=(-1,-1,2)^{\mathrm{T}},\boldsymbol{\alpha}_3=(2,3,-5)^{\mathrm{T}}$，讨论向量组 $\boldsymbol{\alpha}_1,\boldsymbol{\alpha}_2,\boldsymbol{\alpha}_3$ 及向量组 $\boldsymbol{\alpha}_1,\boldsymbol{\alpha}_2$ 的线性相关性．

解　因为

$$A=(\boldsymbol{\alpha}_1,\boldsymbol{\alpha}_2,\boldsymbol{\alpha}_3)=\begin{pmatrix}1&-1&2\\0&-1&3\\-1&2&-5\end{pmatrix}\xrightarrow{r_3+r_1}\begin{pmatrix}1&-1&2\\0&-1&3\\0&1&-3\end{pmatrix}\xrightarrow{r_3+r_2}\begin{pmatrix}1&-1&2\\0&-1&-3\\0&0&0\end{pmatrix},$$

所以 $R(\boldsymbol{A})=2$，故 $\boldsymbol{\alpha}_1$，$\boldsymbol{\alpha}_2$，$\boldsymbol{\alpha}_3$ 线性相关. 又因为 $\boldsymbol{\alpha}_1$ 与 $\boldsymbol{\alpha}_2$ 的对应分量不成比例，所以 $\boldsymbol{\alpha}_1$，$\boldsymbol{\alpha}_2$ 线性无关.

例 4.6　讨论 n 阶单位矩阵 $\boldsymbol{E}$ 的列向量组 $\boldsymbol{e}_1=(1,0,\cdots,0)^{\mathrm{T}}$，$\boldsymbol{e}_2=(0,1,\cdots,0)^{\mathrm{T}}$，$\cdots$，$\boldsymbol{e}_n=(0,0,\cdots,1)^{\mathrm{T}}$ 的线性相关性.

解　因为

$$|\boldsymbol{E}|=\begin{vmatrix}1&0&\cdots&0\\0&1&\cdots&0\\\vdots&\vdots&&\vdots\\0&0&\cdots&1\end{vmatrix}=1\neq0$$

所以 $R(\boldsymbol{E})=n$，故 n 阶单位矩阵 $\boldsymbol{E}$ 的列向量组 $\boldsymbol{e}_1$，$\boldsymbol{e}_2$，$\cdots$，$\boldsymbol{e}_n$ 线性无关.

例 4.7　设向量组 $\boldsymbol{\alpha}_1$，$\boldsymbol{\alpha}_2$，$\boldsymbol{\alpha}_3$ 线性无关，$\boldsymbol{\beta}_1=\boldsymbol{\alpha}_1+2\boldsymbol{\alpha}_2+\boldsymbol{\alpha}_3$，$\boldsymbol{\beta}_2=2\boldsymbol{\alpha}_1+\boldsymbol{\alpha}_2+\boldsymbol{\alpha}_3$，$\boldsymbol{\beta}_3=\boldsymbol{\alpha}_1+\boldsymbol{\alpha}_2+2\boldsymbol{\alpha}_3$，证明向量组 $\boldsymbol{\beta}_1$，$\boldsymbol{\beta}_2$，$\boldsymbol{\beta}_3$ 线性无关.

证明　设 $\boldsymbol{A}=(\boldsymbol{\alpha}_1,\boldsymbol{\alpha}_2,\boldsymbol{\alpha}_3)$，因为向量组 $\boldsymbol{\alpha}_1$，$\boldsymbol{\alpha}_2$，$\boldsymbol{\alpha}_3$ 线性无关，所以 $R(\boldsymbol{A})=3$. 设 $\boldsymbol{B}=(\boldsymbol{\beta}_1,\boldsymbol{\beta}_2,\boldsymbol{\beta}_3)$，依题意知

$$\boldsymbol{B}=(\boldsymbol{\alpha}_1,\boldsymbol{\alpha}_2,\boldsymbol{\alpha}_3)\begin{pmatrix}1&2&1\\2&1&1\\1&1&2\end{pmatrix}=\boldsymbol{AK},$$

其中

$$\boldsymbol{K}=\begin{pmatrix}1&2&1\\2&1&1\\1&1&2\end{pmatrix}.$$

由于

$$|\boldsymbol{K}|=\begin{vmatrix}1&2&1\\2&1&1\\1&1&2\end{vmatrix}=-4\neq0,$$

故 $\boldsymbol{K}$ 可逆，于是 $R(\boldsymbol{B})=R(\boldsymbol{A})=3$，所以向量组 $\boldsymbol{\beta}_1$，$\boldsymbol{\beta}_2$，$\boldsymbol{\beta}_3$ 线性无关.

根据定义 4.3 可以得到下列结论：

(1) 若向量组 A 中有部分向量线性相关，则向量组 A 线性相关.

(2) 若向量组 A 线性无关，则它的任一部分向量组也线性无关.

(3) 设由 m 个 n 维向量组成的向量组 A：$\boldsymbol{\alpha}_1$，$\boldsymbol{\alpha}_2$，$\cdots$，$\boldsymbol{\alpha}_m$，当向量的个数 m 大于向量的维数 n 时，向量组 A 一定线性相关. 特别地，$n+1$ 个 n 维向量一定线性相关.

■习题 4.2

1. 判断下列向量组的线性相关性：

(1) $\boldsymbol{\alpha}_1=(3,-1,2)^{\mathrm{T}}$，$\boldsymbol{\alpha}_2=(1,5,-7)^{\mathrm{T}}$，$\boldsymbol{\alpha}_3=(7,-13,20)^{\mathrm{T}}$；

(2) $\boldsymbol{\alpha}_1=(1,-2,4,-8)^{\mathrm{T}}$，$\boldsymbol{\alpha}_2=(1,3,9,27)^{\mathrm{T}}$，$\boldsymbol{\alpha}_3=(1,4,16,64)^{\mathrm{T}}$，$\boldsymbol{\alpha}_4=(1,-1,1,-1)^{\mathrm{T}}$；

(3) $\boldsymbol{\alpha}_1=(1, 2, 1, 1)^T$, $\boldsymbol{\alpha}_2=(1, 1, 2, -1)^T$, $\boldsymbol{\alpha}_3=(3, 4, 5, 1)^T$.

2. 设 $\boldsymbol{\beta}_1=\boldsymbol{\alpha}_1+\boldsymbol{\alpha}_2$, $\boldsymbol{\beta}_2=\boldsymbol{\alpha}_2+\boldsymbol{\alpha}_3$, $\boldsymbol{\beta}_3=\boldsymbol{\alpha}_3+\boldsymbol{\alpha}_4$, $\boldsymbol{\beta}_4=\boldsymbol{\alpha}_4+\boldsymbol{\alpha}_1$, 证明向量组 $\boldsymbol{\beta}_1$, $\boldsymbol{\beta}_2$, $\boldsymbol{\beta}_3$, $\boldsymbol{\beta}_4$ 线性相关.

3. 设向量组 $\boldsymbol{\alpha}_1$, $\boldsymbol{\alpha}_2$, $\boldsymbol{\alpha}_3$ 线性无关，试判断以下向量组是否线性无关：

(1) $\boldsymbol{\beta}_1=\boldsymbol{\alpha}_1+2\boldsymbol{\alpha}_2+3\boldsymbol{\alpha}_3$, $\boldsymbol{\beta}_2=3\boldsymbol{\alpha}_1-\boldsymbol{\alpha}_2+4\boldsymbol{\alpha}_3$, $\boldsymbol{\beta}_3=\boldsymbol{\alpha}_2+\boldsymbol{\alpha}_3$;

(2) $\boldsymbol{\beta}_1=\boldsymbol{\alpha}_1+2\boldsymbol{\alpha}_2$, $\boldsymbol{\beta}_2=2\boldsymbol{\alpha}_2+3\boldsymbol{\alpha}_3$, $\boldsymbol{\beta}_3=\boldsymbol{\alpha}_1+3\boldsymbol{\alpha}_3$;

(3) $\boldsymbol{\beta}_1=\boldsymbol{\alpha}_1+\boldsymbol{\alpha}_2+\boldsymbol{\alpha}_3$, $\boldsymbol{\beta}_2=2\boldsymbol{\alpha}_1-3\boldsymbol{\alpha}_2+22\boldsymbol{\alpha}_3$, $\boldsymbol{\beta}_3=3\boldsymbol{\alpha}_1+5\boldsymbol{\alpha}_2-5\boldsymbol{\alpha}_3$.

4. 当 t 取何值时，向量组 $\boldsymbol{\alpha}_1=(t, -1, -1)^T$, $\boldsymbol{\alpha}_2=(-1, t, -1)^T$, $\boldsymbol{\alpha}_3=(-1, -1, t)^T$ 线性相关？

5. 设向量组 A: $\boldsymbol{\alpha}_1$, $\boldsymbol{\alpha}_2$, $\cdots$, $\boldsymbol{\alpha}_s$ 线性无关，而向量组 B: $\boldsymbol{\alpha}_1$, $\boldsymbol{\alpha}_2$, $\cdots$, $\boldsymbol{\alpha}_s$, $\boldsymbol{\beta}$ 线性相关，证明向量 $\boldsymbol{\beta}$ 可由向量组 A 线性表示，且表示式是唯一的.

4.3 向量组的秩

这一节将讨论向量组 A: $\boldsymbol{\alpha}_1$, $\boldsymbol{\alpha}_2$, $\cdots$, $\boldsymbol{\alpha}_s$ 和向量组 B: $\boldsymbol{\beta}_1$, $\boldsymbol{\beta}_2$, $\cdots$, $\boldsymbol{\beta}_t$ 之间的关系. 在一个向量组中，如果有一个向量可由其余向量线性表示，那么，在一定意义下，用其余向量就可以代表该向量，因而在许多情况下，把这样的向量去掉是无关大局的. 为了把这种想法表达清楚，我们先引入下面的概念.

4.3.1 向量组的等价

定义 4.4 设有向量组 A: $\boldsymbol{\alpha}_1$, $\boldsymbol{\alpha}_2$, $\cdots$, $\boldsymbol{\alpha}_s$ 和向量组 B: $\boldsymbol{\beta}_1$, $\boldsymbol{\beta}_2$, $\cdots$, $\boldsymbol{\beta}_t$，若向量组 B 中的每一个向量都可由向量组 A 线性表示，则称向量组 B 可由向量组 A 线性表示；如果向量组 A 和向量组 B 能互相线性表示，则称这两个向量组等价，记作 $A\cong B$.

需要指出的是：向量组的等价关系与矩阵的等价关系是两个不同的概念.

例 4.8 设有向量组 A: $\boldsymbol{\alpha}_1$, $\boldsymbol{\alpha}_2$ 和向量组 B: $\boldsymbol{\beta}_1$, $\boldsymbol{\beta}_2$, $\boldsymbol{\beta}_3$，且

$$\boldsymbol{\beta}_1=\boldsymbol{\alpha}_1+\boldsymbol{\alpha}_2,\ \boldsymbol{\beta}_2=\boldsymbol{\alpha}_1-2\boldsymbol{\alpha}_2,\ \boldsymbol{\beta}_3=\boldsymbol{\alpha}_1,$$

证明向量组 A 与向量组 B 等价.

证明 显然向量组 B 可由向量组 A 线性表示. 又

$$\boldsymbol{\alpha}_1=0\cdot\boldsymbol{\beta}_1+0\cdot\boldsymbol{\beta}_2+\boldsymbol{\beta}_3,\ \boldsymbol{\alpha}_2=\boldsymbol{\beta}_1+0\cdot\boldsymbol{\beta}_2-\boldsymbol{\beta}_3$$

这表明向量组 A 可由向量组 B 线性表示，故 $A\cong B$.

设有向量组 A: $\boldsymbol{\alpha}_1$, $\boldsymbol{\alpha}_2$, $\cdots$, $\boldsymbol{\alpha}_s$ 和向量组 B: $\boldsymbol{\beta}_1$, $\boldsymbol{\beta}_2$, $\cdots$, $\boldsymbol{\beta}_t$，若向量组 B 可由向量组 A 线性表示，则存在数 k_{ij} ($i=1, 2, \cdots, s$; $j=1, 2, \cdots, t$)，使得

$$\boldsymbol{\beta}_j=k_{1j}\boldsymbol{\alpha}_1+k_{2j}\boldsymbol{\alpha}_2+\cdots+k_{sj}\boldsymbol{\alpha}_s=(\boldsymbol{\alpha}_1, \boldsymbol{\alpha}_2, \cdots, \boldsymbol{\alpha}_s)\begin{pmatrix}k_{1j}\\k_{2j}\\\vdots\\k_{sj}\end{pmatrix}\quad(j=1, 2, \cdots, t),$$

从而

$$\boldsymbol{B}=(\boldsymbol{\beta}_1, \boldsymbol{\beta}_2, \cdots, \boldsymbol{\beta}_t)=(\boldsymbol{\alpha}_1, \boldsymbol{\alpha}_2, \cdots, \boldsymbol{\alpha}_s)\begin{pmatrix}k_{11}&k_{12}&\cdots&k_{1t}\\k_{21}&k_{22}&\cdots&k_{2t}\\\vdots&\vdots&&\vdots\\k_{s1}&k_{s2}&\cdots&k_{st}\end{pmatrix}=\boldsymbol{AK},$$

其中矩阵 $\boldsymbol{K}=(k_{ij})_{s\times t}$ 称为向量组 B 由向量组 A 线性表示的系数矩阵. 显然向量组 B 可由向量组 A 线性表示的充分必要条件是矩阵方程 $\boldsymbol{AX}=\boldsymbol{B}$ 有解.

根据矩阵方程 $\boldsymbol{AX}=\boldsymbol{B}$ 有解的充分必要条件可得如下定理.

定理 4.4　向量组 B：$\boldsymbol{\beta}_1, \boldsymbol{\beta}_2, \cdots, \boldsymbol{\beta}_t$ 可由向量组 A：$\boldsymbol{\alpha}_1, \boldsymbol{\alpha}_2, \cdots, \boldsymbol{\alpha}_s$ 线性表示的充分必要条件是矩阵 $\boldsymbol{A}=(\boldsymbol{\alpha}_1, \boldsymbol{\alpha}_2, \cdots, \boldsymbol{\alpha}_s)$ 的秩等于矩阵 $(\boldsymbol{A}, \boldsymbol{B})=(\boldsymbol{\alpha}_1, \boldsymbol{\alpha}_2, \cdots, \boldsymbol{\alpha}_s, \boldsymbol{\beta}_1, \boldsymbol{\beta}_2, \cdots, \boldsymbol{\beta}_t)$ 的秩，即 $R(\boldsymbol{A})=R(\boldsymbol{A}, \boldsymbol{B})$.

推论 4.2　向量组 A：$\boldsymbol{\alpha}_1, \boldsymbol{\alpha}_2, \cdots, \boldsymbol{\alpha}_s$ 和向量组 B：$\boldsymbol{\beta}_1, \boldsymbol{\beta}_2, \cdots, \boldsymbol{\beta}_t$ 等价的充分必要条件是

$$R(\boldsymbol{A})=R(\boldsymbol{B})=R(\boldsymbol{A}, \boldsymbol{B}).$$

例 4.9　设向量组 A：$\boldsymbol{\alpha}_1=(1, 2, -1)^{\mathrm{T}}$，$\boldsymbol{\alpha}_2=(2, 3, 0)^{\mathrm{T}}$，$\boldsymbol{\alpha}_3=(0, 1, 2)^{\mathrm{T}}$ 与向量组 B：$\boldsymbol{\beta}_1=(1, 1, 1)^{\mathrm{T}}$，$\boldsymbol{\beta}_2=(2, 0, 2)^{\mathrm{T}}$，$\boldsymbol{\beta}_3=(1, 2, -1)^{\mathrm{T}}$，证明向量组 A 与向量组 B 等价，并写出相互线性表示的表示式.

证明　因为

$$(\boldsymbol{A}, \boldsymbol{B})=\left(\begin{array}{ccc:ccc} 1 & 2 & 0 & 1 & 2 & 1 \\ 2 & 3 & 1 & 1 & 0 & 2 \\ -1 & 0 & 2 & 1 & 2 & -1 \end{array}\right) \xrightarrow{r} \left(\begin{array}{ccc:ccc} 1 & 0 & 0 & -1 & -4 & 1 \\ 0 & 1 & 0 & 1 & 3 & 0 \\ 0 & 0 & 1 & 0 & -1 & 0 \end{array}\right),$$

所以 $R(\boldsymbol{A})=R(\boldsymbol{B})=R(\boldsymbol{A}, \boldsymbol{B})=3$，故向量组 A 与向量组 B 等价，且

$$\boldsymbol{B}=\boldsymbol{AK}=\boldsymbol{A}\begin{pmatrix} -1 & -4 & 1 \\ 1 & 3 & 0 \\ 0 & -1 & 0 \end{pmatrix}$$

$$\boldsymbol{A}=\boldsymbol{BK}^{-1}=\boldsymbol{B}\begin{pmatrix} 0 & 1 & 3 \\ 0 & 0 & -1 \\ 1 & 1 & -1 \end{pmatrix}.$$

定理 4.5　若向量组 B：$\boldsymbol{\beta}_1, \boldsymbol{\beta}_2, \cdots, \boldsymbol{\beta}_t$ 可由向量组 A：$\boldsymbol{\alpha}_1, \boldsymbol{\alpha}_2, \cdots, \boldsymbol{\alpha}_s$ 线性表示，则矩阵 $\boldsymbol{B}=(\boldsymbol{\beta}_1, \boldsymbol{\beta}_2, \cdots, \boldsymbol{\beta}_s)$ 的秩小于等于矩阵 $\boldsymbol{A}=(\boldsymbol{\alpha}_1, \boldsymbol{\alpha}_2, \cdots, \boldsymbol{\alpha}_s)$ 的秩，即 $R(\boldsymbol{B})\leqslant R(\boldsymbol{A})$.

证明　按定理的条件，根据定理 4.4 有 $R(\boldsymbol{A})=R(\boldsymbol{A}, \boldsymbol{B})$，故

$$R(\boldsymbol{B})\leqslant R(\boldsymbol{A}, \boldsymbol{B})=R(\boldsymbol{A}).$$

向量组的等价关系具有以下性质：

① 反身性：$\boldsymbol{A}\cong\boldsymbol{A}$.

② 对称性：若 $\boldsymbol{A}\cong\boldsymbol{B}$，则 $\boldsymbol{B}\cong\boldsymbol{A}$.

③ 传递性：若 $\boldsymbol{A}\cong\boldsymbol{B}$，$\boldsymbol{B}\cong\boldsymbol{C}$，则 $\boldsymbol{A}\cong\boldsymbol{C}$.

定理 4.6　设向量组 A：$\boldsymbol{\alpha}_1, \boldsymbol{\alpha}_2, \cdots, \boldsymbol{\alpha}_s$ 可由向量组 B：$\boldsymbol{\beta}_1, \boldsymbol{\beta}_2, \cdots, \boldsymbol{\beta}_t$ 线性表示，且 $s>t$，则向量组 A：$\boldsymbol{\alpha}_1, \boldsymbol{\alpha}_2, \cdots, \boldsymbol{\alpha}_s$ 线性相关.

证明　记 $\boldsymbol{A}_{n\times s}=(\boldsymbol{\alpha}_1, \boldsymbol{\alpha}_2, \cdots, \boldsymbol{\alpha}_s)$，$\boldsymbol{B}_{n\times t}=(\boldsymbol{\beta}_1, \boldsymbol{\beta}_2, \cdots, \boldsymbol{\beta}_t)$. 因为向量组 A：$\boldsymbol{\alpha}_1, \boldsymbol{\alpha}_2, \cdots, \boldsymbol{\alpha}_s$ 可由向量组 B：$\boldsymbol{\beta}_1, \boldsymbol{\beta}_2, \cdots, \boldsymbol{\beta}_t$ 线性表示，故存在矩阵 $\boldsymbol{K}_{t\times s}$，使得 $\boldsymbol{A}_{n\times s}=\boldsymbol{B}_{n\times t}\boldsymbol{K}_{t\times s}$. 由 $s>t$ 知 $R(\boldsymbol{K}_{t\times s})\leqslant\min(t, s)=t<s$，于是齐次线性方程组 $\boldsymbol{Kx}=\boldsymbol{0}$ 存在非零解 $\boldsymbol{\alpha}\neq\boldsymbol{0}$，使得 $\boldsymbol{K\alpha}=\boldsymbol{0}$. 而 $\boldsymbol{A\alpha}=\boldsymbol{BK\alpha}=\boldsymbol{0}$，即 $\boldsymbol{\alpha}\neq\boldsymbol{0}$ 也是齐次线性方程组 $\boldsymbol{Ax}=\boldsymbol{0}$ 的非零解，故必有 $R(\boldsymbol{A}_{n\times s})<s$. 由定理 4.3 知向量组 A：$\boldsymbol{\alpha}_1, \boldsymbol{\alpha}_2, \cdots, \boldsymbol{\alpha}_s$ 线性相关.

推论 4.3　设向量组 A：$\boldsymbol{\alpha}_1, \boldsymbol{\alpha}_2, \cdots, \boldsymbol{\alpha}_s$ 线性无关，且向量组 A：$\boldsymbol{\alpha}_1, \boldsymbol{\alpha}_2, \cdots, \boldsymbol{\alpha}_s$ 可由向量组 B：$\boldsymbol{\beta}_1, \boldsymbol{\beta}_2, \cdots, \boldsymbol{\beta}_t$ 线性表示，则 $s\leqslant t$.

推论 4.4　若两个向量组 A：$\boldsymbol{\alpha}_1$，$\boldsymbol{\alpha}_2$，…，$\boldsymbol{\alpha}_s$ 和 B：$\boldsymbol{\beta}_1$，$\boldsymbol{\beta}_2$，…，$\boldsymbol{\beta}_t$ 等价且线性无关，则 $s=t$.

推论 4.4 说明两个线性无关的等价向量组所含的向量的个数是相等的.

4.3.2　极大线性无关向量组的概念

定义 4.5　设有向量组 A，若从 A 中能选出 r 个向量 $\boldsymbol{\alpha}_1$，$\boldsymbol{\alpha}_2$，…，$\boldsymbol{\alpha}_r$，满足：

(1) 向量组 A_0：$\boldsymbol{\alpha}_1$，$\boldsymbol{\alpha}_2$，…，$\boldsymbol{\alpha}_r$ 线性无关；

(2) 任取 $\boldsymbol{\alpha}\in A$，向量组 $\boldsymbol{\alpha}$，$\boldsymbol{\alpha}_1$，$\boldsymbol{\alpha}_2$，…，$\boldsymbol{\alpha}_r$ 线性相关，

则称向量组 A_0 是向量组 A 的一个极大线性无关向量组，简称极大无关组.

定义 4.5 中的条件(2)可以改为：任取 $\boldsymbol{\alpha}\in A$，且 $\boldsymbol{\alpha}$ 可由 $\boldsymbol{\alpha}_1$，$\boldsymbol{\alpha}_2$，…，$\boldsymbol{\alpha}_r$ 线性表示.

例 4.10　在向量组 A：$\boldsymbol{\alpha}_1=(2, -1, 3, 1)^{\mathrm{T}}$，$\boldsymbol{\alpha}_2=(4, -2, 5, 4)^{\mathrm{T}}$，$\boldsymbol{\alpha}_3=(2, -1, 4, -1)^{\mathrm{T}}$ 中，$\boldsymbol{\alpha}_1$，$\boldsymbol{\alpha}_2$ 为向量组 A 的一个极大无关组. 首先，因为 $\boldsymbol{\alpha}_1$ 与 $\boldsymbol{\alpha}_2$ 的对应分量不成比例，所以 $\boldsymbol{\alpha}_1$，$\boldsymbol{\alpha}_2$ 线性无关；其次，由 $\boldsymbol{\alpha}_3=3\boldsymbol{\alpha}_1-\boldsymbol{\alpha}_2$ 知 $\boldsymbol{\alpha}_1$，$\boldsymbol{\alpha}_2$，$\boldsymbol{\alpha}_3$ 线性相关. 不难验证 $\boldsymbol{\alpha}_1$，$\boldsymbol{\alpha}_3$ 是向量组 A 的一个极大无关组. 同理，$\boldsymbol{\alpha}_2$，$\boldsymbol{\alpha}_3$ 也是向量组 A 的一个极大无关组.

定理 4.7　一个向量组 A 和它的极大无关组 A_0 等价.

证明　因为向量组 A_0 是向量组 A 的一个部分组，故向量组 A_0 可由向量组 A 线性表示. 由定义 4.5 可知，向量组 A 中的任意一个向量 $\boldsymbol{\alpha}$ 都可由极大无关组 A_0 线性表示，即向量组 A 可由极大无关组 A_0 线性表示，故 $A\cong A_0$.

由例 4.10 可知，一个向量组的极大无关组可能不止一个. 由定理 4.7 及向量组等价的传递性可知，一个向量组的两个不同极大无关组是等价的. 又根据推论 4.4 我们可以得到一个事实：**一个向量组的所有极大无关组所含向量的个数相等.**

4.3.3　向量组的秩

定义 4.6　向量组的极大无关组所含向量的个数称为该向量组的秩.

只含零向量的向量组没有极大无关组，规定它的秩为 0. 若向量组 A：$\boldsymbol{\alpha}_1$，$\boldsymbol{\alpha}_2$，…，$\boldsymbol{\alpha}_n$ 的极大无关组含有 r 个向量，则其秩为 r，记为 $R(\boldsymbol{\alpha}_1, \boldsymbol{\alpha}_2, \cdots, \boldsymbol{\alpha}_n)=r$

对于只含有限个向量的向量组 A：$\boldsymbol{\alpha}_1$，$\boldsymbol{\alpha}_2$，…，$\boldsymbol{\alpha}_m$，它可以构成矩阵 $\boldsymbol{A}=(\boldsymbol{\alpha}_1, \boldsymbol{\alpha}_2, \cdots, \boldsymbol{\alpha}_m)$. 把定义 4.6 与定义 3.5 做比较，容易想到向量组 A 的秩就等于矩阵 $\boldsymbol{A}$ 的秩，即有如下的定理.

定理 4.8　矩阵的秩等于它的列向量组的秩，也等于它的行向量组的秩.

证明　设 $\boldsymbol{A}=(\boldsymbol{\alpha}_1, \boldsymbol{\alpha}_2, \cdots, \boldsymbol{\alpha}_m)$，$R(\boldsymbol{A})=r$，并设矩阵 $\boldsymbol{A}$ 的 r 阶子式 $D_r\neq 0$. 根据定理 4.3，由 $D_r\neq 0$ 知 D_r 所在的 r 列构成的 $n\times r$ 矩阵的秩为 r，故此 r 个列向量线性无关. 又由 $\boldsymbol{A}$ 中的所有 $r+1$ 阶子式均为零知，$\boldsymbol{A}$ 中任意 $r+1$ 个列向量构成的 $n\times(r+1)$ 矩阵的秩 $<r+1$，故此 $r+1$ 个列向量都线性相关. 因此 D_r 所在的 r 个列向量是 $\boldsymbol{A}$ 的列向量组的一个极大无关组，列向量组的秩等于 r.

类似可证矩阵 $\boldsymbol{A}$ 的行向量组的秩也等于 $R(\boldsymbol{A})$.

由定理 4.8 及定理 4.4 可知：**等价的向量组的秩相等.**

定理 4.9　秩为 r 的向量组 A 中的任意 r 个线性无关的部分组都是向量组 A 的极大无关组.

证明　用反证法. 设 $\boldsymbol{\alpha}_1$，$\boldsymbol{\alpha}_2$，…，$\boldsymbol{\alpha}_r$ 是向量组 A 的线性无关的部分组，但不是极大无关组，那么，由定义 4.5 可知，存在 $\boldsymbol{\alpha}\in A$，使 $\boldsymbol{\alpha}$，$\boldsymbol{\alpha}_1$，$\boldsymbol{\alpha}_2$，…，$\boldsymbol{\alpha}_r$ 线性无关，所以向量组 A 的秩大于 r，与向量组 A 的秩等于 r 矛盾，故 $\boldsymbol{\alpha}_1$，$\boldsymbol{\alpha}_2$，…，$\boldsymbol{\alpha}_r$ 是向量组 A 的极大无关组.

例 4.11 求向量组 A：$\boldsymbol{\alpha}_1=(1,-1,2,4)^{\mathrm{T}}$，$\boldsymbol{\alpha}_2=(0,3,1,2)^{\mathrm{T}}$，$\boldsymbol{\alpha}_3=(3,0,7,14)^{\mathrm{T}}$，$\boldsymbol{\alpha}_4=(1,-1,2,0)^{\mathrm{T}}$，$\boldsymbol{\alpha}_5=(2,1,5,6)^{\mathrm{T}}$ 的一个极大无关组及秩，并把其余的向量用该极大无关组线性表示.

解 设 $\boldsymbol{A}=(\boldsymbol{\alpha}_1,\boldsymbol{\alpha}_2,\boldsymbol{\alpha}_3,\boldsymbol{\alpha}_4,\boldsymbol{\alpha}_5)$，用初等行变换将 $\boldsymbol{A}$ 化为行阶梯形矩阵，即

$$\boldsymbol{A}=\begin{pmatrix}1&0&3&1&2\\-1&3&0&-1&1\\2&1&7&2&5\\4&2&14&0&6\end{pmatrix}\xrightarrow[\substack{r_3-2r_1\\r_4-4r_1}]{r_2+r_1}\begin{pmatrix}1&0&3&1&2\\0&3&3&0&3\\0&1&1&0&1\\0&2&2&-4&-2\end{pmatrix}$$

$$\xrightarrow{r_2\leftrightarrow r_3}\begin{pmatrix}1&0&3&1&2\\0&1&1&0&1\\0&3&3&0&3\\0&2&2&-4&-2\end{pmatrix}\xrightarrow[r_4-2r_2]{r_3-3r_2}\begin{pmatrix}1&0&3&1&2\\0&1&1&0&1\\0&0&0&0&0\\0&0&0&-4&-4\end{pmatrix}$$

$$\xrightarrow{r_4\times\left(-\frac{1}{4}\right)}\begin{pmatrix}1&0&3&1&2\\0&1&1&0&1\\0&0&0&0&0\\0&0&0&1&1\end{pmatrix}\xrightarrow{r_3\leftrightarrow r_4}\begin{pmatrix}1&0&3&1&2\\0&1&1&0&1\\0&0&0&1&1\\0&0&0&0&0\end{pmatrix}=\boldsymbol{B}_1$$

于是 $R(\boldsymbol{A})=R(\boldsymbol{B}_1)=3<5$，所以向量组 A 的秩为 3，则向量组 A 线性相关.

由于行阶梯形矩阵 $\boldsymbol{B}_1$ 的 3 个非零行的非零首元素在第一、二、四列，故 $\boldsymbol{\alpha}_1$，$\boldsymbol{\alpha}_2$，$\boldsymbol{\alpha}_4$ 为向量组 A 的一个极大无关组.

对矩阵 $\boldsymbol{B}_1$ 继续作初等行变换，将其化为行最简形矩阵，即

$$\boldsymbol{B}_1\xrightarrow{r_1-r_3}\begin{pmatrix}1&0&3&0&1\\0&1&1&0&1\\0&0&0&1&1\\0&0&0&0&0\end{pmatrix}=\boldsymbol{B},$$

由此可得

$$\boldsymbol{\alpha}_3=3\boldsymbol{\alpha}_1+\boldsymbol{\alpha}_2,\ \boldsymbol{\alpha}_5=\boldsymbol{\alpha}_1+\boldsymbol{\alpha}_2+\boldsymbol{\alpha}_4.$$

例 4.12 设向量组 B：$\boldsymbol{\beta}_1,\boldsymbol{\beta}_2,\cdots,\boldsymbol{\beta}_t$ 可由向量组 A：$\boldsymbol{\alpha}_1,\boldsymbol{\alpha}_2,\cdots,\boldsymbol{\alpha}_s$ 线性表示，并且它们的秩相等，证明向量组 A 与向量组 B 等价.

证明 设 $\boldsymbol{A}=(\boldsymbol{\alpha}_1,\boldsymbol{\alpha}_2,\cdots,\boldsymbol{\alpha}_s)$，$B=(\boldsymbol{\beta}_1,\boldsymbol{\beta}_2,\cdots,\boldsymbol{\beta}_t)$. 根据定理 4.4，由于向量组 B 可由向量组 A 线性表示，故 $R(\boldsymbol{A})=R(\boldsymbol{A},\boldsymbol{B})$. 又已知 $R(\boldsymbol{A})=R(\boldsymbol{B})$，于是

$$R(\boldsymbol{A})=R(\boldsymbol{B})=R(\boldsymbol{A},\boldsymbol{B}),$$

根据推论 4.2 可知，向量组 A 与向量组 B 等价.

例 4.13 证明 $R(\boldsymbol{A}\pm\boldsymbol{B})\leqslant R(\boldsymbol{A})+R(\boldsymbol{B})$.

证明 设 $\boldsymbol{A}$、$\boldsymbol{B}$ 均为 $m\times n$ 矩阵，$R(\boldsymbol{A})=r$，$R(\boldsymbol{B})=s$. 将 $\boldsymbol{A}$、$\boldsymbol{B}$ 按列分块，记为 $\boldsymbol{A}=(\boldsymbol{\alpha}_1,\boldsymbol{\alpha}_2,\cdots,\boldsymbol{\alpha}_n)$，$\boldsymbol{B}=(\boldsymbol{\beta}_1,\boldsymbol{\beta}_2,\cdots,\boldsymbol{\beta}_n)$.

不妨设 $\boldsymbol{A}$、$\boldsymbol{B}$ 的列向量组的极大无关组分别为 $\boldsymbol{\alpha}_1,\boldsymbol{\alpha}_2,\cdots,\boldsymbol{\alpha}_r$ 和 $\boldsymbol{\beta}_1,\boldsymbol{\beta}_2,\cdots,\boldsymbol{\beta}_s$，于是 $\boldsymbol{A}\pm\boldsymbol{B}$ 的列向量组可由向量组 $\boldsymbol{\alpha}_1,\boldsymbol{\alpha}_2,\cdots,\boldsymbol{\alpha}_r,\boldsymbol{\beta}_1,\boldsymbol{\beta}_2,\cdots,\boldsymbol{\beta}_s$ 线性表示，根据定理 4.5，得

$$R(\boldsymbol{A}\pm\boldsymbol{B})\leqslant R(\boldsymbol{\alpha}_1,\boldsymbol{\alpha}_2,\cdots,\boldsymbol{\alpha}_r,\boldsymbol{\beta}_1,\boldsymbol{\beta}_2,\cdots,\boldsymbol{\beta}_s)\leqslant r+s=R(\boldsymbol{A})+R(\boldsymbol{B}).$$

例 4.14 证明 $R(\boldsymbol{AB})\leqslant\min\{R(\boldsymbol{A}),R(\boldsymbol{B})\}$.

证明 设 $\boldsymbol{C}=\boldsymbol{AB}$，则 $\boldsymbol{C}$ 的列向量组可由 $\boldsymbol{A}$ 的列向量组线性表示. 根据定理 4.5 可知

$R(\boldsymbol{C})\leqslant R(\boldsymbol{A})$，由 $\boldsymbol{C}^{\mathrm{T}}=\boldsymbol{B}^{\mathrm{T}}\boldsymbol{A}^{\mathrm{T}}$ 得 $R(\boldsymbol{C}^{\mathrm{T}})=R(\boldsymbol{C})\leqslant R(\boldsymbol{B}^{\mathrm{T}})=R(\boldsymbol{B})$，于是

$$R(\boldsymbol{AB})\leqslant\min\{R(\boldsymbol{A}), R(\boldsymbol{B})\},$$

■习题 4.3

1. 求下列向量组的秩：

(1) $\boldsymbol{\alpha}_1=(4, -1, -5, -6)^{\mathrm{T}}$，$\boldsymbol{\alpha}_2=(1, -3, -4, -7)^{\mathrm{T}}$，$\boldsymbol{\alpha}_3=(1, 2, 1, 3)^{\mathrm{T}}$，$\boldsymbol{\alpha}_4=(2, 1, -1, 0)^{\mathrm{T}}$；

(2) $\boldsymbol{\alpha}_1=(1, 2, 3, 4)^{\mathrm{T}}$，$\boldsymbol{\alpha}_2=(0, -1, 2, 3)^{\mathrm{T}}$，$\boldsymbol{\alpha}_3=(2, 3, 8, 11)^{\mathrm{T}}$，$\boldsymbol{\alpha}_4=(2, 3, 6, 8)^{\mathrm{T}}$；

(3) $\boldsymbol{\alpha}_1=(1, 0, 1)^{\mathrm{T}}$，$\boldsymbol{\alpha}_2=(2, 1, 0)^{\mathrm{T}}$，$\boldsymbol{\alpha}_3=(0, 1, 1)^{\mathrm{T}}$，$\boldsymbol{\alpha}_4=(1, 1, 1)^{\mathrm{T}}$.

2. 求下列向量组的一个极大无关组，并把其余向量用该极大无关组线性表示：

(1) $\boldsymbol{\alpha}_1=(2, 1, 4, 3)^{\mathrm{T}}$，$\boldsymbol{\alpha}_2=(-1, 1, -6, 6)^{\mathrm{T}}$，$\boldsymbol{\alpha}_3=(-1, -2, 2, -9)^{\mathrm{T}}$，$\boldsymbol{\alpha}_4=(1, 1, -2, 7)^{\mathrm{T}}$，$\boldsymbol{\alpha}_5=(2, 4, 4, 9)^{\mathrm{T}}$.

(2) $\boldsymbol{\alpha}_1=(1, 1, 2, 2, 1)^{\mathrm{T}}$，$\boldsymbol{\alpha}_2=(0, 2, 1, 5, -1)^{\mathrm{T}}$，$\boldsymbol{\alpha}_3=(2, 0, 3, -1, 3)^{\mathrm{T}}$，$\boldsymbol{\alpha}_4=(1, 1, 0, 4, -1)^{\mathrm{T}}$.

3. 已知向量组 A：$\boldsymbol{\alpha}_1=(1, 1, 0, 0)^{\mathrm{T}}$，$\boldsymbol{\alpha}_2=(1, 0, 1, 1)^{\mathrm{T}}$ 和向量组 B：$\boldsymbol{\beta}_1=(2, -1, 3, 3)^{\mathrm{T}}$，$\boldsymbol{\beta}_2=(0, 1, -1, -1)^{\mathrm{T}}$，证明向量组 A 与向量组 B 等价.

4. 设向量组 A：$\boldsymbol{\alpha}_1=(1, 2, 1)^{\mathrm{T}}$，$\boldsymbol{\alpha}_2=(0, 1, -1)^{\mathrm{T}}$，$\boldsymbol{\alpha}_3=(0, 0, 1)^{\mathrm{T}}$ 与向量组 B：$\boldsymbol{\beta}_1=(1, 0, 1)^{\mathrm{T}}$，$\boldsymbol{\beta}_2=(2, 1, 0)^{\mathrm{T}}$，$\boldsymbol{\beta}_3=(1, 0, -1)^{\mathrm{T}}$，证明向量组 A 与向量组 B 等价，并写出相互线性表示的表示式.

5. 设向量组 $\boldsymbol{\alpha}_1=(1, 2, 1)^{\mathrm{T}}$，$\boldsymbol{\alpha}_2=(2, 3, 1)^{\mathrm{T}}$，$\boldsymbol{\alpha}_3=(a, 3, 1)^{\mathrm{T}}$，$\boldsymbol{\alpha}_4=(2, b, 3)^{\mathrm{T}}$ 的秩为 2，求 a、b.

6. 设 $\boldsymbol{\alpha}_1, \boldsymbol{\alpha}_2, \cdots, \boldsymbol{\alpha}_s$ 和 $\boldsymbol{\beta}_1, \boldsymbol{\beta}_2, \cdots, \boldsymbol{\beta}_t$ 都是 n 维向量组，证明：

$$R(\boldsymbol{\alpha}_1, \boldsymbol{\alpha}_2, \cdots, \boldsymbol{\alpha}_s, \boldsymbol{\beta}_1, \boldsymbol{\beta}_2, \cdots, \boldsymbol{\beta}_t)\leqslant R(\boldsymbol{\alpha}_1, \boldsymbol{\alpha}_2, \cdots, \boldsymbol{\alpha}_s)+R(\boldsymbol{\beta}_1, \boldsymbol{\beta}_2, \cdots, \boldsymbol{\beta}_t).$$

4.4 线性方程组的解的结构

由前面讨论可知，n 元齐次线性方程组的矩阵形式和向量形式分别为

$$\boldsymbol{A}_{m\times n}\boldsymbol{x}_{n\times 1}=\boldsymbol{0}, \tag{4.3}$$

$$x_1\boldsymbol{\alpha}_1+x_2\boldsymbol{\alpha}_2+\cdots+x_n\boldsymbol{\alpha}_n=\boldsymbol{0}. \tag{4.4}$$

下面我们用向量组线性相关性的理论来讨论线性方程组的解的结构，先讨论齐次线性方程组的解的结构.

4.4.1 齐次线性方程组的解的结构

性质 4.1 若 $\boldsymbol{x}=\boldsymbol{\xi}_1$，$\boldsymbol{x}=\boldsymbol{\xi}_2$ 是方程组(4.3)的解，则 $\boldsymbol{x}=\boldsymbol{\xi}_1+\boldsymbol{\xi}_2$ 也是方程组(4.3)的解.

证明 因为

$$\boldsymbol{A}(\boldsymbol{\xi}_1+\boldsymbol{\xi}_2)=\boldsymbol{A}\boldsymbol{\xi}_1+\boldsymbol{A}\boldsymbol{\xi}_2=\boldsymbol{0}+\boldsymbol{0}=\boldsymbol{0},$$

所以 $\boldsymbol{x}=\boldsymbol{\xi}_1+\boldsymbol{\xi}_2$ 是方程组(4.3)的解.

性质 4.2 若 $\boldsymbol{x}=\boldsymbol{\xi}$ 是方程组(4.3)的解，k 是任意实数，则 $\boldsymbol{x}=k\boldsymbol{\xi}$ 也是方程组(4.3)的解.

证明 因为

$$\boldsymbol{A}(k\boldsymbol{\xi})=k(\boldsymbol{A}\boldsymbol{\xi})=k\boldsymbol{0}=\boldsymbol{0},$$

所以 $\boldsymbol{x}=k\boldsymbol{\xi}$ 是方程组(4.3)的解.

由性质 4.1 和性质 4.2 可知，若 $\boldsymbol{\xi}_1$，$\boldsymbol{\xi}_2$，…，$\boldsymbol{\xi}_r$ 都是方程组(4.3)的解，则它们的任意线性组合

$$k_1\boldsymbol{\xi}_1+k_2\boldsymbol{\xi}_2+\cdots+k_r\boldsymbol{\xi}_r$$

仍为方程组(4.3)的解.

定义 4.7 设 $\boldsymbol{\xi}_1$，$\boldsymbol{\xi}_2$，…，$\boldsymbol{\xi}_r$ 是齐次线性方程组(4.3)的 r 个解，如果满足下列条件：

(1) $\boldsymbol{\xi}_1$，$\boldsymbol{\xi}_2$，…，$\boldsymbol{\xi}_r$ 线性无关；

(2) 方程组(4.3)的任意一个解 $\boldsymbol{\xi}$ 都可由 $\boldsymbol{\xi}_1$，$\boldsymbol{\xi}_2$，…，$\boldsymbol{\xi}_r$ 线性表示，

则称 $\boldsymbol{\xi}_1$，$\boldsymbol{\xi}_2$，…，$\boldsymbol{\xi}_r$ 为齐次线性方程组(4.3)的基础解系.

把方程组(4.3)的全体解所组成的集合记作 S，即 $S=\{\boldsymbol{x}\mid\boldsymbol{A}\boldsymbol{x}=\boldsymbol{0}\}$，方程组(4.3)的基础解系就是解集 S 的一个极大无关组.

定理 4.10 若齐次线性方程组(4.3)的系数矩阵 $\boldsymbol{A}=(a_{ij})_{m\times n}$ 的秩 $R(\boldsymbol{A})=r$，则

(1) 当 $r=n$ 时，方程组(4.3)仅有零解，没有基础解系；

(2) 当 $r<n$ 时，方程组(4.3)有非零解，存在基础解系，并且基础解系所含向量的个数为 $n-r$.

证明 (1) 当 $R(\boldsymbol{A})=r=n$ 时，方程组(4.3)的解集 $S=\{\boldsymbol{0}\}$没有极大无关组，即方程组(4.3)没有基础解系；

(2) 当 $R(\boldsymbol{A})=r<n$ 时，$\boldsymbol{A}$ 中存在一个 r 阶的非零子式. 不妨设

$$\boldsymbol{A}=\begin{pmatrix}\boldsymbol{A}_{11} & \boldsymbol{A}_{12}\\ \boldsymbol{A}_{21} & \boldsymbol{A}_{22}\end{pmatrix},$$

其中 $\boldsymbol{A}_{11}$ 为 r 阶可逆子块，这时方程组(4.3)可表示为

$$\begin{pmatrix}\boldsymbol{A}_{11} & \boldsymbol{A}_{12}\\ \boldsymbol{A}_{21} & \boldsymbol{A}_{22}\end{pmatrix}\boldsymbol{x}=\boldsymbol{0},$$

用 m 阶可逆矩阵

$$\boldsymbol{P}=\begin{pmatrix}\boldsymbol{E}_r & \boldsymbol{0}\\ -\boldsymbol{A}_{21}\boldsymbol{A}_{11}^{-1} & \boldsymbol{E}_{m-r}\end{pmatrix}$$

左乘上式，便得方程组(4.3)的同解方程组如下：

$$\begin{pmatrix}\boldsymbol{A}_{11} & \boldsymbol{A}_{12}\\ \boldsymbol{0} & \boldsymbol{A}_{22}-\boldsymbol{A}_{21}\boldsymbol{A}_{11}^{-1}\boldsymbol{A}_{12}\end{pmatrix}\boldsymbol{x}=\boldsymbol{0}. \tag{4.5}$$

由于方程组(4.5)的系数矩阵的秩仍为 r，而 $\boldsymbol{A}_{11}$ 为 r 阶可逆子块，故必有

$$\boldsymbol{A}_{22}-\boldsymbol{A}_{21}\boldsymbol{A}_{11}^{-1}\boldsymbol{A}_{12}=\boldsymbol{0},$$

因此方程组(4.5)又与下列方程组

$$(\boldsymbol{A}_{11}\quad \boldsymbol{A}_{12})\boldsymbol{x}=\boldsymbol{0} \tag{4.6}$$

同解.

设 $\boldsymbol{x}=\begin{pmatrix}\boldsymbol{x}_1\\ \boldsymbol{x}_2\end{pmatrix}$(其中 $\boldsymbol{x}_1=(x_1, x_2, \cdots, x_r)^{\mathrm{T}}$，$\boldsymbol{x}_2=(x_{r+1}, x_{r+2}, \cdots, x_n)^{\mathrm{T}}$)为方程组(4.6)

的任意一个非零解，则方程组(4.6)可以化为

$$(\boldsymbol{A}_{11} \quad \boldsymbol{A}_{12})\boldsymbol{x}=(\boldsymbol{A}_{11} \quad \boldsymbol{A}_{12})\begin{pmatrix}\boldsymbol{x}_1\\ \boldsymbol{x}_2\end{pmatrix}=\boldsymbol{A}_{11}\boldsymbol{x}_1+\boldsymbol{A}_{12}\boldsymbol{x}_2=\boldsymbol{0},$$

即

$$\boldsymbol{x}_1=-\boldsymbol{A}_{11}^{-1}\boldsymbol{A}_{12}\boldsymbol{x}_2.$$

令 $\boldsymbol{C}=\begin{pmatrix}-\boldsymbol{A}_{11}^{-1}\boldsymbol{A}_{12}\\ \boldsymbol{E}_{n-r}\end{pmatrix}$，则有 $(\boldsymbol{A}_{11} \quad \boldsymbol{A}_{12})\begin{pmatrix}-\boldsymbol{A}_{11}^{-1}\boldsymbol{A}_{12}\\ \boldsymbol{E}_{n-r}\end{pmatrix}=\boldsymbol{0}$. 因为矩阵 $\boldsymbol{C}$ 中含有 $n-r$ 阶的可逆子块 $\boldsymbol{E}_{n-r}$，故 $R(\boldsymbol{C})=n-r$. 将 $\boldsymbol{C}$ 按列分块为 $\boldsymbol{C}=(\boldsymbol{\xi}_1, \boldsymbol{\xi}_2, \cdots, \boldsymbol{\xi}_{n-r})$，则 $\boldsymbol{\xi}_1, \boldsymbol{\xi}_2, \cdots, \boldsymbol{\xi}_{n-r}$ 线性无关并且都是方程组(4.3)的非零解. 记 $\boldsymbol{x}_2=(k_1, k_2, \cdots, k_{n-r})^{\mathrm{T}}$，于是

$$\begin{aligned}\boldsymbol{x}&=\begin{pmatrix}\boldsymbol{x}_1\\ \boldsymbol{x}_2\end{pmatrix}=\begin{pmatrix}-\boldsymbol{A}_{11}^{-1}\boldsymbol{A}_{12}\boldsymbol{x}_2\\ \boldsymbol{x}_2\end{pmatrix}=\begin{pmatrix}-\boldsymbol{A}_{11}^{-1}\boldsymbol{A}_{12}\\ \boldsymbol{E}_{n-r}\end{pmatrix}\boldsymbol{x}_2=\boldsymbol{C}\boldsymbol{x}_2=(\boldsymbol{\xi}_1, \boldsymbol{\xi}_2, \cdots, \boldsymbol{\xi}_{n-r})\begin{pmatrix}k_1\\ k_2\\ \vdots\\ k_{n-r}\end{pmatrix}\\ &=k_1\boldsymbol{\xi}_1+k_2\boldsymbol{\xi}_2+\cdots+k_{n-r}\boldsymbol{\xi}_{n-r},\end{aligned}\tag{4.7}$$

即向量组 $\boldsymbol{\xi}_1, \boldsymbol{\xi}_2, \cdots, \boldsymbol{\xi}_{n-r}$ 是方程组(4.3)的一个基础解系.

式(4.7)称为方程组(4.3)的通解.

例 4.15 求下列齐次线性方程组的基础解系和通解：

$$\begin{cases}x_1+2x_2+2x_3+x_4=0,\\ 2x_1+x_2-2x_3-2x_4=0,\\ x_1-x_2-4x_3-3x_4=0,\\ -x_1-2x_2-2x_3-x_4=0.\end{cases}$$

解 对系数矩阵 $\boldsymbol{A}$ 进行初等行变换，将其化为行最简形矩阵，即

$$\boldsymbol{A}=\begin{pmatrix}1&2&2&1\\ 2&1&-2&-2\\ 1&-1&-4&-3\\ -1&-2&-2&-1\end{pmatrix}\xrightarrow[r_4+r_1]{\substack{r_2-2r_1\\ r_3-r_1}}\begin{pmatrix}1&2&2&1\\ 0&-3&-6&-4\\ 0&-3&-6&-4\\ 0&0&0&0\end{pmatrix}\xrightarrow[r_1-2r_2]{\substack{r_3-r_2\\ r_2\times\left(-\frac{1}{3}\right)}}\begin{pmatrix}1&0&-2&-\frac{5}{3}\\ 0&1&2&\frac{4}{3}\\ 0&0&0&0\\ 0&0&0&0\end{pmatrix},$$

取 x_3、x_4 为自由未知量，题设方程组对应的同解方程组为

$$\begin{cases}x_1=2x_3+\dfrac{5}{3}x_4,\\ x_2=-2x_3-\dfrac{4}{3}x_4,\end{cases}$$

进一步可写成

$$\begin{cases}x_1=\ \ 2x_3+\dfrac{5}{3}x_4,\\ x_2=-2x_3-\dfrac{4}{3}x_4,\\ x_3=\quad x_3\qquad\quad,\\ x_4=\qquad\qquad x_4,\end{cases}$$

令 $x_3=k_1$，$x_4=k_2$，从而得到题设方程组的通解为

$$\begin{pmatrix}x_1\\x_2\\x_3\\x_4\end{pmatrix}=k_1\begin{pmatrix}2\\-2\\1\\0\end{pmatrix}+k_2\begin{pmatrix}\frac{5}{3}\\-\frac{4}{3}\\0\\1\end{pmatrix}\quad(k_1, k_2\text{为任意常数}),$$

由通解的结构可知基础解系为 $\boldsymbol{\xi}_1=(2, -2, 1, 0)^{\mathrm{T}}$，$\boldsymbol{\xi}_2=\left(\frac{5}{3}, -\frac{4}{3}, 0, 1\right)^{\mathrm{T}}$.

例 4.16 设 $\boldsymbol{A}_{m\times n}\boldsymbol{B}_{n\times s}=\boldsymbol{O}$，证明 $R(\boldsymbol{A})+R(\boldsymbol{B})\leqslant n$.

证明 将 $\boldsymbol{B}$ 按列分块为 $\boldsymbol{B}=(\boldsymbol{\beta}_1, \boldsymbol{\beta}_2, \cdots, \boldsymbol{\beta}_s)$，则

$$\boldsymbol{AB}=\boldsymbol{A}(\boldsymbol{\beta}_1, \boldsymbol{\beta}_2, \cdots, \boldsymbol{\beta}_s)=(\boldsymbol{A\beta}_1, \boldsymbol{A\beta}_2, \cdots, \boldsymbol{A\beta}_s)=(\boldsymbol{0}, \boldsymbol{0}, \cdots, \boldsymbol{0}),$$

即

$$\boldsymbol{A\beta}_j=\boldsymbol{0}\quad(j=1, 2, \cdots, s),$$

这表明矩阵 $\boldsymbol{B}$ 的 s 个列向量都是齐次线性方程组 $\boldsymbol{Ax}=\boldsymbol{0}$ 的解. 由定理 4.10 可知

$$R(\boldsymbol{B})=R(\boldsymbol{\beta}_1, \boldsymbol{\beta}_2, \cdots, \boldsymbol{\beta}_s)\leqslant n-R(\boldsymbol{A}),$$

于是

$$R(\boldsymbol{A})+R(\boldsymbol{B})\leqslant n.$$

例 4.17 设 n 元齐次线性方程组 $\boldsymbol{Ax}=\boldsymbol{0}$ 与 $\boldsymbol{Bx}=\boldsymbol{0}$ 同解，证明 $R(\boldsymbol{A})=R(\boldsymbol{B})$.

证明 由于方程组 $\boldsymbol{Ax}=\boldsymbol{0}$ 与 $\boldsymbol{Bx}=\boldsymbol{0}$ 有相同的解集，因此它们有相同的极大无关组，也就有相同的基础解系，故基础解系中所含向量的个数也一样，记为 r，则由定理 4.10 有 $r=n-R(\boldsymbol{A})$，并且 $r=n-R(\boldsymbol{B})$，因此 $R(\boldsymbol{A})=R(\boldsymbol{B})$.

例 4.17 的结论表明，当矩阵 $\boldsymbol{A}$ 与矩阵 $\boldsymbol{B}$ 的列数相等时，要证 $R(\boldsymbol{A})=R(\boldsymbol{B})$，只需证明齐次线性方程组 $\boldsymbol{Ax}=\boldsymbol{0}$ 与 $\boldsymbol{Bx}=\boldsymbol{0}$ 同解即可.

4.4.2 非齐次线性方程组的解的结构

n 元非齐次线性方程组

$$\boldsymbol{Ax}=\boldsymbol{b}\tag{4.8}$$

对应的齐次线性方程组

$$\boldsymbol{Ax}=\boldsymbol{0}\tag{4.9}$$

称为方程组(4.8)的导出齐次线性方程组，简称导出组.

性质 4.3 **设 $\boldsymbol{x}=\boldsymbol{\eta}_1$ 及 $\boldsymbol{x}=\boldsymbol{\eta}_2$ 都是方程组(4.8)的解，则 $\boldsymbol{x}=\boldsymbol{\eta}_1-\boldsymbol{\eta}_2$ 为其导出组(4.9)的解.**

证明 因为

$$\boldsymbol{A}(\boldsymbol{\eta}_1-\boldsymbol{\eta}_2)=\boldsymbol{A\eta}_1-\boldsymbol{A\eta}_2=\boldsymbol{b}-\boldsymbol{b}=\boldsymbol{0},$$

即 $\boldsymbol{\eta}_1-\boldsymbol{\eta}_2$ 满足方程组(4.9)，所以 $\boldsymbol{\eta}_1-\boldsymbol{\eta}_2$ 为方程组(4.9)的解.

性质 4.4 **设 $\boldsymbol{x}=\boldsymbol{\eta}$ 是方程组(4.8)的解，$\boldsymbol{x}=\boldsymbol{\xi}$ 是其导出组(4.9)的解，则 $\boldsymbol{x}=\boldsymbol{\eta}+\boldsymbol{\xi}$ 仍是方程组(4.8)的解.**

证明 因为

$$\boldsymbol{A}(\boldsymbol{\eta}+\boldsymbol{\xi})=\boldsymbol{A\eta}+\boldsymbol{A\xi}=\boldsymbol{b}+\boldsymbol{0}=\boldsymbol{b}$$

即 $\boldsymbol{\eta}+\boldsymbol{\xi}$ 满足方程组(4.8)，所以 $\boldsymbol{\eta}+\boldsymbol{\xi}$ 仍是方程组(4.8)的解.

定理 4.11 **若 $\boldsymbol{\eta}^*$ 是非齐次线性方程组(4.8)的一个特解，ξ 是其导出组(4.9)的通解，则方程组(4.8)的通解为**

$$\boldsymbol{x}=\boldsymbol{\eta}^*+\boldsymbol{\xi}.$$

证明 设 $\boldsymbol{x}$ 是方程组(4.8)的任意一个解，由性质 4.4 可知 $\boldsymbol{x}-\boldsymbol{\eta}^*$ 是导出组(4.9)的解. 由 $\boldsymbol{x}$ 的任意性可知，当 $\boldsymbol{x}$ 取遍方程组(4.8)的一切解时，得到 $\boldsymbol{x}-\boldsymbol{\eta}^*$ 是方程组(4.9)的通解，从而 $\boldsymbol{\xi}=\boldsymbol{x}-\boldsymbol{\eta}^*$，即方程组(4.8)的通解为 $\boldsymbol{x}=\boldsymbol{\eta}^*+\boldsymbol{\xi}$.

由定理 4.11 可知，若导出组(4.9)有一组基础解系 $\boldsymbol{\xi}_1$，$\boldsymbol{\xi}_2$，…，$\boldsymbol{\xi}_{n-r}$，则导出组(4.9)的通解可以表示为 $\boldsymbol{\xi}=k_1\boldsymbol{\xi}_1+k_2\boldsymbol{\xi}_2+\cdots+k_{n-r}\boldsymbol{\xi}_{n-r}$，从而非齐次线性方程组(4.8)的通解可以表示为

$$\boldsymbol{x}=\boldsymbol{\eta}^*+k_1\boldsymbol{\xi}_1+k_2\boldsymbol{\xi}_2+\cdots+k_{n-r}\boldsymbol{\xi}_{n-r},$$

其中，$\boldsymbol{\eta}^*$ 为方程组(4.8)的一个特解，k_1，k_2，…，k_{n-r} 为任意常数.

一般地，求非齐次线性方程组(4.8)的一个特解和其导出组(4.9)的通解可同时进行.

例 4.18 求解下列非齐次线性方程组，并给出其导出组的基础解系.

$$\begin{cases}x_1+5x_2-x_3+x_4=-1,\\ x_1-x_2+x_3+4x_4=3,\\ 3x_1+9x_2-x_3+6x_4=1,\\ x_1-7x_2+3x_3+7x_4=7.\end{cases}$$

解 对增广矩阵施行初等行变换，即

$$(\boldsymbol{A},\boldsymbol{b})=\left(\begin{array}{cccc:c}1&5&-1&1&-1\\1&-1&1&4&3\\3&9&-1&6&1\\1&-7&3&7&7\end{array}\right)\xrightarrow[r_4-r_1]{\substack{r_2-r_1\\r_3-3r_1}}\left(\begin{array}{cccc:c}1&5&-1&1&-1\\0&-6&2&3&4\\0&-6&2&3&4\\0&-12&4&6&8\end{array}\right)$$

$$\xrightarrow[\substack{r_2\times\left(-\frac{1}{6}\right)\\r_1-5r_2}]{\substack{r_3-r_2\\r_4-2r_2}}\left(\begin{array}{cccc:c}1&0&\frac{2}{3}&\frac{7}{2}&\frac{7}{3}\\0&1&-\frac{1}{3}&-\frac{1}{2}&-\frac{2}{3}\\0&0&0&0&0\\0&0&0&0&0\end{array}\right),$$

可见，$R(\mathbf{A})=R(\mathbf{A},\boldsymbol{b})=2<n=4$，所以方程组有无穷多组解. 取 x_3、x_4 为自由未知量，题设方程组的同解方程组为

$$\begin{cases}x_1=\frac{7}{3}-\frac{2}{3}x_3-\frac{7}{2}x_4,\\ x_2=-\frac{2}{3}+\frac{1}{3}x_3+\frac{1}{2}x_4,\\ x_3=x_3,\\ x_4=x_4,\end{cases}$$

令 $x_3=k_1$，$x_4=k_2$，得题设方程组的通解为

$$\begin{pmatrix}x_1\\x_2\\x_3\\x_4\end{pmatrix}=\begin{pmatrix}\frac{7}{3}\\-\frac{2}{3}\\0\\0\end{pmatrix}+k_1\begin{pmatrix}-\frac{2}{3}\\\frac{1}{3}\\1\\0\end{pmatrix}+k_2\begin{pmatrix}-\frac{7}{2}\\\frac{1}{2}\\0\\1\end{pmatrix}\quad(k_1\text{、}k_2\text{ 为任意常数}).$$

由通解的结构知，导出组的基础解系为 $\boldsymbol{\xi}_1=\left(-\frac{2}{3},\frac{1}{3},1,0\right)^{\mathrm{T}}$，$\boldsymbol{\xi}_2=\left(-\frac{7}{2},\frac{1}{2},0,1\right)^{\mathrm{T}}$.

例 4.19　设 $\boldsymbol{\eta}_1$、$\boldsymbol{\eta}_2$、$\boldsymbol{\eta}_3$ 是四元非齐次线性方程组 $\boldsymbol{A}\boldsymbol{x}=\boldsymbol{b}$ 的三个解，且 $R(\boldsymbol{A})=3$，

$$\boldsymbol{\eta}_1=\begin{pmatrix}4\\1\\0\\2\end{pmatrix},\ \boldsymbol{\eta}_2+\boldsymbol{\eta}_3=\begin{pmatrix}1\\0\\1\\2\end{pmatrix},$$

求方程组 $\boldsymbol{A}\boldsymbol{x}=\boldsymbol{b}$ 的通解.

解　因为 $n-R(\boldsymbol{A})=4-3=1$，所以方程组 $\boldsymbol{A}\boldsymbol{x}=\boldsymbol{b}$ 的导出组 $\boldsymbol{A}\boldsymbol{x}=\boldsymbol{0}$ 的任意一个非零解都是它的基础解系. 因为 $\boldsymbol{\eta}_1$、$\boldsymbol{\eta}_2$、$\boldsymbol{\eta}_3$ 都是方程组 $\boldsymbol{A}\boldsymbol{x}=\boldsymbol{b}$ 的解，由性质 4.3 知，$\boldsymbol{\eta}_1-\boldsymbol{\eta}_2$ 和 $\boldsymbol{\eta}_1-\boldsymbol{\eta}_3$ 都是方程组 $\boldsymbol{A}\boldsymbol{x}=\boldsymbol{0}$ 的解，又由性质 4.4 知，$\boldsymbol{\eta}_1-\boldsymbol{\eta}_2$ 和 $\boldsymbol{\eta}_1-\boldsymbol{\eta}_3$ 的和

$$\boldsymbol{\xi}=(\boldsymbol{\eta}_1-\boldsymbol{\eta}_2)+(\boldsymbol{\eta}_1-\boldsymbol{\eta}_3)=2\boldsymbol{\eta}_1-(\boldsymbol{\eta}_2+\boldsymbol{\eta}_3)=\begin{pmatrix}7\\1\\-1\\2\end{pmatrix}$$

是导出组 $\boldsymbol{A}\boldsymbol{x}=\boldsymbol{0}$ 的非零解，也就是 $\boldsymbol{A}\boldsymbol{x}=\boldsymbol{0}$ 的基础解系，因此方程组 $\boldsymbol{A}\boldsymbol{x}=\boldsymbol{b}$ 的通解为 $\boldsymbol{x}=\boldsymbol{\eta}_1+k\boldsymbol{\xi}$（$k$ 为任意常数）.

■习题 4.4

1. 求下列齐次线性方程组的基础解系：

(1) $\begin{cases}x_1-x_2+2x_3+x_4=0,\\2x_1-2x_2+3x_3+3x_4=0,\\x_1-x_2+x_3+2x_4=0;\end{cases}$

(2) $\begin{cases}x_1-x_2+5x_3-x_4=0,\\x_1+x_2-2x_3+3x_4=0,\\3x_1-x_2+8x_3+x_4=0,\\x_1+3x_2-9x_3+7x_4=0.\end{cases}$

2. 已知齐次线性方程组

$$\begin{cases}\lambda x_1+x_2+x_3=0,\\x_1+\lambda x_2-x_3=0,\\2x_1-x_2+x_3=0,\end{cases}$$

当 λ 取何值时，方程组有非零解？当有非零解时，求方程组的通解与基础解系.

3. 求解下列非齐次线性方程组：

(1) $\begin{cases}x_1-x_2+2x_3=1,\\2x_1-x_2+2x_3=2,\\x_2-8x_3=0,\\4x_1+x_2+4x_3=4;\end{cases}$

(2) $\begin{cases} 2x_1+x_2-2x_3+x_4=1, \\ 4x_1+2x_2-2x_3+x_4=2, \\ 2x_1+x_2-x_3-x_4=1. \end{cases}$

4. 试问：当 a 为何值时，非齐次线性方程组

$$\begin{cases} ax_1+x_2+x_3=1, \\ x_1+ax_2+x_3=a, \\ x_1+x_2+ax_3=a^2 \end{cases}$$

有唯一解、无解、无穷多解，并求其通解.

5. 设 $\boldsymbol{A}$ 为 n 阶矩阵，满足 $(\boldsymbol{A}-a\boldsymbol{E})(\boldsymbol{A}-b\boldsymbol{E})=\boldsymbol{0}$，其中数 $a\neq b$. 证明：

$$R(\boldsymbol{A}-a\boldsymbol{E})+R(\boldsymbol{A}-b\boldsymbol{E})=n.$$

6. 证明：$R(\boldsymbol{A}^{\mathrm{T}}\boldsymbol{A})=R(\boldsymbol{A})$.

4.5 向量空间

定义 4.8 设 V 为 n 维向量的集合，如果集合 V 非空，且对于向量的线性运算(向量的加法及数乘运算)封闭，即对任意的 $\boldsymbol{\alpha}$，$\boldsymbol{\beta}\in V$ 和常数 $k\in\mathbf{R}$ 都有

$$\boldsymbol{\alpha}+\boldsymbol{\beta}\in V,\ k\boldsymbol{\alpha}\in V,$$

那么就称集合 V 为一个向量空间.

例 4.20 n 维向量的全体所构成的集合 $\mathbf{R}^n$ 就是一个向量空间，称为 n 维向量空间. 因为任意两个 n 维向量的和仍为 n 维向量，数 k 乘 n 维向量仍为 n 维向量.

n 维零向量所形成的集合 $\{\boldsymbol{0}\}$ 也构成一个向量空间，称为零空间.

特别地，当 $n=3$ 时，我们可以用有向线段形象地表示 3 维向量，又由于以原点为起点的有向线段与其终点一一对应，因此，向量空间 $\mathbf{R}^3$ 既可以看作以坐标原点为起点的有向线段的全体，又可以看作取定坐标原点的点空间.

定义 4.9 如果 V_1 和 V_2 都是向量空间，且 $V_1\subseteq V_2$，则称 V_1 是 V_2 的子空间.

任何由 n 维向量所组成的向量空间都是 $\mathbf{R}^n$ 的子空间.

例 4.21 集合

$$V_1=\{\boldsymbol{x}=(0,\ x_2,\ \cdots,\ x_n)^{\mathrm{T}}\mid x_2,\ \cdots,\ x_n\in\mathbf{R}\}$$

构成一个向量空间；而集合

$$V_2=\{\boldsymbol{x}=(1,\ x_2,\ \cdots,\ x_n)^{\mathrm{T}}\mid x_2,\ \cdots,\ x_n\in\mathbf{R}\}$$

不构成向量空间.

因为若 $\boldsymbol{\alpha}=(0,\ a_2,\ \cdots,\ a_n)^{\mathrm{T}}\in V_1$，$\boldsymbol{\beta}=(0,\ b_2,\ \cdots,\ b_n)^{\mathrm{T}}\in V_1$，则

$$\boldsymbol{\alpha}+\boldsymbol{\beta}=(0,\ a_2+b_2,\ \cdots,\ a_n+b_n)^{\mathrm{T}}\in V_1,\ k\boldsymbol{\alpha}=(0,\ ka_2,\ \cdots,\ ka_n)^{\mathrm{T}}\in V_1,$$

所以集合 V_1 构成一个向量空间. 而若 $\boldsymbol{\alpha}=(1,\ a_2,\ \cdots,\ a_n)^{\mathrm{T}}\in V_2$，则

$$2\boldsymbol{\alpha}=(2,\ 2a_2,\ \cdots,\ 2a_n)^{\mathrm{T}}\notin V_2.$$

例 4.22 n 元齐次线性方程组的解集

$$S=\{\boldsymbol{x}\mid \boldsymbol{A}\boldsymbol{x}=\boldsymbol{0}\}$$

构成一个向量空间(称为齐次线性方程组的解空间)；而非齐次线性方程组的解集

$$S_b=\{\boldsymbol{x}\mid\boldsymbol{Ax}=\boldsymbol{b}\}$$

不构成向量空间.

根据齐次线性方程组的性质4.1及性质4.2可知，集合 S 对向量的线性运算是封闭的，所以 S 是一个向量空间. 而当 S_b 为空集时，S_b 不是向量空间；当 S_b 非空时，若 $\boldsymbol{\eta}\in S_b$，则 $\boldsymbol{A}(2\boldsymbol{\eta})=2(\boldsymbol{A\eta})=2\boldsymbol{b}\neq\boldsymbol{b}$，故 $2\boldsymbol{\eta}\notin S_b$.

例 4.23　设 $\boldsymbol{\alpha}_1, \boldsymbol{\alpha}_2, \cdots, \boldsymbol{\alpha}_m$ 为一个 n 维向量组，它们的任意线性组合构成的集合

$$\{k_1\boldsymbol{\alpha}_1+k_2\boldsymbol{\alpha}_2+\cdots+k_m\boldsymbol{\alpha}_m\mid k_1, k_2, \cdots, k_m\in\mathbf{R}\}$$

是一个向量空间，称为由向量组 $\boldsymbol{\alpha}_1, \boldsymbol{\alpha}_2, \cdots, \boldsymbol{\alpha}_m$ 所生成的向量空间，记为

$$L(\boldsymbol{\alpha}_1, \boldsymbol{\alpha}_2, \cdots, \boldsymbol{\alpha}_m)=\{k_1\boldsymbol{\alpha}_1+k_2\boldsymbol{\alpha}_2+\cdots+k_m\boldsymbol{\alpha}_m\mid k_1, k_2, \cdots, k_m\in\mathbf{R}\}.$$

因为若 $\boldsymbol{\alpha}=k_1\boldsymbol{\alpha}_1+k_2\boldsymbol{\alpha}_2+\cdots+k_m\boldsymbol{\alpha}_m\in L$，$\boldsymbol{\beta}=c_1\boldsymbol{\alpha}_1+c_2\boldsymbol{\alpha}_2+\cdots+c_m\boldsymbol{\alpha}_m\in L$，则

$$\boldsymbol{\alpha}+\boldsymbol{\beta}=(k_1+c_1)\boldsymbol{\alpha}_1+(k_2+c_2)\boldsymbol{\alpha}_2+\cdots+(k_m+c_m)\boldsymbol{\alpha}_m\in L,$$
$$c\boldsymbol{\alpha}=(ck_1)\boldsymbol{\alpha}_1+(ck_2)\boldsymbol{\alpha}_2+\cdots+(ck_m)\boldsymbol{\alpha}_m\in L\quad(c\in\mathbf{R}),$$

所以 $\{k_1\boldsymbol{\alpha}_1+k_2\boldsymbol{\alpha}_2+\cdots+k_m\boldsymbol{\alpha}_m\mid k_1, k_2, \cdots, k_m\in\mathbf{R}\}$ 为一个向量空间.

对于齐次线性方程组的解空间 $S=\{\boldsymbol{x}\mid\boldsymbol{Ax}=\boldsymbol{0}\}$，若能找到解空间 S 的一个基础解系 $\boldsymbol{\xi}_1, \boldsymbol{\xi}_2, \cdots, \boldsymbol{\xi}_{n-r}$，则

$$S=L(\boldsymbol{\xi}_1, \boldsymbol{\xi}_2, \cdots, \boldsymbol{\xi}_{n-r}).$$

例 4.24　证明：等价的向量组所生成的向量空间必相等.

证明　设向量组 A：$\boldsymbol{\alpha}_1, \boldsymbol{\alpha}_2, \cdots, \boldsymbol{\alpha}_s$ 与向量组 B：$\boldsymbol{\beta}_1, \boldsymbol{\beta}_2, \cdots, \boldsymbol{\beta}_t$ 等价. 任意的 $\boldsymbol{\alpha}\in L(\boldsymbol{\alpha}_1, \boldsymbol{\alpha}_2, \cdots, \boldsymbol{\alpha}_s)$ 都可由向量组 A 线性表示，而向量组 A 可由向量组 B 线性表示，故 $\boldsymbol{\alpha}$ 可由向量组 B 线性表示，所以 $\boldsymbol{\alpha}\in L(\boldsymbol{\beta}_1, \boldsymbol{\beta}_2, \cdots, \boldsymbol{\beta}_t)$. 由 $\boldsymbol{\alpha}$ 的任意性得

$$L(\boldsymbol{\alpha}_1, \boldsymbol{\alpha}_2, \cdots, \boldsymbol{\alpha}_s)\subseteq L(\boldsymbol{\beta}_1, \boldsymbol{\beta}_2, \cdots, \boldsymbol{\beta}_t).$$

同理可证

$$L(\boldsymbol{\beta}_1, \boldsymbol{\beta}_2, \cdots, \boldsymbol{\beta}_t)\subseteq L(\boldsymbol{\alpha}_1, \boldsymbol{\alpha}_2, \cdots, \boldsymbol{\alpha}_s).$$

因此

$$L(\boldsymbol{\alpha}_1, \boldsymbol{\alpha}_2, \cdots, \boldsymbol{\alpha}_s)=L(\boldsymbol{\beta}_1, \boldsymbol{\beta}_2, \cdots, \boldsymbol{\beta}_t).$$

定义 4.10　**设 V 为一个向量空间，如果 V 中的向量组 $\boldsymbol{\alpha}_1, \boldsymbol{\alpha}_2, \cdots, \boldsymbol{\alpha}_r$ 满足：**

(1) $\boldsymbol{\alpha}_1, \boldsymbol{\alpha}_2, \cdots, \boldsymbol{\alpha}_r$ 线性无关；

(2) V 中任一个向量都可由 $\boldsymbol{\alpha}_1, \boldsymbol{\alpha}_2, \cdots, \boldsymbol{\alpha}_r$ 线性表示，

则称向量组 $\boldsymbol{\alpha}_1, \boldsymbol{\alpha}_2, \cdots, \boldsymbol{\alpha}_r$ 为向量空间 V 的一个基，r 称为向量空间 V 的维数，记为 $\dim(V)=r$，并称 V 为 r 维向量空间.

如果向量空间 V 没有基，就称 V 的维数为0. 0维向量空间只含一个零向量.

如果把向量空间 V 看作是向量组，那么 V 的基就是向量组的极大无关组，V 的维数就是向量组的秩. 当向量空间 V 由 n 维向量组成时，它的维数不会超过 n.

由于任何 n 个线性无关的 n 维向量都可以是向量空间 $\mathbf{R}^n$ 的一个基，且 $\mathbf{R}^n$ 的维数为 n，所以我们把 $\mathbf{R}^n$ 称为 n 维向量空间.

值得注意的是：向量空间的维数和向量的维数是两个不同的概念.

例如，n 元齐次线性方程组的解空间 $S=\{x\mid Ax=0\}$ 中的解向量是 n 维向量，但是它的维数 $\dim(S)=n-r$，其中 $R(A)=r$.

又如，由 n 维向量组 A：α_1，α_2，$\cdots$，α_m 所生成的向量空间为

$$L(\alpha_1,\alpha_2,\cdots,\alpha_m)=\{k_1\alpha_1+k_2\alpha_2+\cdots+k_m\alpha_m\mid k_1,k_2,\cdots,k_m\in\mathbf{R}\},$$

显然向量空间 $L(\alpha_1,\alpha_2,\cdots,\alpha_m)$ 与向量组 A 等价，所以向量组 A 的极大无关组就是 $L(\alpha_1,\alpha_2,\cdots,\alpha_m)$ 的一个基，于是 $\dim(L(\alpha_1,\alpha_2,\cdots,\alpha_m))=R(A)$.

如果 α_1，α_2，$\cdots$，α_m 是向量空间 V 的一个基，则必有

$$V=L(\alpha_1,\alpha_2,\cdots,\alpha_r),$$

也就是说，任意一个向量空间都是由它的任意一个基所生成的向量空间.

定义 4.11　如果在向量空间 V 中取定一个基 α_1，α_2，$\cdots$，α_m，那么 V 中任一向量 α 可以唯一地表示为

$$\alpha=k_1\alpha_1+k_2\alpha_2+\cdots+k_r\alpha_r,$$

数组 k_1，k_2，$\cdots$，k_r 称为向量 α 在基 α_1，α_2，$\cdots$，α_m 下的坐标.

当然，同一个向量在不同的基下有不同的坐标. 求向量 α 在基 α_1，α_2，$\cdots$，α_m 下的坐标的方法就是求解方程组

$$x_1\alpha_1+x_2\alpha_2+\cdots+x_r\alpha_r=\alpha.$$

在 3 维向量空间 $\mathbf{R}^3$ 中取单位坐标向量组 e_1，e_2，e_3 为基，由例 4.2 知任一 3 维向量 $\alpha=(a_1,a_2,a_3)^{\mathrm{T}}$ 可表示为

$$\alpha=a_1e_1+a_2e_2+a_3e_3,$$

可见向量 α 在基 e_1，e_2，e_3 下的坐标就是 a_1，a_2，a_3. 因此 e_1，e_2，e_3 也称为 3 维向量空间 $\mathbf{R}^3$ 的自然基.

例 4.25　证明向量组 $\alpha_1=(1,1,2)^{\mathrm{T}}$，$\alpha_2=(3,-1,0)^{\mathrm{T}}$，$\alpha_3=(2,0,-11)^{\mathrm{T}}$ 构成 3 维向量空间 $\mathbf{R}^3$ 的一个基，并求出向量 $\beta=(1,-1,7)^{\mathrm{T}}$ 在此基下的坐标.

证明　设 $A=(\alpha_1,\alpha_2,\alpha_3)$，则

$$|A|=\begin{vmatrix}1&3&2\\1&-1&0\\2&0&-11\end{vmatrix}=48\neq0,$$

所以 α_1，α_2，α_3 线性无关，它们一定构成 $\mathbf{R}^3$ 的一个基.

对矩阵 (A,β) 施行初等行变换，即

$$(A,\beta)=\left(\begin{array}{ccc:c}1&3&2&1\\1&-1&0&-1\\2&0&-11&7\end{array}\right)\xrightarrow[r_2\times\left(-\frac{1}{2}\right)]{\substack{r_2-r_1\\r_3-2r_1}}\left(\begin{array}{ccc:c}1&3&2&1\\0&2&1&1\\0&-6&-15&5\end{array}\right)$$

$$\xrightarrow[r_1-2r_2]{r_3+3r_2}\left(\begin{array}{ccc:c}1&-1&0&-1\\0&2&1&1\\0&0&-12&8\end{array}\right)\xrightarrow[r_3\times\left(-\frac{1}{12}\right)]{r_2\times\left(\frac{1}{2}\right)}\left(\begin{array}{ccc:c}1&-1&0&-1\\0&1&\frac{1}{2}&\frac{1}{2}\\0&0&1&-\frac{2}{3}\end{array}\right)$$

$$\xrightarrow[r_1+r_2]{r_2-\frac{1}{2}r_3}\left(\begin{array}{ccc:c}1&0&0&-\frac{1}{6}\\0&1&0&\frac{5}{6}\\0&0&1&-\frac{2}{3}\end{array}\right)$$

故向量 $\boldsymbol{\beta}$ 在基 $\boldsymbol{\alpha}_1$，$\boldsymbol{\alpha}_2$，$\boldsymbol{\alpha}_3$ 下的坐标为 $-\frac{1}{6}$，$\frac{5}{6}$，$-\frac{2}{3}$.

■习题 4.5

1. 设

$$V_1=\{\boldsymbol{x}=(x_1, x_2, \cdots, x_n)^{\mathrm{T}} \mid x_1, x_2, \cdots, x_n \in \mathbf{R};\ x_1+x_2+\cdots+x_n=1\},$$

$$V_2=\{\boldsymbol{x}=(x_1, x_2, \cdots, x_n)^{\mathrm{T}} \mid x_1, x_2, \cdots, x_n \in \mathbf{R};\ x_1+x_2+\cdots+x_n=0\},$$

问：V_1、V_2 是不是向量空间？为什么？

2. 试证由向量组 $\boldsymbol{\alpha}_1=(0, 1, 1)^{\mathrm{T}}$，$\boldsymbol{\alpha}_2=(1, 0, 1)^{\mathrm{T}}$，$\boldsymbol{\alpha}_3=(1, 1, 0)^{\mathrm{T}}$ 所生成的向量空间就是 $\mathbf{R}^3$.

3. 证明向量组 $\boldsymbol{\alpha}_1=(1, -1, 0)^{\mathrm{T}}$，$\boldsymbol{\alpha}_2=(2, 1, 3)^{\mathrm{T}}$，$\boldsymbol{\alpha}_3=(3, 1, 2)^{\mathrm{T}}$ 为 $\mathbf{R}^3$ 的一个基，并分别求出向量 $\boldsymbol{\beta}_1=(5, 0, 7)^{\mathrm{T}}$，$\boldsymbol{\beta}_2=(-9, -8, -13)^{\mathrm{T}}$ 在此基下的坐标.

4.6 典型例题

例 4.26 设向量组 $\boldsymbol{\alpha}_1=(1, 1, 1, 3)^{\mathrm{T}}$，$\boldsymbol{\alpha}_2=(-1, -3, 5, 1)^{\mathrm{T}}$，$\boldsymbol{\alpha}_3=(3, 2, -1, p+2)^{\mathrm{T}}$，$\boldsymbol{\alpha}_4=(-2, -6, 10, p)^{\mathrm{T}}$.

(1) 当 p 为何值时，$\boldsymbol{\alpha}_1$，$\boldsymbol{\alpha}_2$，$\boldsymbol{\alpha}_3$，$\boldsymbol{\alpha}_4$ 线性相关？并求出 $R(\boldsymbol{\alpha}_1, \boldsymbol{\alpha}_2, \boldsymbol{\alpha}_3, \boldsymbol{\alpha}_4)$和它的一个极大无关组.

(2) 当 p 为何值时，$\boldsymbol{\alpha}_1$，$\boldsymbol{\alpha}_2$，$\boldsymbol{\alpha}_3$，$\boldsymbol{\alpha}_4$ 线性无关？此时把 $\boldsymbol{\beta}=(4, 1, 6, 10)^{\mathrm{T}}$ 用它们线性表示.

解 (1) 对下面矩阵施行初等行变换：

$$(\boldsymbol{\alpha}_1, \boldsymbol{\alpha}_2, \boldsymbol{\alpha}_3, \boldsymbol{\alpha}_4)=\begin{pmatrix}1 & -1 & 3 & -2\\1 & -3 & 2 & -6\\1 & 5 & -1 & 10\\3 & 1 & p+2 & p\end{pmatrix}\xrightarrow{r}\begin{pmatrix}1 & -1 & 3 & -2\\0 & -2 & -1 & -4\\0 & 0 & 1 & 0\\0 & 0 & 0 & p-2\end{pmatrix}$$

于是，当 $p=2$ 时，$R(\boldsymbol{\alpha}_1, \boldsymbol{\alpha}_2, \boldsymbol{\alpha}_3, \boldsymbol{\alpha}_4)=3$，$\boldsymbol{\alpha}_1$，$\boldsymbol{\alpha}_2$，$\boldsymbol{\alpha}_3$，$\boldsymbol{\alpha}_4$ 线性相关，$\boldsymbol{\alpha}_1$，$\boldsymbol{\alpha}_2$，$\boldsymbol{\alpha}_3$ 是它的一个极大无关组.

(2) 对下列矩阵施行初等行变换：

$$(\boldsymbol{\alpha}_1, \boldsymbol{\alpha}_2, \boldsymbol{\alpha}_3, \boldsymbol{\alpha}_4, \boldsymbol{\beta})=\left(\begin{array}{cccc:c}1 & -1 & 3 & -2 & 4\\1 & -3 & 2 & -6 & 1\\1 & 5 & -1 & 10 & 6\\3 & 1 & p+2 & p & 10\end{array}\right)\xrightarrow{r}\left(\begin{array}{cccc:c}1 & -1 & 3 & -2 & 4\\0 & -2 & -1 & -4 & -3\\0 & 0 & 1 & 0 & 1\\0 & 0 & 0 & p-2 & 1-p\end{array}\right)=\boldsymbol{B},$$

当 $p\neq 2$ 时，$R(\boldsymbol{\alpha}_1, \boldsymbol{\alpha}_2, \boldsymbol{\alpha}_3, \boldsymbol{\alpha}_4)=(\boldsymbol{\alpha}_1, \boldsymbol{\alpha}_2, \boldsymbol{\alpha}_3, \boldsymbol{\alpha}_4, \boldsymbol{\beta})=4$，$\boldsymbol{\alpha}_1$，$\boldsymbol{\alpha}_2$，$\boldsymbol{\alpha}_3$，$\boldsymbol{\alpha}_4$ 线性无关. 对 $\boldsymbol{B}$ 继续施行初等行变换：

$$\boldsymbol{B}\xrightarrow{r}\left(\begin{array}{cccc:c}1 & 0 & 0 & 0 & 2\\0 & 1 & 0 & 0 & \dfrac{3p-4}{p-2}\\0 & 0 & 1 & 0 & 1\\0 & 0 & 0 & 1 & \dfrac{1-p}{p-2}\end{array}\right),$$

得到

$$\boldsymbol{\beta}=2\boldsymbol{\alpha}_1+\frac{3p-4}{p-2}\boldsymbol{\alpha}_2+\boldsymbol{\alpha}_3+\frac{1-p}{p-2}\boldsymbol{\alpha}_4.$$

例 4.27 已知向量组 A：$\boldsymbol{\alpha}_1=(1, 1, a)^{\mathrm{T}}$，$\boldsymbol{\alpha}_2=(1, a, 1)^{\mathrm{T}}$，$\boldsymbol{\alpha}_3=(a, 1, 1)^{\mathrm{T}}$ 和向量组 B：$\boldsymbol{\beta}_1=(1, 1, a)^{\mathrm{T}}$，$\boldsymbol{\beta}_2=(-2, a, 4)^{\mathrm{T}}$，$\boldsymbol{\beta}_3=(-2, a, a)^{\mathrm{T}}$，当 a 为何值时，向量组 A 可由向量组 B 线性表示，而向量组 B 不能由向量组 A 线性表示？

解 因为向量组 A：$\boldsymbol{\alpha}_1, \boldsymbol{\alpha}_2, \boldsymbol{\alpha}_3$ 可由向量组 B：$\boldsymbol{\beta}_1, \boldsymbol{\beta}_2, \boldsymbol{\beta}_3$ 线性表示，所以矩阵方程 $(\boldsymbol{\alpha}_1, \boldsymbol{\alpha}_2, \boldsymbol{\alpha}_3)=(\boldsymbol{\beta}_1, \boldsymbol{\beta}_2, \boldsymbol{\beta}_3)\boldsymbol{X}$ 有解，由

$$(\boldsymbol{\beta}_1, \boldsymbol{\beta}_2, \boldsymbol{\beta}_3, \boldsymbol{\alpha}_1, \boldsymbol{\alpha}_2, \boldsymbol{\alpha}_3)=\left(\begin{array}{ccc:ccc}1 & -2 & -2 & 1 & 1 & a\\ 1 & a & a & 1 & a & 1\\ a & 4 & a & a & 1 & 1\end{array}\right)$$

$$\xrightarrow[r_3-ar_1]{r_2-r_1}\left(\begin{array}{ccc:ccc}1 & -2 & -2 & 1 & 1 & a\\ 0 & a+2 & a+2 & 0 & a-1 & 1-a\\ 0 & 2a+4 & 3a & 0 & 1-a & 1-a^2\end{array}\right)$$

$$\xrightarrow{r_3-2r_2}\left(\begin{array}{ccc:ccc}1 & -2 & -2 & 1 & 1 & a\\ 0 & a+2 & a+2 & 0 & a-1 & 1-a\\ 0 & 0 & a-4 & 0 & 3-3a & -(a-1)^2\end{array}\right)$$

可知，当 $a+2\neq0$ 且 $a-4\neq0$ 时，矩阵方程 $(\boldsymbol{\alpha}_1, \boldsymbol{\alpha}_2, \boldsymbol{\alpha}_3)=(\boldsymbol{\beta}_1, \boldsymbol{\beta}_2, \boldsymbol{\beta}_3)\boldsymbol{X}$ 有解，即当 $a\neq-2$ 且 $a\neq4$ 时，向量组 A 可由向量组 B 线性表示.

向量组 B：$\boldsymbol{\beta}_1, \boldsymbol{\beta}_2, \boldsymbol{\beta}_3$ 不能由向量组 A：$\boldsymbol{\alpha}_1, \boldsymbol{\alpha}_2, \boldsymbol{\alpha}_3$ 线性表示，所以矩阵方程 $(\boldsymbol{\beta}_1, \boldsymbol{\beta}_2, \boldsymbol{\beta}_3)=(\boldsymbol{\alpha}_1, \boldsymbol{\alpha}_2, \boldsymbol{\alpha}_3)\boldsymbol{X}$ 无解，由

$$(\boldsymbol{\alpha}_1, \boldsymbol{\alpha}_2, \boldsymbol{\alpha}_3, \boldsymbol{\beta}_1, \boldsymbol{\beta}_2, \boldsymbol{\beta}_3)=\left(\begin{array}{ccc:ccc}1 & 1 & a & 1 & -2 & -2\\ 1 & a & 1 & 1 & a & a\\ a & 1 & 1 & a & 4 & a\end{array}\right)$$

$$\xrightarrow[r_3-ar_1]{r_2-r_1}\left(\begin{array}{ccc:ccc}1 & 1 & a & 1 & -2 & -2\\ 0 & a-1 & 1-a & 0 & a+2 & a+2\\ 0 & 1-a & 1-a^2 & 0 & 2a+4 & 3a\end{array}\right)$$

$$\xrightarrow{r_3+r_2}\left(\begin{array}{ccc:ccc}1 & 1 & a & 1 & -2 & -2\\ 0 & a-1 & 1-a & 0 & a+2 & a+2\\ 0 & 0 & 2-a-a^2 & 0 & 3a+6 & 4a+2\end{array}\right)$$

可知，当 $a-1=0$ 或 $2-a-a^2=0$ 时，矩阵方程 $(\boldsymbol{\beta}_1, \boldsymbol{\beta}_2, \boldsymbol{\beta}_3)=(\boldsymbol{\alpha}_1, \boldsymbol{\alpha}_2, \boldsymbol{\alpha}_3)\boldsymbol{X}$ 无解，即当 $a=1$ 或 $a=-2$ 时，向量组 B 不能由向量组 A 线性表示.

综上所述，当 $a=1$ 时，向量组 A：$\boldsymbol{\alpha}_1, \boldsymbol{\alpha}_2, \boldsymbol{\alpha}_3$ 可由向量组 B：$\boldsymbol{\beta}_1, \boldsymbol{\beta}_2, \boldsymbol{\beta}_3$ 线性表示，但向量组 B：$\boldsymbol{\beta}_1, \boldsymbol{\beta}_2, \boldsymbol{\beta}_3$ 不能由向量组 A：$\boldsymbol{\alpha}_1, \boldsymbol{\alpha}_2, \boldsymbol{\alpha}_3$ 线性表示.

例 4.28 设 $\boldsymbol{\alpha}_1, \boldsymbol{\alpha}_2, \cdots, \boldsymbol{\alpha}_s$ 和 $\boldsymbol{\beta}$ 都是 n 维向量，证明：

(1) 若 $\boldsymbol{\beta}$ 可由 $\boldsymbol{\alpha}_1, \boldsymbol{\alpha}_2, \cdots, \boldsymbol{\alpha}_s$ 线性表示，则

$$R(\boldsymbol{\alpha}_1, \boldsymbol{\alpha}_2, \cdots, \boldsymbol{\alpha}_s, \boldsymbol{\beta})=R(\boldsymbol{\alpha}_1, \boldsymbol{\alpha}_2, \cdots, \boldsymbol{\alpha}_s);$$

(2) 若 $\boldsymbol{\beta}$ 不能由 $\boldsymbol{\alpha}_1, \boldsymbol{\alpha}_2, \cdots, \boldsymbol{\alpha}_s$ 线性表示，则

$$R(\boldsymbol{\alpha}_1, \boldsymbol{\alpha}_2, \cdots, \boldsymbol{\alpha}_s, \boldsymbol{\beta})=R(\boldsymbol{\alpha}_1, \boldsymbol{\alpha}_2, \cdots, \boldsymbol{\alpha}_s)+1.$$

证明　设部分组 A_0 是 $\boldsymbol{\alpha}_1, \boldsymbol{\alpha}_2, \cdots, \boldsymbol{\alpha}_s$ 的一个极大无关组，则它也是 $\boldsymbol{\alpha}_1, \boldsymbol{\alpha}_2, \cdots, \boldsymbol{\alpha}_s, \boldsymbol{\beta}$ 中的一个线性无关的部分组.

(1) 若 $\boldsymbol{\beta}$ 可由 $\boldsymbol{\alpha}_1, \boldsymbol{\alpha}_2, \cdots, \boldsymbol{\alpha}_s$ 线性表示，则 $\boldsymbol{\beta}$ 也可由 A_0 线性表示，从而 A_0 也是 $\boldsymbol{\alpha}_1, \boldsymbol{\alpha}_2, \cdots, \boldsymbol{\alpha}_s, \boldsymbol{\beta}$ 的一个极大无关组，因此

$$R(\boldsymbol{\alpha}_1, \boldsymbol{\alpha}_2, \cdots, \boldsymbol{\alpha}_s, \boldsymbol{\beta})=R(\boldsymbol{\alpha}_1, \boldsymbol{\alpha}_2, \cdots, \boldsymbol{\alpha}_s)=A_0\text{ 中向量的个数}.$$

(2) 若 $\boldsymbol{\beta}$ 不能由 $\boldsymbol{\alpha}_1, \boldsymbol{\alpha}_2, \cdots, \boldsymbol{\alpha}_s$ 线性表示，则 $\boldsymbol{\beta}$ 也不能由 A_0 线性表示，从而 A_0 不是 $\boldsymbol{\alpha}_1, \boldsymbol{\alpha}_2, \cdots, \boldsymbol{\alpha}_s, \boldsymbol{\beta}$ 的极大无关组，增添进 $\boldsymbol{\beta}$ 才是极大无关组，因此

$$R(\boldsymbol{\alpha}_1, \boldsymbol{\alpha}_2, \cdots, \boldsymbol{\alpha}_s, \boldsymbol{\beta})=R(\boldsymbol{\alpha}_1, \boldsymbol{\alpha}_2, \cdots, \boldsymbol{\alpha}_s)+1.$$

例 4.29　(1) 设 $\boldsymbol{A}$ 是 $m\times n$ 矩阵，证明：$R(\boldsymbol{A})=1$ 的充分必要条件是存在 m 维非零列向量 $\boldsymbol{\alpha}$ 和 n 维非零列向量 $\boldsymbol{\beta}$，使得 $\boldsymbol{A}=\boldsymbol{\alpha}\boldsymbol{\beta}^{\mathrm{T}}$.

(2) 设 $\boldsymbol{A}$ 为 n 阶矩阵，$R(\boldsymbol{A})=1$，证明：

$$\boldsymbol{A}^k=[\mathrm{tr}(\boldsymbol{A})]^{k-1}\boldsymbol{A}\quad (k\text{ 为正整数}),$$

其中，$\mathrm{tr}(\boldsymbol{A})$是 $\boldsymbol{A}$ 的主对角线上元素之和，称为 $\boldsymbol{A}$ 的迹数.

证明　(1) 先证必要性. 记 $\boldsymbol{A}$ 的列向量组为 $\boldsymbol{\alpha}_1, \boldsymbol{\alpha}_2, \cdots, \boldsymbol{\alpha}_n$，则由 $R(\boldsymbol{A})=1$ 知 $R(\boldsymbol{\alpha}_1, \boldsymbol{\alpha}_2, \cdots, \boldsymbol{\alpha}_n)=1$，于是 $\boldsymbol{A}$ 一定有非零列向量. 记 $\boldsymbol{\alpha}$ 为 $\boldsymbol{A}$ 的一个非零列向量，则每个 $\boldsymbol{\alpha}_i$ 都是 $\boldsymbol{\alpha}$ 的倍数. 设 $\boldsymbol{\alpha}_i=b_i\boldsymbol{\alpha}(i=1, 2, \cdots, n)$，记 $\boldsymbol{\beta}=(b_1, b_2, \cdots, b_n)^{\mathrm{T}}$，则 $\boldsymbol{\beta}\neq\boldsymbol{0}$，并且

$$\boldsymbol{A}=(\boldsymbol{\alpha}_1, \boldsymbol{\alpha}_2, \cdots, \boldsymbol{\alpha}_n)=(b_1\boldsymbol{\alpha}, b_2\boldsymbol{\alpha}, \cdots, b_n\boldsymbol{\alpha})=\boldsymbol{\alpha}\boldsymbol{\beta}^{\mathrm{T}}.$$

再证充分性. 设 $\boldsymbol{A}=\boldsymbol{\alpha}\boldsymbol{\beta}^{\mathrm{T}}$，则由例 4.14 可知 $R(\boldsymbol{A})\leqslant R(\boldsymbol{\alpha})=1$. 由于 $\boldsymbol{\alpha}$、$\boldsymbol{\beta}$ 都不是零向量，可设 $\boldsymbol{\alpha}$ 的第 i 个分量 $a_i\neq0$，$\boldsymbol{\beta}$ 的第 j 个分量 $b_j\neq0$，则 $\boldsymbol{A}$ 的位于(i, j)位的元素 $a_ib_j\neq0$，因此 $\boldsymbol{A}\neq\boldsymbol{0}$，从而 $R(\boldsymbol{A})>0$，得 $R(\boldsymbol{A})=1$.

(2) 因为 $R(\boldsymbol{A})=1$，由(1)的结论可得 $\boldsymbol{A}=\boldsymbol{\alpha}\boldsymbol{\beta}^{\mathrm{T}}$，且 $\boldsymbol{\alpha}$ 与 $\boldsymbol{\beta}$ 均为 n 维列向量，记

$$\boldsymbol{\alpha}=(a_1, a_2, \cdots, a_n)^{\mathrm{T}}, \boldsymbol{\beta}=(b_1, b_2, \cdots, b_n)^{\mathrm{T}},$$

则矩阵 $\boldsymbol{A}$ 的主对角线上的元素为 $a_1b_1, a_2b_2, \cdots, a_nb_n$，并且

$$\boldsymbol{\beta}^{\mathrm{T}}\boldsymbol{\alpha}=a_1b_1+a_2b_2+\cdots+a_nb_n=\mathrm{tr}(\boldsymbol{A}),$$

所以

$$\boldsymbol{A}^k=(\boldsymbol{\alpha}\boldsymbol{\beta}^{\mathrm{T}})^k=\boldsymbol{\alpha}\boldsymbol{\beta}^{\mathrm{T}}\cdot\boldsymbol{\alpha}\boldsymbol{\beta}^{\mathrm{T}}\cdot\cdots\cdot\boldsymbol{\alpha}\boldsymbol{\beta}^{\mathrm{T}}=\boldsymbol{\alpha}(\boldsymbol{\beta}^{\mathrm{T}}\boldsymbol{\alpha})^{k-1}\boldsymbol{\beta}^{\mathrm{T}}=(\boldsymbol{\beta}^{\mathrm{T}}\boldsymbol{\alpha})^{k-1}\boldsymbol{\alpha}\boldsymbol{\beta}^{\mathrm{T}}=[\mathrm{tr}(\boldsymbol{A})]^{k-1}\boldsymbol{A}.$$

例 4.30　设 $\boldsymbol{A}$ 为 $m\times n$ 矩阵，$\boldsymbol{C}$ 为 $n\times s$ 矩阵，$\boldsymbol{B}$ 为 $s\times t$ 矩阵，已知 $R(\boldsymbol{A})=n$(称 $\boldsymbol{A}$ 为列满秩矩阵)，$R(\boldsymbol{B})=s$(称 $\boldsymbol{B}$ 为行满秩矩阵)，证明 $R(\boldsymbol{C})=R(\boldsymbol{AC})=R(\boldsymbol{CB})=R(\boldsymbol{ACB})$.

证明　(1) 证明 $R(\boldsymbol{C})=R(\boldsymbol{AC})$. 根据例 4.17 的结论，只需证明齐次方程组$(\boldsymbol{AC})\boldsymbol{x}=\boldsymbol{0}$ 与 $\boldsymbol{Cx}=\boldsymbol{0}$ 同解.

设 s 维列向量 $\boldsymbol{\xi}$ 为方程组$(\boldsymbol{AC})\boldsymbol{x}=\boldsymbol{0}$ 的解，则$(\boldsymbol{AC})\boldsymbol{\xi}=\boldsymbol{A}(\boldsymbol{C\xi})=\boldsymbol{0}$. 因为 $R(\boldsymbol{A})=n$，故齐次方程组 $\boldsymbol{Ax}=\boldsymbol{0}$ 只有零解，从而 $\boldsymbol{C\xi}=\boldsymbol{0}$，即 $\boldsymbol{\xi}$ 也是方程组 $\boldsymbol{Cx}=\boldsymbol{0}$ 的解. 于是方程组$(\boldsymbol{AC})\boldsymbol{x}=\boldsymbol{0}$ 的解一定都是方程组 $\boldsymbol{Cx}=\boldsymbol{0}$ 的解. 显然方程组 $\boldsymbol{Cx}=\boldsymbol{0}$ 的解也是方程组$(\boldsymbol{AC})\boldsymbol{x}=\boldsymbol{0}$ 的解，从而方程组$(\boldsymbol{AC})\boldsymbol{x}=\boldsymbol{0}$ 与 $\boldsymbol{Cx}=\boldsymbol{0}$ 同解，所以 $R(\boldsymbol{C})=R(\boldsymbol{AC})$.

(2) 证明 $R(\boldsymbol{CB})=R(\boldsymbol{C})$. 因为 $R(\boldsymbol{CB})=R(\boldsymbol{B}^{\mathrm{T}}\boldsymbol{C}^{\mathrm{T}})$，而 $\boldsymbol{B}^{\mathrm{T}}$ 为列满秩矩阵，所以由(1)的结论得

$$R(\boldsymbol{CB})=R(\boldsymbol{B}^{\mathrm{T}}\boldsymbol{C}^{\mathrm{T}})=R(\boldsymbol{C}^{\mathrm{T}})=R(\boldsymbol{C}).$$

(3) 证明 $R(\boldsymbol{ACB})=R(\boldsymbol{CB})$. 由于 $\boldsymbol{ACB}=\boldsymbol{A}(\boldsymbol{CB})$，且 $\boldsymbol{A}$ 为列满秩矩阵，由(1)的结论可得

$$R(\boldsymbol{ACB})=R(\boldsymbol{CB}).$$

综上所述，得

$$R(\boldsymbol{C})=R(\boldsymbol{AC})=R(\boldsymbol{CB})=R(\boldsymbol{ACB}).$$

例 4.31 设 $\boldsymbol{A}$ 为 n 阶矩阵，证明：

$$R(\boldsymbol{A}^*)=\begin{cases} n & (R(\boldsymbol{A})=n), \\ 1 & (R(\boldsymbol{A})=n-1), \\ 0 & (R(\boldsymbol{A})<n-1). \end{cases}$$

证明 当 $R(\boldsymbol{A})=n$ 时，矩阵 $\boldsymbol{A}$ 可逆，从而 $\boldsymbol{A}^*$ 也可逆，故 $R(\boldsymbol{A}^*)=n$.

当 $R(\boldsymbol{A})<n-1$ 时，矩阵 $\boldsymbol{A}$ 的每个余子式 M_{ij}(是 $n-1$ 阶的子式)都为 0，从而 $\boldsymbol{A}$ 的代数余子式 A_{ij} 也都为 0，于是 $\boldsymbol{A}^*=\boldsymbol{0}$，$R(\boldsymbol{A}^*)=0$.

当 $R(\boldsymbol{A})=n-1$ 时，矩阵 $\boldsymbol{A}$ 中存在 $n-1$ 阶的非零子式，从而存在代数余子式 $A_{ij}\neq 0$，于是 $\boldsymbol{A}^*\neq\boldsymbol{0}$，$R(\boldsymbol{A}^*)>0$. 又因为 $\boldsymbol{A}$ 不可逆，即 $|\boldsymbol{A}|=0$，所以 $\boldsymbol{AA}^*=\boldsymbol{O}$. 由例 4.16 可知 $R(\boldsymbol{A})+R(\boldsymbol{A}^*)\leqslant n$，由于 $R(\boldsymbol{A})=n-1$，得 $R(\boldsymbol{A}^*)\leqslant 1$，因此 $R(\boldsymbol{A}^*)=1$.

例 4.32 已知两个三元非齐次线性方程组(Ⅰ)和(Ⅱ)的通解分别为

$$\boldsymbol{\eta}_1+k_1\boldsymbol{\xi}_1+k_2\boldsymbol{\xi}_2,\ \boldsymbol{\eta}_2+k\boldsymbol{\xi},$$

其中

$$\boldsymbol{\eta}_1=\begin{pmatrix}1\\0\\1\end{pmatrix},\ \boldsymbol{\xi}_1=\begin{pmatrix}1\\1\\0\end{pmatrix},\ \boldsymbol{\xi}_2=\begin{pmatrix}1\\2\\1\end{pmatrix},\ \boldsymbol{\eta}_2=\begin{pmatrix}0\\1\\2\end{pmatrix},\ \boldsymbol{\xi}=\begin{pmatrix}1\\1\\2\end{pmatrix},$$

求方程组(Ⅰ)和(Ⅱ)的公共解.

解 公共解必须既是方程组(Ⅱ)的解，又是方程组(Ⅰ)的解，因此存在 k_1、k_2 使得 $\boldsymbol{\eta}_2+k\boldsymbol{\xi}=\boldsymbol{\eta}_1+k_1\boldsymbol{\xi}_1+k_2\boldsymbol{\xi}_2$，于是 $\boldsymbol{\eta}_2+k\boldsymbol{\xi}-\boldsymbol{\eta}_1=k_1\boldsymbol{\xi}_1+k_2\boldsymbol{\xi}_2$，即 $\boldsymbol{\eta}_2+k\boldsymbol{\xi}-\boldsymbol{\eta}_1$ 可由 $\boldsymbol{\xi}_1$，$\boldsymbol{\xi}_2$ 线性表示，故必有 $R(\boldsymbol{\xi}_1,\boldsymbol{\xi}_2,\boldsymbol{\eta}_2+k\boldsymbol{\xi}-\boldsymbol{\eta}_1)=R(\boldsymbol{\xi}_1,\boldsymbol{\xi}_2)=2$. 由

$$(\boldsymbol{\xi}_1,\boldsymbol{\xi}_2,\boldsymbol{\eta}_2+k\boldsymbol{\xi}-\boldsymbol{\eta}_1)=\left(\begin{array}{cc:c}1&1&k-1\\1&2&k+1\\0&1&2k+1\end{array}\right)\xrightarrow{r_2-r_1}\left(\begin{array}{cc:c}1&1&k-1\\0&1&2\\0&1&2k+1\end{array}\right)\xrightarrow{r_3-r_2}\left(\begin{array}{cc:c}1&1&k-1\\0&1&2\\0&0&2k-1\end{array}\right)$$

得到 $k=\dfrac{1}{2}$，从而方程组(Ⅰ)和(Ⅱ)的公共解只有一个，为

$$\boldsymbol{\eta}_2+\frac{1}{2}\boldsymbol{\xi}=\left(\frac{1}{2},\ \frac{3}{2},\ 3\right)^{\mathrm{T}}.$$

例 4.33 设 $\boldsymbol{\alpha}_1,\boldsymbol{\alpha}_2,\boldsymbol{\alpha}_3$ 和 $\boldsymbol{\beta}_1,\boldsymbol{\beta}_2,\boldsymbol{\beta}_3$ 为 3 维向量空间 $\mathbf{R}^3$ 中的两个基，记 $\boldsymbol{A}=(\boldsymbol{\alpha}_1,\boldsymbol{\alpha}_2,\boldsymbol{\alpha}_3)$，$\boldsymbol{B}=(\boldsymbol{\beta}_1,\boldsymbol{\beta}_2,\boldsymbol{\beta}_3)$，求用 $\boldsymbol{\alpha}_1,\boldsymbol{\alpha}_2,\boldsymbol{\alpha}_3$ 表示 $\boldsymbol{\beta}_1,\boldsymbol{\beta}_2,\boldsymbol{\beta}_3$ 的表示式(基变换公式)，并求向量在两个基的坐标之间的关系式(坐标变换公式).

解 设 $\boldsymbol{B}=(\boldsymbol{\beta}_1,\boldsymbol{\beta}_2,\boldsymbol{\beta}_3)=(\boldsymbol{\alpha}_1,\boldsymbol{\alpha}_2,\boldsymbol{\alpha}_3)\boldsymbol{P}=\boldsymbol{AP}$，由于 $\boldsymbol{A}$ 可逆，故 $\boldsymbol{P}=\boldsymbol{A}^{-1}\boldsymbol{B}$，即基变换公式为

$$(\boldsymbol{\beta}_1,\boldsymbol{\beta}_2,\boldsymbol{\beta}_3)=(\boldsymbol{\alpha}_1,\boldsymbol{\alpha}_2,\boldsymbol{\alpha}_3)\boldsymbol{P},$$

其中表示式的系数矩阵 $\boldsymbol{P}=\boldsymbol{A}^{-1}\boldsymbol{B}$ 称为从基 $\boldsymbol{\alpha}_1,\boldsymbol{\alpha}_2,\boldsymbol{\alpha}_3$ 到基 $\boldsymbol{\beta}_1,\boldsymbol{\beta}_2,\boldsymbol{\beta}_3$ 的过渡矩阵.

设向量 $\boldsymbol{x}$ 在基 $\boldsymbol{\alpha}_1,\boldsymbol{\alpha}_2,\boldsymbol{\alpha}_3$ 和基 $\boldsymbol{\beta}_1,\boldsymbol{\beta}_2,\boldsymbol{\beta}_3$ 下的坐标分别为 y_1,y_2,y_3 和 z_1,z_2,z_3，即

$$\boldsymbol{x}=(\boldsymbol{\alpha}_1,\boldsymbol{\alpha}_2,\boldsymbol{\alpha}_3)\begin{pmatrix}y_1\\y_2\\y_3\end{pmatrix}=\boldsymbol{A}\begin{pmatrix}y_1\\y_2\\y_3\end{pmatrix},$$

$$x=(\boldsymbol{\beta}_1, \boldsymbol{\beta}_2, \boldsymbol{\beta}_3)\begin{pmatrix}z_1\\z_2\\z_3\end{pmatrix}=\boldsymbol{B}\begin{pmatrix}z_1\\z_2\\z_3\end{pmatrix},$$

故

$$\boldsymbol{A}\begin{pmatrix}y_1\\y_2\\y_3\end{pmatrix}=\boldsymbol{B}\begin{pmatrix}z_1\\z_2\\z_3\end{pmatrix},$$

得

$$\begin{pmatrix}z_1\\z_2\\z_3\end{pmatrix}=\boldsymbol{B}^{-1}\boldsymbol{A}\begin{pmatrix}y_1\\y_2\\y_3\end{pmatrix},$$

即

$$\begin{pmatrix}z_1\\z_2\\z_3\end{pmatrix}=\boldsymbol{P}^{-1}\begin{pmatrix}y_1\\y_2\\y_3\end{pmatrix},$$

这就是从坐标 y_1，y_2，y_3 到坐标 z_1，z_2，z_3 的坐标变换公式.

本 章 小 结

一、主要内容

1. 向量组的概念

n 个实数 a_1，a_2，…，a_n 组成的有序数组称为 n 维向量，其中第 i 个数 a_i 称为该向量的第 i 个分量($i=1, 2, \cdots, n$).

n 维向量可写成一行，也可写成一列，记作：

$$(a_1, a_2, \cdots, a_n) \text{ 或 } \begin{pmatrix}a_1\\a_2\\\vdots\\a_n\end{pmatrix},$$

分别称为行向量和列向量(也就是行矩阵和列矩阵)，并规定行向量与列向量都按矩阵的运算规则进行运算.

2. 向量组的线性组合

(1) 给定向量组 A：$\boldsymbol{\alpha}_1$，$\boldsymbol{\alpha}_2$，…，$\boldsymbol{\alpha}_s$ 以及向量 $\boldsymbol{b}$，若存在一组数 k_1，k_2，…，k_s，使得

$$\boldsymbol{b}=k_1\boldsymbol{\alpha}_1+k_2\boldsymbol{\alpha}_2+\cdots+k_s\boldsymbol{\alpha}_s,$$

则称向量 $\boldsymbol{b}$ 可由向量组 A 线性表示，也称向量 $\boldsymbol{b}$ 是向量组 A 的一个线性组合，k_1，k_2，…，k_s 称为这个线性组合的系数.

(2) 向量 $\boldsymbol{b}$ 能由向量组 $\boldsymbol{\alpha}_1$, $\boldsymbol{\alpha}_2$, …, $\boldsymbol{\alpha}_n$ 线性表示的充分必要条件是矩阵 $\boldsymbol{A}=(\boldsymbol{\alpha}_1, \boldsymbol{\alpha}_2, \cdots, \boldsymbol{\alpha}_n)$的秩与矩阵$(\boldsymbol{A}, \boldsymbol{b})=(\boldsymbol{\alpha}_1, \boldsymbol{\alpha}_2, \cdots, \boldsymbol{\alpha}_n, \boldsymbol{b})$的秩相等.

3. 向量组的线性相关性

(1) 向量组 $\boldsymbol{\alpha}_1, \boldsymbol{\alpha}_2, \cdots, \boldsymbol{\alpha}_m(m\geqslant 2)$线性相关的充分必要条件是至少有一个向量可由其余的 $m-1$ 个向量线性表示.

(2) 向量组 $\boldsymbol{\alpha}_1, \boldsymbol{\alpha}_2, \cdots, \boldsymbol{\alpha}_m(m\geqslant 2)$线性无关的充分必要条件是齐次线性方程组 $\boldsymbol{Ax}=\boldsymbol{0}$ 只有零解，这里 $\boldsymbol{A}=(\boldsymbol{\alpha}_1, \boldsymbol{\alpha}_2, \cdots, \boldsymbol{\alpha}_m)$为 $n\times m$ 矩阵.

(3) 单个向量 $\boldsymbol{\alpha}$ 线性相关的充分必要条件是 $\boldsymbol{\alpha}=\boldsymbol{0}$.

(4) 两个向量 $\boldsymbol{\alpha}, \boldsymbol{\beta}$ 线性相关的充分必要条件是它们的对应分量成比例.

(5) 向量的个数大于向量维数的向量组必线性相关.

(6) 部分组线性相关的向量组必线性相关.

(7) 线性无关的向量组的部分组必线性无关.

4. 向量组的极大无关组和向量组的秩

(1) 如果一个向量组中存在 r 个线性无关的向量，且其中任一向量均可由这 r 个向量线性表出，则称 r 为向量组的秩. 这 r 个线性无关的向量所组成的部分组称为向量组的一个极大线性无关向量组(简称极大无关组).

(2) 两个向量组等价，其秩必然相同. 反之，秩相等的两个同维数向量组未必等价.

(3) 一个向量组中的所有极大无关组所含向量的个数相同.

5. 齐次线性方程组的解的结构

(1) 齐次线性方程组 $\boldsymbol{Ax}=\boldsymbol{0}$ 的任意有限个解的任意线性组合必是它的解.

(2) $\boldsymbol{Ax}=\boldsymbol{0}$ 只有零解的充分必要条件是 $R(\boldsymbol{A})=n$. 此时，$\boldsymbol{Ax}=\boldsymbol{0}$ 没有基础解系.

(3) $\boldsymbol{Ax}=\boldsymbol{0}$ 有非零解的充分必要条件是 $R(\boldsymbol{A})<n$. 此时，$\boldsymbol{Ax}=\boldsymbol{0}$ 的基础解系不唯一，并且基础解系含有 $n-R(\boldsymbol{A})$个向量.

6. 非齐次线性方程组的解的结构

(1) 当 $m\times n$ 矩阵 $\boldsymbol{A}$ 的秩 $R(A)=r$ 时，由 $\boldsymbol{Ax}=\boldsymbol{0}$ 的任意 $n-r$ 个线性无关的解所组成的向量组 $\boldsymbol{\xi}_1, \boldsymbol{\xi}_2, \cdots, \boldsymbol{\xi}_{n-r}$都是 $\boldsymbol{Ax}=\boldsymbol{0}$ 的基础解系，$\boldsymbol{Ax}=\boldsymbol{0}$ 的通解就是

$$\boldsymbol{x}=k_1\boldsymbol{\xi}_1+k_2\boldsymbol{\xi}_2+\cdots+k_{n-r}\boldsymbol{\xi}_{n-r},$$

其中，$k_1, k_2, \cdots, k_{n-r}$为任意常数.

(2) 若 $\boldsymbol{\eta}^*$ 为非齐次线性方程组 $\boldsymbol{Ax}=\boldsymbol{b}$ 的一个特解，$\boldsymbol{\xi}$ 是其导出齐次线性方程组 $\boldsymbol{Ax}=\boldsymbol{0}$ 的通解，则方程组 $\boldsymbol{Ax}=\boldsymbol{b}$ 的通解为

$$\boldsymbol{x}=\boldsymbol{\eta}^*+\xi.$$

7. 向量空间

(1) 若一个非空的 n 维向量集合 V 对向量的加法和数乘两种运算是封闭的，则称集合 V 为一个向量空间. 封闭是指对任意的 $\boldsymbol{\alpha}, \boldsymbol{\beta}\in V$ 及任意的 $\lambda\in\mathbf{R}$，有 $\boldsymbol{\alpha}+\boldsymbol{\beta}\in V$ 且 $\lambda\boldsymbol{\alpha}\in V$.

(2) n 维向量组 $\boldsymbol{\alpha}_1, \boldsymbol{\alpha}_2, \cdots, \boldsymbol{\alpha}_m$ 所生成的向量空间是 $V=\left\{\boldsymbol{\alpha}\,\middle|\,\sum\limits_{i=1}^{m}\lambda_i\boldsymbol{\alpha}_i\right\}$，其中 $\lambda_i\in\mathbf{R}$ $(i=1, 2, \cdots, m)$.

(3) 设有向量空间 V_1 及 V_2，若 $V_1\subseteq V_2$，则称 V_1 是 V_2 的子空间.

(4) 若 V 为一向量空间，如果 m 个向量 $\boldsymbol{\alpha}_1, \boldsymbol{\alpha}_2, \cdots, \boldsymbol{\alpha}_m\in V$ 且线性无关，并且 V 中任

一向量$\boldsymbol{\alpha}$都可由$\boldsymbol{\alpha}_1, \boldsymbol{\alpha}_2, \cdots, \boldsymbol{\alpha}_m$线性表示，即$\boldsymbol{\alpha}=\sum_{i=1}^{m} x_i\boldsymbol{\alpha}_i$，则称向量组$\boldsymbol{\alpha}_1, \boldsymbol{\alpha}_2, \cdots, \boldsymbol{\alpha}_m$为向量空间$V$的一个基，$m$称为向量空间$V$的维数，$x_1, x_2, \cdots, x_m$称为向量$\boldsymbol{\alpha}$在基$\boldsymbol{\alpha}_1, \boldsymbol{\alpha}_2, \cdots, \boldsymbol{\alpha}_m$下的坐标.

二、重点练习内容

(1) 当一个向量表示成同维数向量组的线性组合时，求组合系数.

(2) 判定向量组的线性相关性和线性无关性.

(3) 通过求矩阵的秩来求向量组的秩以及它们的极大无关组.

(4) 求齐次线性方程组$\boldsymbol{Ax}=\boldsymbol{0}$的通解.

(5) 判定非齐次线性方程组$\boldsymbol{Ax}=\boldsymbol{b}$是否有解.

(6) 求非齐次线性方程组$\boldsymbol{Ax}=\boldsymbol{b}$的通解.

总习题 4

一、填空题

1. 设向量组$\boldsymbol{\alpha}_1=(1, 0, 1)^{\mathrm{T}}, \boldsymbol{\alpha}_2=(0, 1, 0)^{\mathrm{T}}, \boldsymbol{\alpha}_3=(0, 0, 1)^{\mathrm{T}}$，则向量$\boldsymbol{\alpha}=(-1, -1, 0)^{\mathrm{T}}$可表示为$\boldsymbol{\alpha}_1, \boldsymbol{\alpha}_2, \boldsymbol{\alpha}_3$的线性组合，即________.

2. 设向量组$\boldsymbol{\alpha}_1=(1, 3, 6, 2)^{\mathrm{T}}, \boldsymbol{\alpha}_2=(2, 1, 2, -1)^{\mathrm{T}}, \boldsymbol{\alpha}_3=(1, -1, a, -2)^{\mathrm{T}}$线性无关，则$a$应满足条件________.

3. 设3阶矩阵

$$\boldsymbol{A}=\begin{pmatrix} 1 & 2 & -2 \\ 2 & 1 & 2 \\ 3 & 0 & 4 \end{pmatrix},$$

向量$\boldsymbol{\alpha}=(a, 1, 1)^{\mathrm{T}}$，已知$\boldsymbol{A\alpha}$与$\boldsymbol{\alpha}$线性相关，则$a=$________.

4. 已知向量组$\boldsymbol{\alpha}_1=(1, 2, -1, 1)^{\mathrm{T}}, \boldsymbol{\alpha}_2=(2, 0, t, 0)^{\mathrm{T}}, \boldsymbol{\alpha}_3=(0, -4, 5, -2)^{\mathrm{T}}$的秩为2，则$t=$________.

5. 设向量$\boldsymbol{\alpha}_1, \boldsymbol{\alpha}_2, \boldsymbol{\alpha}_3$是向量空间$V$的一个基，向量$\boldsymbol{\beta}$在这个基下的坐标为$b_1, b_2, b_3$，则$\boldsymbol{\beta}$在$V$的另一个基$\boldsymbol{\alpha}_1+k\boldsymbol{\alpha}_2, \boldsymbol{\alpha}_2, \boldsymbol{\alpha}_3$(其中$k\neq 0$)下的坐标为________.

6. 齐次线性方程组

$$\begin{cases} \lambda x_1+x_2+x_3=0, \\ x_1+\lambda x_2+x_3=0, \\ x_1+x_2+x_3=0 \end{cases}$$

有非零解，则$\lambda=$________.

7. 若线性方程组

$$\begin{cases} x_1+x_2=-a_1, \\ x_2+x_3=a_2, \\ x_3+x_4=-a_3, \\ x_4+x_1=a_4 \end{cases}$$

有解，则a_1, a_2, a_3, a_4应满足条件________.

8. 设矩阵

$$A=\begin{pmatrix}1&2&1&2\\0&1&a&a\\1&a&0&1\end{pmatrix},$$

且方程组 $Ax=0$ 的解空间的维数为 2，则 $a=$________.

9. 设 n 阶矩阵 A 的各行元素之和均为零，且 A 的秩为 $n-1$，则线性方程组 $Ax=0$ 的通解为________.

10. 设 n 阶矩阵 $A=(\zeta_1,\zeta_2,\cdots,\zeta_n)$的秩为 $n-1$，且元素 a_{11} 的代数余子式 $A_{11}\neq0$，则齐次线性方程组 $A^*x=0$ 的通解为________.

二、选择题

1. 已知向量组 $\alpha_1,\alpha_2,\alpha_3$ 线性无关，则下列向量组中线性无关的是(　).

A. $\alpha_1,3\alpha_3,\alpha_1-2\alpha_2$　　B. $\alpha_1+\alpha_2,\alpha_2-\alpha_3,\alpha_3-\alpha_1-2\alpha_2$

C. $\alpha_1,\alpha_3+\alpha_1,\alpha_3-\alpha_1$　　D. $\alpha_2-\alpha_3,\alpha_2+\alpha_3,\alpha_2$

2. 若向量组 α,β,γ 线性无关，向量组 α,β,δ 线性相关，则(　).

A. α 必可由 β,γ,δ 线性表示　　B. β 必不可由 α,γ,δ 线性表示

C. δ 必可由 α,β,γ 线性表示　　D. δ 必不可由 α,β,γ 线性表示

3. 向量组 $\alpha_1,\alpha_2,\cdots,\alpha_m$ 线性无关的充分必要条件是(　).

A. $\alpha_1,\alpha_2,\cdots,\alpha_m$ 都不是零向量

B. $\alpha_1,\alpha_2,\cdots,\alpha_m$ 有一部分向量线性无关

C. $\alpha_1,\alpha_2,\cdots,\alpha_m$ 中任意一个向量都不能由其余 $m-1$ 个向量线性表示

D. 有一组数 $k_1=k_2=\cdots=k_m=0$，使 $k_1\alpha_1+k_2\alpha_2+\cdots+k_m\alpha_m=0$

4. 已知向量组 A：α_1,α_2，B：$\alpha_1,\alpha_2,\alpha_3$，$C$：$\alpha_1,\alpha_2,\alpha_4$，如果各向量组的秩分别为 $R(\alpha_1,\alpha_2)=R(\alpha_1,\alpha_2,\alpha_3)=2$，$R(\alpha_1,\alpha_2,\alpha_4)=3$，则向量组 $\alpha_1,\alpha_2,\alpha_3-\alpha_4$ 的秩为(　).

A. 1　　B. 2　　C. 3　　D. 不能确定

5. 设 A 为 $n\times m$ 矩阵，B 为 $m\times n$ 矩阵，其中 $n<m$. 如果 $AB=E$，则(　).

A. $|A|\neq0$ 且 $|B|\neq0$　　B. B 的列向量组线性无关

C. B 的行向量组线性无关　　D. A 的列向量组线性无关

6. 已知线性方程组

$$\begin{pmatrix}1&2&1\\2&3&a+2\\1&a&-2\end{pmatrix}\begin{pmatrix}x_1\\x_2\\x_3\end{pmatrix}=\begin{pmatrix}1\\3\\0\end{pmatrix}$$

无解，则 $a=$(　).

A. -1　　B. 0　　C. 1　　D. 2

7. 设 A、B 为满足条件 $AB=0$ 的任意两个非零矩阵，则必有(　).

A. 矩阵 A 的列向量组线性相关，矩阵 B 的行向量组线性相关

B. 矩阵 A 的列向量组线性相关，矩阵 B 的列向量组线性相关

C. 矩阵 A 的行向量组线性相关，矩阵 B 的行向量组线性相关

D. 矩阵 A 的行向量组线性相关，矩阵 B 的列向量组线性相关

8. 设 $\boldsymbol{A}$ 为 $m\times n$ 矩阵，非齐次线性方程组 $\boldsymbol{Ax}=\boldsymbol{b}$ 的导出齐次线性方程组为 $\boldsymbol{Ax}=\boldsymbol{0}$，则下述结论正确的是(　　).

A. 若 $\boldsymbol{Ax}=\boldsymbol{0}$ 仅有零解，则 $\boldsymbol{Ax}=\boldsymbol{b}$ 有唯一解

B. 若 $\boldsymbol{Ax}=\boldsymbol{0}$ 有非零解，则 $\boldsymbol{Ax}=\boldsymbol{b}$ 有无穷多解

C. 若 $\boldsymbol{Ax}=\boldsymbol{b}$ 有无穷多解，则 $\boldsymbol{Ax}=\boldsymbol{b}$ 有非零解

D. 若 $\boldsymbol{Ax}=\boldsymbol{b}$ 有无穷多解，则 $\boldsymbol{Ax}=\boldsymbol{0}$ 仅有零解

9. 设 $\boldsymbol{A}$ 为 $m\times n$ 矩阵，$\boldsymbol{B}$ 为 $n\times m$ 矩阵，则线性方程组 $(\boldsymbol{AB})\boldsymbol{x}=\boldsymbol{0}$(　　).

A. 当 $n>m$ 时仅有零解　　B. 当 $n>m$ 时必有非零解

C. 当 $m>n$ 时仅有零解　　D. 当 $m>n$ 时必有非零解

10. 设有齐次线性方程组 $\boldsymbol{Ax}=\boldsymbol{0}$ 和 $\boldsymbol{Bx}=\boldsymbol{0}$，其中 $\boldsymbol{A}$、$\boldsymbol{B}$ 均为 $m\times n$ 矩阵，现在有四个命题：

① 若 $\boldsymbol{Ax}=\boldsymbol{0}$ 的解均是 $\boldsymbol{Bx}=\boldsymbol{0}$ 的解，则 $R(\boldsymbol{A})\geqslant R(\boldsymbol{B})$；

② 若 $R(\boldsymbol{A})\geqslant R(\boldsymbol{B})$，则 $\boldsymbol{Ax}=\boldsymbol{0}$ 的解均是 $\boldsymbol{Bx}=\boldsymbol{0}$ 的解；

③ 若 $\boldsymbol{Ax}=\boldsymbol{0}$ 与 $\boldsymbol{Bx}=\boldsymbol{0}$ 同解，则 $R(\boldsymbol{A})=R(\boldsymbol{B})$；

④ 若 $R(\boldsymbol{A})=R(\boldsymbol{B})$，则 $\boldsymbol{Ax}=\boldsymbol{0}$ 与 $\boldsymbol{Bx}=\boldsymbol{0}$ 同解.

以上命题正确的是(　　).

A. ①②　　B. ①③　　C. ②④　　D. ③④

三、解答题

1. 设 $\boldsymbol{\alpha}_1=(1,0,0,0)^{\mathrm{T}}$，$\boldsymbol{\alpha}_2=(1,1,0,0)^{\mathrm{T}}$，$\boldsymbol{\alpha}_3=(1,1,1,0)^{\mathrm{T}}$，$\boldsymbol{\alpha}_4=(1,1,1,1)^{\mathrm{T}}$. 试将 $\boldsymbol{\beta}=(2,1,-1,0)^{\mathrm{T}}$ 用 $\boldsymbol{\alpha}_1$，$\boldsymbol{\alpha}_2$，$\boldsymbol{\alpha}_3$，$\boldsymbol{\alpha}_4$ 线性表示.

2. 已知 $\boldsymbol{\alpha}_1=(a,2,10)^{\mathrm{T}}$，$\boldsymbol{\alpha}_2=(-2,1,5)^{\mathrm{T}}$，$\boldsymbol{\alpha}_3=(-1,1,4)^{\mathrm{T}}$，$\boldsymbol{\beta}=(1,b,c)^{\mathrm{T}}$，试问 a、b、c 为何值时：

(1) $\boldsymbol{\beta}$ 可由 $\boldsymbol{\alpha}_1$，$\boldsymbol{\alpha}_2$，$\boldsymbol{\alpha}_3$ 线性表示，且表示式唯一；

(2) $\boldsymbol{\beta}$ 不能由 $\boldsymbol{\alpha}_1$，$\boldsymbol{\alpha}_2$，$\boldsymbol{\alpha}_3$ 线性表示；

(3) $\boldsymbol{\beta}$ 可由 $\boldsymbol{\alpha}_1$，$\boldsymbol{\alpha}_2$，$\boldsymbol{\alpha}_3$ 线性表示，但表示式不唯一，并求出一般表示式.

3. 已知向量组 A：$\boldsymbol{\alpha}_1$，$\boldsymbol{\alpha}_2$，$\boldsymbol{\alpha}_3$ 和向量组 B：$\boldsymbol{\beta}_1$，$\boldsymbol{\beta}_2$，$\boldsymbol{\beta}_3$ 满足

$$\begin{cases}\boldsymbol{\beta}_1=\boldsymbol{\alpha}_1-\boldsymbol{\alpha}_2+\boldsymbol{\alpha}_3,\\ \boldsymbol{\beta}_2=\boldsymbol{\alpha}_1+\boldsymbol{\alpha}_2-\boldsymbol{\alpha}_3,\\ \boldsymbol{\beta}_3=-\boldsymbol{\alpha}_1+\boldsymbol{\alpha}_2+\boldsymbol{\alpha},\end{cases}$$

试判断向量组 A 和向量组 B 是否等价.

4. 已知向量组 A：$\boldsymbol{\alpha}_1=(1,2,3)^{\mathrm{T}}$，$\boldsymbol{\alpha}_2=(1,0,1)^{\mathrm{T}}$ 和向量组 B：$\boldsymbol{\beta}_1=(-1,2,t)^{\mathrm{T}}$，$\boldsymbol{\beta}_2=(4,1,5)^{\mathrm{T}}$，$t$ 为何值时，两个向量组等价？并写出等价时，两个向量组相互线性表示的表示式.

5. 设 $\boldsymbol{\alpha}_1=(6,a+1,3)^{\mathrm{T}}$，$\boldsymbol{\alpha}_2=(a,2,-2)^{\mathrm{T}}$，$\boldsymbol{\alpha}_3=(a,1,0)^{\mathrm{T}}$，$\boldsymbol{\alpha}_4=(0,1,a)^{\mathrm{T}}$，试问 a 为何值时：

(1) $\boldsymbol{\alpha}_1$，$\boldsymbol{\alpha}_2$ 线性相关、线性无关；

(2) $\boldsymbol{\alpha}_1$，$\boldsymbol{\alpha}_2$，$\boldsymbol{\alpha}_3$ 线性相关、线性无关；

(3) $\boldsymbol{\alpha}_1$，$\boldsymbol{\alpha}_2$，$\boldsymbol{\alpha}_3$，$\boldsymbol{\alpha}_4$ 线性相关、线性无关.

6. 已知向量组 $\boldsymbol{\alpha}_1$，$\boldsymbol{\alpha}_2$，$\boldsymbol{\alpha}_3$ 线性无关，设 $\boldsymbol{\beta}_1=(m-1)\boldsymbol{\alpha}_1+3\boldsymbol{\alpha}_2+\boldsymbol{\alpha}_3$，$\boldsymbol{\beta}_2=\boldsymbol{\alpha}_1+(m+1)\boldsymbol{\alpha}_2+\boldsymbol{\alpha}_3$，$\boldsymbol{\beta}_3=-\boldsymbol{\alpha}_1-(m+1)\boldsymbol{\alpha}_2+(m-1)\boldsymbol{\alpha}_3$. 当 m 为何值时，向量组 $\boldsymbol{\beta}_1$，$\boldsymbol{\beta}_2$，$\boldsymbol{\beta}_3$ 线性相关、线性无关.

7. 求向量 $\boldsymbol{\alpha}_1=(1,-1,0,4)^{\mathrm{T}}$，$\boldsymbol{\alpha}_2=(2,1,5,6)^{\mathrm{T}}$，$\boldsymbol{\alpha}_3=(1,-1,-2,0)^{\mathrm{T}}$，$\boldsymbol{\alpha}_4=(3,0,7,14)^{\mathrm{T}}$ 的一个极大无关组，并将其余向量用该极大无关组线性表示.

8. 设向量组 A：$\boldsymbol{\alpha}_1$，$\boldsymbol{\alpha}_2$，…，$\boldsymbol{\alpha}_m$ 线性无关，向量 $\boldsymbol{\beta}_1$ 可由向量组 A 线性表示，但向量 $\boldsymbol{\beta}_2$ 不能由向量组 A 线性表示，证明：向量 $\boldsymbol{\alpha}_1$，$\boldsymbol{\alpha}_2$，…，$\boldsymbol{\alpha}_m$，$\lambda\boldsymbol{\beta}_1+\boldsymbol{\beta}_2$ 线性无关.

9. 设 $\boldsymbol{\alpha}_1$，$\boldsymbol{\alpha}_2$，$\boldsymbol{\alpha}_3$ 是线性无关的 4 维向量组，$\boldsymbol{\beta}_1$、$\boldsymbol{\beta}_2$ 也都是 4 维向量，证明：存在不全为零的数 k_1、k_2，使得 $k_1\boldsymbol{\beta}_1+k_2\boldsymbol{\beta}_2$ 可由 $\boldsymbol{\alpha}_1$，$\boldsymbol{\alpha}_2$，$\boldsymbol{\alpha}_3$ 线性表示.

10. 求下列齐次方程组的基础解系：

$$\begin{cases}x_1-8x_2+10x_3+2x_4=0,\\2x_1+4x_2+5x_3-x_4=0,\\3x_1+8x_2+6x_3-2x_4=0.\end{cases}$$

11. 已知齐次线性方程组

$$\begin{cases}x_1+2x_2-x_3+x_4=0,\\x_2+px_3+x_4=0,\\2x_1+3x_2-x_3+qx_4=0\end{cases}$$

的基础解系含两个解，求 p、q 的值和方程组的通解.

12. 求一个齐次线性方程组，使它的基础解系为

$$\boldsymbol{\xi}_1=(1,1,0,-1)^{\mathrm{T}},\ \boldsymbol{\xi}_2=(0,2,1,1)^{\mathrm{T}}.$$

13. 设有两个四元齐次线性方程组

$$\begin{cases}x_1+x_2=0,\\x_2-x_4=0,\end{cases}\tag{Ⅰ}$$

$$\begin{cases}x_1-x_2+x_3=0,\\x_2-x_3+x_4=0.\end{cases}\tag{Ⅱ}$$

(1) 求方程组(Ⅰ)的基础解系；

(2) 求方程组(Ⅰ)和(Ⅱ)的公共解.

14. 设(Ⅰ)和(Ⅱ)是两个四元齐次线性方程组，方程组(Ⅲ)是将它们合并而得到的方程组. 已知 $\boldsymbol{\xi}_1=(1,0,1,1)^{\mathrm{T}}$，$\boldsymbol{\xi}_2=(-1,0,1,0)^{\mathrm{T}}$，$\boldsymbol{\xi}_3=(0,1,1,0)^{\mathrm{T}}$ 是方程组(Ⅰ)的一个基础解系，$\boldsymbol{\eta}_1=(0,1,0,1)^{\mathrm{T}}$，$\boldsymbol{\eta}_2=(1,1,-1,0)^{\mathrm{T}}$ 是方程组(Ⅱ)的一个基础解系，求方程组(Ⅲ)的通解.

15. 设 $\boldsymbol{B}$ 是 3 阶非零矩阵，它的每个列向量都是方程组

$$\begin{cases}x_1+2x_2-2x_3=0,\\2x_1-x_2+kx_3=0,\\3x_1+x_2-x_3=0\end{cases}$$

的解，求 k，并证明 $|\boldsymbol{B}|=0$.

16. 设 $\boldsymbol{A}$、$\boldsymbol{B}$ 均为 n 阶矩阵，且 $\boldsymbol{ABA}=\boldsymbol{B}^{-1}$，证明 $R(\boldsymbol{E}+\boldsymbol{AB})+R(\boldsymbol{E}-\boldsymbol{AB})=n$.

17. 已知 $(1,-1,1,-1)^{\mathrm{T}}$ 是线性方程组

$$\begin{cases} x_1+\lambda x_2+\mu x_3+x_4=0, \\ 2x_1+x_2+x_3+2x_4=0, \\ 3x_1+(2+\lambda)x_2+(4+\mu)x_3+4x_4=1 \end{cases}$$

的一个解，试求：

(1) 方程组的全部解，并用其导出齐次线性方程组的基础解系表示全部解；

(2) 该方程组满足 $x_2=x_3$ 的全部解.

18. 已知 4 阶方阵 $\boldsymbol{A}=(\boldsymbol{\alpha}_1, \boldsymbol{\alpha}_2, \boldsymbol{\alpha}_3, \boldsymbol{\alpha}_4)$，$\boldsymbol{\alpha}_1, \boldsymbol{\alpha}_2, \boldsymbol{\alpha}_3, \boldsymbol{\alpha}_4$ 是 $\boldsymbol{A}$ 的列向量组，其中 $\boldsymbol{\alpha}_2, \boldsymbol{\alpha}_3, \boldsymbol{\alpha}_4$ 线性无关，$\boldsymbol{\alpha}_1=2\boldsymbol{\alpha}_2-\boldsymbol{\alpha}_3$. 如果 $\boldsymbol{\beta}=\boldsymbol{\alpha}_1+\boldsymbol{\alpha}_2+\boldsymbol{\alpha}_3+\boldsymbol{\alpha}_4$，求线性方程组 $\boldsymbol{Ax}=\boldsymbol{\beta}$ 的通解.

19. 设 $\boldsymbol{\alpha}=(1, 1, 1)^{\mathrm{T}}$，$\boldsymbol{\beta}=(1, 1, 0)^{\mathrm{T}}$，$\boldsymbol{\gamma}=(8, 8, 0)^{\mathrm{T}}$，记 $\boldsymbol{A}=\boldsymbol{\alpha\beta}^{\mathrm{T}}$，$\boldsymbol{B}=\boldsymbol{\beta\alpha}^{\mathrm{T}}$，求方程组

$$2\boldsymbol{B}^2\boldsymbol{A}^2\boldsymbol{x}=\boldsymbol{A}^4\boldsymbol{x}+\boldsymbol{B}^4\boldsymbol{x}+\boldsymbol{\gamma}$$

的通解.

第5章 矩阵的特征值

【学习目标】

(1) 理解矩阵的特征值与特征向量的概念，掌握求矩阵的特征值与特征向量的方法.

(2) 了解相似矩阵的概念、性质及矩阵对角化的充要条件. 会求对称矩阵的相似对角矩阵.

(3) 掌握施密特(Schmidt)正交化方法.

(4) 了解正交矩阵的概念与性质.

实际工程中的一些问题，如振动问题，动力系统的稳定性问题以及微分方程数值方法的线性稳定性分析等，均可归结为方阵的特征值与特征向量的求解问题. 本章将主要讨论方阵的特征值与特征向量、方阵的相似对角化等问题. 这些问题的讨论涉及向量的内积、长度以及正交等知识，接下来我们首先建立这些基本概念.

5.1 向量的内积

5.1.1 向量的内积、长度与夹角

定义 5.1 设 n 维向量 $\boldsymbol{x}=\begin{pmatrix}x_1\\x_2\\\vdots\\x_n\end{pmatrix}$，$\boldsymbol{y}=\begin{pmatrix}y_1\\y_2\\\vdots\\y_n\end{pmatrix}$，则 $\boldsymbol{x}$ 与 $\boldsymbol{y}$ 的内积为

$$[\boldsymbol{x},\ \boldsymbol{y}]=\boldsymbol{x}^{\mathrm{T}}\boldsymbol{y}=x_1y_1+x_2y_2+\cdots x_ny_n.$$

内积是两个向量之间的一种运算，其结果为一个数. 由定义 5.1 可得内积的如下性质(其中 $\boldsymbol{x}$、$\boldsymbol{y}$、$\boldsymbol{z}$ 为 n 维向量，λ 为实数)：

(1) $[\boldsymbol{x},\ \boldsymbol{y}]=[\boldsymbol{y},\ \boldsymbol{x}]$.

(2) $[\boldsymbol{x}+\boldsymbol{y},\ \boldsymbol{z}]=[\boldsymbol{x},\ \boldsymbol{z}]+[\boldsymbol{y},\ \boldsymbol{z}]$.

(3) $[\lambda\boldsymbol{x},\ \boldsymbol{y}]=\lambda[\boldsymbol{x},\ \boldsymbol{y}]$

(4) $[\boldsymbol{x},\ \boldsymbol{x}]\geqslant 0$，当且仅当 $\boldsymbol{x}=\boldsymbol{0}$ 时有 $[\boldsymbol{x},\ \boldsymbol{x}]=\boldsymbol{0}$.

(5) 柯西－施瓦兹(Cauchy - Schwarz)不等式：$[\boldsymbol{x},\ \boldsymbol{y}]^2\leqslant[\boldsymbol{x},\ \boldsymbol{x}][\boldsymbol{y},\ \boldsymbol{y}]$.

注：(2)和(3)称为线性性.

事实上，我们在之前的解析几何中也遇到过类似内积的概念——数量积. 在直角坐标系中，3 维向量 $\boldsymbol{x}$ 与 $\boldsymbol{y}$ 的数量积为

$$\begin{aligned}\boldsymbol{x}\cdot\boldsymbol{y}=\boldsymbol{x}^{\mathrm{T}}\boldsymbol{y}^{\mathrm{T}}&=(x_1,\ x_2,\ x_3)\cdot(y_1,\ y_2,\ y_3)\\&=x_1y_1+x_2y_2+x_3y_3=[\boldsymbol{x},\ \boldsymbol{y}].\end{aligned}$$

3 维向量 $\boldsymbol{x}$ 的长度定义为

$$|\boldsymbol{x}|=\sqrt{x_1^2+x_2^2+x_3^2}=\sqrt{\boldsymbol{x}\cdot\boldsymbol{x}}.$$

3 维向量 $\boldsymbol{x}$ 与 $\boldsymbol{y}$ 的夹角定义为 θ，且有

$$\cos\theta=\frac{\boldsymbol{x}\cdot\boldsymbol{y}}{|\boldsymbol{x}||\boldsymbol{y}|}\quad(\boldsymbol{x}\text{ 和 }\boldsymbol{y}\text{ 为非零向量}).$$

不难看出，n 维向量的内积可看作是数量积在维数上的推广. 因此，我们可以类似地借助内积来定义 n 维向量的长度与夹角.

定义 5.2　设 $\boldsymbol{x}$ 为 n 维向量，定义非负数

$$\|\boldsymbol{x}\|=\sqrt{[\boldsymbol{x},\boldsymbol{x}]}=\sqrt{x_1^2+x_2^2+\cdots+x_n^2}$$

为向量 $\boldsymbol{x}$ 的长度(或范数).

向量的长度具有如下性质：

(1) 非负性：$\|\boldsymbol{x}\|\geqslant 0$，当且仅当 $\boldsymbol{x}=\boldsymbol{0}$ 时，$\|\boldsymbol{x}\|=0$.

(2) 齐次性：$\|\lambda\boldsymbol{x}\|=|\lambda|\,\|\boldsymbol{x}\|$.

(3) 三角不等式：$\|\boldsymbol{x}+\boldsymbol{y}\|\leqslant\|\boldsymbol{x}\|+\|\boldsymbol{y}\|$.

证明　由长度的定义，(1)与(2)是显然的. 下面证明(3).

$$\|\boldsymbol{x}+\boldsymbol{y}\|^2=[\boldsymbol{x}+\boldsymbol{y},\boldsymbol{x}+\boldsymbol{y}]=[\boldsymbol{x},\boldsymbol{x}]+2[\boldsymbol{x},\boldsymbol{y}]+[\boldsymbol{y},\boldsymbol{y}],$$

由柯西—施瓦兹不等式，有 $[\boldsymbol{x},\boldsymbol{y}]\leqslant\sqrt{[\boldsymbol{x},\boldsymbol{x}][\boldsymbol{y},\boldsymbol{y}]}$，因此

$$\begin{aligned}\|\boldsymbol{x}+\boldsymbol{y}\|^2&=[\boldsymbol{x},\boldsymbol{x}]+2[\boldsymbol{x},\boldsymbol{y}]+[\boldsymbol{y},\boldsymbol{y}]\\&\leqslant\|\boldsymbol{x}\|^2+2\|\boldsymbol{x}\|\,\|\boldsymbol{y}\|+\|\boldsymbol{y}\|^2\\&=(\|\boldsymbol{x}\|+\|\boldsymbol{y}\|)^2,\end{aligned}$$

故有 $\|\boldsymbol{x}+\boldsymbol{y}\|\leqslant\|\boldsymbol{x}\|+\|\boldsymbol{y}\|$.

当 $\|\boldsymbol{x}\|=1$ 时，称向量 $\boldsymbol{x}$ 为单位向量. 若非零向量 $\boldsymbol{x}$ 的长度不等于 0，则可取 $\boldsymbol{x}_0=\dfrac{\boldsymbol{x}}{\|\boldsymbol{x}\|}$，称 $\boldsymbol{x}_0$ 为 $\boldsymbol{x}$ 的单位向量. 由向量 $\boldsymbol{x}$ 到 $\boldsymbol{x}_0$ 的过程称为向量的单位化.

定义 5.3　设 $\boldsymbol{x}$、$\boldsymbol{y}$ 为 n 维向量，定义其夹角余弦为 $\cos\theta=\dfrac{[\boldsymbol{x},\boldsymbol{y}]}{\|\boldsymbol{x}\|\,\|\boldsymbol{y}\|}$**($\boldsymbol{x}$ 和 $\boldsymbol{y}$ 为非零向量)，夹角** $\theta=\arccos\dfrac{[\boldsymbol{x},\boldsymbol{y}]}{\|\boldsymbol{x}\|\,\|\boldsymbol{y}\|}\ (0\leqslant\theta\leqslant\pi)$.

例 5.1　已知 4 维向量 $\boldsymbol{x}=\begin{pmatrix}1\\1\\0\\-1\end{pmatrix}$，$\boldsymbol{y}=\begin{pmatrix}2\\1\\1\\3\end{pmatrix}$，求：

(1) $[\boldsymbol{x}+\boldsymbol{y},\boldsymbol{x}-\boldsymbol{y}]$；

(2) $\|3\boldsymbol{x}+2\boldsymbol{y}\|$；

(3) $4\boldsymbol{x}$ 与 $5\boldsymbol{y}$ 的夹角 θ.

解　(1) $$\begin{aligned}[\boldsymbol{x}+\boldsymbol{y},\boldsymbol{x}-\boldsymbol{y}]&=[\boldsymbol{x},\boldsymbol{x}]-[\boldsymbol{x},\boldsymbol{y}]+[\boldsymbol{y},\boldsymbol{x}]-[\boldsymbol{y},\boldsymbol{y}]\\&=[\boldsymbol{x},\boldsymbol{x}]-[\boldsymbol{y},\boldsymbol{y}]=3-15=-12.\end{aligned}$$

(2) 因为 $3\boldsymbol{x}+2\boldsymbol{y}=(7,5,2,3)^{\mathrm{T}}$，所以 $\|3\boldsymbol{x}+2\boldsymbol{y}\|=\sqrt{7^2+5^2+2^2+3^2}=\sqrt{87}$.

(3) $\theta=\arccos\dfrac{[4\boldsymbol{x},5\boldsymbol{y}]}{\|4\boldsymbol{x}\|\,\|5\boldsymbol{y}\|}=\arccos\dfrac{[\boldsymbol{x},\boldsymbol{y}]}{\|\boldsymbol{x}\|\,\|\boldsymbol{y}\|}=\arccos\dfrac{0}{\sqrt{3}\sqrt{15}}=\dfrac{\pi}{2}$.

5.1.2　正交性

定义 5.4　设 $\boldsymbol{x}$，$\boldsymbol{y}$ 为 n 维向量，若 $[\boldsymbol{x},\boldsymbol{y}]=0$，则称向量 $\boldsymbol{x}$ 与 $\boldsymbol{y}$ 正交.

显然，若 $\boldsymbol{x}=\boldsymbol{0}$，则 $\boldsymbol{x}$ 与任何向量正交.

下面讨论正交向量组及其性质.

设 n 维向量 $\boldsymbol{a}_1$，$\boldsymbol{a}_2$，…，$\boldsymbol{a}_r$ 是一组两两正交的非零向量，则称这个向量组为正交向量组. 若其中每一个向量都是单位向量，则称该向量组为标准正交向量组或规范正交向量组.

因此，一个向量组是规范正交向量组的充要条件是

$$[\boldsymbol{a}_i, \boldsymbol{a}_j]=\begin{cases}1 & (i=j),\\ 0 & (i\neq j).\end{cases}$$

定理 5.1　若 n 维向量 $\boldsymbol{a}_1$，$\boldsymbol{a}_2$，…，$\boldsymbol{a}_r$ 是一个正交向量组，则 $\boldsymbol{a}_1$，$\boldsymbol{a}_2$，…，$\boldsymbol{a}_r$ 线性无关.

证明　设有常数 k_1，k_2，…，k_r 使

$$k_1\boldsymbol{a}_1+k_2\boldsymbol{a}_2+\cdots+k_r\boldsymbol{a}_r=\boldsymbol{0},$$

上式两边分别与 $\boldsymbol{a}_i(i=1, 2, \cdots, r)$ 作内积，由 $[\boldsymbol{a}_i, \boldsymbol{a}_j]=0(i\neq j)$ 得

$$k_i[\boldsymbol{a}_i, \boldsymbol{a}_i]=0\quad(i=1, 2, \cdots, r).$$

又因 $\boldsymbol{a}_i\neq\boldsymbol{0}(i=1, 2, \cdots, r)$，故 $[\boldsymbol{a}_i, \boldsymbol{a}_i]=\|\boldsymbol{a}_i\|^2\neq 0(i=1, 2, \cdots, r)$，从而必有 $k_i=0$，于是向量组 $\boldsymbol{a}_1$，$\boldsymbol{a}_2$，…，$\boldsymbol{a}_r$ 线性无关.

例 5.2　已知 3 维向量空间 $\mathbf{R}^3$ 中的两个向量 $\boldsymbol{x}=\begin{pmatrix}1\\1\\-1\end{pmatrix}$，$\boldsymbol{y}=\begin{pmatrix}2\\-1\\1\end{pmatrix}$ 正交，试求一个非零向量 $\boldsymbol{z}$，使得 $\boldsymbol{x}$，$\boldsymbol{y}$，$\boldsymbol{z}$ 两两正交.

解　由题可知 $[\boldsymbol{x}, \boldsymbol{z}]=\boldsymbol{x}^{\mathrm{T}}\boldsymbol{z}=0$，$[\boldsymbol{y}, \boldsymbol{z}]=\boldsymbol{y}^{\mathrm{T}}\boldsymbol{z}=0$. 设

$$\boldsymbol{A}=\begin{pmatrix}\boldsymbol{x}^{\mathrm{T}}\\ \boldsymbol{y}^{\mathrm{T}}\end{pmatrix}=\begin{pmatrix}1 & 1 & -1\\ 2 & -1 & 1\end{pmatrix},$$

则 $\boldsymbol{z}$ 必为齐次线性方程组 $\boldsymbol{A}\boldsymbol{x}=\boldsymbol{0}$ 的解(令 $\boldsymbol{x}=(x_1, x_2, x_3)^{\mathrm{T}}$)，即 $\begin{pmatrix}1 & 1 & -1\\ 2 & -1 & 1\end{pmatrix}\begin{pmatrix}x_1\\x_2\\x_3\end{pmatrix}=\begin{pmatrix}0\\0\end{pmatrix}$，

由 $\boldsymbol{A}\xrightarrow{r_2-2r_1}\begin{pmatrix}1 & 1 & -1\\ 0 & -3 & 3\end{pmatrix}\xrightarrow{r_1+\frac{1}{3}r_2}\begin{pmatrix}1 & 0 & 0\\ 0 & 1 & -1\end{pmatrix}$，得 $\begin{cases}x_1=0\\ x_2=x_3\end{cases}$，故有基础解系 $\begin{pmatrix}0\\1\\1\end{pmatrix}$，则 $\boldsymbol{z}=k\begin{pmatrix}0\\1\\1\end{pmatrix}(k\neq 0)$ 即为所求.

定义 5.5　设 n 维向量 $\boldsymbol{e}_1$，$\boldsymbol{e}_2$，…，$\boldsymbol{e}_r$ 是向量空间 $V(V\subseteq\mathbf{R}^n)$ 的一个基，若 $\boldsymbol{e}_1$，$\boldsymbol{e}_2$，…，$\boldsymbol{e}_r$ 两两正交，且均为单位向量，则称 $\boldsymbol{e}_1$，$\boldsymbol{e}_2$，…，$\boldsymbol{e}_r$ 为 V 的一个标准正交基或规范正交基.

例如，$\boldsymbol{e}_1=\begin{pmatrix}\cos\theta\\ -\sin\theta\end{pmatrix}$，$\boldsymbol{e}_2=\begin{pmatrix}\sin\theta\\ \cos\theta\end{pmatrix}$ 是 $\mathbf{R}^2$ 空间的一个规范正交基，$\boldsymbol{e}_1=\begin{pmatrix}1\\0\\0\end{pmatrix}$，$\boldsymbol{e}_2=\begin{pmatrix}0\\ \frac{1}{\sqrt{2}}\\ \frac{1}{\sqrt{2}}\end{pmatrix}$，$\boldsymbol{e}_3=\begin{pmatrix}0\\ \frac{1}{\sqrt{2}}\\ -\frac{1}{\sqrt{2}}\end{pmatrix}$ 是 $\mathbf{R}^3$ 空间的一个规范正交基.

若 $\boldsymbol{e}_1$，$\boldsymbol{e}_2$，…，$\boldsymbol{e}_r$ 是 V 的一个规范正交基，那么 V 中任一向量 $\boldsymbol{x}$ 可由 $\boldsymbol{e}_1$，$\boldsymbol{e}_2$，…，$\boldsymbol{e}_r$ 线性表示，设表示式为

$$\boldsymbol{x}=x_1\boldsymbol{e}_1+x_2\boldsymbol{e}_2+\cdots+x_r\boldsymbol{e}_r,$$

为求系数 $x_i(i=1, 2, \cdots r)$，可用 $\boldsymbol{e}_i^{\mathrm{T}}$ 左乘上式，则有

$$\boldsymbol{e}_i^{\mathrm{T}}\boldsymbol{x}=x_i\boldsymbol{e}_i^{\mathrm{T}}\boldsymbol{e}_i=x_i,$$

即

$$x_i=\boldsymbol{e}_i^{\mathrm{T}}\boldsymbol{x}=[\boldsymbol{x}, \boldsymbol{e}_i],$$

该式即为向量 $\boldsymbol{x}$ 在规范正交基 $\boldsymbol{e}_1$，$\boldsymbol{e}_2$，…，$\boldsymbol{e}_r$ 下的坐标计算式．利用该公式可以方便地求得向量的坐标，这也是我们在给向量空间选基时常常选择规范正交基的原因．然而，实际中给定的向量空间 V 的一个基 $\boldsymbol{a}_1$，$\boldsymbol{a}_2$，…，$\boldsymbol{a}_r$ 并不一定是规范正交基，这就要寻找一个与其等价的规范正交基 $\boldsymbol{e}_1$，$\boldsymbol{e}_2$，…，$\boldsymbol{e}_r$，这个过程称为把基 $\boldsymbol{a}_1$，$\boldsymbol{a}_2$，…，$\boldsymbol{a}_r$ 标准正交化，具体过程如下。

定理 5.2（Gram - Schmidt 正交化方法）设 n 维向量 $\boldsymbol{a}_1$，$\boldsymbol{a}_2$，…，$\boldsymbol{a}_r(r\leqslant n)$ 线性无关，则由如下方法所得的向量组 $\boldsymbol{b}_1$，$\boldsymbol{b}_2$，…，$\boldsymbol{b}_r$ 是正交向量组：

$\boldsymbol{b}_1=\boldsymbol{a}_1$；

$\boldsymbol{b}_2=\boldsymbol{a}_2-\dfrac{[\boldsymbol{b}_1, \boldsymbol{a}_2]}{[\boldsymbol{b}_1, \boldsymbol{b}_1]}\boldsymbol{b}_1$；

⋮

$\boldsymbol{b}_r=\boldsymbol{a}_r-\dfrac{[\boldsymbol{b}_1, \boldsymbol{a}_r]}{[\boldsymbol{b}_1, \boldsymbol{b}_1]}\boldsymbol{b}_1-\dfrac{[\boldsymbol{b}_2, \boldsymbol{a}_r]}{[\boldsymbol{b}_2, \boldsymbol{b}_2]}\boldsymbol{b}_2-\cdots-\dfrac{[\boldsymbol{b}_{r-1}, \boldsymbol{a}_r]}{[\boldsymbol{b}_{r-1}, \boldsymbol{b}_{r-1}]}\boldsymbol{b}_{r-1}$.

证明　（归纳法）当 $r=2$ 时，

$$\boldsymbol{b}_1=\boldsymbol{a}_1,\ \boldsymbol{b}_2=\boldsymbol{a}_2-\frac{[\boldsymbol{b}_1, \boldsymbol{a}_2]}{[\boldsymbol{b}_1, \boldsymbol{b}_1]}\boldsymbol{b}_1,$$

并有

$$[\boldsymbol{b}_1, \boldsymbol{b}_2]=[\boldsymbol{b}_1, \boldsymbol{a}_2]-\left[\boldsymbol{b}_1, \frac{[\boldsymbol{b}_1, \boldsymbol{a}_2]}{[\boldsymbol{b}_1, \boldsymbol{b}_1]}\boldsymbol{b}_1\right]=[\boldsymbol{b}_1, \boldsymbol{a}_2]-\frac{[\boldsymbol{b}_1, \boldsymbol{a}_2]}{[\boldsymbol{b}_1, \boldsymbol{b}_1]}[\boldsymbol{b}_1, \boldsymbol{b}_1]=0,$$

即 $\boldsymbol{b}_1$ 与 $\boldsymbol{b}_2$ 正交.

设 $\boldsymbol{b}_1$，$\boldsymbol{b}_2$，…，$\boldsymbol{b}_{r-1}$ 为正交向量组，取 $\boldsymbol{b}_r=\boldsymbol{a}_r-\sum\limits_{i=1}^{r-1}\dfrac{[\boldsymbol{b}_i, \boldsymbol{a}_r]}{[\boldsymbol{b}_i, \boldsymbol{b}_i]}\boldsymbol{b}_i$，则对任意的 $j<r$，有

$$[\boldsymbol{b}_j, \boldsymbol{b}_r]=[\boldsymbol{b}_j, \boldsymbol{a}_r]-\left[\boldsymbol{b}_j, \frac{[\boldsymbol{b}_j, \boldsymbol{a}_r]}{[\boldsymbol{b}_j, \boldsymbol{b}_j]}\boldsymbol{b}_j\right]=[\boldsymbol{b}_j, \boldsymbol{a}_r]-\frac{[\boldsymbol{b}_j, \boldsymbol{a}_r]}{[\boldsymbol{b}_j, \boldsymbol{b}_j]}[\boldsymbol{b}_j, \boldsymbol{b}_j]=0,$$

即 $\boldsymbol{b}_r$ 与 $\boldsymbol{b}_1$，$\boldsymbol{b}_2$，…，$\boldsymbol{b}_{r-1}$ 正交，故 $\boldsymbol{b}_1$，$\boldsymbol{b}_2$，…，$\boldsymbol{b}_r$ 为正交向量组.

上述从线性无关向量组 $\boldsymbol{a}_1$，$\boldsymbol{a}_2$，…，$\boldsymbol{a}_r$ 到正交向量组 $\boldsymbol{b}_1$，$\boldsymbol{b}_2$，…，$\boldsymbol{b}_r$ 的过程也称为施密特(Schmidt)正交化过程，并且两个向量组等价.

将正交向量组 $\boldsymbol{b}_1$，$\boldsymbol{b}_2$，…，$\boldsymbol{b}_r$ 进一步单位化，取

$$\boldsymbol{e}_1=\frac{\boldsymbol{b}_1}{\|\boldsymbol{b}_1\|},\ \boldsymbol{e}_2=\frac{\boldsymbol{b}_2}{\|\boldsymbol{b}_2\|},\ \cdots,\ \boldsymbol{e}_r=\frac{\boldsymbol{b}_r}{\|\boldsymbol{b}_r\|},$$

则 $\boldsymbol{e}_1$，$\boldsymbol{e}_2$，…，$\boldsymbol{e}_r$ 为向量空间 V 的一个规范正交基.

例 5.3　已知 $\mathbf{R}^3$ 空间的一个基 $\boldsymbol{a}_1=\begin{pmatrix}1\\0\\-1\end{pmatrix}$，$\boldsymbol{a}_2=\begin{pmatrix}1\\1\\0\end{pmatrix}$，$\boldsymbol{a}_3=\begin{pmatrix}0\\-1\\1\end{pmatrix}$，试用 Schmidt 正交

化方法求 $\mathbf{R}^3$ 空间的一个规范正交基.

解 $\boldsymbol{b}_1=\boldsymbol{a}_1=\begin{pmatrix}1\\0\\-1\end{pmatrix}$,

$$\boldsymbol{b}_2=\boldsymbol{a}_2-\frac{[\boldsymbol{b}_1,\boldsymbol{a}_2]}{[\boldsymbol{b}_1,\boldsymbol{b}_1]}\boldsymbol{b}_1=\begin{pmatrix}1\\1\\0\end{pmatrix}-\frac{1}{2}\begin{pmatrix}1\\0\\-1\end{pmatrix}=\frac{1}{2}\begin{pmatrix}1\\2\\1\end{pmatrix},$$

$$\boldsymbol{b}_3=\boldsymbol{a}_3-\frac{[\boldsymbol{b}_1,\boldsymbol{a}_3]}{[\boldsymbol{b}_1,\boldsymbol{b}_1]}\boldsymbol{b}_1-\frac{[\boldsymbol{b}_2,\boldsymbol{a}_3]}{[\boldsymbol{b}_2,\boldsymbol{b}_2]}\boldsymbol{b}_2=\begin{pmatrix}0\\-1\\1\end{pmatrix}+\frac{1}{2}\begin{pmatrix}1\\0\\-1\end{pmatrix}+\frac{1}{3}\cdot\frac{1}{2}\begin{pmatrix}1\\2\\1\end{pmatrix}=\frac{2}{3}\begin{pmatrix}1\\-1\\1\end{pmatrix},$$

再将 $\boldsymbol{b}_1$，$\boldsymbol{b}_2$，$\boldsymbol{b}_3$ 单位化，有

$$\boldsymbol{e}_1=\frac{\boldsymbol{b}_1}{\|\boldsymbol{b}_1\|}=\frac{1}{\sqrt{2}}\begin{pmatrix}1\\0\\-1\end{pmatrix},\ \boldsymbol{e}_2=\frac{\boldsymbol{b}_2}{\|\boldsymbol{b}_2\|}=\frac{1}{\sqrt{6}}\begin{pmatrix}1\\2\\1\end{pmatrix},\ \boldsymbol{e}_3=\frac{\boldsymbol{b}_3}{\|\boldsymbol{b}_3\|}=\frac{1}{\sqrt{3}}\begin{pmatrix}1\\-1\\1\end{pmatrix}.$$

例 5.4 已知向量 $\boldsymbol{a}_1=(1,0,1)^{\mathrm{T}}$，求非零向量 $\boldsymbol{a}_2$，$\boldsymbol{a}_3$，使得 $\boldsymbol{a}_1$，$\boldsymbol{a}_2$，$\boldsymbol{a}_3$ 为正交向量组.

解 若 $\boldsymbol{a}_1$，$\boldsymbol{a}_2$，$\boldsymbol{a}_3$ 为正交向量组，则 $[\boldsymbol{a}_1,\boldsymbol{a}_2]=0$，$[\boldsymbol{a}_1,\boldsymbol{a}_3]=0$，故 $\boldsymbol{a}_2$ 和 $\boldsymbol{a}_3$ 应满足方程 $\boldsymbol{a}_1^{\mathrm{T}}\boldsymbol{x}=\boldsymbol{0}$，即 $x_1+x_3=0$[令 $\boldsymbol{x}=(x_1,x_2,x_3)^{\mathrm{T}}$]，该方程的基础解系为

$$\boldsymbol{\xi}_1=\begin{pmatrix}1\\0\\-1\end{pmatrix},\ \boldsymbol{\xi}_2=\begin{pmatrix}1\\1\\-1\end{pmatrix},$$

容易验证 $[\boldsymbol{\xi}_1,\boldsymbol{\xi}_2]\neq0$，即 $\boldsymbol{\xi}_1$ 与 $\boldsymbol{\xi}_2$ 不正交，故并非所求的 $\boldsymbol{a}_2$ 和 $\boldsymbol{a}_3$.

事实上，我们将其正交化即可，取

$$\boldsymbol{a}_2=\boldsymbol{\xi}_1=\begin{pmatrix}1\\0\\-1\end{pmatrix},\ \boldsymbol{a}_3=\boldsymbol{\xi}_2-\frac{[\boldsymbol{\xi}_1,\boldsymbol{\xi}_2]}{[\boldsymbol{\xi}_1,\boldsymbol{\xi}_1]}\boldsymbol{\xi}_1=\begin{pmatrix}1\\1\\-1\end{pmatrix}-\frac{2}{2}\begin{pmatrix}1\\0\\-1\end{pmatrix}=\begin{pmatrix}0\\1\\0\end{pmatrix},$$

因为 $\boldsymbol{a}_2$，$\boldsymbol{a}_3$ 是 $\boldsymbol{\xi}_1$，$\boldsymbol{\xi}_2$ 的线性组合，故它们仍与 $\boldsymbol{a}_1$ 正交，于是 $\boldsymbol{a}_2$，$\boldsymbol{a}_3$ 即为所求.

5.1.3 正交矩阵

定义 5.6 **若 n 阶方阵 $\boldsymbol{A}$ 满足 $\boldsymbol{A}^{\mathrm{T}}\boldsymbol{A}=\boldsymbol{A}\boldsymbol{A}^{\mathrm{T}}=\boldsymbol{E}$，则称 $\boldsymbol{A}$ 为正交矩阵，简称正交阵.**

正交矩阵有以下性质.

性质 5.1 **若 $\boldsymbol{A}$ 是正交矩阵，则 $\boldsymbol{A}$ 是可逆矩阵，且 $\boldsymbol{A}^{-1}=\boldsymbol{A}^{\mathrm{T}}$.**

性质 5.2 **n 阶方阵 $\boldsymbol{A}$ 是正交矩阵的充分必要条件是 $\boldsymbol{A}$ 的 n 个列向量是规范正交向量组.**

证明 设 $\boldsymbol{A}$ 是 n 阶正交矩阵，记 $\boldsymbol{A}=(\boldsymbol{a}_1,\boldsymbol{a}_2,\cdots,\boldsymbol{a}_n)$，则 $\boldsymbol{A}^{\mathrm{T}}=\begin{pmatrix}\boldsymbol{a}_1^{\mathrm{T}}\\\boldsymbol{a}_2^{\mathrm{T}}\\\vdots\\\boldsymbol{a}_n^{\mathrm{T}}\end{pmatrix}$，由定义 5.6 知，

$$\boldsymbol{A}^{\mathrm{T}}\boldsymbol{A}=\begin{pmatrix}\boldsymbol{a}_1^{\mathrm{T}}\\\boldsymbol{a}_2^{\mathrm{T}}\\\vdots\\\boldsymbol{a}_n^{\mathrm{T}}\end{pmatrix}(\boldsymbol{a}_1,\boldsymbol{a}_2,\cdots,\boldsymbol{a}_n)=\begin{pmatrix}\boldsymbol{a}_1^{\mathrm{T}}\boldsymbol{a}_1&\boldsymbol{a}_1^{\mathrm{T}}\boldsymbol{a}_2&\cdots&\boldsymbol{a}_1^{\mathrm{T}}\boldsymbol{a}_n\\\boldsymbol{a}_2^{\mathrm{T}}\boldsymbol{a}_1&\boldsymbol{a}_2^{\mathrm{T}}\boldsymbol{a}_2&\cdots&\boldsymbol{a}_2^{\mathrm{T}}\boldsymbol{a}_n\\\vdots&\vdots&&\vdots\\\boldsymbol{a}_n^{\mathrm{T}}\boldsymbol{a}_1&\boldsymbol{a}_n^{\mathrm{T}}\boldsymbol{a}_2&\cdots&\boldsymbol{a}_n^{\mathrm{T}}\boldsymbol{a}_n\end{pmatrix},$$

由 $A^TA=E$，故

$$[a_i, a_j]=a_i^Ta_j=\begin{cases}1 & (i=j)\\ 0 & (i\neq j)\end{cases} \quad (i, j=1, 2, \cdots, n).$$

即正交矩阵 A 的列向量组 $a_1, a_2, \cdots, a_n$ 为规范正交向量组.

由 $A^TA=E$，读者可类似证明 A 的行向量组也构成规范正交向量组.

此外，正交矩阵具有如下性质：

(1) 正交矩阵的行列式必为 1 或者 -1.

(2) 若 A、B 为正交矩阵，则 A^{-1}、B^{-1}、AB 也为正交矩阵.

根据正交矩阵的定义，读者可自行证明上述性质.

■习题 5.1

1. 计算下列向量的内积及夹角：

(1) $a=(1, -2, 2)^T$，$b=(2, 2, -1)^T$；

(2) $a=(1, 2, 2, 3)^T$，$b=(3, 1, 5, 1)^T$.

2. 设 $a_1=\begin{pmatrix}1\\0\\-2\end{pmatrix}$，$a_2=\begin{pmatrix}-4\\2\\3\end{pmatrix}$，$b$ 与 a_1 正交，且 $b=a_2-\lambda a_1$，求 λ 和 b.

3. 将下列线性无关的向量组规范正交化：

(1) $a_1=(1, 2, -1)^T$，$a_2=(-1, 3, 1)^T$，$a_3=(4, -1, 0)^T$；

(2) $a_1=(1, 2, 2, -1)^T$，$a_2=(1, 1, -5, 3)^T$，$a_3=(3, 2, 8, -7)^T$；

(3) $a_1=(1, 1, 1, 1)^T$，$a_2=(1, -1, 0, 4)^T$，$a_3=(3, 5, 1, -1)^T$.

4. 已知 $a_1=\begin{pmatrix}1\\1\\1\end{pmatrix}$，$a_2=\begin{pmatrix}1\\-2\\1\end{pmatrix}$，求与 a_1，a_2 都正交的向量.

5. 设 A、B 都是 n 阶正交矩阵，证明 AB、A^{-1}、B^{-1} 都是正交矩阵.

6. 证明正交矩阵的行列式必为 1 或者 -1.

7. 判断下列矩阵是否为正交矩阵：

(1) $A=\begin{pmatrix}\frac{1}{\sqrt{3}} & -\frac{1}{\sqrt{2}} & \frac{1}{\sqrt{6}}\\ \frac{1}{\sqrt{3}} & \frac{1}{\sqrt{2}} & \frac{1}{\sqrt{6}}\\ \frac{1}{\sqrt{3}} & 0 & \frac{2}{\sqrt{6}}\end{pmatrix}$；　　(2) $B=\begin{pmatrix}\frac{1}{9} & -\frac{8}{9} & -\frac{4}{9}\\ -\frac{8}{9} & \frac{1}{9} & -\frac{4}{9}\\ -\frac{4}{9} & -\frac{4}{9} & \frac{7}{9}\end{pmatrix}$.

8. 设 x 为 n 维列向量，$x^Tx=1$，令 $H=E-2xx^T$，证明 H 是对称的正交矩阵.

9. 若 A 为正交矩阵，证明 A 的行向量组为规范正交向量组.

5.2 方阵的特征值与特征向量

通过第 3 章和第 4 章的学习，我们发现线性方程组和向量的线性组合常涉及方阵 $\boldsymbol{A}$ 与向量 $\boldsymbol{x}$ 的运算，即 $\boldsymbol{Ax}$. 此外，在一些实际工程问题中，我们还会遇到诸如 $\boldsymbol{Ax}$，$\boldsymbol{A}^2\boldsymbol{x}$，…，$\boldsymbol{A}^n\boldsymbol{x}$ 等运算. 通常，$\boldsymbol{A}^n\boldsymbol{x}$ 的运算要涉及 $\boldsymbol{A}^n$ 的计算，当 n 较大时，计算较为烦琐，那么我们能否找到一个数 λ，使得 $\boldsymbol{Ax}=\lambda\boldsymbol{x}$ ($\boldsymbol{x}\neq\boldsymbol{0}$)，从而简化 $\boldsymbol{A}^n\boldsymbol{x}$ 的运算. 事实上，满足 $\boldsymbol{Ax}=\lambda\boldsymbol{x}$ ($\boldsymbol{x}\neq\boldsymbol{0}$)的 λ 和非零向量 $\boldsymbol{x}$ 就是本节要讨论的方阵的特征值和特征向量.

定义 5.7　设 $\boldsymbol{A}$ 为 n 阶方阵，若存在实数 λ 和 n 维非零列向量 $\boldsymbol{x}$ 满足

$$\boldsymbol{Ax}=\lambda\boldsymbol{x} \tag{5.1}$$

则称数 λ 为方阵 $\boldsymbol{A}$ 的特征值，非零向量 $\boldsymbol{x}$ 称为 $\boldsymbol{A}$ 的对应于特征值 λ 的特征向量.

实际上，式(5.1)可进一步写成齐次方程组的形式

$$(\boldsymbol{A}-\lambda\boldsymbol{E})\boldsymbol{x}=\boldsymbol{0},$$

上述方程组存在非零解的充要条件是系数矩阵的行列式等于 0，即

$$|\boldsymbol{A}-\lambda\boldsymbol{E}|=\begin{vmatrix} a_{11}-\lambda & a_{12} & \cdots & a_{1n} \\ a_{21} & a_{22}-\lambda & \cdots & a_{2n} \\ \vdots & \vdots & & \vdots \\ a_{n1} & a_{n2} & \cdots & a_{nn}-\lambda \end{vmatrix}=0.$$

上式是关于 λ 的一元 n 次方程，称为矩阵 $\boldsymbol{A}$ 的特征方程，其左端是关于 λ 的 n 次多项式，记作 $f(\lambda)=|\boldsymbol{A}-\lambda\boldsymbol{E}|$，称为矩阵 $\boldsymbol{A}$ 的特征多项式.

从上述讨论可以看出，$\boldsymbol{A}$ 的特征值就是特征方程的解，因此 n 阶方阵在复数域内有 n 个特征值.

方阵 $\boldsymbol{A}$ 与其特征值的关系，可由下面的定理给出.

定理 5.3　设 λ_1，λ_2，…，λ_n 为 n 阶方阵 $\boldsymbol{A}$ 的 n 个特征值，则

(1) $\lambda_1\lambda_2\cdots\lambda_n=|\boldsymbol{A}|$；

(2) $\lambda_1+\lambda_2+\cdots+\lambda_n=a_{11}+a_{22}+\cdots+a_{nn}$.

证明　(1) 由于 λ_1，λ_2，…，λ_n 为方阵 $\boldsymbol{A}$ 的 n 个特征值，故 λ_i 必满足特征方程，即

$$\begin{aligned} f(\lambda)=|\boldsymbol{A}-\lambda\boldsymbol{E}|&=(-1)^n(\lambda-\lambda_1)(\lambda-\lambda_2)\cdots(\lambda-\lambda_n) \\ &=(-1)^n[\lambda^n-(\lambda_1+\lambda_2+\cdots+\lambda_n)\lambda^{n-1}+\cdots+(-1)^n\lambda_1\lambda_2\cdots\lambda_n], \end{aligned} \tag{5.2}$$

令 $\lambda=0$，则 $|\boldsymbol{A}|=\lambda_1\lambda_2\cdots\lambda_n$.

(2) 在 $f(\lambda)=|\boldsymbol{A}-\lambda\boldsymbol{E}|=\begin{vmatrix} a_{11}-\lambda & a_{12} & \cdots & a_{1n} \\ a_{21} & a_{22}-\lambda & \cdots & a_{2n} \\ \vdots & \vdots & & \vdots \\ a_{n1} & a_{n2} & \cdots & a_{nn}-\lambda \end{vmatrix}$ 的展开式中，主对角线上元素的乘积 $(a_{11}-\lambda)(a_{22}-\lambda)\cdots(a_{nn}-\lambda)$ 是其中一项，由行列式的计算公式可知，展开式的其余项至多包含 $n-2$ 个对角元素的乘积，即含有 λ 的最高次幂不超过 $n-2$ 次，因此 λ^n 与 λ^{n-1} 的系数必来自主对角线所有元素乘积这一项，且

$$\begin{aligned} &(a_{11}-\lambda)(a_{22}-\lambda)\cdots(a_{nn}-\lambda) \\ &=(-1)^n[\lambda^n-(a_{11}+a_{22}+\cdots+a_{nn})\lambda^{n-1}+\cdots+(-1)^n a_{11}a_{22}\cdots a_{nn}], \end{aligned} \tag{5.3}$$

对比式(5.2)与式(5.3)，得

$$\lambda_1+\lambda_2+\cdots+\lambda_n=a_{11}+a_{22}+\cdots+a_{nn}=\sum_{i=1}^{n}a_{ii}.$$

$\sum\limits_{i=1}^{n}a_{ii}$也称为方阵$\boldsymbol{A}$的迹，记为$\mathrm{tr}(\boldsymbol{A})$，即

$$\mathrm{tr}(\boldsymbol{A})=\sum_{i=1}^{n}a_{ii}=\sum_{i=1}^{n}\lambda_i.$$

设λ_i为方阵$\boldsymbol{A}$的一个特征值，则由方程$(\boldsymbol{A}-\lambda_i\boldsymbol{E})\boldsymbol{x}=\boldsymbol{0}$可求得非零解$\boldsymbol{x}=\boldsymbol{p}_i$，那么$\boldsymbol{p}_i$便是$\boldsymbol{A}$的对应于特征值$\lambda_i$的特征向量.

由上述讨论可知，方阵$\boldsymbol{A}$的特征值和特征向量可按如下步骤求得：

(1) 由$|\boldsymbol{A}-\lambda\boldsymbol{E}|=0$求出方阵$\boldsymbol{A}$的全部特征值$\lambda_i(i=1,2,\cdots,n)$；

(2) 对于方阵$\boldsymbol{A}$的每个特征值λ_i，求出对应齐次线性方程组$(\boldsymbol{A}-\lambda_i\boldsymbol{E})\boldsymbol{x}=\boldsymbol{0}$的一个基础解系$\boldsymbol{p}_1,\boldsymbol{p}_2,\cdots,\boldsymbol{p}_t$，则$\boldsymbol{p}_1,\boldsymbol{p}_2,\cdots,\boldsymbol{p}_t$即为方阵$\boldsymbol{A}$的对应于特征值$\lambda_i$的$t$个线性无关的特征向量，方阵$\boldsymbol{A}$的对应于特征值$\lambda_i$的所有特征向量可表示为$k_1\boldsymbol{p}_1+k_2\boldsymbol{p}_2+\cdots+k_t\boldsymbol{p}_t$，其中$k_1,k_2,\cdots,k_t$是不全为零的实数.

例 5.5 求方阵$\boldsymbol{A}=\begin{pmatrix}1&2\\3&2\end{pmatrix}$的特征值与特征向量.

解 因为$\boldsymbol{A}$的特征多项式为

$$f(\lambda)=|\boldsymbol{A}-\lambda\boldsymbol{E}|=\begin{vmatrix}1-\lambda&2\\3&2-\lambda\end{vmatrix}=(\lambda-4)(\lambda+1),$$

所以$\boldsymbol{A}$的特征值为$\lambda_1=4$，$\lambda_2=-1$.

当$\lambda_1=4$时，对应的特征向量应满足$(\boldsymbol{A}-4\boldsymbol{E})\boldsymbol{x}=\boldsymbol{0}$，即

$$\begin{pmatrix}-3&2\\3&-2\end{pmatrix}\begin{pmatrix}x_1\\x_2\end{pmatrix}=\begin{pmatrix}0\\0\end{pmatrix},$$

解得$-3x_1+2x_2=0$，所以对应于$\lambda_1=4$的特征向量可取为$\boldsymbol{p}_1=\begin{pmatrix}2\\3\end{pmatrix}$，对应于$\lambda_1=4$的所有特征向量为$k\boldsymbol{p}_1(k\neq0)$.

当$\lambda_2=-1$时，对应的特征向量应满足$(\boldsymbol{A}+\boldsymbol{E})\boldsymbol{x}=\boldsymbol{0}$，即

$$\begin{pmatrix}2&2\\3&3\end{pmatrix}\begin{pmatrix}x_1\\x_2\end{pmatrix}=\begin{pmatrix}0\\0\end{pmatrix},$$

解得$x_1+x_2=0$，所以对应于$\lambda_2=-1$的特征向量可取为$\boldsymbol{p}_2=\begin{pmatrix}1\\-1\end{pmatrix}$，对应于$\lambda_2=-1$的所有特征向量为$k\boldsymbol{p}_2(k\neq0)$.

例 5.6 求方阵$\boldsymbol{A}=\begin{pmatrix}3&0&0\\0&2&1\\1&2&1\end{pmatrix}$的特征值与特征向量.

解 因为$\boldsymbol{A}$的特征多项式为

$$f(\lambda)=|\boldsymbol{A}-\lambda\boldsymbol{E}|=\begin{vmatrix}3-\lambda&0&0\\0&2-\lambda&1\\1&2&1-\lambda\end{vmatrix}=-\lambda(\lambda-3)^2,$$

所以 A 的特征值为 $\lambda_1=0$，$\lambda_2=\lambda_3=3$.

当 $\lambda_1=0$ 时，对应的特征向量即为 $Ax=0$ 的非零解，由于

$$A=\begin{pmatrix}3&0&0\\0&2&1\\1&2&1\end{pmatrix}\xrightarrow{r}\begin{pmatrix}1&0&0\\0&1&\frac{1}{2}\\0&0&0\end{pmatrix},$$

因此可得 $Ax=0$ 的基础解系为 $p_1=\begin{pmatrix}0\\1\\-2\end{pmatrix}$，所以 $kp_1\,(k\neq0)$ 即为对应于 $\lambda_1=0$ 的所有特征向量.

当 $\lambda_2=\lambda_3=3$ 时，对应的特征向量应满足 $(A-3E)x=0$，由于

$$A-3E=\begin{pmatrix}0&0&0\\0&-1&1\\1&2&-2\end{pmatrix}\xrightarrow{r}\begin{pmatrix}1&0&0\\0&1&-1\\0&0&0\end{pmatrix},$$

因此可得 $(A-3E)x=0$ 的基础解系为 $p_2=\begin{pmatrix}0\\1\\1\end{pmatrix}$，所以 $kp_2\,(k\neq0)$ 即为对应于 $\lambda_2=\lambda_3=3$ 的所有特征向量.

例 5.7 求方阵 $A=\begin{pmatrix}3&2&4\\2&0&2\\4&2&3\end{pmatrix}$ 的特征值与特征向量.

解 因为 A 的特征多项式为

$$f(\lambda)=|A-\lambda E|=\begin{vmatrix}3-\lambda&2&4\\2&-\lambda&2\\4&2&3-\lambda\end{vmatrix}=-(\lambda-8)(\lambda+1)^2,$$

所以 A 的特征值为 $\lambda_1=8$，$\lambda_2=\lambda_3=-1$.

当 $\lambda_1=8$ 时，对应的特征向量即为 $(A-8E)x=0$ 的非零解，由于

$$A-8E=\begin{pmatrix}-5&2&4\\2&-8&2\\4&2&-5\end{pmatrix}\xrightarrow{r}\begin{pmatrix}1&0&-1\\0&1&-1/2\\0&0&0\end{pmatrix},$$

因此可得 $(A-8E)x=0$ 的基础解系为 $p_1=\begin{pmatrix}2\\1\\2\end{pmatrix}$，所以 $kp_1\,(k\neq0)$ 即为对应于 $\lambda_1=8$ 的所有特征向量.

当 $\lambda_2=\lambda_3=-1$ 时，对应的特征向量应满足 $(A+E)x=0$，由于

$$A+E=\begin{pmatrix}4&2&4\\2&1&2\\4&2&4\end{pmatrix}\xrightarrow{r}\begin{pmatrix}1&1/2&1\\0&0&0\\0&0&0\end{pmatrix},$$

因此可得$(\boldsymbol{A}+\boldsymbol{E})\boldsymbol{x}=\boldsymbol{0}$的基础解系为$\boldsymbol{p}_2=\begin{pmatrix}1\\-2\\0\end{pmatrix}$，$\boldsymbol{p}_3=\begin{pmatrix}1\\0\\-1\end{pmatrix}$，所以$k_2\boldsymbol{p}_2+k_3\boldsymbol{p}_3(k_2, k_3$不同时为零)即为对应于$\lambda_2=\lambda_3=-1$的全部特征向量.

由上述例子可以看出，对于方阵$\boldsymbol{A}$，对应于不同特征值的特征向量是线性无关的.

例 5.8 设λ是方阵$\boldsymbol{A}$的特征值，$\boldsymbol{p}$是与之对应的特征向量，试证明：

(1) $\varphi(\lambda)=a_0+a_1\lambda+\cdots+a_m\lambda^m$是矩阵多项式$\varphi(\boldsymbol{A})=a_0\boldsymbol{E}+a_1\boldsymbol{A}+\cdots+a_m\boldsymbol{A}^m$的特征值，$\boldsymbol{p}$也是矩阵$\varphi(\boldsymbol{A})$对应于$\varphi(\lambda)$的特征向量；

(2) 当$\boldsymbol{A}$可逆时，$\frac{1}{\lambda}$是$\boldsymbol{A}^{-1}$的特征值，$\boldsymbol{p}$也为矩阵$\boldsymbol{A}^{-1}$对应于$\frac{1}{\lambda}$的特征向量.

证明 (1) 由$\boldsymbol{Ap}=\lambda\boldsymbol{p}$可得

$$\boldsymbol{A}^k\boldsymbol{p}=\boldsymbol{A}^{k-1}(\boldsymbol{Ap})=\lambda\boldsymbol{A}^{k-1}\boldsymbol{p}=\cdots=\lambda^k\boldsymbol{p},$$

因而

$$\begin{aligned}\varphi(\boldsymbol{A})\boldsymbol{p}&=(a_0\boldsymbol{E}+a_1\boldsymbol{A}+\cdots+a_m\boldsymbol{A}^m)\boldsymbol{p}\\&=a_0\boldsymbol{p}+a_1\lambda\boldsymbol{p}+\cdots+a_m\lambda^m\boldsymbol{p}=\varphi(\lambda)\boldsymbol{p},\end{aligned}$$

即结论(1)成立.

(2) 当$\boldsymbol{A}$可逆时，$|\boldsymbol{A}|=\lambda_1\cdot\lambda_2\cdot\cdots\cdot\lambda_n\neq0$，即$\lambda\neq0$. 由$\boldsymbol{Ap}=\lambda\boldsymbol{p}$，两边左乘$\boldsymbol{A}^{-1}$，得

$$\boldsymbol{A}^{-1}\boldsymbol{p}=\frac{1}{\lambda}\boldsymbol{p},$$

即结论(2)成立.

例 5.9 已知三阶方阵$\boldsymbol{A}$的特征值为1，1，2，求$(3\boldsymbol{A})^{-1}$与伴随矩阵$\boldsymbol{A}^*$的特征值.

解 由例5.8可知，若λ是可逆方阵$\boldsymbol{A}$的特征值，则$\frac{1}{\lambda}$必为$\boldsymbol{A}^{-1}$的特征值，故$\boldsymbol{A}^{-1}$的特征值为1，1，$\frac{1}{2}$. 因$(3\boldsymbol{A})^{-1}=\frac{1}{3}\boldsymbol{A}^{-1}$，故$(3\boldsymbol{A})^{-1}$的特征值为$\frac{1}{3}$，$\frac{1}{3}$，$\frac{1}{6}$.

由于$\boldsymbol{A}^*=|\boldsymbol{A}|\boldsymbol{A}^{-1}=1\times1\times2\boldsymbol{A}^{-1}=2\boldsymbol{A}^{-1}$，因此$\boldsymbol{A}^*$的特征值为2，2，1.

例 5.10 设$\lambda_1, \lambda_2, \cdots, \lambda_m$是方阵$\boldsymbol{A}$的$m(m\geqslant2)$个互不相同的特征值，对应的特征向量分别为$\boldsymbol{p}_1, \boldsymbol{p}_2, \cdots, \boldsymbol{p}_m$，证明$\boldsymbol{p}_1+\boldsymbol{p}_2+\cdots+\boldsymbol{p}_m$不是$\boldsymbol{A}$的特征向量.

证明 假设$\boldsymbol{p}_1+\boldsymbol{p}_2+\cdots+\boldsymbol{p}_m$是$\boldsymbol{A}$的特征向量，则存在$\lambda$，使得

$$\boldsymbol{A}(\boldsymbol{p}_1+\boldsymbol{p}_2+\cdots+\boldsymbol{p}_m)=\lambda(\boldsymbol{p}_1+\boldsymbol{p}_2+\cdots+\boldsymbol{p}_m). \tag{5.4}$$

因为$\boldsymbol{p}_1, \boldsymbol{p}_2, \cdots, \boldsymbol{p}_m$为对应于$\lambda_1, \lambda_2, \cdots, \lambda_m$的特征向量，所以

$$\boldsymbol{Ap}_i=\lambda_i\boldsymbol{p}_i\quad(i=1, 2, \cdots m). \tag{5.5}$$

由式(5.4)和式(5.5)得

$$\lambda(\boldsymbol{p}_1+\boldsymbol{p}_2+\cdots+\boldsymbol{p}_m)=\lambda_1\boldsymbol{p}_1+\lambda_2\boldsymbol{p}_2+\cdots+\lambda_m\boldsymbol{p}_m,$$

故

$$(\lambda-\lambda_1)\boldsymbol{p}_1+(\lambda-\lambda_2)\boldsymbol{p}_2+\cdots+(\lambda-\lambda_m)\boldsymbol{p}_m=\boldsymbol{0}.$$

又因为对应于不同特征值的特征向量线性无关，所以

$$\lambda-\lambda_i=0\quad(i=1, 2, \cdots, m),$$

即$\lambda=\lambda_1=\lambda_2=\cdots=\lambda_m$，这与$\lambda_1, \lambda_2, \cdots, \lambda_m$互不相同矛盾. 因此得证$\boldsymbol{p}_1+\boldsymbol{p}_2+\cdots+\boldsymbol{p}_m$不是$\boldsymbol{A}$的特征向量.

■习题 5.2

1. 设 $\boldsymbol{A}=\begin{pmatrix}3 & 2\\0 & -1\end{pmatrix}$，$\boldsymbol{a}=\begin{pmatrix}-1\\2\end{pmatrix}$，$\boldsymbol{b}=\begin{pmatrix}1\\1\end{pmatrix}$，判断 $\boldsymbol{a}$ 和 $\boldsymbol{b}$ 是否为 $\boldsymbol{A}$ 的特征向量.

2. 求下列矩阵的特征值和特征向量：

(1) $\boldsymbol{A}=\begin{pmatrix}3 & 4\\5 & 2\end{pmatrix}$；(2) $\boldsymbol{A}=\begin{bmatrix}2 & -1 & 2\\5 & -3 & 3\\-1 & 0 & -2\end{bmatrix}$；(3) $\boldsymbol{A}=\begin{bmatrix}-3 & 1 & -1\\-7 & 5 & -1\\-6 & 6 & -2\end{bmatrix}$.

3. 已知三阶矩阵 $\boldsymbol{A}$ 的特征值为 1，2，-3，求

(1) $(2\boldsymbol{A})^{-1}$的特征值；(2) $\boldsymbol{A}^*$ 的特征值；(3) $|\boldsymbol{A}^2-5\boldsymbol{A}+7\boldsymbol{E}|$.

4. 设矩阵 $\boldsymbol{A}=\begin{pmatrix}3 & -1\\1 & 1\end{pmatrix}$，试求矩阵 $\varphi(\boldsymbol{A})=\boldsymbol{A}^4+2\boldsymbol{A}^3+4\boldsymbol{A}^2+8\boldsymbol{A}+16\boldsymbol{E}$ 的特征值.

5. 设矩阵 $\boldsymbol{A}=\begin{bmatrix}1 & -3 & 3\\3 & a & 3\\6 & -6 & b\end{bmatrix}$ 有特征值 $\lambda_1=-2$，$\lambda_2=4$，试求参数 a、b 的值.

6. 证明 n 阶方阵 $\boldsymbol{A}$ 与 $\boldsymbol{A}^{\mathrm{T}}$ 具有相同的特征值.

7. 若 n 阶矩阵 $\boldsymbol{A}$ 满足 $\boldsymbol{A}^2=\boldsymbol{A}$，则称 $\boldsymbol{A}$ 为幂等矩阵. 试证幂等矩阵的特征值只能是 0 或者 1.

8. 设 n 阶矩阵 $\boldsymbol{A}$，$\boldsymbol{B}$ 满足 $R(\boldsymbol{A})+R(\boldsymbol{B})<n$，证明 $\boldsymbol{A}$ 与 $\boldsymbol{B}$ 有公共的特征值和特征向量.

5.3 相似矩阵及其对角化

定义 5.8 设 $\boldsymbol{A}$、$\boldsymbol{B}$ 均为 n 阶方阵，若存在 n 阶可逆矩阵 $\boldsymbol{P}$，使得

$$\boldsymbol{P}^{-1}\boldsymbol{A}\boldsymbol{P}=\boldsymbol{B},$$

则称 $\boldsymbol{B}$ 是 $\boldsymbol{A}$ 的相似矩阵，或说矩阵 $\boldsymbol{A}$ 与 $\boldsymbol{B}$ 相似. 可逆矩阵 $\boldsymbol{P}$ 称为把 $\boldsymbol{A}$ 变成 $\boldsymbol{B}$ 的相似变换矩阵.

相似反映的是方阵之间的一种关系，具有如下性质：

(1) $\boldsymbol{A}$ 与 $\boldsymbol{A}$ 相似.

(2) 若 $\boldsymbol{A}$ 与 $\boldsymbol{B}$ 相似，则 $\boldsymbol{B}$ 与 $\boldsymbol{A}$ 相似.

(3) 若 $\boldsymbol{A}$ 与 $\boldsymbol{B}$ 相似，$\boldsymbol{B}$ 与 $\boldsymbol{C}$ 相似，则 $\boldsymbol{A}$ 与 $\boldsymbol{C}$ 相似.

定理 5.4 **若 n 阶方阵 $\boldsymbol{A}$ 与 $\boldsymbol{B}$ 相似，则**

(1) $\boldsymbol{A}$ 与 $\boldsymbol{B}$ 有相同的行列式；

(2) $\boldsymbol{A}$ 与 $\boldsymbol{B}$ 有相同的特征多项式，从而也具有相同的特征值.

证明 (1) 因为 $\boldsymbol{A}$ 与 $\boldsymbol{B}$ 相似，所以存在可逆矩阵 $\boldsymbol{P}$，使得 $\boldsymbol{P}^{-1}\boldsymbol{A}\boldsymbol{P}=\boldsymbol{B}$，故

$$|\boldsymbol{B}|=|\boldsymbol{P}^{-1}\boldsymbol{A}\boldsymbol{P}|=|\boldsymbol{P}^{-1}||\boldsymbol{A}||\boldsymbol{P}|=|\boldsymbol{A}|,$$

即结论(1)成立.

(2) 因为

$$|\boldsymbol{B}-\lambda\boldsymbol{E}|=|\boldsymbol{P}^{-1}\boldsymbol{A}\boldsymbol{P}-\lambda\boldsymbol{E}|=|\boldsymbol{P}^{-1}(\boldsymbol{A}-\lambda\boldsymbol{E})\boldsymbol{P}|=|\boldsymbol{P}^{-1}||\boldsymbol{A}-\lambda\boldsymbol{E}||\boldsymbol{P}|=|\boldsymbol{A}-\lambda\boldsymbol{E}|,$$

所以结论(2)成立.

推论 5.1　若 n 阶方阵 A 与对角阵 $\Lambda=\begin{pmatrix}\lambda_1 & & & \\ & \lambda_2 & & \\ & & \ddots & \\ & & & \lambda_n\end{pmatrix}$ 相似，则 $\lambda_1,\lambda_2,\cdots,\lambda_n$ 必是 A 的 n 个特征值.

证明　因 $\lambda_1,\lambda_2,\cdots,\lambda_n$ 为 Λ 的 n 个特征值，且 A 与 Λ 相似，故 A 与 Λ 具有相同的特征值，即 $\lambda_1,\lambda_2,\cdots,\lambda_n$ 也是 A 的 n 个特征值.

相似矩阵的主要问题是，寻找一个可逆矩阵 P，使得 $P^{-1}AP$ 具有尽可能简单的形式，从而能够有效简化矩阵的运算. 事实上，我们在前面已经接触到这类问题：若 $A=PBP^{-1}$，则 $A^k=\underbrace{(PBP^{-1})\cdots(PBP^{-1})}_{k}=PB^kP^{-1}$，且 A 的多项式为 $\varphi(A)=P\varphi(B)P^{-1}$.

特别地，若存在可逆矩阵 P，使得 $P^{-1}AP=\Lambda$ 为对角矩阵，即若 A 相似于对角矩阵 Λ，则

$$A^k=P\Lambda^kP^{-1},\ \varphi(A)=P\varphi(\Lambda)P^{-1}.$$

若 $\lambda_1,\lambda_2,\cdots,\lambda_n$ 为 Λ 的主对角线元素，则

$$\Lambda^k=\begin{pmatrix}\lambda_1^k & & & \\ & \lambda_2^k & & \\ & & \ddots & \\ & & & \lambda_n^k\end{pmatrix},\ \varphi(\Lambda)=\begin{pmatrix}\varphi(\lambda_1) & & & \\ & \varphi(\lambda_2) & & \\ & & \ddots & \\ & & & \varphi(\lambda_n)\end{pmatrix},$$

因此，我们可以借助对角矩阵 Λ 来方便地计算 A 的多项式 $\varphi(A)$.

定义 5.9　设 A 为 n 阶方阵，若存在可逆矩阵 P，使得 $P^{-1}AP=\Lambda$ 为对角矩阵，则称 A 相似于对角矩阵，也称矩阵 A 可相似对角化.

接下来，我们看如何寻找可逆矩阵，使

$$P^{-1}AP=\Lambda=\begin{pmatrix}\lambda_1 & & & \\ & \lambda_2 & & \\ & & \ddots & \\ & & & \lambda_n\end{pmatrix},$$

为此，我们先从结论出发，找出可逆矩阵 P 满足的条件.

由 $P^{-1}AP=\Lambda=\begin{pmatrix}\lambda_1 & & & \\ & \lambda_2 & & \\ & & \ddots & \\ & & & \lambda_n\end{pmatrix}$ 可知，$\lambda_1,\lambda_2,\cdots,\lambda_n$ 一定是 A 的 n 个特征值，同时，$AP=P\Lambda$.

记 $P=(p_1,p_2,\cdots,p_n)$，则

$$A(p_1,p_2,\cdots,p_n)=(p_1,p_2,\cdots,p_n)\begin{pmatrix}\lambda_1 & & & \\ & \lambda_2 & & \\ & & \ddots & \\ & & & \lambda_n\end{pmatrix},$$

即

$$Ap_i=\lambda_ip_i\quad(i=1,2,\cdots,n).$$

又因 P 可逆，$p_i\neq 0$，因此 p_i 一定为对应于特征值 λ_i 的特征向量. 这说明可逆矩阵 P

是由矩阵 $\boldsymbol{A}$ 的对应于特征值 $\lambda_1, \lambda_2, \cdots, \lambda_n$ 的 n 个线性无关的特征向量构成的，即当 $\boldsymbol{A}$ 相似于对角矩阵时，$\boldsymbol{A}$ 必有 n 个线性无关的特征向量.

将上述过程逆推，即可得到方阵 $\boldsymbol{A}$ 相似于对角矩阵的一个充要条件.

定理 5.5 n **阶方阵** $\boldsymbol{A}$ **相似于对角矩阵的充要条件是** $\boldsymbol{A}$ **有** n **个线性无关的特征向量.**

推论 5.2 **若** n **阶方阵** $\boldsymbol{A}$ **有** n **个互不相同的特征值，则** $\boldsymbol{A}$ **与对角矩阵相似.**

推论 5.2 是 $\boldsymbol{A}$ 相似于对角矩阵的一个充分条件，在实际中并非一定满足. 例如，在前面的例 5.6 中，三阶方阵 $\boldsymbol{A}$ 有重根，但只有两个线性无关的特征向量，因此，该方阵 $\boldsymbol{A}$ 不能对角化. 例 5.7 中的三阶方阵 $\boldsymbol{A}$，同样有重根，但是可以找到三个线性无关的特征向量，因而该矩阵可对角化.

推论 5.3 n **阶方阵** $\boldsymbol{A}$ **相似于对角矩阵的充要条件是对应于** $\boldsymbol{A}$ **的每一个** t_i **重特征值** λ_i **恰有** t_i **个线性无关的特征向量.**

例 5.11 判断矩阵 $\boldsymbol{A}=\begin{pmatrix}1 & 2 & 4\\ 2 & -2 & 2\\ 4 & 2 & 1\end{pmatrix}$ 能否相似于对角矩阵，若能，求出相似变换矩阵 $\boldsymbol{P}$.

解 因为

$$|\boldsymbol{A}-\lambda\boldsymbol{E}|=\begin{vmatrix}1-\lambda & 2 & 4\\ 2 & -2-\lambda & 2\\ 4 & 2 & 1-\lambda\end{vmatrix}=-(\lambda-6)(\lambda+3)^2,$$

所以 $\boldsymbol{A}$ 的特征值为 $\lambda_1=6$，$\lambda_2=\lambda_3=-3$.

当 $\lambda_1=6$ 时，解方程 $(\boldsymbol{A}-6\boldsymbol{E})\boldsymbol{x}=\boldsymbol{0}$. 由

$$\boldsymbol{A}-6\boldsymbol{E}=\begin{pmatrix}-5 & 2 & 4\\ 2 & -8 & 2\\ 4 & 2 & -5\end{pmatrix}\xrightarrow{r}\begin{pmatrix}1 & 0 & -1\\ 0 & 1 & -\frac{1}{2}\\ 0 & 0 & 0\end{pmatrix}$$

得对应于 $\lambda_1=6$ 有一个线性无关的特征向量 $\boldsymbol{p}_1=\begin{pmatrix}2\\ 1\\ 2\end{pmatrix}$.

当 $\lambda_2=\lambda_3=-3$ 时，解方程 $(\boldsymbol{A}+3\boldsymbol{E})\boldsymbol{x}=\boldsymbol{0}$. 由

$$\boldsymbol{A}+3\boldsymbol{E}=\begin{pmatrix}4 & 2 & 4\\ 2 & 1 & 2\\ 4 & 2 & 4\end{pmatrix}\xrightarrow{r}\begin{pmatrix}1 & \frac{1}{2} & 1\\ 0 & 0 & 0\\ 0 & 0 & 0\end{pmatrix}$$

得对应于 $\lambda_2=\lambda_3=-3$ 有两个线性无关的特征向量 $\boldsymbol{p}_2=\begin{pmatrix}1\\ -2\\ 0\end{pmatrix}$，$\boldsymbol{p}_3=\begin{pmatrix}1\\ 0\\ -1\end{pmatrix}$.

综上可知，存在可逆矩阵 $\boldsymbol{P}=(\boldsymbol{p}_1, \boldsymbol{p}_2, \boldsymbol{p}_3)=\begin{pmatrix}2 & 1 & 1\\ 1 & -2 & 0\\ 2 & 0 & -1\end{pmatrix}$，使

$$\boldsymbol{P}^{-1}\boldsymbol{A}\boldsymbol{P}=\begin{pmatrix}6 & & \\ & -3 & \\ & & -3\end{pmatrix}.$$

例 5.12　已知 $A=\begin{pmatrix}0&0&1\\x&1&1\\1&0&0\end{pmatrix}$，且 A 有 3 个线性无关的特征向量，求 x 的值.

解　因为矩阵 A 的特征多项式为

$$|A-\lambda E|=\begin{vmatrix}-\lambda&0&1\\x&1-\lambda&1\\1&0&-\lambda\end{vmatrix}=-(\lambda+1)(\lambda-1)^2,$$

所以 A 的特征值为 $\lambda_1=-1$，$\lambda_2=\lambda_3=1$.

又因为 A 有 3 个线性无关的特征向量，所以 A 相似于对角矩阵，因此二重特征值 $\lambda_2=\lambda_3=1$ 必有两个线性无关的特征向量，即方程组 $(A-E)x=0$ 有两个线性无关的解，则 $R(A-E)=1$. 由于

$$A-E=\begin{pmatrix}-1&0&1\\x&0&1\\1&0&-1\end{pmatrix}\xrightarrow{r}\begin{pmatrix}1&0&-1\\0&0&1+x\\0&0&0\end{pmatrix},$$

要使 $R(A-E)=1$，则 $1+x=0$，即 $x=-1$.

例 5.13　已知 $A=\begin{pmatrix}1&0&1\\0&1&1\\1&1&2\end{pmatrix}$，求 $A^k(k>1)$ 的值.

解　因为矩阵 A 的特征多项式为

$$|A-\lambda E|=\lambda(1-\lambda)(\lambda-3),$$

所以 A 的特征值为 $\lambda_1=0$，$\lambda_2=1$，$\lambda_3=3$.

当 $\lambda_1=0$ 时，齐次线性方程组 $(A-0E)x=0$ 的基础解系为 $p_1=\begin{pmatrix}1\\1\\-1\end{pmatrix}$.

当 $\lambda_2=1$ 时，齐次线性方程组 $(A-E)x=0$ 的基础解系为 $p_2=\begin{pmatrix}1\\-1\\0\end{pmatrix}$.

当 $\lambda_3=3$ 时，齐次线性方程组 $(A-3E)x=0$ 的基础解系为 $p_3=\begin{pmatrix}1\\1\\2\end{pmatrix}$.

令 $P=(p_1,\ p_2,\ p_3)=\begin{pmatrix}1&1&1\\1&-1&1\\-1&0&2\end{pmatrix}$，则 $P^{-1}AP=\Lambda=\begin{pmatrix}0&&\\&1&\\&&3\end{pmatrix}$，

所以

$$A^k=P\Lambda^kP^{-1}=\begin{pmatrix}1&1&1\\1&-1&1\\-1&0&2\end{pmatrix}\begin{pmatrix}0&&\\&1&\\&&3^k\end{pmatrix}\left(-\frac{1}{6}\right)\begin{pmatrix}-2&-2&2\\-3&3&0\\-1&-1&-2\end{pmatrix}$$

$$=\frac{1}{2}\begin{pmatrix}3^{k-1}+1&3^{k-1}-1&2\times3^{k-1}\\3^{k-1}-1&3^{k-1}+1&2\times3^{k-1}\\2\times3^{k-1}&2\times3^{k-1}&4\times3^{k-1}\end{pmatrix}.$$

■习题 5.3

1. 设 $\boldsymbol{A}$、$\boldsymbol{B}$ 都是 n 阶方阵，且 $|\boldsymbol{A}|\neq 0$，证明 $\boldsymbol{AB}$ 与 $\boldsymbol{BA}$ 相似.

2. 证明：若 $\boldsymbol{A}$ 与 $\boldsymbol{B}$ 相似，则 $\boldsymbol{A}^{\mathrm{T}}$ 与 $\boldsymbol{B}^{\mathrm{T}}$ 也相似.

3. 设矩阵 $\boldsymbol{A}=\begin{pmatrix}-2 & 0 & 0\\ 2 & x & 2\\ 3 & 1 & 1\end{pmatrix}$ 与 $\boldsymbol{A}=\begin{pmatrix}-1 & & \\ & 2 & \\ & & y\end{pmatrix}$ 相似，求 x、y 的值.

4. 设矩阵 $\boldsymbol{A}=\begin{pmatrix}2 & 0 & 1\\ 3 & 1 & x\\ 4 & 0 & 5\end{pmatrix}$ 可相似对角化，求 x 的值.

5. 对下列矩阵求可逆矩阵 $\boldsymbol{P}$，使 $\boldsymbol{P}^{-1}\boldsymbol{AP}$ 为对角矩阵：

(1) $\boldsymbol{A}=\begin{pmatrix}-1 & -2 & 2\\ 0 & 1 & 0\\ 0 & 0 & 1\end{pmatrix}$；(2) $\boldsymbol{A}=\begin{pmatrix}4 & 6 & 0\\ -3 & -5 & 0\\ -3 & -6 & 1\end{pmatrix}$.

6. 已知矩阵 $\boldsymbol{A}=\begin{pmatrix}2 & 0 & 0\\ 1 & 2 & -1\\ 1 & 0 & 1\end{pmatrix}$，试求 $\boldsymbol{A}^{10}$.

7. 判断下列矩阵 $\boldsymbol{A}$、$\boldsymbol{B}$ 是否相似，若相似，求出可逆矩阵 $\boldsymbol{P}$，使得 $\boldsymbol{B}=\boldsymbol{P}^{-1}\boldsymbol{AP}$：

$$\boldsymbol{A}=\begin{pmatrix}2 & 0 & 0\\ 0 & 3 & 2\\ 0 & 1 & 2\end{pmatrix},\qquad \boldsymbol{B}=\begin{pmatrix}3 & 1 & 0\\ 4 & 3 & 0\\ 0 & 0 & 1\end{pmatrix}.$$

8. 已知向量 $\boldsymbol{p}=\begin{pmatrix}1\\ 1\\ -1\end{pmatrix}$ 是矩阵 $\boldsymbol{A}=\begin{pmatrix}2 & -1 & 2\\ 5 & a & 3\\ -1 & b & -2\end{pmatrix}$ 的一个特征向量，

(1) 确定参数 a、b 及向量 $\boldsymbol{p}$ 对应的特征值；

(2) 判断 $\boldsymbol{A}$ 能否相似对角化，并说明理由.

9. 设三阶方阵 $\boldsymbol{A}$ 的特征值为 $\lambda_1=1$，$\lambda_2=0$，$\lambda_3=-1$，对应的特征向量依次为

$\boldsymbol{p}_1=\begin{pmatrix}1\\ 2\\ 2\end{pmatrix}$，$\boldsymbol{p}_2=\begin{pmatrix}2\\ -2\\ 1\end{pmatrix}$，$\boldsymbol{p}_3=\begin{pmatrix}-2\\ -1\\ 2\end{pmatrix}$，求 $\boldsymbol{A}$.

10. 计算 $\lim\limits_{n\to\infty}\begin{pmatrix}\frac{1}{3} & 2 & 0\\ 0 & \frac{1}{4} & -1\\ 0 & 0 & \frac{1}{5}\end{pmatrix}^{n}$.

5.4　实对称矩阵的对角化

通过上一节的讨论，我们发现并非所有的方阵都能够对角化，当且仅当方阵 $\boldsymbol{A}$ 有 n 个线性无关的特征向量，$\boldsymbol{A}$ 才能对角化. 一般来讲，判断一个方阵 $\boldsymbol{A}$ 是否有 n 个线性无关的特征向量是较为复杂的. 因此，本节将讨论一类特殊的实对称矩阵的对角化问题.

5.4.1　实对称矩阵的性质

定理 5.6　若 $\boldsymbol{A}$ 为 n 阶实对称矩阵，则 $\boldsymbol{A}$ 的特征值都是实数.

证明　设 λ 为 n 阶方阵 $\boldsymbol{A}$ 的任一特征值，则存在非零向量 $\boldsymbol{p}$，使得 $\boldsymbol{A}\boldsymbol{p}=\lambda\boldsymbol{p}$，即 $\boldsymbol{p}$ 为对应于 λ 的特征向量.

因为 $\boldsymbol{A}$ 为实对称矩阵，故 $\boldsymbol{A}^{\mathrm{T}}=\boldsymbol{A}$，$\overline{\boldsymbol{A}}=\boldsymbol{A}$①，同时

$$\overline{(\boldsymbol{A}\boldsymbol{p})^{\mathrm{T}}}=\overline{\boldsymbol{p}^{\mathrm{T}}\boldsymbol{A}^{\mathrm{T}}}=\overline{\boldsymbol{p}^{\mathrm{T}}}\boldsymbol{A},\ \overline{(\lambda\boldsymbol{p})^{\mathrm{T}}}=\bar{\lambda}\,\overline{\boldsymbol{p}^{\mathrm{T}}},$$

所以 $\overline{\boldsymbol{p}^{\mathrm{T}}}\boldsymbol{A}=\bar{\lambda}\,\overline{\boldsymbol{p}^{\mathrm{T}}}$. 在 $\overline{\boldsymbol{p}^{\mathrm{T}}}\boldsymbol{A}=\bar{\lambda}\,\overline{\boldsymbol{p}^{\mathrm{T}}}$ 两端右乘向量 $\boldsymbol{p}$，得

$$\overline{\boldsymbol{p}^{\mathrm{T}}}\boldsymbol{A}\boldsymbol{p}=\bar{\lambda}\,\overline{\boldsymbol{p}^{\mathrm{T}}}\boldsymbol{p},\tag{5.6}$$

又有

$$\overline{\boldsymbol{p}^{\mathrm{T}}}\boldsymbol{A}\boldsymbol{p}=\overline{\boldsymbol{p}^{\mathrm{T}}}\lambda\boldsymbol{p}=\lambda\,\overline{\boldsymbol{p}^{\mathrm{T}}}\boldsymbol{p},\tag{5.7}$$

式(5.6)和式(5.7)相减得 $(\lambda-\bar{\lambda})\overline{\boldsymbol{p}^{\mathrm{T}}}\boldsymbol{p}=0$，又 $\boldsymbol{p}\neq\boldsymbol{0}$，则

$$\overline{\boldsymbol{p}^{\mathrm{T}}}\boldsymbol{p}=\sum_{i=1}^{n}\overline{p_i}p_i=\sum_{i=1}^{n}|p_i|^2\neq 0,$$

故 $\lambda=\bar{\lambda}$，即 λ 为实数.

由于实对称矩阵的特征值 λ 为实数，故其对应的特征向量也必为实向量.

定理 5.7　若 $\boldsymbol{A}$ 为 n 阶实对称矩阵，则 $\boldsymbol{A}$ 的对应于不同特征值的特征向量必正交.

证明　设 λ_1、λ_2 为实对称矩阵 $\boldsymbol{A}$ 的特征值，且 $\lambda_1\neq\lambda_2$，$\boldsymbol{p}_1$、$\boldsymbol{p}_2$ 分别为对应于 λ_1、λ_2 的特征向量，则有 $\boldsymbol{A}\boldsymbol{p}_1=\lambda_1\boldsymbol{p}_1$，$\boldsymbol{A}\boldsymbol{p}_2=\lambda_2\boldsymbol{p}_2$.

又因为 $\boldsymbol{A}$ 为对称矩阵，所以

$$[\boldsymbol{A}\boldsymbol{p}_1,\boldsymbol{p}_2]=\boldsymbol{p}_2^{\mathrm{T}}\boldsymbol{A}\boldsymbol{p}_1=\boldsymbol{p}_2^{\mathrm{T}}\boldsymbol{A}^{\mathrm{T}}\boldsymbol{p}_1=(\boldsymbol{A}\boldsymbol{p}_2)^{\mathrm{T}}\boldsymbol{p}_1=[\boldsymbol{p}_1,\boldsymbol{A}\boldsymbol{p}_2]=\lambda_1[\boldsymbol{p}_1,\boldsymbol{p}_2],$$

$$[\boldsymbol{p}_1,\boldsymbol{A}\boldsymbol{p}_2]=\lambda_2[\boldsymbol{p}_1,\boldsymbol{p}_2],$$

故 $\lambda_1[\boldsymbol{p}_1,\boldsymbol{p}_2]=\lambda_2[\boldsymbol{p}_1,\boldsymbol{p}_2]$，即

$$(\lambda_1-\lambda_2)[\boldsymbol{p}_1,\boldsymbol{p}_2]=0.$$

由于 $\lambda_1\neq\lambda_2$，因此 $[\boldsymbol{p}_1,\boldsymbol{p}_2]=0$，即 $\boldsymbol{p}_1$ 与 $\boldsymbol{p}_2$ 正交.

---

① 设 $\boldsymbol{A}=\begin{pmatrix}a_{11}&a_{12}&\cdots&a_{1n}\\a_{21}&a_{22}&\cdots&a_{2n}\\\vdots&\vdots&&\vdots\\a_{n1}&a_{n2}&\cdots&a_{nn}\end{pmatrix}$，则 $\overline{\boldsymbol{A}}=\begin{pmatrix}\overline{a_{11}}&\overline{a_{12}}&\cdots&\overline{a_{1n}}\\\overline{a_{21}}&\overline{a_{22}}&\cdots&\overline{a_{2n}}\\\vdots&\vdots&&\vdots\\\overline{a_{n1}}&\overline{a_{n2}}&\cdots&\overline{a_{nn}}\end{pmatrix}$ 称为 $\boldsymbol{A}$ 的共轭矩阵.

5.4.2 实对称矩阵的对角化方法

定理 5.8 若 $\boldsymbol{A}$ 为 n 阶实对称矩阵，则必存在正交矩阵 $\boldsymbol{P}$，使得

$$\boldsymbol{P}^{-1}\boldsymbol{A}\boldsymbol{P}=\boldsymbol{P}^{\mathrm{T}}\boldsymbol{A}\boldsymbol{P}=\boldsymbol{\Lambda},$$

其中 $\boldsymbol{\Lambda}$ 是以 $\boldsymbol{A}$ 的 n 个特征值为对角元的对角矩阵.

由于过程较为繁琐，此定理不予证明.

由该定理我们可进一步得出如下结论.

若 $\boldsymbol{A}$ 为 n 阶实对称矩阵阵，λ 是 $\boldsymbol{A}$ 的 k 重特征值，则矩阵 $\boldsymbol{A}-\lambda\boldsymbol{E}$ 的秩 $R(\boldsymbol{A}-\lambda\boldsymbol{E})=n-k$，从而对应于 k 重特征值 λ 必有 k 个线性无关的特征向量.

从而，我们可将实对称矩阵对角化的过程归纳如下：

(1) 由 $|\boldsymbol{A}-\lambda\boldsymbol{E}|=0$ 求出 $\boldsymbol{A}$ 的所有互不相等的特征值 λ_1，λ_2，…，λ_s，记其重数分别为 k_1，k_2，…，k_s，则 $k_1+k_2+\cdots+k_s=n$.

(2) 对于每一个特征值 λ_i，求出 $(\boldsymbol{A}-\lambda_i\boldsymbol{E})\boldsymbol{x}=\boldsymbol{0}$ 的基础解系，得 k_i 个线性无关的特征向量. 将它们正交化、单位化，得 k_i 个两两正交的单位特征向量. 由于 $k_1+k_2+\cdots+k_s=n$，故共得 n 个两两正交的单位特征向量.

(3) 以 $\boldsymbol{A}$ 的 n 个两两正交的单位特征向量为列向量构成正交矩阵 $\boldsymbol{P}$，则

$$\boldsymbol{P}^{-1}\boldsymbol{A}\boldsymbol{P}=\boldsymbol{P}^{\mathrm{T}}\boldsymbol{A}\boldsymbol{P}=\boldsymbol{\Lambda}.$$

特别注意：对角矩阵中对角元素的排列次序应与 $\boldsymbol{P}$ 中列向量的排列次序严格一致.

例 5.14 已知 $\boldsymbol{A}=\begin{pmatrix}1&2&0\\2&1&0\\0&0&0\end{pmatrix}$，求正交矩阵 $\boldsymbol{P}$，使 $\boldsymbol{P}^{-1}\boldsymbol{A}\boldsymbol{P}=\boldsymbol{\Lambda}$ 为对角矩阵.

解 因为矩阵 $\boldsymbol{A}$ 的特征多项式为

$$|\boldsymbol{A}-\lambda\boldsymbol{E}|=\begin{vmatrix}1-\lambda&2&0\\2&1-\lambda&0\\0&0&-\lambda\end{vmatrix}=-\lambda(\lambda+1)(\lambda-3),$$

所以 $\boldsymbol{A}$ 的特征值为 $\lambda_1=0$，$\lambda_2=-1$，$\lambda_3=3$.

当 $\lambda_1=0$ 时，齐次线性方程组 $(\boldsymbol{A}-0\boldsymbol{E})\boldsymbol{x}=\boldsymbol{0}$ 的基础解系为 $\boldsymbol{\xi}_1=\begin{pmatrix}0\\0\\1\end{pmatrix}$.

当 $\lambda_2=-1$ 时，齐次线性方程组 $(\boldsymbol{A}+\boldsymbol{E})\boldsymbol{x}=\boldsymbol{0}$ 的基础解系为 $\boldsymbol{\xi}_2=\begin{pmatrix}1\\-1\\0\end{pmatrix}$.

当 $\lambda_3=3$ 时，齐次线性方程组 $(\boldsymbol{A}-3\boldsymbol{E})\boldsymbol{x}=\boldsymbol{0}$ 的基础解系为 $\boldsymbol{\xi}_3=\begin{pmatrix}1\\1\\0\end{pmatrix}$.

由 λ_1，λ_2，λ_3 互不相等易知 $\boldsymbol{\xi}_1$，$\boldsymbol{\xi}_2$，$\boldsymbol{\xi}_3$ 必两两正交，故只需对其单位化即可，

$$\boldsymbol{p}_1=\frac{\boldsymbol{\xi}_1}{\|\boldsymbol{\xi}_1\|}=\begin{pmatrix}0\\0\\1\end{pmatrix},\ \boldsymbol{p}_2=\frac{\boldsymbol{\xi}_2}{\|\boldsymbol{\xi}_2\|}=\begin{pmatrix}\frac{1}{\sqrt{2}}\\\frac{-1}{\sqrt{2}}\\0\end{pmatrix},\ \boldsymbol{p}_3=\frac{\boldsymbol{\xi}_3}{\|\boldsymbol{\xi}_3\|}=\begin{pmatrix}\frac{1}{\sqrt{2}}\\\frac{1}{\sqrt{2}}\\0\end{pmatrix},$$

令矩阵 $\boldsymbol{P}=(\boldsymbol{p}_1, \boldsymbol{p}_2, \boldsymbol{p}_3)=\begin{pmatrix} 0 & \frac{1}{\sqrt{2}} & \frac{1}{\sqrt{2}} \\ 0 & \frac{-1}{\sqrt{2}} & \frac{1}{\sqrt{2}} \\ 1 & 0 & 0 \end{pmatrix}$，则有

$$\boldsymbol{P}^{\mathrm{T}}\boldsymbol{A}\boldsymbol{P}=\boldsymbol{P}^{-1}\boldsymbol{A}\boldsymbol{P}=\begin{pmatrix} 0 & & \\ & -1 & \\ & & 3 \end{pmatrix},$$

故 $\boldsymbol{P}$ 即为所求的正交矩阵.

例 5.15　设实对称矩阵 $\boldsymbol{A}=\begin{pmatrix} 1 & 0 & 1 \\ 0 & 1 & 1 \\ 1 & 1 & x \end{pmatrix}$，其特征值为 0、1、$y$，求参数 x、y 与正交矩阵 $\boldsymbol{P}$，使 $\boldsymbol{P}^{\mathrm{T}}\boldsymbol{A}\boldsymbol{P}=\begin{pmatrix} 0 & & \\ & 1 & \\ & & y \end{pmatrix}$.

解　由于 0、1、y 为矩阵 $\boldsymbol{A}$ 的特征值，故由定理 5.3 得

$$0+1+y=1+1+x,\ |\boldsymbol{A}|=0\times1\times y,$$

即

$$\begin{cases} 0+1+y=1+1+x, \\ 0\times1\times y=x-2, \end{cases}$$

解得

$$\begin{cases} x=2, \\ y=3, \end{cases}$$

所以矩阵 $\boldsymbol{A}=\begin{pmatrix} 1 & 0 & 1 \\ 0 & 1 & 1 \\ 1 & 1 & 2 \end{pmatrix}$，其特征值为 0、1、3.

当 $\lambda_1=0$ 时，齐次线性方程组 $(\boldsymbol{A}-0\boldsymbol{E})\boldsymbol{x}=\boldsymbol{0}$ 的基础解系为 $\boldsymbol{\xi}_1=\begin{pmatrix} 1 \\ 1 \\ -1 \end{pmatrix}$.

当 $\lambda_2=1$ 时，齐次线性方程组 $(\boldsymbol{A}-\boldsymbol{E})\boldsymbol{x}=\boldsymbol{0}$ 的基础解系为 $\boldsymbol{\xi}_2=\begin{pmatrix} 1 \\ -1 \\ 0 \end{pmatrix}$.

当 $\lambda_3=3$ 时，齐次线性方程组 $(\boldsymbol{A}-3\boldsymbol{E})\boldsymbol{x}=\boldsymbol{0}$ 的基础解系为 $\boldsymbol{\xi}_3=\begin{pmatrix} 1 \\ 1 \\ 2 \end{pmatrix}$.

由 $\lambda_1, \lambda_2, \lambda_3$ 互不相等易知 $\boldsymbol{\xi}_1, \boldsymbol{\xi}_2, \boldsymbol{\xi}_3$ 必两两正交，对其单位化可得，

$$\boldsymbol{p}_1=\frac{\boldsymbol{\xi}_1}{\|\boldsymbol{\xi}_1\|}=\frac{1}{\sqrt{3}}\begin{pmatrix} 1 \\ 1 \\ -1 \end{pmatrix},\ \boldsymbol{p}_2=\frac{\boldsymbol{\xi}_2}{\|\boldsymbol{\xi}_2\|}=\frac{1}{\sqrt{2}}\begin{pmatrix} 1 \\ -1 \\ 0 \end{pmatrix},\ \boldsymbol{p}_3=\frac{\boldsymbol{\xi}_3}{\|\boldsymbol{\xi}_3\|}=\frac{1}{\sqrt{6}}\begin{pmatrix} 1 \\ 1 \\ 2 \end{pmatrix},$$

故所求的正交矩阵 $P=\begin{pmatrix}\frac{1}{\sqrt{3}} & \frac{1}{\sqrt{2}} & \frac{1}{\sqrt{6}}\\ \frac{1}{\sqrt{3}} & \frac{-1}{\sqrt{2}} & \frac{1}{\sqrt{6}}\\ \frac{-1}{\sqrt{3}} & 0 & \frac{2}{\sqrt{6}}\end{pmatrix}$，且

$$P^{\mathrm{T}}AP=\begin{pmatrix}0 & & \\ & 1 & \\ & & 3\end{pmatrix}.$$

■习题 5.4

1. 已知实对称矩阵 $A=\begin{pmatrix}2 & -1\\ -1 & 2\end{pmatrix}$，试求正交矩阵 P，使 $P^{-1}AP$ 为对角矩阵.

2. 已知实对称矩阵 $A=\begin{pmatrix}2 & -2 & 0\\ -2 & 1 & -2\\ 0 & -2 & 0\end{pmatrix}$，试求正交矩阵 P，使 $P^{-1}AP$ 为对角矩阵.

3. 设矩阵 $A=\begin{pmatrix}1 & 1 & a\\ 1 & a & 1\\ a & 1 & 1\end{pmatrix}$，$\boldsymbol{\beta}=\begin{pmatrix}1\\ 1\\ -2\end{pmatrix}$. 已知线性方程组 $Ax=\boldsymbol{\beta}$ 有解但不唯一，试求：

(1) a 的值；

(2) 正交矩阵 P，使 $P^{-1}AP$ 为对角矩阵.

4. 设三阶对称矩阵 A 的特征值为 $\lambda_1=1$，$\lambda_2=-1$，$\lambda_3=0$，对应于 λ_1 与 λ_2 的特征向量分别为 $p_1=\begin{pmatrix}1\\ 2\\ 2\end{pmatrix}$，$p_2=\begin{pmatrix}2\\ 1\\ -2\end{pmatrix}$，求 A.

5. 设三阶对称矩阵 A 的特征值为 $\lambda_1=6$，$\lambda_2=\lambda_3=3$，$p_1=(1, 1, 1)^{\mathrm{T}}$ 是对应于 λ_1 的一个特征向量，求 A.

6. 设 $A=\begin{pmatrix}3 & -2\\ -2 & 3\end{pmatrix}$，求 $\varphi(A)=A^{10}-5A^9$.

7. 设 $A=\begin{pmatrix}2 & 1 & 2\\ 1 & 2 & 2\\ 2 & 2 & 1\end{pmatrix}$，求 $\varphi(A)=A^{10}-6A^9+5A^8$.

8. 设矩阵 $A=\begin{pmatrix}x & -2 & -4\\ -2 & 4 & -2\\ -4 & -2 & 1\end{pmatrix}$ 与 $\Lambda=\begin{pmatrix}y & & \\ & 5 & \\ & & 5\end{pmatrix}$ 相似，求 x、y，并求正交矩阵 P，使 $P^{-1}AP=\Lambda$.

9. 设 λ_1、λ_2 是 n 阶实对称矩阵 A 的两个不同的特征值，a 是 A 的对应于特征值 λ_1 的一个单位特征向量，试求矩阵 $B=A-\lambda_1 aa^{\mathrm{T}}$ 的两个特征值.

10. 设 A、B 都是 n 阶实对称矩阵，证明 A 与 B 有相同特征值的充要条件是存在正交矩阵 P，使得 $P^{-1}AP=B$.

5.5 典型例题

例 5.16　设 $\boldsymbol{e}_1$，$\boldsymbol{e}_2$，…，$\boldsymbol{e}_n$ 是向量空间 $\mathbf{R}^n$ 的一个基，若向量 $\boldsymbol{x}\in\mathbf{R}^n$，且 $\boldsymbol{x}$ 与 $\boldsymbol{e}_i$ 正交，即 $[\boldsymbol{x}, \boldsymbol{e}_i]=0(i=1, 2, \cdots, n)$，证明 $\boldsymbol{x}=\mathbf{0}$.

证明　因 $\boldsymbol{x}\in\mathbf{R}^n$，故 $\boldsymbol{x}=x_1\boldsymbol{e}_1+x_2\boldsymbol{e}_2+\cdots+x_n\boldsymbol{e}_n$. 要证 $\boldsymbol{x}=\mathbf{0}$，只需证 $\boldsymbol{x}$ 的坐标 $x_1=x_2=\cdots=x_n=0$.

因为 $\boldsymbol{x}$ 与 $\boldsymbol{e}_i$ 正交，所以 $[\boldsymbol{x}, \boldsymbol{e}_i]=x_i[\boldsymbol{e}_i, \boldsymbol{e}_i]=0(i=1, 2, \cdots, n)$，即

$$x_i=0 \quad (i=1, 2, \cdots, n),$$

故 $\boldsymbol{x}=\mathbf{0}$ 成立.

例 5.17　已知矩阵 $\boldsymbol{A}=\begin{pmatrix}-1 & 0 & 2\\ 0 & 1 & 2\\ 2 & 2 & 0\end{pmatrix}$，

(1) 求矩阵 $\boldsymbol{A}$ 的特征值；

(2) 求矩阵 $\boldsymbol{E}+\boldsymbol{A}+3\boldsymbol{A}^2$ 的特征值；

(3) 若矩阵 $\boldsymbol{B}$ 相似于 $\boldsymbol{A}$，求 $|2\boldsymbol{B}^2+\boldsymbol{B}+2\boldsymbol{E}|$.

解　(1) 设 λ 为 $\boldsymbol{A}$ 的特征值，则由

$$|\boldsymbol{A}-\lambda\boldsymbol{E}|=\begin{vmatrix}-1-\lambda & 0 & 2\\ 0 & 1-\lambda & 2\\ 2 & 2 & -\lambda\end{vmatrix}=\lambda(\lambda+3)(3-\lambda)=0$$

求得 $\boldsymbol{A}$ 的特征值为 $\lambda_1=0$，$\lambda_2=3$，$\lambda_3=-3$.

(2) 令 $f(x)=3x^2+x+1$，则 $f(\boldsymbol{A})=3\boldsymbol{A}^2+\boldsymbol{A}+\boldsymbol{E}$，并且 $f(\lambda_i)$ 为 $f(\boldsymbol{A})$ 的特征值. 因为 $f(\lambda_1)=1$，$f(\lambda_2)=31$，$f(\lambda_3)=25$，所以 $\boldsymbol{E}+\boldsymbol{A}+3\boldsymbol{A}^2$ 的特征值为 1、31、25.

(3) 由于矩阵 $\boldsymbol{B}$ 相似于 $\boldsymbol{A}$，则 $\boldsymbol{A}$、$\boldsymbol{B}$ 具有相同的特征值，即 $\boldsymbol{B}$ 的特征值也为 $\lambda_1=0$，$\lambda_2=3$，$\lambda_3=-3$.

令 $g(x)=2x^2+x+2$，则 $g(\boldsymbol{B})=2\boldsymbol{B}^2+\boldsymbol{B}+2\boldsymbol{E}$，并且 $g(\lambda_i)$ 为 $g(\boldsymbol{A})$ 的特征值. 因为 $g(\lambda_1)=2$，$g(\lambda_2)=23$，$g(\lambda_3)=17$，即矩阵 $2\boldsymbol{B}^2+\boldsymbol{B}+2\boldsymbol{E}$ 的特征值为 2、23、17，所以 $|g(\boldsymbol{B})|=|2\boldsymbol{B}^2+\boldsymbol{B}+2\boldsymbol{E}|=2\times23\times17=782$.

例 5.18　若三阶方阵 $\boldsymbol{A}$ 满足以下条件：

(1) $|\boldsymbol{A}|>0$；

(2) $\boldsymbol{A}^{\mathrm{T}}\boldsymbol{A}=4\boldsymbol{E}$；

(3) $|\boldsymbol{A}+2\boldsymbol{E}|=0$，

求 $\boldsymbol{A}$ 的伴随矩阵 $\boldsymbol{A}^*$ 的一个特征值.

解　由 $\boldsymbol{A}^{\mathrm{T}}\boldsymbol{A}=4\boldsymbol{E}$ 可得 $|\boldsymbol{A}|^2=|\boldsymbol{A}^{\mathrm{T}}\boldsymbol{A}|=|4\boldsymbol{E}|=4^3=64$. 又因 $|\boldsymbol{A}|>0$，故 $|\boldsymbol{A}|=8$.

由 $|\boldsymbol{A}+2\boldsymbol{E}|=|\boldsymbol{A}-(-2)\boldsymbol{E}|=0$ 可知，$\lambda=-2$ 为 $\boldsymbol{A}$ 的特征值. 因 $|\boldsymbol{A}|=8\neq0$，故矩阵 $\boldsymbol{A}$ 可逆，且 $\lambda=-\dfrac{1}{2}$ 为 $\boldsymbol{A}^{-1}$ 的特征值. 又因 $\boldsymbol{A}^*=|\boldsymbol{A}|\boldsymbol{A}^{-1}=8\boldsymbol{A}^{-1}$，故 $\lambda=8\times\left(-\dfrac{1}{2}\right)=-4$ 为伴随矩阵 $\boldsymbol{A}^*$ 的一个特征值.

例 5.19 已知矩阵 $\boldsymbol{A}$ 与 $\boldsymbol{B}$ 相似，

$$\boldsymbol{A}=\begin{pmatrix}3&0&0\\0&0&1\\0&1&a\end{pmatrix},\quad \boldsymbol{B}=\begin{pmatrix}1&&\\&b&\\&&3\end{pmatrix},$$

求实数 a 与 b 的值，并求正交矩阵 $\boldsymbol{P}$，使 $\boldsymbol{P}^{\mathrm{T}}\boldsymbol{AP}=\boldsymbol{P}^{-1}\boldsymbol{AP}=\boldsymbol{B}$.

解 由于矩阵 $\boldsymbol{A}$ 与 $\boldsymbol{B}$ 相似，则 $\boldsymbol{B}$ 的对角线元素必为 $\boldsymbol{A}$ 的特征值且 $|\boldsymbol{A}|=|\boldsymbol{B}|$，故有

$$\begin{cases}1+b+3=3+0+a,\\3b=-3,\end{cases}$$

解得 $a=0$，$b=-1$，且 $\boldsymbol{A}$ 的特征值为 $\lambda_1=1$，$\lambda_2=-1$，$\lambda_3=3$

将 $a=0$，$b=-1$ 分别代入 $\boldsymbol{A}$、$\boldsymbol{B}$ 得

$$\boldsymbol{A}=\begin{pmatrix}3&0&0\\0&0&1\\0&1&0\end{pmatrix},\quad \boldsymbol{B}=\begin{pmatrix}1&&\\&-1&\\&&3\end{pmatrix}$$

当 $\lambda_1=1$ 时，齐次线性方程组 $(\boldsymbol{A}-\boldsymbol{E})\boldsymbol{x}=\boldsymbol{0}$ 的基础解系为 $\boldsymbol{\xi}_1=\begin{pmatrix}0\\1\\1\end{pmatrix}$.

当 $\lambda_2=-1$ 时，齐次线性方程组 $(\boldsymbol{A}+\boldsymbol{E})\boldsymbol{x}=\boldsymbol{0}$ 的基础解系为 $\boldsymbol{\xi}_2=\begin{pmatrix}0\\1\\-1\end{pmatrix}$.

当 $\lambda_3=3$ 时，齐次线性方程组 $(\boldsymbol{A}-3\boldsymbol{E})\boldsymbol{x}=\boldsymbol{0}$ 的基础解系为 $\boldsymbol{\xi}_3=\begin{pmatrix}1\\0\\0\end{pmatrix}$.

由于 λ_1，λ_2，λ_3 互不相等，且 $\boldsymbol{A}$ 为实对称矩阵，故 $\boldsymbol{\xi}_1$，$\boldsymbol{\xi}_2$，$\boldsymbol{\xi}_3$ 必两两正交，对其单位化，得

$$\boldsymbol{p}_1=\frac{\boldsymbol{\xi}_1}{\|\boldsymbol{\xi}_1\|}=\frac{1}{\sqrt{2}}\begin{pmatrix}0\\1\\1\end{pmatrix},\ \boldsymbol{p}_2=\frac{\boldsymbol{\xi}_2}{\|\boldsymbol{\xi}_2\|}=\frac{1}{\sqrt{2}}\begin{pmatrix}0\\1\\-1\end{pmatrix},\ \boldsymbol{p}_3=\frac{\boldsymbol{\xi}_3}{\|\boldsymbol{\xi}_3\|}=\begin{pmatrix}1\\0\\0\end{pmatrix},$$

令矩阵 $\boldsymbol{P}=(\boldsymbol{p}_1,\ \boldsymbol{p}_2,\ \boldsymbol{p}_3)=\begin{pmatrix}0&0&1\\1/\sqrt{2}&1/\sqrt{2}&0\\1/\sqrt{2}&-1/\sqrt{2}&0\end{pmatrix}$，则有

$$\boldsymbol{P}^{\mathrm{T}}\boldsymbol{AP}=\boldsymbol{P}^{-1}\boldsymbol{AP}=\begin{pmatrix}1&&\\&-1&\\&&3\end{pmatrix},$$

故 $\boldsymbol{P}$ 即为所求的正交矩阵.

例 5.20 若 n 阶方阵 $\boldsymbol{A}$ 满足 $\boldsymbol{R}(\boldsymbol{A})>0$，且存在整数 $k>1$ 使 $\boldsymbol{A}^k=\boldsymbol{0}$，证明：

(1) $\boldsymbol{A}$ 的所有特征值为 0；

(2) $\boldsymbol{A}$ 不能相似于对角矩阵.

证明 (1) 设 λ 为 $\boldsymbol{A}$ 的任一特征值，$\boldsymbol{x}$ 为对应的特征向量，则 $\boldsymbol{Ax}=\lambda\boldsymbol{x}$. 又因为 $\boldsymbol{A}^k=\boldsymbol{0}$，所以

$$\boldsymbol{A}^k\boldsymbol{x}=\lambda^k\boldsymbol{x}=\boldsymbol{0}.$$

由于 $\boldsymbol{x}\neq\boldsymbol{0}$，故 $\lambda=0$，即 $\boldsymbol{A}$ 的所有特征值均为 0.

(2)（反证法）假设 $\boldsymbol{A}$ 相似于对角矩阵，则存在可逆矩阵 $\boldsymbol{P}$，使 $\boldsymbol{P}^{-1}\boldsymbol{A}\boldsymbol{P}=\boldsymbol{0}$，($\boldsymbol{A}$ 的所有特征值均为 0，$\boldsymbol{A}$ 相似于零对角阵). 故 $\boldsymbol{A}=\boldsymbol{P}\boldsymbol{0}\boldsymbol{P}^{-1}=\boldsymbol{0}$，这与已知条件 $R(\boldsymbol{A})>0$ 矛盾，故假设不成立，即 $\boldsymbol{A}$ 不能相似于对角矩阵.

例 5.21　已知 n 阶方阵 $\boldsymbol{A}$ 的秩为 $R(\boldsymbol{A})$，且满足 $\boldsymbol{A}^2=\boldsymbol{A}$(幂等矩阵)，

(1) 求 $\boldsymbol{A}$ 的特征值；

(2) 证明矩阵 $\boldsymbol{E}-\boldsymbol{A}$ 的秩为 $n-\boldsymbol{R}(\boldsymbol{A})$；

(3) 证明 $\boldsymbol{A}$ 相似于对角矩阵.

(1) **解**　设 λ 为 $\boldsymbol{A}$ 的任一特征值，则存在非零向量 $\boldsymbol{x}$，使得 $\boldsymbol{A}\boldsymbol{x}=\lambda\boldsymbol{x}$. 又因为 $\boldsymbol{A}^2=\boldsymbol{A}$，所以

$$\lambda^2\boldsymbol{x}=\boldsymbol{A}^2\boldsymbol{x}=\boldsymbol{A}\boldsymbol{x}=\lambda\boldsymbol{x},$$

即

$$(\lambda^2-\lambda)\boldsymbol{x}=\boldsymbol{0},$$

由于 $\boldsymbol{x}\neq\boldsymbol{0}$，故 $\lambda^2=\lambda$，即 $\lambda=0$ 或 $\lambda=1$.

(2) **证明**　由 $\boldsymbol{A}^2=\boldsymbol{A}$ 可知 $\boldsymbol{A}(\boldsymbol{A}-\boldsymbol{E})=\boldsymbol{0}$. 又因为 $\boldsymbol{A}$ 的秩为 $R(\boldsymbol{A})$，由秩的不等式可知

$$R(\boldsymbol{A})+R(\boldsymbol{E}-\boldsymbol{A})\leqslant n,$$
$$R(\boldsymbol{A})+R(\boldsymbol{E}-\boldsymbol{A})\geqslant R(\boldsymbol{A}+\boldsymbol{E}-\boldsymbol{A})=R(\boldsymbol{E})=n.$$

所以 $R(\boldsymbol{A})+R(\boldsymbol{E}-\boldsymbol{A})=n$，即证矩阵 $\boldsymbol{E}-\boldsymbol{A}$ 的秩为 $n-R(\boldsymbol{A})$.

(3) **证明**　由(1)知，$\boldsymbol{A}$ 的特征值为 $\lambda=0$ 或 $\lambda=1$.

当 $\lambda=0$ 时，方程组 $(\boldsymbol{A}-0\boldsymbol{E})\boldsymbol{x}=\boldsymbol{A}\boldsymbol{x}=\boldsymbol{0}$ 必有 $n-R(\boldsymbol{A})$ 个线性无关的解向量，即对应于特征值 $\lambda=0$ 有 $n-R(\boldsymbol{A})$ 个线性无关的特征向量，记为 $\boldsymbol{p}_1, \boldsymbol{p}_2, \cdots, \boldsymbol{p}_{n-R(\boldsymbol{A})}$.

当 $\lambda_2=1$ 时，方程组 $(\boldsymbol{A}-\boldsymbol{E})\boldsymbol{x}=\boldsymbol{0}$ 必有 $n-[n-R(\boldsymbol{A})]=R(\boldsymbol{A})$ 个线性无关的解向量，即对应特征值 $\lambda=1$ 有 $R(\boldsymbol{A})$ 个线性无关的特征向量，记为 $\boldsymbol{p}_{n-R(\boldsymbol{A})+1}, \boldsymbol{p}_{n-R(\boldsymbol{A})+2}, \cdots, \boldsymbol{p}_n$.

综上可知，矩阵 $\boldsymbol{A}$ 有 $n-R(\boldsymbol{A})+R(\boldsymbol{A})=n$ 个线性无关的特征向量 $\boldsymbol{p}_1, \boldsymbol{p}_2, \cdots, \boldsymbol{p}_n$，故 $\boldsymbol{A}$ 可相似于对角矩阵. 若记 $\boldsymbol{P}=(\boldsymbol{p}_1, \boldsymbol{p}_2, \cdots, \boldsymbol{p}_n)$，则

$$\boldsymbol{P}^{-1}\boldsymbol{A}\boldsymbol{P}=\underbrace{\begin{pmatrix}0&&&&&\\&\ddots&&&&\\&&0&&&\\&&&1&&\\&&&&\ddots&\\&&&&&1\end{pmatrix}}_{n-R(\boldsymbol{A})\quad R(\boldsymbol{A})}=\begin{pmatrix}\boldsymbol{O}&\\&\boldsymbol{E}_{R(\boldsymbol{A})}\end{pmatrix}.$$

例 5.22　设三阶方阵 $\boldsymbol{A}$ 的特征值为 $\lambda_1=0$，$\lambda_2=1$，$\lambda_3=-1$，对应的特征向量依次为

$$\boldsymbol{p}_1=\begin{pmatrix}1\\0\\0\end{pmatrix}, \boldsymbol{p}_2=\begin{pmatrix}0\\1\\1\end{pmatrix}, \boldsymbol{p}_3=\begin{pmatrix}0\\1\\-1\end{pmatrix},$$

向量 $\boldsymbol{p}_0=\begin{pmatrix}1\\2\\0\end{pmatrix}$. 求：

(1) 矩阵 $\boldsymbol{A}$；

(2) 矩阵 $\boldsymbol{A}^k$(k 为正整数)；

(3) 向量 $\boldsymbol{A}^k\boldsymbol{p}_0$.

解 (1) 由条件知，若令矩阵 $\boldsymbol{P}=(\boldsymbol{p}_1, \boldsymbol{p}_2, \boldsymbol{p}_3)=\begin{pmatrix}1&0&0\\0&1&1\\0&1&-1\end{pmatrix}$，则有

$$\boldsymbol{P}^{-1}\boldsymbol{A}\boldsymbol{P}=\begin{pmatrix}0&&\\&1&\\&&-1\end{pmatrix},$$

即

$$\boldsymbol{A}=\boldsymbol{P}\begin{pmatrix}0&&\\&1&\\&&-1\end{pmatrix}\boldsymbol{P}^{-1}.$$

又因为

$$\boldsymbol{P}^{-1}=\frac{1}{|\boldsymbol{P}|}\boldsymbol{P}^*=\begin{pmatrix}1&0&0\\0&1/2&1/2\\0&1/2&-1/2\end{pmatrix},$$

所以

$$\boldsymbol{A}=\boldsymbol{P}\begin{pmatrix}0&&\\&1&\\&&-1\end{pmatrix}\boldsymbol{P}^{-1}=\begin{pmatrix}0&0&0\\0&0&1\\0&1&0\end{pmatrix}.$$

(2) 因为

$$\boldsymbol{A}^k=\boldsymbol{P}\begin{pmatrix}0&&\\&1&\\&&-1\end{pmatrix}^k\boldsymbol{P}^{-1}=\boldsymbol{P}\begin{pmatrix}0&&\\&1&\\&&(-1)^k\end{pmatrix}\boldsymbol{P}^{-1},$$

所以当 $k=2n-1$ 时，

$$\boldsymbol{A}^k=\begin{pmatrix}0&0&0\\0&0&1\\0&1&0\end{pmatrix};$$

当 $k=2n$ 时，$\boldsymbol{A}^k=\begin{pmatrix}0&0&0\\0&1&0\\0&0&1\end{pmatrix}$.

(3) 解法 1 由矩阵 $\boldsymbol{A}^k$ 与向量 $\boldsymbol{p}_0$ 直接相乘，求得 $\boldsymbol{A}^k\boldsymbol{p}_0$，即当 $k=2n-1$ 时，$\boldsymbol{A}^k\boldsymbol{p}_0=\begin{pmatrix}0\\0\\2\end{pmatrix}$；

当 $k=2n$ 时，$\boldsymbol{A}^k\boldsymbol{p}_0=\begin{pmatrix}0\\2\\0\end{pmatrix}$.

解法 2 由于 $\boldsymbol{p}_1$、$\boldsymbol{p}_2$、$\boldsymbol{p}_3$ 线性无关，故 $\boldsymbol{p}_0$ 一定可由其线性表出，即

$$\boldsymbol{p}_0=\boldsymbol{p}_1+\boldsymbol{p}_2+\boldsymbol{p}_3.$$

又因为 $\boldsymbol{A}\boldsymbol{p}_i=\lambda_i\boldsymbol{p}_i(i=1,2,3)$，所以

$$\boldsymbol{A}\boldsymbol{p}_0=\boldsymbol{A}\boldsymbol{p}_1+\boldsymbol{A}\boldsymbol{p}_2+\boldsymbol{A}\boldsymbol{p}_3=\lambda_1\boldsymbol{p}_1+\lambda_2\boldsymbol{p}_2+\lambda_3\boldsymbol{p}_3,$$

故

$$\begin{aligned}\boldsymbol{A}^k\boldsymbol{p}_0&=\boldsymbol{A}^k\boldsymbol{p}_1+\boldsymbol{A}^k\boldsymbol{p}_2+\boldsymbol{A}^k\boldsymbol{p}_3=\lambda_1^k\boldsymbol{p}_1+\lambda_2^k\boldsymbol{p}_2+\lambda_3^k\boldsymbol{p}_3\\&=\boldsymbol{p}_2+(-1)^k\boldsymbol{p}_3,\end{aligned}$$

当 $k=2n-1$ 时，

$$\boldsymbol{A}^k\boldsymbol{p}_0=\begin{pmatrix}0\\0\\2\end{pmatrix};$$

当 $k=2n$ 时，

$$\boldsymbol{A}^k\boldsymbol{p}_0=\begin{pmatrix}0\\2\\0\end{pmatrix}.$$

注 解法 2 较解法 1 最大的优势是避免了计算 $\boldsymbol{A}^k$，从而在某种程度上能够有效简化运算.

本 章 小 结

一、主要内容

1. 向量的内积

(1) 向量内积的定义：设 n 维向量 $\boldsymbol{x}=\begin{pmatrix}x_1\\x_2\\\vdots\\x_n\end{pmatrix}$，$\boldsymbol{y}=\begin{pmatrix}y_1\\y_2\\\vdots\\y_n\end{pmatrix}$，则 $\boldsymbol{x}$ 与 $\boldsymbol{y}$ 的内积为

$$[\boldsymbol{x},\boldsymbol{y}]=\boldsymbol{x}^{\mathrm{T}}\boldsymbol{y}=x_1y_1+x_2y_2+\cdots x_ny_n.$$

(2) 向量正交的定义：$\boldsymbol{x}$，$\boldsymbol{y}$ 为 n 维向量，若 $[\boldsymbol{x},\boldsymbol{y}]=0$，则称向量 $\boldsymbol{x}$ 与 $\boldsymbol{y}$ 正交.

(3) 正交向量组的定义：设 n 维向量 $\boldsymbol{a}_1$，$\boldsymbol{a}_2$，…，$\boldsymbol{a}_r$ 是一组两两正交的非零向量，则称这个向量组为正交向量组. 若其中每一个向量都是单位向量，则称该向量组为标准正交向量组或规范正交向量组.

(4) 正交向量组的性质：若 n 维向量 $\boldsymbol{a}_1$，$\boldsymbol{a}_2$，…，$\boldsymbol{a}_r$ 是一个正交向量组，则 $\boldsymbol{a}_1$，$\boldsymbol{a}_2$，…，$\boldsymbol{a}_r$ 线性无关.

(5) 规范正交基的定义：设 n 维向量 $\boldsymbol{e}_1$，$\boldsymbol{e}_2$，…，$\boldsymbol{e}_r$ 是向量空间 $V(V\subseteq\mathbf{R}^n)$ 的一个基，若 $\boldsymbol{e}_1$，$\boldsymbol{e}_2$，…，$\boldsymbol{e}_r$ 两两正交，且均为单位向量，则称 $\boldsymbol{e}_1$，$\boldsymbol{e}_2$，…，$\boldsymbol{e}_r$ 为 V 的一个标准正交基或规范正交基.

(6) Gram - Schmidt 正交化方法：设 n 维向量 $\boldsymbol{a}_1$，$\boldsymbol{a}_2$，…，$\boldsymbol{a}_r(r\leqslant n)$ 线性无关，则由如下方法所得的向量组 $\boldsymbol{b}_1$，$\boldsymbol{b}_2$，…，$\boldsymbol{b}_r$ 是正交向量组：

$\boldsymbol{b}_1=\boldsymbol{a}_1$；

$$\boldsymbol{b}_2=\boldsymbol{a}_2-\frac{[\boldsymbol{b}_1,\boldsymbol{a}_2]}{[\boldsymbol{b}_1,\boldsymbol{b}_1]}\boldsymbol{b}_1;$$

⋮

$$\boldsymbol{b}_r=\boldsymbol{a}_r-\frac{[\boldsymbol{b}_1,\boldsymbol{a}_r]}{[\boldsymbol{b}_1,\boldsymbol{b}_1]}\boldsymbol{b}_1-\frac{[\boldsymbol{b}_2,\boldsymbol{a}_r]}{[\boldsymbol{b}_2,\boldsymbol{b}_2]}\boldsymbol{b}_2-\cdots-\frac{[\boldsymbol{b}_{r-1},\boldsymbol{a}_r]}{[\boldsymbol{b}_{r-1},\boldsymbol{b}_{r-1}]}\boldsymbol{b}_{r-1}.$$

2. 方阵的特征值与特征向量

(1) 求方阵的特征值和特征向量的步骤；

① 由 $f(\lambda)=|\boldsymbol{A}-\lambda\boldsymbol{E}|=0$ 求出方阵 $\boldsymbol{A}$ 的全部特征值 $\lambda_i(i=1,2,\cdots,n)$；

② 对于方阵 $\boldsymbol{A}$ 的每个特征值 λ_i，求出对应齐次线性方程组 $(\boldsymbol{A}-\lambda_i\boldsymbol{E})\boldsymbol{x}=\boldsymbol{0}$ 的一个基础解系 $\boldsymbol{p}_1$，$\boldsymbol{p}_2$，$\cdots\boldsymbol{p}_t$，则 $k_1\boldsymbol{p}_1+r_2\boldsymbol{p}_2+\cdots+k_t\boldsymbol{p}_t(k_1,k_2,\cdots,k_t$ 是不全为零的实数)即为方阵 $\boldsymbol{A}$ 的对应于特征值 λ_i 的特征向量.

(2) 关于特征值的结论：若 λ 是 $\boldsymbol{A}$ 矩阵的特征值，$\boldsymbol{x}$ 是 $\boldsymbol{A}$ 的对应于 λ 的特征向量，则有

① λ 也是 $\boldsymbol{A}^{\mathrm{T}}$ 的特征值；

② λ^m 是 $\boldsymbol{A}^m$ 的特征值；

③ $k\lambda$ 是 $k\boldsymbol{A}$ 的特征值，$a_0+a_1\lambda+\cdots+a_m\lambda^m$ 是 $a_0\boldsymbol{E}+a_1\boldsymbol{A}+\cdots+a_m\boldsymbol{A}^m$ 的特征值；

④ 当 $\boldsymbol{A}$ 可逆时，λ^{-1}是 $\boldsymbol{A}^{-1}$的特征值，$\lambda^{-1}|\boldsymbol{A}|$是 $\boldsymbol{A}^*$ 的特征值.

⑤ $\boldsymbol{x}$ 仍是矩阵 $k\boldsymbol{A}$、$\boldsymbol{A}^m$、$\boldsymbol{A}^{-1}$、$\boldsymbol{A}^*$、$a_0\boldsymbol{E}+a_1\boldsymbol{A}+\cdots+a_m\boldsymbol{A}^m$ 分别对应于特征值 $k\lambda$、λ^m、λ^{-1}、$\lambda^{-1}|\boldsymbol{A}|$、$a_0+a_1\lambda+\cdots+a_m\lambda^m$ 的特征向量.

(3) 关于特征向量的结论：

① 对应于同一个特征值的特征向量的线性组合仍是对应于该特征值的特征向量；

② 对应于不同特征值的特征向量是线性无关的.

3. 相似矩阵

(1) 定义：若 $\boldsymbol{A}$、$\boldsymbol{B}$ 是两个 n 阶方阵，如果存在 n 阶可逆方阵 $\boldsymbol{P}$，使得 $\boldsymbol{B}=\boldsymbol{P}^{-1}\boldsymbol{A}\boldsymbol{P}$，则称方阵 $\boldsymbol{A}$ 相似于 $\boldsymbol{B}$. 相似具有反身性、对称性和传递性.

(2) 性质：

① 若 $\boldsymbol{A}$ 与 $\boldsymbol{B}$ 相似，则 $\boldsymbol{A}$ 与 $\boldsymbol{B}$ 的特征值相同.

② 若 $\boldsymbol{A}$ 相似于 $\mathrm{diag}(\lambda_1,\lambda_2,\cdots,\lambda_n)$，则 $\lambda_1,\lambda_2,\cdots,\lambda_n$ 是 $\boldsymbol{A}$ 的 n 个特征值.

③ 若存在可逆矩阵 $\boldsymbol{P}$ 使得 $\boldsymbol{P}^{-1}\boldsymbol{A}\boldsymbol{P}=\boldsymbol{\Lambda}$ 为对角矩阵，则 $\boldsymbol{A}^k=\boldsymbol{P}^{-1}\boldsymbol{\Lambda}^k\boldsymbol{P}^{-1}$，$\varphi(\boldsymbol{A})=\boldsymbol{P}^{-1}\varphi(\boldsymbol{\Lambda})\boldsymbol{P}^{-1}$.

(3) 方阵的可对角化.

① n 阶方阵 $\boldsymbol{A}$ 能对角化的充要条件是 $\boldsymbol{A}$ 有 n 个线性无关的特征向量.

② 若 n 阶方阵 $\boldsymbol{A}$ 有 n 个互异的特征值，则 $\boldsymbol{A}$ 与对角矩阵相似.

③ 一个 n 阶方阵 $\boldsymbol{A}$ 与一个对角矩阵相似的充要条件是对应于 $\boldsymbol{A}$ 的每个特征值的线性无关的特征向量个数之和为 n.

4. 实对称矩阵的对角化

(1) 实对称矩阵的性质.

① 实对称矩阵的特征值为实数.

② 实对称矩阵的对应于不同特征值的特征向量是正交的.

③ 若 λ 是实对称矩阵的 r 重特征值，则对应于特征值 λ 恰有 r 个线性无关的特征向量.

④ 实对称矩阵必可对角化.

(2) 实对称矩阵的对角化.

若 $\boldsymbol{A}$ 为 n 阶实对称矩阵，则必存在正交矩阵 $\boldsymbol{P}$，使得

$$\boldsymbol{P}^{-1}\boldsymbol{A}\boldsymbol{P}=\boldsymbol{P}^{\mathrm{T}}\boldsymbol{A}\boldsymbol{P}=\boldsymbol{\Lambda},$$

其中 $\boldsymbol{\Lambda}$ 是以 $\boldsymbol{A}$ 的 n 个特征矩阵为对角元的对角矩阵.

二、重点练习内容

1. 利用 Gram－Schmidt 正交化方法把已知向量组标准正交化.
2. 求解方阵的特征值和特征向量.
3. 求一个正交矩阵，使实对称矩阵变为一个对角矩阵.
4. 求方阵的特征值和特征向量.

总习题 5

一、判断下列命题是否正确：

1. 若方阵 $\boldsymbol{A}$ 与 $\boldsymbol{B}$ 相似，则 $\boldsymbol{A}$ 与 $\boldsymbol{B}$ 有相同的特征值.
2. 若方阵 $\boldsymbol{A}$ 与 $\boldsymbol{B}$ 有相同的特征值，则 $\boldsymbol{A}$ 与 $\boldsymbol{B}$ 相似.
3. 若方阵 $\boldsymbol{A}$ 的特征值全为 0，则 $\boldsymbol{A}$ 一定是零矩阵.
4. 若方阵 $\boldsymbol{A}$ 的特征值全为 0，则 $\boldsymbol{A}$ 一定相似于零矩阵.
5. 若方阵 $\boldsymbol{A}$ 与 $\boldsymbol{B}$ 相似，则它们一定相似于同一对角阵.
6. 由于方阵 $\boldsymbol{A}$ 与 $\boldsymbol{A}^{\mathrm{T}}$ 有相同的特征值，故它们也有相同的特征向量.
7. 若 λ，μ 分别为方阵 $\boldsymbol{A}$，$\boldsymbol{B}$ 的特征值，则 $\lambda+\mu$ 也是 $\boldsymbol{A}+\boldsymbol{B}$ 的特征值.
8. 方阵 $\boldsymbol{A}$ 的特征值 λ_i 只对应 $n-R(\lambda_i\boldsymbol{E}-\boldsymbol{A})$ 个特征向量.
9. 设 $\boldsymbol{A}$ 为 4×4 矩阵，$R(\boldsymbol{A})=3$，$\lambda=0$ 是 $\boldsymbol{A}$ 的三重特征值，则 $\boldsymbol{A}$ 一定不能相似于对角阵.
10. 若 $\boldsymbol{A}$ 可相似于对角阵，则 $\boldsymbol{A}^3+2\boldsymbol{A}^2-\boldsymbol{A}+\boldsymbol{E}$ 也可相似于对角阵.
11. 任何非零向量空间都有规范正交基.
12. n 阶正交矩阵 $\boldsymbol{A}$ 的行向量组和列向量组都是 $\mathbf{R}^n$ 中的规范正交基.
13. 若 n 阶矩阵 $\boldsymbol{A}$ 的秩 $R(\boldsymbol{A})=r<n$，则 $\lambda=0$ 是 $\boldsymbol{A}$ 的 $n-r$ 重特征值.
14. 设 $\{b_1, b_2, \cdots, b_r\}$ 是用 Schmidt 正交化方法从线性无关的向量组 $\{a_1, a_2, \cdots, a_r\}$ 得到的正交向量组，则 $\{b_1, b_2, \cdots, b_r\}$ 可由 $\{a_1, a_2, \cdots, a_r\}$ 线性表示.
15. 设方阵 $\boldsymbol{A}$ 与 $\boldsymbol{B}$ 相似，则对于任意的实数 t，$\boldsymbol{A}-t\boldsymbol{E}$ 与 $\boldsymbol{B}-t\boldsymbol{E}$ 相似.

二、选择题

1. 下列矩阵中可对角化的是(　　).

A. $\begin{pmatrix}1&2&0\\0&1&0\\0&0&2\end{pmatrix}$　　B. $\begin{pmatrix}1&0&2\\0&2&0\\0&0&1\end{pmatrix}$　　C. $\begin{pmatrix}1&2&0\\0&2&0\\0&0&1\end{pmatrix}$　　D. $\begin{pmatrix}1&1&1\\0&1&0\\0&0&2\end{pmatrix}$

2. n 阶方阵 $\boldsymbol{A}$ 有 n 个不同的特征值是 $\boldsymbol{A}$ 相似于对角阵的(　　).

A. 充分必要条件　　B. 充分而非必要条件

C. 必要而非充分条件　　D. 既非充分也非必要条件

3. 设 $\boldsymbol{x}$ 为 $\boldsymbol{A}$ 的特征向量，则 $\boldsymbol{B}=\boldsymbol{P}^{-1}\boldsymbol{A}\boldsymbol{P}$ 的特征向量为(　　).

A. $\boldsymbol{x}$　　B. $\boldsymbol{P}\boldsymbol{x}$　　C. $\boldsymbol{P}^{-1}\boldsymbol{x}$　　D. $\boldsymbol{P}^{\mathrm{T}}\boldsymbol{x}$

4. 设三阶方阵 $\boldsymbol{A}$ 的特征值为 0，1，2，那么 $\mathrm{R}(\boldsymbol{A}+\boldsymbol{E})+\mathrm{R}(\boldsymbol{A}-\boldsymbol{E})$ 为(　　).

A. 2　　B. 3　　C. 4　　D. 5

5. 若 $\boldsymbol{A}=[\boldsymbol{a}_{ij}]_{n\times n}$，$\lambda_i$ 为 $\boldsymbol{A}$ 的特征值，$(i=1, 2, \cdots, n)$，则 $\sum\limits_{i=1}^{n}(2\lambda_i)^2$ 的值等于(　　).

A. $\left(\sum\limits_{i=1}^{n}2a_{ii}\right)^2$　　B. $\left(\sum\limits_{i=1}^{n}2a_{ij}\right)^2$　　C. $4\sum\limits_{i=1}^{n}\sum\limits_{j=1}^{n}a_{ij}a_{ji}$　　D. $\left[\sum\limits_{i=1}^{n}2a_{ii}\right]\left[\sum\limits_{j=1}^{n}(2a_{jj})^2\right]$

三、填空题

1. 已知 $\boldsymbol{A}=\begin{pmatrix}1&1&1&1\\1&1&1&1\\1&1&1&1\\1&1&1&1\end{pmatrix}$，则 $\boldsymbol{A}$ 的特征值为____________.

2. 已知 0 是矩阵 $\boldsymbol{A}=\begin{pmatrix}1&0&1\\0&2&0\\1&0&a\end{pmatrix}$ 的特征值，则 $a=$________，$|\boldsymbol{A}|=$________.

3. 设 $\boldsymbol{A}=\begin{pmatrix}1&&\\&-2&\\&&1\end{pmatrix}$，$\boldsymbol{B}=\begin{pmatrix}1&&\\&1&\\&&-2\end{pmatrix}$，则当矩阵 $\boldsymbol{P}=$________时，$\boldsymbol{P}^{-1}\boldsymbol{A}\boldsymbol{P}=\boldsymbol{B}$.

4. 设一个四阶方阵的特征值为 0 或者 1，且 $R(\boldsymbol{A})=2$，若 $\boldsymbol{A}$ 相似于对角阵 $\boldsymbol{\Lambda}$，则 $\boldsymbol{\Lambda}=$________.

5. 设矩阵 $\boldsymbol{A}=\begin{pmatrix}1&-1&0\\-1&0&0\\0&0&1\end{pmatrix}$ 与 $\boldsymbol{B}=\begin{pmatrix}1&a&0\\-1&0&-1\\0&a&1\end{pmatrix}$ 相似，则 $a=$________.

四、解答题

1. 已知向量 $\boldsymbol{a}_1=(1, 1, 0, 0)^{\mathrm{T}}$，$\boldsymbol{a}_2=(1, 0, 1, 0)^{\mathrm{T}}$，$\boldsymbol{a}_3=(-1, 0, 0, 1)^{\mathrm{T}}$ 是线性无关向量组，求与之等价的规范正交向量组.

2. 设矩阵 $\boldsymbol{A}=\begin{pmatrix}-2&1&1\\0&2&0\\-4&1&3\end{pmatrix}$，判断 $\boldsymbol{A}$ 是否可对角化.

3. 设 $\boldsymbol{A}$ 是三阶实对称矩阵，其特征值分别为 1，-1，0，其中 1，0 对应的特征向量为 $\boldsymbol{p}_1=(1, a, 1)^{\mathrm{T}}$ 和 $\boldsymbol{p}_2=(a, a+1, 1)^{\mathrm{T}}$，求 a 与 $\boldsymbol{A}$.

4. 设 1，1，-1 是三阶实对称矩阵 $\boldsymbol{A}$ 的 3 个特征值，$\boldsymbol{a}_1=(1, 1, 1)^{\mathrm{T}}$ 和 $\boldsymbol{a}_2=(2, 2, 1)^{\mathrm{T}}$ 是 $\boldsymbol{A}$ 的对应于特征值 1 的特征向量，求 $\boldsymbol{A}$.

5. 设 $\boldsymbol{A}$ 为 n 阶实矩阵，证明 $\boldsymbol{A}$ 是正交矩阵的充要条件是对任意 $\boldsymbol{\alpha}, \boldsymbol{\beta}\in\mathbf{R}^n$，有 $[\boldsymbol{A}\boldsymbol{\alpha}, \boldsymbol{A}\boldsymbol{\beta}]=[\boldsymbol{\alpha}, \boldsymbol{\beta}]$.

6. 设 $\boldsymbol{A}$ 为 n 阶方阵，

(1) 若 $\boldsymbol{A}^2=\boldsymbol{E}$，则 $8\boldsymbol{E}-\boldsymbol{A}$ 是否可逆？

(2) 设 λ 是 $\boldsymbol{A}$ 的特征值，且 $\lambda\neq\pm1$，则 $\boldsymbol{A}\pm\boldsymbol{E}$ 是否可逆？

7. 设方阵 $\boldsymbol{A}$ 满足方程 $\boldsymbol{A}^2-3\boldsymbol{A}-4\boldsymbol{E}=\boldsymbol{0}$，试求 $\boldsymbol{A}$ 的特征值.

8. 设 $\boldsymbol{A}_{4\times4}$ 满足 $|3\boldsymbol{E}+\boldsymbol{A}|=0$，又 $\boldsymbol{A}^{\mathrm{T}}\boldsymbol{A}=2\boldsymbol{E}$，$|\boldsymbol{A}|<0$，求 $\boldsymbol{A}$ 的伴随矩阵 $\boldsymbol{A}^*$ 的一个特征值.

9. 设矩阵 $\boldsymbol{A}$ 与 $\boldsymbol{B}$ 相似，且 $\boldsymbol{A}=\begin{pmatrix}1 & -1 & 1\\ 2 & 4 & -2\\ -3 & -3 & a\end{pmatrix}$，$\boldsymbol{B}=\begin{pmatrix}2 & & \\ & 2 & \\ & & b\end{pmatrix}$.

(1) 求 a、b 的值；

(2) 求可逆矩阵 $\boldsymbol{P}$，使 $\boldsymbol{P}^{-1}\boldsymbol{AP}=\boldsymbol{B}$.

10. 已知三阶方阵 $\boldsymbol{A}$ 的特征值为 $\lambda_1=1$，$\lambda_2=-1$，$\lambda_3=2$，且 $\boldsymbol{B}=\boldsymbol{A}^3-5\boldsymbol{A}^2$，求 $|\boldsymbol{B}|$、$|\boldsymbol{A}-5\boldsymbol{E}|$.

11. 设 n 维实向量 $\boldsymbol{a}=(a_1, a_2, \cdots, a_n)^{\mathrm{T}}$，$\boldsymbol{a}^{\mathrm{T}}\boldsymbol{a}=1$，$\boldsymbol{A}=\boldsymbol{aa}^{\mathrm{T}}$，求矩阵 $\boldsymbol{A}$ 的特征值.

12. 设 $\boldsymbol{A}=\begin{pmatrix}1 & 0\\ -1 & 2\end{pmatrix}$，计算 $\boldsymbol{A}^{10}$.

13. 设 $\boldsymbol{A}$ 为正交矩阵，$|\boldsymbol{A}|=-1$，证明 -1 是 $\boldsymbol{A}$ 的特征值.

14. 设 $\lambda\neq0$ 是 m 阶矩阵 $\boldsymbol{A}_{m\times n}\boldsymbol{B}_{n\times m}$ 的特征值，证明 λ 也是 n 阶矩阵 $\boldsymbol{BA}$ 的特征值.

15. 设 $\boldsymbol{A}$ 是四阶方阵，且 $\boldsymbol{A}$ 有 4 个线性无关的特征向量. 证明 $\boldsymbol{A}^{\mathrm{T}}$ 也有 4 个线性无关的特征向量.

第6章 二 次 型

【学习目标】

(1) 掌握二次型及其矩阵表示，了解二次型的秩的概念.

(2) 掌握化二次型为标准形的方法.

(3) 了解二次型的正定性及其判别法.

(4) 理解惯性定理.

在解析几何中，当二次曲线的中心与坐标原点重合时，其一般方程为

$$ax^2+bxy+cy^2=1,$$

为了便于研究这个二次曲线的性质，可以选择适当的角度 θ，做坐标旋转变换

$$\begin{cases}x=x'\cos\theta-y'\sin\theta,\\ y=x'\sin\theta+y'\cos\theta,\end{cases}$$

把上述一般方程化为标准形

$$m(x')^2+n(y')^2=1.$$

二次曲线一般方程的左端是一个二次齐次多项式，从代数的观点来看，化标准形的过程就是通过变量的线性变换化简二次齐次多项式，使之只含有平方项. 由于二次齐次多项式不但在数学中出现，而且在其他学科中也会经常遇到，因此有必要将此类问题一般化，讨论将包含 n 个变量的二次齐次多项式化为标准形的问题. 二次型就是二次齐次多项式，二次齐次多项式不仅在几何问题中出现，而且在数学的其他分支以及物理学、工程技术、经济管理和网络计算中也经常遇到. 本章将以矩阵为工具讨论二次型的相关知识.

6.1 二次型及其标准形

6.1.1 二次型及其标准形的定义

定义 6.1 含有 n 个变量 $x_1, x_2, \cdots, x_n$ 的二次齐次函数

$$\begin{aligned}f(x_1, x_2, \cdots, x_n)=&a_{11}x_1^2+2a_{12}x_1x_2+2a_{13}x_1x_3+\cdots+2a_{1n}x_1x_n+\\&a_{22}x_2^2+2a_{23}x_2x_3+\cdots+2a_{2n}x_2x_n+\cdots+\\&a_{(n-1)n-1}x_{n-1}^2+2a_{(n-1)n}x_{n-1}x_n+a_{nn}x_n^2\end{aligned}$$

称为二次型. 若该二次型的系数都为复数，则称该二次型为复二次型；若该二次型的系数都为实数，则称该二次型为实二次型，在本章若没有特殊说明，所指的二次型都是实二次型.

当 $i>j$ 时，若令 $a_{ji}=a_{ij}$，则 $2a_{ij}=a_{ji}+a_{ij}$，从而

$$\begin{aligned}f(x_1, x_2, \cdots, x_n)=&a_{11}x_1^2+a_{12}x_1x_2+a_{13}x_1x_3+\cdots+a_{1n}x_1x_n+\\&a_{21}x_2x_1+a_{22}x_2^2+a_{23}x_2x_3+\cdots+a_{2n}x_2x_n+\end{aligned}$$

$$a_{31}x_3x_1+a_{32}x_3x_2+a_{33}x_3^2+\cdots+a_{3n}x_3x_n+$$
$$\cdots+a_{n1}x_nx_1+a_{n2}x_nx_2+a_{n3}x_nx_3+\cdots+a_{nn}x_n^2$$
$$=\sum_{i,\ j=1}^{n}a_{ij}x_ix_j,$$

把上述表达式中的系数排成一个 n 阶方阵

$$\boldsymbol{A}=\begin{pmatrix}a_{11} & a_{12} & \cdots & a_{1n}\\ a_{21} & a_{22} & \cdots & a_{2n}\\ \vdots & \vdots & & \vdots\\ a_{n1} & a_{n2} & \cdots & a_{nn}\end{pmatrix},$$

由于 $a_{ji}=a_{ij}$，故上述矩阵是一个对称矩阵，即 $\boldsymbol{A}=\boldsymbol{A}^{\mathrm{T}}$，称 $\boldsymbol{A}$ 为二次型 $f(x_1,x_2,\cdots,x_n)$ 的矩阵. 由以上讨论可知，任意一个二次型 $f(x_1,x_2,\cdots,x_n)$ 都对应着一个对称矩阵 $\boldsymbol{A}$，矩阵 $\boldsymbol{A}$ 的秩称为二次型 $f(x_1,x_2,\cdots,x_n)$ 的秩.

进一步地，若令

$$\boldsymbol{x}=\begin{pmatrix}x_1\\ x_2\\ \vdots\\ x_n\end{pmatrix},$$

则利用矩阵乘法的运算法则可以验证 $f(x_1,x_2,\cdots,x_n)=\boldsymbol{x}^{\mathrm{T}}\boldsymbol{A}\boldsymbol{x}$，称该式为二次型 $f(x_1,x_2,\cdots,x_n)$ 的矩阵形式.

例 6.1 写出下列二次型的矩阵：

(1) $f(x_1,x_2,x_3,x_4)=x_1^2+3x_2^2-x_3^2+2x_1x_2+2x_1x_3-3x_2x_3$；

(2) $f(x_1,x_2,x_3)=(x_1,x_2,x_3)\begin{pmatrix}1 & 2 & 3\\ 4 & 5 & 6\\ 7 & 8 & 9\end{pmatrix}\begin{pmatrix}x_1\\ x_2\\ x_3\end{pmatrix}$.

解 (1) 该二次型是四元二次型，故它的矩阵为

$$\boldsymbol{A}=\begin{pmatrix}1 & 1 & 1 & 0\\ 1 & 3 & -\dfrac{3}{2} & 0\\ 1 & -\dfrac{3}{2} & -1 & 0\\ 0 & 0 & 0 & 0\end{pmatrix}.$$

(2) 由于 $\begin{pmatrix}1 & 2 & 3\\ 4 & 5 & 6\\ 7 & 8 & 9\end{pmatrix}$ 不是对称矩阵，故要将该二次型展开并重新写出相应的对称矩阵，即

$$f(x_1,x_2,x_3)=(x_1,x_2,x_3)\begin{pmatrix}1 & 2 & 3\\ 4 & 5 & 6\\ 7 & 8 & 9\end{pmatrix}\begin{pmatrix}x_1\\ x_2\\ x_3\end{pmatrix}$$
$$=x_1^2+5x_2^2+9x_3^2+6x_1x_2+10x_1x_3+14x_2x_3,$$

所以，该二次型的矩阵为

$$A=\begin{pmatrix}1&3&5\\3&5&7\\5&7&9\end{pmatrix}.$$

下面讨论：对于二次型 $f(x_1, x_2, \cdots, x_n)=\boldsymbol{x}^{\mathrm{T}}\boldsymbol{A}\boldsymbol{x}$，对变量列 $\boldsymbol{x}$ 实施可逆线性变换 $\boldsymbol{x}=\boldsymbol{P}\boldsymbol{y}$，即

$$\begin{pmatrix}x_1\\x_2\\\vdots\\x_n\end{pmatrix}=\boldsymbol{P}\boldsymbol{y}=\begin{pmatrix}p_{11}&p_{12}&\cdots&p_{1n}\\p_{21}&p_{22}&\cdots&p_{2n}\\\vdots&\vdots&&\vdots\\p_{n1}&p_{n2}&\cdots&p_{nn}\end{pmatrix}\begin{pmatrix}y_1\\y_2\\\vdots\\y_n\end{pmatrix},$$

新的关于$(y_1, y_2, \cdots, y_n)$的二次型的矩阵 $\boldsymbol{B}$ 与 $\boldsymbol{A}$ 有什么关系？将 $\boldsymbol{x}=\boldsymbol{P}\boldsymbol{y}$ 代入 $f=\boldsymbol{x}^{\mathrm{T}}\boldsymbol{A}\boldsymbol{x}$ 得，

$$\begin{aligned}f&=\boldsymbol{x}^{\mathrm{T}}\boldsymbol{A}\boldsymbol{x}\\&=(\boldsymbol{P}\boldsymbol{y})^{\mathrm{T}}\boldsymbol{A}(\boldsymbol{P}\boldsymbol{y})=\boldsymbol{y}^{\mathrm{T}}(\boldsymbol{P}^{\mathrm{T}}\boldsymbol{A}\boldsymbol{P})\boldsymbol{y}=\boldsymbol{y}^{\mathrm{T}}\boldsymbol{B}\boldsymbol{y},\end{aligned}$$

由于$(\boldsymbol{P}^{\mathrm{T}}\boldsymbol{A}\boldsymbol{P})^{\mathrm{T}}=\boldsymbol{P}^{\mathrm{T}}\boldsymbol{A}^{\mathrm{T}}\boldsymbol{P}=\boldsymbol{P}^{\mathrm{T}}\boldsymbol{A}\boldsymbol{P}$，即 $\boldsymbol{B}=\boldsymbol{P}^{\mathrm{T}}\boldsymbol{A}\boldsymbol{P}$ 仍是对称矩阵，由上述推导过程不难发现，变换后的二次型的矩阵 $\boldsymbol{B}$ 与变换前的二次型的矩阵 $\boldsymbol{A}$ 应满足以下关系式：

$$\boldsymbol{B}=\boldsymbol{P}^{\mathrm{T}}\boldsymbol{A}\boldsymbol{P}.$$

定义 6.2　设 $\boldsymbol{A}$ 和 $\boldsymbol{B}$ 是 n 阶矩阵，如果存在可逆矩阵 $\boldsymbol{P}$，使得

$$\boldsymbol{B}=\boldsymbol{P}^{\mathrm{T}}\boldsymbol{A}\boldsymbol{P},$$

则称矩阵 $\boldsymbol{A}$ 与 $\boldsymbol{B}$ 合同.

合同反映的是矩阵之间的一个关系. 不难看出，合同关系具有如下性质。

(1) 反身性：$\boldsymbol{A}=\boldsymbol{E}^{\mathrm{T}}\boldsymbol{A}\boldsymbol{E}$.

(2) 对称性：由 $\boldsymbol{B}=\boldsymbol{P}^{\mathrm{T}}\boldsymbol{A}\boldsymbol{P}$ 可得 $\boldsymbol{A}=(\boldsymbol{P}^{-1})^{\mathrm{T}}\boldsymbol{B}\boldsymbol{P}^{-1}$.

(3) 传递性：由 $\boldsymbol{B}_1=\boldsymbol{P}_1^{\mathrm{T}}\boldsymbol{A}\boldsymbol{P}_1$ 和 $\boldsymbol{B}_2=\boldsymbol{P}_2^{\mathrm{T}}\boldsymbol{B}_1\boldsymbol{P}_2$ 可得 $\boldsymbol{B}_2=(\boldsymbol{P}_1\boldsymbol{P}_2)^{\mathrm{T}}\boldsymbol{A}(\boldsymbol{P}_1\boldsymbol{P}_2)$.

因此，经过可逆的线性变换，新二次型的矩阵与原二次型的矩阵是合同的. 这样，就把二次型的变形过程通过矩阵的形式表示出来，这也为后面的讨论提供了有力的工具. 而形式最简单的二次型应该是只包含变量的平方项，即

$$f=\lambda_1 y_1^2+\lambda_2 y_2^2+\cdots+\lambda_n y_n^2=\boldsymbol{y}^{\mathrm{T}}\mathrm{diag}(\lambda_1, \lambda_2, \cdots, \lambda_n)\boldsymbol{y},$$

称这样的二次型为标准形.

从矩阵合同的角度来看，化二次型为标准形，实质上就是寻找可逆矩阵 $\boldsymbol{P}$，使得 $\boldsymbol{P}^{\mathrm{T}}\boldsymbol{A}\boldsymbol{P}$ 为对角矩阵. 下面介绍两种化二次型为标准形的方法.

6.1.2　用配方法化二次型为标准形

关于用配方法化二次型为标准形的问题，有如下的重要结论.

定理 6.1　任意一个实二次型都可以经过可逆的线性变换变成标准形.

证明　证明的过程实际上提供了具体地把二次型化成标准形的方法，这种方法就是中学学过的配方法. 在这里用数学归纳法证明此结论.

当 $n=1$ 时，二次型就是

$$f(x_1)=a_{11}x_1^2$$

已经是标准形了.

现在假设结论对于包含 $n-1$ 个变量的二次型是成立的，对于包含 n 个变量的二次型

$$f(x_1, x_2, \cdots, x_n)=\sum_{i=1}^{n}\sum_{j=1}^{n} a_{ij}x_ix_j \quad (a_{ij}=a_{ji}),$$

分三种情形来证明结论是成立的.

(1) $a_{11}, a_{22}, \cdots, a_{nn}$ 中至少有一个不为零，不妨假设 $a_{11}\neq 0$，对二次型作如下变形：

$$\begin{aligned}
f(x_1, x_2, \cdots, x_n)&=\sum_{i=1}^{n}\sum_{j=1}^{n} a_{ij}x_ix_j\\
&=a_{11}x_1^2+\sum_{j=2}^{n}a_{1j}x_1x_j+\sum_{i=2}^{n}a_{i1}x_ix_1+\sum_{i=2}^{n}\sum_{j=2}^{n}a_{ij}x_ix_j\\
&=a_{11}x_1^2+2\sum_{j=2}^{n}a_{1j}x_1x_j+\sum_{i=2}^{n}\sum_{j=2}^{n}a_{ij}x_ix_j\\
&=a_{11}\Big(x_1+\sum_{j=2}^{n}a_{11}^{-1}a_{1j}x_j\Big)^2-a_{11}^{-1}\Big(\sum_{j=2}^{n}a_{1j}x_j\Big)^2+\sum_{i=2}^{n}\sum_{j=2}^{n}a_{ij}x_ix_j\\
&=a_{11}\Big(x_1+\sum_{j=2}^{n}a_{11}^{-1}a_{1j}x_j\Big)^2+\sum_{i=2}^{n}\sum_{j=2}^{n}b_{ij}x_ix_j,
\end{aligned}$$

这里

$$\sum_{i=2}^{n}\sum_{j=2}^{n}b_{ij}x_ix_j=-a_{11}^{-1}\Big(\sum_{j=2}^{n}a_{1j}x_j\Big)^2+\sum_{i=2}^{n}\sum_{j=2}^{n}a_{ij}x_ix_j,$$

它是一个包含 $n-1$ 个变量 $x_2, \cdots, x_n$ 的二次型，令

$$\begin{cases}
y_1=x_1+\sum\limits_{j=2}^{n}a_{11}^{-1}a_{1j}x_j,\\
y_2=x_2,\\
\vdots\\
y_n=x_n,
\end{cases}$$

即

$$\begin{cases}
x_1=y_1-\sum\limits_{j=2}^{n}a_{11}^{-1}a_{1j}y_j,\\
x_2=y_2,\\
\vdots\\
x_n=y_n,
\end{cases}$$

这是一个可逆的线性变换，它使得原二次型化为

$$f(y_1, y_2, \cdots, y_n)=a_{11}y_1^2+\sum_{i=2}^{n}\sum_{j=2}^{n}b_{ij}y_iy_j,$$

上式右端第二项是一个包含 $n-1$ 个变量的二次型，由归纳法假设知，第二项可以化为标准形，而第一项是平方项，所以整体可以化为标准形，因此对于第一种情形，结论是成立的.

(2) $a_{11}, a_{22}, \cdots, a_{nn}$ 全部都为零，但至少有一个 $a_{1j}\neq 0(j>1)$，不妨假设 $a_{12}\neq 0$，令

$$\begin{cases}
x_1=z_1+z_2,\\
x_2=z_1-z_2,\\
x_3=z_3,\\
\vdots\\
x_n=z_n,
\end{cases}$$

它是一个可逆的线性变换，经过变量替换后二次型化为

$$\begin{aligned} f(x_1, x_2, \cdots, x_n) &= 2a_{12}x_1x_2 + \cdots \\ &= 2a_{12}(z_1+z_2)(z_1-z_2)+\cdots \\ &= 2a_{12}z_1^2 - 2a_{12}z_2^2 + \cdots, \end{aligned}$$

上式右端是关于变量 $z_2, \cdots, z_n$ 的二次型，且 z_1^2 的系数不为零，属于第一种情形(已经被证明结论是成立的)，因此对于第二种情形，结论是成立的.

(3) $a_{11}=a_{12}=\cdots=a_{1n}=0$，由于对称性，有

$$a_{21}=a_{31}=\cdots=a_{n1}=0,$$

这时

$$f(x_1, x_2, \cdots, x_n) = \sum_{i=2}^{n}\sum_{j=2}^{n} a_{ij}x_ix_j,$$

它实质上是一个只包含 $n-1$ 个变量的二次型，根据归纳法假设，结论是成立的.

6.1.1 节已讨论过，经过可逆的线性变换，二次型的矩阵变为一个与之合同的矩阵，因此用矩阵的语言，定理 6.1 可以叙述为下述定理.

定理 6.2　任意一个对称矩阵均合同于一个对角矩阵.

例 6.2　用可逆的线性变换化二次型 $f(x_1, x_2, x_3)=2x_1x_2+2x_1x_3-6x_2x_3$ 为标准形.

解　此二次型属于定理 6.1 的证明过程中的第二种情形，根据证明过程，可令

$$\begin{cases} x_1 = y_1 + y_2, \\ x_2 = y_1 - y_2, \\ x_3 = y_3, \end{cases}$$

则

$$f(x_1, x_2, x_3) = 2y_1^2 - 2y_2^2 - 4y_1y_3 + 8y_2y_3.$$

以上二次型属于定理 6.1 的证明过程中的第一种情形，因此令

$$\begin{cases} y_1 = z_1 + z_3, \\ y_2 = z_2, \\ y_3 = z_3, \end{cases}$$

则

$$f(x_1, x_2, x_3) = 2z_1^2 - 2z_2^2 + 8z_2z_3 - 2z_3^2,$$

上式右端最后三项是关于 z_2 和 z_3 的二次型，属于定理 6.1 的证明过程中的第一种情形，因此令

$$\begin{cases} z_1 = w_1, \\ z_2 = w_2 + 2w_3, \\ z_3 = w_3, \end{cases}$$

则

$$f(x_1, x_2, x_3) = 2w_1^2 - 2w_2^2 + 6w_3^2$$

是标准形，而所作的几次线性变换相当于作一个总的可逆线性变换

$$\begin{pmatrix} x_1 \\ x_2 \\ x_3 \end{pmatrix} = \begin{pmatrix} 1 & 1 & 0 \\ 1 & -1 & 0 \\ 0 & 0 & 1 \end{pmatrix} \begin{pmatrix} 1 & 0 & 1 \\ 0 & 1 & 0 \\ 0 & 0 & 1 \end{pmatrix} \begin{pmatrix} 1 & 0 & 0 \\ 0 & 1 & 2 \\ 0 & 0 & 1 \end{pmatrix} \begin{pmatrix} w_1 \\ w_2 \\ w_3 \end{pmatrix} = \begin{pmatrix} 1 & 1 & 3 \\ 1 & -1 & -1 \\ 0 & 0 & 1 \end{pmatrix} \begin{pmatrix} w_1 \\ w_2 \\ w_3 \end{pmatrix}.$$

6.1.3 用正交变换法化二次型为标准形

第 5 章定理 5.8 指出：对于对称矩阵 $\boldsymbol{A}$，一定存在正交矩阵 $\boldsymbol{P}$，使得 $\boldsymbol{P}^{-1}\boldsymbol{A}\boldsymbol{P}=\boldsymbol{P}^{\mathrm{T}}\boldsymbol{A}\boldsymbol{P}$ 为对角阵. 将此结论应用于二次型可得下述定理.

定理 6.3　对于任意二次型 $f=\boldsymbol{x}^{\mathrm{T}}\boldsymbol{A}\boldsymbol{x}$，总存在正交矩阵 $\boldsymbol{P}$，使得该二次型经过正交变换 $\boldsymbol{x}=\boldsymbol{P}\boldsymbol{y}$ 后可以化为标准形

$$\begin{aligned} f &= \boldsymbol{y}^{\mathrm{T}}(\boldsymbol{P}^{\mathrm{T}}\boldsymbol{A}\boldsymbol{P})\boldsymbol{y} \\ &= (y_1, y_2, \cdots, y_n)\begin{pmatrix} \lambda_1 & & & \\ & \lambda_2 & & \\ & & \ddots & \\ & & & \lambda_n \end{pmatrix}\begin{pmatrix} y_1 \\ y_2 \\ \vdots \\ y_n \end{pmatrix} \\ &= \lambda_1 y_1^2 + \lambda_2 y_2^2 + \cdots + \lambda_n y_n^2, \end{aligned}$$

其中，$\lambda_1, \lambda_2, \cdots, \lambda_n$ 是对称矩阵 $\boldsymbol{A}$ 的特征值.

例 6.3　求一个正交变换 $\boldsymbol{x}=\boldsymbol{P}\boldsymbol{y}$，把二次型

$$f=-2x_1x_2+2x_1x_3+2x_2x_3$$

化为标准形.

解　该二次型的矩阵为

$$\boldsymbol{A}=\begin{pmatrix} 0 & -1 & 1 \\ -1 & 0 & 1 \\ 1 & 1 & 0 \end{pmatrix},$$

由矩阵 $\boldsymbol{A}$ 的特征多项式

$$|\boldsymbol{A}-\lambda\boldsymbol{E}|=\begin{vmatrix} -\lambda & -1 & 1 \\ -1 & -\lambda & 1 \\ 1 & 1 & -\lambda \end{vmatrix}=-(\lambda-1)^2(\lambda+2)$$

可得 $\boldsymbol{A}$ 的特征值为 $\lambda_1=-2$，$\lambda_2=\lambda_3=1$.

当 $\lambda_1=-2$ 时，齐次线性方程组 $(\boldsymbol{A}+2\boldsymbol{E})\boldsymbol{x}=\boldsymbol{0}$ 的基础解系为 $\boldsymbol{\xi}_1=\begin{pmatrix} -1 \\ -1 \\ 1 \end{pmatrix}$，

将 $\boldsymbol{\xi}_1$ 单位化即得

$$\boldsymbol{p}_1=\frac{1}{\sqrt{3}}\begin{pmatrix} -1 \\ -1 \\ 1 \end{pmatrix}.$$

当 $\lambda_2=\lambda_3=1$ 时，齐次线性方程组 $(\boldsymbol{A}-\boldsymbol{E})\boldsymbol{x}=\boldsymbol{0}$ 的基础解系为

$$\boldsymbol{\xi}_2=\begin{pmatrix} -1 \\ 1 \\ 0 \end{pmatrix},\ \boldsymbol{\xi}_3=\begin{pmatrix} 1 \\ 0 \\ 1 \end{pmatrix},$$

将 $\boldsymbol{\xi}_2$、$\boldsymbol{\xi}_3$ 正交化，即取 $\boldsymbol{\eta}_2=\boldsymbol{\xi}_2$，$\boldsymbol{\eta}_3=\boldsymbol{\xi}_3-\frac{[\boldsymbol{\eta}_2,\boldsymbol{\xi}_3]}{[\boldsymbol{\eta}_2,\boldsymbol{\eta}_2]}\boldsymbol{\eta}_2=\frac{1}{2}\begin{pmatrix}1\\0\\1\end{pmatrix}$，将 $\boldsymbol{\eta}_2$、$\boldsymbol{\eta}_3$ 单位化得

$$\boldsymbol{p}_2=\frac{1}{\sqrt{2}}\begin{pmatrix}-1\\1\\0\end{pmatrix},\ \boldsymbol{p}_3=\frac{1}{\sqrt{6}}\begin{pmatrix}1\\1\\2\end{pmatrix}.$$

令矩阵 $\boldsymbol{P}=(\boldsymbol{p}_1,\boldsymbol{p}_2,\boldsymbol{p}_3)=\begin{pmatrix}-\frac{1}{\sqrt{3}} & -\frac{1}{\sqrt{2}} & \frac{1}{\sqrt{6}}\\ -\frac{1}{\sqrt{3}} & \frac{1}{\sqrt{2}} & \frac{1}{\sqrt{6}}\\ \frac{1}{\sqrt{3}} & 0 & \frac{2}{\sqrt{6}}\end{pmatrix}$，则有

$$\boldsymbol{P}^{\mathrm{T}}\boldsymbol{A}\boldsymbol{P}=\boldsymbol{P}^{-1}\boldsymbol{A}\boldsymbol{P}=\begin{pmatrix}-2 & 0 & 0\\ 0 & 1 & 0\\ 0 & 0 & 1\end{pmatrix},$$

于是存在正交变换

$$\boldsymbol{x}=\boldsymbol{P}\boldsymbol{y}=\begin{pmatrix}-\frac{1}{\sqrt{3}} & -\frac{1}{\sqrt{2}} & \frac{1}{\sqrt{6}}\\ -\frac{1}{\sqrt{3}} & \frac{1}{\sqrt{2}} & \frac{1}{\sqrt{6}}\\ \frac{1}{\sqrt{3}} & 0 & \frac{2}{\sqrt{6}}\end{pmatrix}\boldsymbol{y}$$

把二次型 f 化为标准形 $f=-2y_1^2+y_2^2+y_3^2$.

■习题 6.1

1. 写出下列二次型的矩阵：

(1) $f(x_1,x_2,x_3)=x_1^2+x_2^2-2x_3^2+2x_1x_2-5x_2x_3$；

(2) $f(x_1,x_2,x_3)=2x_1^2+3x_2^2-x_3^2+4x_1x_2-2x_1x_3+x_2x_3$；

(3) $f(x_1,x_2,x_3)=(x_1,x_2,x_3)\begin{pmatrix}1 & 2 & 3\\ 1 & 2 & 4\\ 1 & 6 & 5\end{pmatrix}\begin{pmatrix}x_1\\x_2\\x_3\end{pmatrix}$.

2. 写出下列对称矩阵所对应的二次型：

(1) $\begin{pmatrix}1 & 3\\ 3 & 4\end{pmatrix}$；　(2) $\begin{pmatrix}1 & 1 & 5\\ 1 & 0 & 3\\ 5 & 3 & 4\end{pmatrix}$；　(3) $\begin{pmatrix}2 & 3 & 0\\ 3 & 1 & 4\\ 0 & 4 & 0\end{pmatrix}$；　(4) $\begin{pmatrix}a_1\\a_2\\ \vdots\\ a_n\end{pmatrix}(a_1,a_2,\cdots,a_n)$.

3. 求下列二次型的秩：

(1) $f(x_1, x_2, x_3)=x_1^2+x_2^2+x_3^2+2x_1x_2+2x_1x_3+2x_2x_3$；

(2) $f(x_1, x_2, x_3)=(x_1+x_2)^2+(x_2-x_3)^2+(x_3+x_1)^2$.

4. 设 $\boldsymbol{A}$ 为实对称矩阵，且 $|\boldsymbol{A}|\neq 0$，求把二次型 $f=\boldsymbol{X}^{\mathrm{T}}\boldsymbol{A}\boldsymbol{X}$ 化为 $f=\boldsymbol{Y}^{\mathrm{T}}\boldsymbol{A}\boldsymbol{Y}$ 的线性变换.

5. 已知二次型 $f(x_1, x_2, x_3)=5x_1^2+5x_2^2+cx_3^2-2x_1x_2+6x_1x_3-6x_2x_3$ 的秩为 2，求 c.

6. 设对称矩阵 $\boldsymbol{A}=\begin{pmatrix}2&1&1\\1&0&1\\1&1&0\end{pmatrix}$，$\boldsymbol{B}=\begin{pmatrix}0&1&1\\1&0&1\\1&1&2\end{pmatrix}$，求非奇异矩阵 $\boldsymbol{C}$，使得 $\boldsymbol{C}^{\mathrm{T}}\boldsymbol{A}\boldsymbol{C}=\boldsymbol{B}$.

7. 求一个正交变换，化下列二次型为标准形：

(1) $f(x_1, x_2, x_3)=x_1^2+x_2^2+x_3^2+4x_1x_2+4x_1x_3+4x_2x_3$；

(2) $f(x_1, x_2, x_3)=2x_1^2+5x_2^2+5x_3^2+4x_1x_2-4x_1x_3-8x_2x_3$.

8. 用配方法化下列二次型为标准形，并指出所用变换的矩阵和二次型的秩：

(1) $f(x_1, x_2, x_3)=2x_1^2+x_2^2-4x_1x_2-4x_1x_3$；

(2) $f(x_1, x_2, x_3)=2x_1x_2+4x_1x_3-2x_2x_3$.

6.2 规范形及其唯一性

6.1 节的讨论表明，对二次型的变量施加某个可逆的线性变换，二次型的矩阵变成与之合同的对角矩阵，该对角矩阵对应的二次型称为标准形. 由于对变量施加可逆的线性变换不会改变二次型的秩，而标准形的秩就是其矩阵对角线上非零元素的个数，因此，在一个二次型的标准形中，系数不为零的平方项的个数是唯一的，与所作的可逆线性变换无关.

至于标准形中的系数，就不是唯一确定的. 以例 6.2 为例，二次型

$$f(x_1, x_2, x_3)=2x_1x_2+2x_1x_3-6x_2x_3$$

经过可逆的线性变换

$$\begin{pmatrix}x_1\\x_2\\x_3\end{pmatrix}=\begin{pmatrix}1&1&3\\1&-1&-1\\0&0&1\end{pmatrix}\begin{pmatrix}w_1\\w_2\\w_3\end{pmatrix}$$

变成标准形

$$f=2w_1^2-2w_2^2+6w_3^2,$$

而经过可逆的线性变换

$$\begin{pmatrix}x_1\\x_2\\x_3\end{pmatrix}=\begin{pmatrix}1&-\frac{1}{2}&1\\1&\frac{1}{2}&\frac{1}{3}\\0&0&\frac{1}{3}\end{pmatrix}\begin{pmatrix}y_1\\y_2\\y_3\end{pmatrix}$$

就变成另一个标准形

$$f=2y_1^2-\frac{1}{2}y_2^2+\frac{2}{3}y_3^2.$$

以上例子表明，**二次型的标准形不是唯一的，而与所作的可逆线性变换有关.**

对于二次型 $f=\boldsymbol{x}^{\mathrm{T}}\boldsymbol{A}\boldsymbol{x}$，由 6.1 节的讨论可知，总存在可逆的线性变换 $\boldsymbol{x}=\boldsymbol{P}\boldsymbol{y}$，使得该二次型变成标准形

$$\lambda_1 y_1^2+\lambda_2 y_2^2+\cdots+\lambda_n y_n^2.$$

如有必要，可重新排列变量的次序(相当于作一次可逆线性变换)，把上述标准形变为

$$d_1 w_1^2+\cdots+d_p w_p^2-d_{p+1}w_{p+1}^2-\cdots-d_r w_r^2,$$

其中 $d_i>0(i=1, 2, \cdots, r)$.

通过如下的可逆线性变换

$$\begin{cases} w_i=\dfrac{1}{\sqrt{d_i}}z_i \quad (i=1, 2, \cdots, r), \\ w_i=z_j \quad (j=r+1, r+2, \cdots, n), \end{cases}$$

则可将二次型 $d_1 w_1^2+\cdots+d_p w_p^2-d_{p+1}w_{p+1}^2-\cdots-d_r w_r^2$ 化为

$$z_1^2+\cdots+z_p^2-z_{p+1}^2-\cdots-z_r^2,$$

上式称为二次型 $f=\boldsymbol{x}^{\mathrm{T}}\boldsymbol{A}\boldsymbol{x}$ 的规范形. 显然，规范形完全由 r 和 p 这两个数决定.

关于二次型的规范形，有如下结论.

定理 6.4(惯性定理)　任意一个二次型总可以经过一个适当的可逆线性变换变成规范形，且该规范形是唯一的.

证明　定理的前半部分其实就给出了化二次型为规范形的方法，它在上面已经被证明了，下面来证明唯一性.

假设二次型 $f=\boldsymbol{x}^{\mathrm{T}}\boldsymbol{A}\boldsymbol{x}$ 经过可逆线性变换 $\boldsymbol{x}=\boldsymbol{P}_1\boldsymbol{y}$ 变成规范形

$$y_1^2+\cdots+y_p^2-y_{p+1}^2-\cdots-y_r^2,$$

而经过可逆线性变换 $\boldsymbol{x}=\boldsymbol{P}_2\boldsymbol{z}$ 变成规范形

$$z_1^2+\cdots+z_q^2-z_{q+1}^2-\cdots-z_r^2,$$

现在证明 $p=q$.

首先证明 $p\leqslant q$. 用反证法证明，假设 $p>q$，由上述讨论可知

$$y_1^2+\cdots+y_p^2-y_{p+1}^2-\cdots-y_r^2=z_1^2+\cdots+z_q^2-z_{q+1}^2-\cdots-z_r^2,$$

由于

$$\boldsymbol{z}=\boldsymbol{P}_2^{-1}\boldsymbol{x}=\boldsymbol{P}_2^{-1}\boldsymbol{P}_1\boldsymbol{y},$$

令

$$\boldsymbol{P}_2^{-1}\boldsymbol{P}=\begin{pmatrix} g_{11} & g_{12} & \cdots & g_{1n} \\ g_{21} & g_{22} & \cdots & g_{2n} \\ \vdots & \vdots & & \vdots \\ g_{n1} & g_{n2} & \cdots & g_{nn} \end{pmatrix},$$

则

$$\begin{pmatrix} z_1 \\ z_2 \\ \vdots \\ z_n \end{pmatrix} = \begin{pmatrix} g_{11} & g_{12} & \cdots & g_{1n} \\ g_{21} & g_{22} & \cdots & g_{2n} \\ \vdots & \vdots & & \vdots \\ g_{n1} & g_{n2} & \cdots & g_{nn} \end{pmatrix} \begin{pmatrix} y_1 \\ y_2 \\ \vdots \\ y_n \end{pmatrix},$$

考虑齐次线性方程组

$$\begin{cases} g_{11}y_1 + g_{12}y_2 + \cdots + g_{1n}y_n = 0, \\ \vdots \\ g_{q1}y_1 + g_{q2}y_2 + \cdots + g_{qn}y_n = 0, \\ y_{p+1} = 0, \\ \vdots \\ y_n = 0, \end{cases}$$

此方程组包含 n 个未知数，而方程的个数为 $q+n-p=n-(p-q)<n$，所以该方程组存在非零解，令其中某个非零解为

$$(y_1, \cdots, y_p, y_{p+1}, \cdots, y_n)^{\mathrm{T}} = (k_1, \cdots, k_p, 0, \cdots, 0)^{\mathrm{T}},$$

将其代入规范形 $y_1^2+\cdots+y_p^2-y_{p+1}^2-\cdots-y_r^2$ 中，得到的值为

$$k_1^2+\cdots+k_p^2>0,$$

而将上述非零解代入 $\boldsymbol{z}=\boldsymbol{P}_2^{-1}\boldsymbol{P}_1\boldsymbol{y}$ 中，因为是上述齐次线性方程组的解，故

$$z_1=z_2=\cdots=z_q=0,$$

再将上述结果代入规范形 $z_1^2+\cdots+z_q^2-z_{q+1}^2-\cdots-z_r^2$ 中，得到的值为

$$-z_{q+1}^2-\cdots-z_r^2\leqslant 0,$$

显然，这是一个矛盾，所以假设 $p>q$ 不成立，因此 $p\leqslant q$.

同理可以证明 $p\geqslant q$，综上所述 $p=q$. 这就证明了规范形的唯一性.

定义 6.3 在二次型 $f(x_1, x_2, \cdots, x_n)$ 的规范形中，系数为正的平方项的个数 p 称为此二次型的正惯性指数；系数为负的平方项的个数 $r-p$ 称为该二次型的负惯性指数；它们的差 $2p-r$ 称为该二次型的符号差.

虽然二次型的标准形不是唯一的，但是定理 6.4 的证明过程表明，标准形中系数为正的平方项的个数与规范形中系数为正的平方项的个数是一致的. 因此，惯性定理也可以叙述为：二次型的标准形中系数为正的平方项的个数是唯一确定的，它等于正惯性指数；系数为负的平方项的个数也是唯一确定的，它等于负惯性指数.

实对称矩阵总与对角矩阵 $\begin{pmatrix} \boldsymbol{E}_p & & \\ & -\boldsymbol{E}_q & \\ & & \boldsymbol{0} \end{pmatrix}$ 合同，其中是 p 正惯性指数，q 是负惯性指数. 所以对于实对称矩阵 $\boldsymbol{A}$ 和 $\boldsymbol{B}$，如果它们所对应的二次型的正、负惯性指数相同，则 $\boldsymbol{A}$ 与 $\boldsymbol{B}$ 都合同于 $\begin{pmatrix} \boldsymbol{E}_p & & \\ & -\boldsymbol{E}_q & \\ & & \boldsymbol{0} \end{pmatrix}$，根据合同的传递性，可得 $\boldsymbol{A}$ 与 $\boldsymbol{B}$ 合同.

例 6.3 求二次型 $f=(x_1+x_2)^2+(x_2-x_3)^2+(x_1+x_3)^2$ 的秩和正、负惯性指数.

解

$$
\begin{aligned}
f&=(x_1+x_2)^2+(x_2-x_3)^2+(x_1+x_3)^2\\
&=2x_1^2+2x_1x_2+2x_1x_3+2x_2^2-2x_2x_3+2x_3^2\\
&=2\left(x_1+\frac{1}{2}x_2+\frac{1}{2}x_3\right)^2+\frac{3}{2}(x_2-x_3)^2,
\end{aligned}
$$

作可逆线性变换

$$
\begin{cases}
y_1=x_1+\dfrac{1}{2}x_2+\dfrac{1}{2}x_3,\\
y_2=x_2-x_3,\\
y_3=x_3,
\end{cases}
$$

则二次型 $f=(x_1+x_2)^2+(x_2-x_3)^2+(x_1+x_3)^2$ 可以化为标准形 $f=2y_1^2+\frac{3}{2}y_2^2$，可以看出该二次型的秩为 2，正惯性指数为 2，负惯性指数为 0.

注意，观察该二次型的原始形式，令

$$
\begin{cases}
y_1=x_1+x_2,\\
y_2=x_2-x_3,\\
y_3=x_1+x_3,
\end{cases}
$$

表面上看也可化为标准形，但实际上是错误的方法，因为上述线性变换矩阵的行列式

$$
\begin{vmatrix}
1 & 1 & 0\\
0 & 1 & -1\\
1 & 0 & 1
\end{vmatrix}=0,
$$

从而这个线性变换不是可逆的.

例 6.4 判断下列矩阵

$$
\boldsymbol{A}=\begin{pmatrix}1&1&1\\1&1&1\\1&1&1\end{pmatrix},\ \boldsymbol{B}=\begin{pmatrix}1&0&0\\0&0&0\\0&0&0\end{pmatrix},\ \boldsymbol{C}=\begin{pmatrix}3&0&0\\0&0&0\\0&0&0\end{pmatrix}
$$

是否相似？是否合同？

解 要判断它们是否相似，只需判断它们是否有相同的特征值. $\boldsymbol{A}$ 的特征多项式为

$$
|\lambda\boldsymbol{E}-\boldsymbol{A}|=\lambda^3-3\lambda^2,
$$

故 $\boldsymbol{A}$ 的特征值为 3、0、0，而 $\boldsymbol{B}$ 的特征值为 1、0、0，$\boldsymbol{C}$ 的特征值为 3、0、0，所以 $\boldsymbol{A}$ 与 $\boldsymbol{C}$ 是相似的.

要判断它们是否合同，只需判断它们是否有相同的正惯性指数和相同的负惯性指数. 经由上述分析可知，$\boldsymbol{A}$ 所对应的二次型的正惯性指数为 1，负惯性指数为 0，不难看出 $\boldsymbol{B}$ 和 $\boldsymbol{C}$ 所对应的二次型的正惯性指数都为 1，负惯性指数都为 0，所以 $\boldsymbol{A}$、$\boldsymbol{B}$、$\boldsymbol{C}$ 是两两合同的.

■习题 6.2

1. 求下列二次型的规范形，并指出下列二次型的秩和正惯性指数：

(1) $f(x_1, x_2, x_3)=x_1^2+x_2^2+x_3^2+4x_1x_2+4x_1x_3+4x_2x_3$;

(2) $f(x_1, x_2, x_3)=2x_1^2+5x_2^2+5x_3^2+4x_1x_2-4x_1x_3-8x_2x_3$.

2. 设 n 阶方阵 $\boldsymbol{A}$ 为幂等矩阵($\boldsymbol{A}^2=\boldsymbol{A}$)，若 $\boldsymbol{A}$ 满足 $\boldsymbol{A}^{\mathrm{T}}=\boldsymbol{A}$，$\boldsymbol{A}$ 的秩为 r 且 $r>0$，求 $\boldsymbol{A}$ 的正惯性指数.

3. 设 n 元二次型 $f=\boldsymbol{x}^{\mathrm{T}}\boldsymbol{A}\boldsymbol{x}(\boldsymbol{A}^{\mathrm{T}}=\boldsymbol{A})$ 的秩和正惯性指数分别为 r 和 p，若 $r>p>0$，证明存在非零 n 维向量 $\boldsymbol{\eta}$ 使得 $\boldsymbol{\eta}^{\mathrm{T}}\boldsymbol{A}\boldsymbol{\eta}=0$.

6.3 正定二次型

在二次型中，正定二次型占有特殊的地位. 本节将给出正定二次型的定义及其判别方法.

定义 6.4 设有二次型 $f(\boldsymbol{x})=\boldsymbol{x}^{\mathrm{T}}\boldsymbol{A}\boldsymbol{x}$，如果对于任意非零向量 $\boldsymbol{x}$，都有 $f(\boldsymbol{x})>0$(或 $f(\boldsymbol{x})<0$)，则称 f 为正定(或负定)二次型，并称对称矩阵 $\boldsymbol{A}$ 是正定矩阵(或负定矩阵)；如果对于任意非零向量 $\boldsymbol{x}$，都有 $f(\boldsymbol{x})\geqslant 0$(或 $f(\boldsymbol{x})\leqslant 0$)，则称 f 为半正定(或半负定)二次型，并称对称矩阵 $\boldsymbol{A}$ 是半正定矩阵(或半负定矩阵).

下面给出二次型是正定二次型的判别方法.

定理 6.5 n 元二次型 $f(\boldsymbol{x})=\boldsymbol{x}^{\mathrm{T}}\boldsymbol{A}\boldsymbol{x}$ 为正定的充要条件是它的正惯性指数等于 n.

证明 设可逆的线性变换 $\boldsymbol{x}=\boldsymbol{C}\boldsymbol{y}$ 使得该二次型化为标准形，即

$$f(\boldsymbol{x})=f(\boldsymbol{C}\boldsymbol{y})=\sum_{i=1}^{n}k_iy_i^2.$$

先证明充分性，已知正惯性指数等于 n，亦即 $k_i>0(i=1, 2, \cdots, n)$. 对任意 $\boldsymbol{x}\neq\boldsymbol{0}$，由于 $\boldsymbol{C}$ 可逆，则 $\boldsymbol{y}=\boldsymbol{C}^{-1}\boldsymbol{x}\neq\boldsymbol{0}$，因此

$$f(\boldsymbol{x})=f(\boldsymbol{C}\boldsymbol{y})=\sum_{i=1}^{n}k_iy_i^2>0,$$

即二次型 f 是正定的.

再证明必要性，用反证法，假设平方项 y_s^2 的系数 $k_s\leqslant 0$，令

$$\boldsymbol{y}=(0, \cdots, 0, 1, 0, \cdots, 0)^{\mathrm{T}}\neq\boldsymbol{0}\ (\text{第 } s \text{ 个分量为 } 1),$$

则当 $\boldsymbol{x}=\boldsymbol{C}\boldsymbol{y}\neq\boldsymbol{0}$(因为 $\boldsymbol{C}$ 可逆)时，$f(\boldsymbol{x})=f(\boldsymbol{C}\boldsymbol{y})=k_s\leqslant 0$，这与二次型 f 是正定的是互相矛盾的，所以假设不成立，亦即二次型 f 的正惯性指数等于 n.

定理 6.5 的证明过程表明，可逆的线性变换保持正定性不变. 此定理还表明，正定二次型 $f(x_1, x_2, \cdots, x_n)$ 的规范形为

$$y_1^2+y_2^2+\cdots y_n^2,$$

而该规范形的矩阵是单位矩阵，所以一个对称矩阵是正定的当且仅当它与单位矩阵是合同的，由此可得如下推论.

推论 6.1 正定矩阵的行列式大于零.

证明 设 $\boldsymbol{A}$ 是正定矩阵，上面的讨论已表明，$\boldsymbol{A}$ 与单位矩阵 $\boldsymbol{E}$ 是合同的，所以存在可逆矩阵 $\boldsymbol{P}$，使得 $\boldsymbol{A}=\boldsymbol{P}^{\mathrm{T}}\boldsymbol{E}\boldsymbol{P}=\boldsymbol{P}^{\mathrm{T}}\boldsymbol{P}$，两边取行列式就有 $|\boldsymbol{A}|=|\boldsymbol{P}^{\mathrm{T}}|\cdot|\boldsymbol{P}|=|\boldsymbol{P}|^2>0$.

推论 6.2 n 元二次型 $f(\boldsymbol{x})=\boldsymbol{x}^{\mathrm{T}}\boldsymbol{A}\boldsymbol{x}$ 为正定的充要条件是对称矩阵 $\boldsymbol{A}$ 的特征值全为正数.

根据定理 6.5，可以先将二次型化为规范形，得到其正惯性指数并判断它与变量的个

数 n 是否相等. 这样做计算量较大，有时候需要直接从二次型的矩阵出发来判断该二次型是不是正定的. 为了解决这个问题，引入顺序主子式的概念.

定义 6.5　矩阵 $\boldsymbol{A}=(a_{ij})_{n\times n}$ 的 i 阶子式

$$\begin{vmatrix} a_{11} & a_{12} & \cdots & a_{1i} \\ a_{21} & a_{22} & \cdots & a_{2i} \\ \vdots & \vdots & & \vdots \\ a_{i1} & a_{i2} & \cdots & a_{ii} \end{vmatrix} \quad (i=1,\ 2,\ \cdots,\ n)$$

称为该矩阵的顺序主子式.

定理 6.6　二次型 $f(\boldsymbol{x})=\boldsymbol{x}^{\mathrm{T}}\boldsymbol{A}\boldsymbol{x}$ 为正定的充要条件是对称矩阵 $\boldsymbol{A}$ 的所有顺序主子式都大于零，即

$$a_{11}>0,\ \begin{vmatrix} a_{11} & a_{12} \\ a_{21} & a_{22} \end{vmatrix}>0,\ \cdots,\ \begin{vmatrix} a_{11} & \cdots & a_{1n} \\ \vdots & & \vdots \\ a_{n1} & \cdots & a_{nn} \end{vmatrix}>0;$$

二次型 $f(x)=\boldsymbol{x}^{\mathrm{T}}\boldsymbol{A}\boldsymbol{x}$ 为负定的充要条件是对称矩阵 $\boldsymbol{A}$ 的奇数阶顺序主子式为负，而偶数阶顺序主子式为正，即

$$(-1)^r\begin{vmatrix} a_{11} & \cdots & a_{1r} \\ \vdots & & \vdots \\ a_{r1} & \cdots & a_{rr} \end{vmatrix}>0 \quad (r=1,\ 2,\ \cdots,\ n).$$

这个定理称为赫尔维茨定理，这里不予证明.

例 6.5　判定二次型 $f(x_1,\ x_2,\ x_3)=2x_1^2-4x_1x_2+3x_2^2-2x_2x_3+4x_3^2$ 的正定性.

解　该二次型的矩阵为

$$\boldsymbol{A}=\begin{pmatrix} 2 & -2 & 0 \\ -2 & 3 & -1 \\ 0 & -1 & 4 \end{pmatrix},$$

由于

$$a_{11}=2>0,\ \begin{vmatrix} a_{11} & a_{12} \\ a_{21} & a_{22} \end{vmatrix}=\begin{vmatrix} 2 & -2 \\ -2 & 3 \end{vmatrix}=2>0,$$

$$\begin{vmatrix} a_{11} & a_{12} & a_{13} \\ a_{21} & a_{22} & a_{23} \\ a_{31} & a_{32} & a_{33} \end{vmatrix}=\begin{vmatrix} 2 & -2 & 0 \\ -2 & 3 & -1 \\ 0 & -1 & 4 \end{vmatrix}=6>0,$$

根据定理 6.6 可知，该二次型是正定的.

例 6.6　设二次曲面的方程为 $x^2+(2+a)y^2+az^2+2xy-2xz-yz=5$，当参数 a 取何值时，该曲面表示椭球面.

解　若该曲面是椭球面，则可以经过合适的坐标变换(是可逆的)，将该方程化为只含平方项的标准形，故该曲面方程是正定的，且该曲面方程的矩阵

$$\boldsymbol{A}=\begin{pmatrix} 1 & 1 & -1 \\ 1 & 2+a & -\frac{1}{2} \\ -1 & -\frac{1}{2} & a \end{pmatrix}$$

也是正定的. 根据定理 6.6 可知, $\boldsymbol{A}$ 的所有顺序主子式都大于零, 即

$$a_{11}=1>0,\ \begin{vmatrix} a_{11} & a_{12} \\ a_{21} & a_{22} \end{vmatrix}=\begin{vmatrix} 1 & 1 \\ 1 & 2+a \end{vmatrix}=1+a>0,$$

$$\begin{vmatrix} a_{11} & a_{12} & a_{13} \\ a_{21} & a_{22} & a_{23} \\ a_{31} & a_{32} & a_{33} \end{vmatrix}=\begin{vmatrix} 1 & 1 & -1 \\ 1 & 2+a & -\frac{1}{2} \\ -1 & -\frac{1}{2} & a \end{vmatrix}=a^2-\frac{5}{4}>0,$$

由此可得 $a>\frac{\sqrt{5}}{2}$, 故当 $a>\frac{\sqrt{5}}{2}$ 时, 该二次曲面表示椭球面.

■习题 6.3

1. 判断下列实对称矩阵是否正定:

(1) $\begin{pmatrix} 1 & -1 & 2 \\ -1 & 3 & 0 \\ 2 & 0 & 9 \end{pmatrix}$;　　(2) $\begin{pmatrix} 1 & -1 & 2 & 0 \\ -1 & 1 & 1 & -1 \\ 2 & 1 & 0 & 1 \\ 0 & -1 & 1 & 2 \end{pmatrix}$.

2. 设 $\boldsymbol{A}$、$\boldsymbol{B}$ 分别为 m 阶、n 阶正定矩阵, 证明 $\begin{pmatrix} \boldsymbol{A} & \boldsymbol{O} \\ \boldsymbol{O} & \boldsymbol{B} \end{pmatrix}$ 是正定矩阵.

3. 设 n 阶实对称矩阵 $\boldsymbol{A}$ 满足 $\boldsymbol{A}^3-6\boldsymbol{A}^2+11\boldsymbol{A}-6\boldsymbol{E}=\boldsymbol{O}$, 证明是 $\boldsymbol{A}$ 正定矩阵.

4. 证明 n 阶实数矩阵 $\boldsymbol{A}$ 可逆的充分必要条件是 $\boldsymbol{A}^{\mathrm{T}}\boldsymbol{A}$ 为正定矩阵.

5. 设 $\boldsymbol{A}$、$\boldsymbol{B}$ 为 n 阶对称矩阵, 若 $\boldsymbol{A}$ 是正定矩阵, $\boldsymbol{B}$ 是半正定矩阵, 证明 $\boldsymbol{A}+\boldsymbol{B}$ 是正定矩阵.

6.4 典型例题

例 6.7 将二次型 $f(x_1, x_2, x_3)=x_1^2+2x_2^2+10x_3^2+2x_1x_2+2x_1x_3+8x_2x_3$ 化为标准形, 并求出相应的线性变换.

解 用配方法. 将 f 中含 x_1 的项集中起来配成完全平方:

$$\begin{aligned} f(x_1, x_2, x_3) &= [x_1^2+2x_1(x_2+x_3)]+2x_2^2+10x_3^2+8x_2x_3 \\ &= [x_1^2+2x_1(x_2+x_3)+(x_2+x_3)^2]-(x_2+x_3)^2+2x_2^2+10x_3^2+8x_2x_3 \\ &= (x_1+x_2+x_3)^2+x_2^2+9x_3^2+6x_2x_3 \\ &= (x_1+x_2+x_3)^2+(x_2+3x_3)^2, \end{aligned}$$

作线性变换 $\begin{cases} y_1=x_1+x_2+x_3 \\ y_2=x_2+3x_3 \end{cases}$, 故 $f=y_1^2+y_2^2$ 为其所求的标准形.

例 6.8 设二次型 $f=x_1^2+x_2^2+x_3^2+2ax_1x_2+2bx_2x_3+2x_1x_3$, 经过正交变换 $\boldsymbol{x}=\boldsymbol{Q}\boldsymbol{y}$ 变成标准形 $f=y_1^2+2y_2^2$, 其中 $\boldsymbol{x}=(x_1, x_2, x_3)^{\mathrm{T}}$, $\boldsymbol{y}=(y_1, y_2, y_3)^{\mathrm{T}}$, $\boldsymbol{Q}$ 是三阶正交矩阵, 求常数 a、b 的值.

解 正交变换前和正交变换后二次型的矩阵分别为

$$\boldsymbol{A}=\begin{pmatrix}1 & a & 1\\ a & 1 & b\\ 1 & b & 1\end{pmatrix},\ \boldsymbol{B}=\begin{pmatrix}1 & 0 & 0\\ 0 & 2 & 0\\ 0 & 0 & 0\end{pmatrix},$$

因为 $\boldsymbol{x}=\boldsymbol{Q}\boldsymbol{y}$，所以 $\boldsymbol{B}=\boldsymbol{Q}^T\boldsymbol{A}\boldsymbol{Q}=\boldsymbol{Q}^{-1}\boldsymbol{A}\boldsymbol{Q}$，从而 $\boldsymbol{A}$ 与 $\boldsymbol{B}$ 是相似的，则 $|\boldsymbol{A}|=|\boldsymbol{B}|$. 容易求得

$$|\boldsymbol{A}|=\begin{vmatrix}1 & a & 1\\ a & 1 & b\\ 1 & b & 1\end{vmatrix}=(b-a)^2,\ |\boldsymbol{B}|=\begin{vmatrix}1 & 0 & 0\\ 0 & 2 & 0\\ 0 & 0 & 0\end{vmatrix}=0,$$

所以 $(b-a)^2=0$，从而 $a=b$.

因为 $\boldsymbol{A}$ 与 $\boldsymbol{B}$ 是相似的，故 $\boldsymbol{A}$ 与 $\boldsymbol{B}$ 有相同的特征多项式，它们的特征多项式分别为

$$|\boldsymbol{A}-\lambda\boldsymbol{E}|=\begin{vmatrix}1-\lambda & a & 1\\ a & 1-\lambda & b\\ 1 & b & 1-\lambda\end{vmatrix}=-\lambda^3+3\lambda^2-2(1-a^2)\lambda,$$

$$|\boldsymbol{B}-\lambda\boldsymbol{E}|=\begin{vmatrix}1-\lambda & 0 & 0\\ 0 & 2-\lambda & 0\\ 0 & 0 & 0-\lambda\end{vmatrix}=-\lambda^3+3\lambda^2-2\lambda,$$

所以 $-\lambda^3+3\lambda^2-2(1-a^2)\lambda=-\lambda^3+3\lambda^2-2\lambda$，由此可得 $1-a^2=1$，即 $a=0$. 又因为 $a=b$，所以 $a=b=0$.

例 6.9 证明二次型 $S=\sum\limits_{i=1}^{n}(x_i-\overline{x})^2$ 的秩为 $n-1$，其中 $\overline{x}=\frac{1}{n}\sum\limits_{i=1}^{n}x_i$.

证明

$$\begin{aligned}S&=\sum_{i=1}^{n}(x_i-\overline{x})^2=\sum_{i=1}^{n}(x_i^2-2\overline{x}x_i+\overline{x}^2)\\ &=\sum_{i=1}^{n}x_i^2-2\overline{x}\sum_{i=1}^{n}x_i+n\overline{x}^2\\ &=\sum_{i=1}^{n}x_i^2-\frac{1}{n}\Big(\sum_{i=1}^{n}x_i\Big)^2\\ &=\sum_{i=1}^{n}\Big(1-\frac{1}{n}\Big)x_i^2-\frac{2}{n}\sum_{1\leqslant i<j\leqslant n}x_ix_j,\end{aligned}$$

故该二次型的矩阵为

$$\boldsymbol{A}=\begin{pmatrix}1-\frac{1}{n} & -\frac{1}{n} & \cdots & -\frac{1}{n}\\ -\frac{1}{n} & 1-\frac{1}{n} & \cdots & -\frac{1}{n}\\ \vdots & \vdots & & \vdots\\ -\frac{1}{n} & -\frac{1}{n} & \cdots & 1-\frac{1}{n}\end{pmatrix},$$

该矩阵的特征多项式为

$$|\boldsymbol{A}-\lambda\boldsymbol{E}|=\begin{vmatrix}1-\frac{1}{n}-\lambda & -\frac{1}{n} & \cdots & -\frac{1}{n}\\ -\frac{1}{n} & 1-\frac{1}{n}-\lambda & \cdots & -\frac{1}{n}\\ \vdots & \vdots & & \vdots\\ -\frac{1}{n} & -\frac{1}{n} & \cdots & 1-\frac{1}{n}-\lambda\end{vmatrix}$$

$$=\begin{vmatrix}-\lambda & -\lambda & \cdots & -\lambda\\ -\frac{1}{n} & 1-\frac{1}{n}-\lambda & \cdots & -\frac{1}{n}\\ \vdots & \vdots & & \vdots\\ -\frac{1}{n} & -\frac{1}{n} & \cdots & 1-\frac{1}{n}-\lambda\end{vmatrix}$$

$$=-\lambda\begin{vmatrix}1 & 1 & \cdots & 1\\ -\frac{1}{n} & 1-\frac{1}{n}-\lambda & \cdots & -\frac{1}{n}\\ \vdots & \vdots & & \vdots\\ -\frac{1}{n} & -\frac{1}{n} & \cdots & 1-\frac{1}{n}-\lambda\end{vmatrix}$$

$$=-\lambda\begin{vmatrix}1 & 1 & \cdots & 1\\ 0 & 1-\lambda & \cdots & 0\\ \vdots & \vdots & & \vdots\\ 0 & 0 & \cdots & 1-\lambda\end{vmatrix}$$

$$=-\lambda(1-\lambda)^{n-1},$$

因此矩阵 $\boldsymbol{A}$ 的特征值为 $\lambda_1=\lambda_2=\cdots\lambda_{n-1}=1$，$\lambda_n=0$，所以矩阵 $\boldsymbol{A}$ 与对角矩阵 $\mathrm{diag}(1,1,\cdots,1,0)$相似，而 $\mathrm{diag}(1,1,\cdots,1,0)$的秩为 $n-1$，故矩阵 $\boldsymbol{A}$ 的秩为 $n-1$，即该二次型的秩为 $n-1$.

例 6.10 设有 n 元二次型

$$f=(x_1+a_1x_2)^2+(x_2+a_2x_3)^2+\cdots+(x_{n-1}+a_{n-1}x_n)^2+(x_n+a_nx_1)^2,$$

试问当 $a_1, a_2, \cdots, a_n$ 满足何种条件时，该二次型是正定二次型.

解 因为该二次型是正定二次型，故对任意的 $x_1, x_2, \cdots, x_n$，有

$$f(x_1, x_2, \cdots, x_n)\geqslant 0,$$

当且仅当

$$\begin{cases}x_1+a_1x_2=0,\\ x_2+a_2x_3=0,\\ \vdots\\ x_{n-1}+a_{n-1}x_n=0,\\ x_n+a_nx_1=0\end{cases}$$

时等号成立. 上述方程组只有零解的充要条件是其系数行列式不等于零，即

$$\begin{vmatrix} 1 & a_1 & 0 & \cdots & 0 \\ 0 & 1 & a_2 & \cdots & 0 \\ \vdots & \vdots & \vdots & & \vdots \\ 0 & 0 & 0 & \cdots & a_{n-1} \\ a_n & 0 & 0 & \cdots & 1 \end{vmatrix} = 1+(-1)^{n+1}a_1a_2\cdots a_n \neq 0,$$

所以当$1+(-1)^{n+1}a_1a_2\cdots a_n\neq 0$时，对任意不全为零的$x_1, x_2, \cdots, x_n$，有$f(x_1, x_2, \cdots, x_n)>0$，即当$a_1a_2\cdots a_n\neq(-1)^n$时，该二次型是正定二次型.

例 6.11 设$\boldsymbol{A}$是n阶实对称矩阵，且$\boldsymbol{A}^3-6\boldsymbol{A}^2+11\boldsymbol{A}-6\boldsymbol{E}=\boldsymbol{O}$，证明$\boldsymbol{A}$是正定矩阵.

证明 设λ是$\boldsymbol{A}$的任意特征值，$\boldsymbol{x}$是对应于λ的特征向量，且$\boldsymbol{x}\neq\boldsymbol{0}$. 又设$f(x)=x^3-6x^2+11x-6$，则

$$f(\boldsymbol{A})=\boldsymbol{A}^3-6\boldsymbol{A}^2+11\boldsymbol{A}-6\boldsymbol{E},$$

且$f(\lambda)$是$f(\boldsymbol{A})$的特征值，即

$$f(\lambda)\boldsymbol{x}=f(\boldsymbol{A})\boldsymbol{x}$$

由$f(\boldsymbol{A})=\boldsymbol{O}$得$f(\lambda)=0$，即

$$\lambda^3-6\lambda^2+11\lambda-6=0,$$

即

$$(\lambda-1)(\lambda-2)(\lambda-3)=0,$$

由此可得$\lambda_1=1$，$\lambda_2=2$，$\lambda_3=3$，即$\boldsymbol{A}$的特征值均大于零. 又$\boldsymbol{A}$是实对称矩阵，故矩阵$\boldsymbol{A}$是正定矩阵.

例 6.12 设$\boldsymbol{A}$是n阶正定矩阵，试证明$|\boldsymbol{A}+2\boldsymbol{E}|>2^n$.

证明 因为$\boldsymbol{A}$是正定矩阵，所以$\boldsymbol{A}$是对称矩阵，故存在正交矩阵$\boldsymbol{P}$，使得

$$\boldsymbol{P}^{-1}\boldsymbol{A}\boldsymbol{P}=\begin{pmatrix} \lambda_1 & & & \\ & \lambda_2 & & \\ & & \ddots & \\ & & & \lambda_n \end{pmatrix}=\boldsymbol{\Lambda},$$

其中$\boldsymbol{A}$的特征值$\lambda_1, \lambda_2, \cdots, \lambda_n$均大于零. 由上式可得$\boldsymbol{A}=\boldsymbol{P\Lambda P}^{-1}$，所以

$$\begin{aligned} |\boldsymbol{A}+2\boldsymbol{E}| &= |\boldsymbol{P\Lambda P}^{-1}+2\boldsymbol{PP}^{-1}| = |\boldsymbol{P}(\boldsymbol{\Lambda}+2\boldsymbol{E})\boldsymbol{P}^{-1}| \\ &= |\boldsymbol{P}|\cdot|\boldsymbol{\Lambda}+2\boldsymbol{E}|\cdot|\boldsymbol{P}^{-1}| = |\boldsymbol{\Lambda}+2\boldsymbol{E}| \\ &= \begin{vmatrix} \lambda_1+2 & & & \\ & \lambda_2+2 & & \\ & & \ddots & \\ & & & \lambda_n+2 \end{vmatrix} \\ &= (\lambda_1+2)(\lambda_2+2)\cdots(\lambda_n+2)>2^n. \end{aligned}$$

例 6.13 证明：对称矩阵$\boldsymbol{A}$是正定矩阵的充要条件是存在可逆矩阵$\boldsymbol{P}$，使得$\boldsymbol{A}=\boldsymbol{P}^{\mathrm{T}}\boldsymbol{P}$.

证明 充分性. 设$\boldsymbol{A}=\boldsymbol{P}^{\mathrm{T}}\boldsymbol{P}$，$\boldsymbol{P}$是可逆矩阵，则对任意非零向量$\boldsymbol{x}$，有$\boldsymbol{Px}\neq\boldsymbol{0}$. 事实上，因为$|\boldsymbol{P}|\neq 0$，齐次线性方程组$\boldsymbol{Px}=\boldsymbol{0}$只有零解，从而对于非零向量$\boldsymbol{x}$，有$\boldsymbol{Px}\neq\boldsymbol{0}$. 于是

$$\boldsymbol{x}^{\mathrm{T}}\boldsymbol{Ax}=\boldsymbol{x}^{\mathrm{T}}\boldsymbol{P}^{\mathrm{T}}\boldsymbol{Px}=(\boldsymbol{Px})^{\mathrm{T}}(\boldsymbol{Px})=\|\boldsymbol{Px}\|^2>0 \quad (\boldsymbol{x}\neq\boldsymbol{0}),$$

所以根据正定二次型的定义可知，对称矩阵$\boldsymbol{A}$是正定矩阵.

必要性. 因为$\boldsymbol{A}$是正定矩阵，所以$\boldsymbol{A}$是对称矩阵，故存在正交矩阵$\boldsymbol{Q}$，使得

$$
Q^{-1}AQ=\begin{pmatrix}\lambda_1 & & & \\ & \lambda_2 & & \\ & & \ddots & \\ & & & \lambda_n\end{pmatrix},
$$

其中 A 的特征值 $\lambda_1, \lambda_2, \cdots, \lambda_n$ 均大于零，从而有

$$
\begin{aligned}
A &= Q\begin{pmatrix}\lambda_1 & & & \\ & \lambda_2 & & \\ & & \ddots & \\ & & & \lambda_n\end{pmatrix}Q^{-1}=Q\begin{pmatrix}\sqrt{\lambda_1} & & & \\ & \sqrt{\lambda_2} & & \\ & & \ddots & \\ & & & \sqrt{\lambda_n}\end{pmatrix}\begin{pmatrix}\sqrt{\lambda_1} & & & \\ & \sqrt{\lambda_2} & & \\ & & \ddots & \\ & & & \sqrt{\lambda_n}\end{pmatrix}Q^{-1} \\
&= Q\begin{pmatrix}\sqrt{\lambda_1} & & & \\ & \sqrt{\lambda_2} & & \\ & & \ddots & \\ & & & \sqrt{\lambda_n}\end{pmatrix}\begin{pmatrix}\sqrt{\lambda_1} & & & \\ & \sqrt{\lambda_2} & & \\ & & \ddots & \\ & & & \sqrt{\lambda_n}\end{pmatrix}Q^{\mathrm{T}},
\end{aligned}
$$

令

$$
P=\begin{pmatrix}\sqrt{\lambda_1} & & & \\ & \sqrt{\lambda_2} & & \\ & & \ddots & \\ & & & \sqrt{\lambda_n}\end{pmatrix}Q^{\mathrm{T}},
$$

则 P 是可逆矩阵，且 $A=P^{\mathrm{T}}P$.

本章小结

一、主要内容

1. 二次型及其矩阵表示

(1) 二次型的定义：

含有 n 个变量 $x_1, x_2, \cdots, x_n$ 的二次齐次函数

$$
\begin{aligned}
f(x_1, x_2, \cdots, x_n)=&a_{11}x_1^2+2a_{12}x_1x_2+2a_{13}x_1x_3+\cdots+2a_{1n}x_1x_n+ \\
&a_{22}x_2^2+2a_{23}x_2x_3+\cdots+2a_{2n}x_2x_n+\cdots+ \\
&a_{n-1,n-1}x_{n-1}^2+2a_{n-1,n}x_{n-1}x_n+a_{nn}x_n^2
\end{aligned}
$$

称为二次型. 任意一个二次型 $f(x_1, x_2, \cdots, x_n)$ 都对应着一个对称矩阵 A，矩阵 A 的秩称为二次型 $f(x_1, x_2, \cdots, x_n)$ 的秩.

(2) 矩阵的合同定义：如果存在可逆矩阵 P，使得 $B=P^{\mathrm{T}}AP$，则称 n 阶矩阵 A、B 是合同的.

(3) 合同关系的性质：

① 反身性：$A=E^{\mathrm{T}}AE$.

② 对称性：由 $\boldsymbol{B}=\boldsymbol{P}^{\mathrm{T}}\boldsymbol{A}\boldsymbol{P}$ 可得 $\boldsymbol{A}=(\boldsymbol{P}^{-1})^{\mathrm{T}}\boldsymbol{B}\boldsymbol{P}^{-1}$.

③ 传递性：由 $\boldsymbol{B}_1=\boldsymbol{P}_1^{\mathrm{T}}\boldsymbol{A}\boldsymbol{P}_1$ 和 $\boldsymbol{B}_2=\boldsymbol{P}_2^{\mathrm{T}}\boldsymbol{B}_1\boldsymbol{P}_2$ 可得 $\boldsymbol{B}_2=(\boldsymbol{P}_1\boldsymbol{P}_2)^{\mathrm{T}}\boldsymbol{A}(\boldsymbol{P}_1\boldsymbol{P}_2)$.

2. 标准形

(1) 标准形的定义：若二次型只包含变量的平方项，即

$$f=\lambda_1 y_1^2+\lambda_2 y_2^2+\cdots+\lambda_n y_n^2,$$

则称此二次型为标准形.

(2) 任意一个实二次型都可以经过可逆的线性变换变成标准形.

(3) 任意一个对称矩阵均合同于一个对角矩阵.

(4) 对于任意二次型 $f=\boldsymbol{x}^{\mathrm{T}}\boldsymbol{A}\boldsymbol{x}$，总存在正交矩阵 $\boldsymbol{P}$，使得该二次型经过正交变换 $\boldsymbol{x}=\boldsymbol{P}\boldsymbol{y}$ 后可以化为标准形.

3. 规范形及其唯一性

(1) 在一个二次型的标准形中，系数不为零的平方项的个数是唯一的，与所作的可逆线性变换无关.

(2) 二次型的标准形不是唯一的，而与所作的可逆线性变换有关.

(3) 惯性定理：任意一个二次型总可以经过一个适当的可逆线性变换变成规范形，且该规范形是唯一的.

(4) 在二次型 $f(x_1, x_2, \cdots, x_n)$ 的规范形中，系数为正的平方项的个数 p 称为此二次型的正惯性指数；系数为负的平方项的个数 $r-p$ 称为该二次型的负惯性指数；它们的差 $2p-r$ 称为该二次型的符号差.

(5) 二次型的标准形中系数为正的平方项的个数是唯一确定的，它等于正惯性指数；系数为负的平方项的个数也是唯一确定的，它等于负惯性指数.

4. 正定二次型

(1) 设有二次型 $f(\boldsymbol{x})=\boldsymbol{x}^{\mathrm{T}}\boldsymbol{A}\boldsymbol{x}$，如果对于任意非零向量 $\boldsymbol{x}$，都有 $f(\boldsymbol{x})>0$(或 $f(\boldsymbol{x})<0$)，则称 $f(\boldsymbol{x})$ 为正定(或负定)二次型，并称对称矩阵 $\boldsymbol{A}$ 是正定矩阵(或负定矩阵)；如果对于任意非零向量 $\boldsymbol{x}$，都有 $f(\boldsymbol{x})\geqslant 0$(或 $f(\boldsymbol{x})\leqslant 0$)，则称 $f(\boldsymbol{x})$ 为半正定(或半负定)二次型，并称对称矩阵 $\boldsymbol{A}$ 是半正定矩阵(或半负定矩阵).

(2) n 元二次型 $f(\boldsymbol{x})=\boldsymbol{x}^{\mathrm{T}}\boldsymbol{A}\boldsymbol{x}$ 为正定的充要条件是它的正惯性指数等于 n.

(3) 对称矩阵是正定的当且仅当它与单位矩阵是合同的.

(4) 正定矩阵的行列式大于零.

(5) n 元二次型 $f(\boldsymbol{x})=\boldsymbol{x}^{\mathrm{T}}\boldsymbol{A}\boldsymbol{x}$ 为正定的充要条件是对称矩阵 $\boldsymbol{A}$ 的特征值全为正数.

(6) 矩阵 $\boldsymbol{A}=(a_{ij})_{n\times n}$ 的 i 阶子式

$$\begin{vmatrix} a_{11} & a_{12} & \cdots & a_{1i} \\ a_{21} & a_{22} & \cdots & a_{2i} \\ \vdots & \vdots & & \vdots \\ a_{i1} & a_{i2} & \cdots & a_{ii} \end{vmatrix} \quad (i=1, 2, \cdots, n)$$

称为该矩阵的顺序主子式.

(7) 二次型 $f(x_1, x_2, \cdots, x_n)=\boldsymbol{x}^{\mathrm{T}}\boldsymbol{A}\boldsymbol{x}$ 为正定的充要条件是对称矩阵 $\boldsymbol{A}$ 的所有顺序主子式都大于零，即

$$a_{11}>0,\ \begin{vmatrix} a_{11} & a_{12} \\ a_{21} & a_{22} \end{vmatrix}>0,\ \cdots,\ \begin{vmatrix} a_{11} & \cdots & a_{1n} \\ \vdots & & \vdots \\ a_{n1} & \cdots & a_{nn} \end{vmatrix}>0;$$

二次型 $f(x)=\boldsymbol{x}^{\mathrm{T}}\boldsymbol{A}\boldsymbol{x}$ 为负定的充要条件是对称矩阵 $\boldsymbol{A}$ 的奇数阶顺序主子式为负，而偶数阶顺序主子式为正，即

$$(-1)^r\begin{vmatrix} a_{11} & \cdots & a_{1r} \\ \vdots & & \vdots \\ a_{r1} & & a_{rr} \end{vmatrix}>0\quad (r=1,2,\cdots,n).$$

二、重点练习内容

(1) 找出二次型的实对称矩阵.

(2) 化二次型为标准形.

(3) 化二次型为规范形.

(4) 正定二次型的判别.

总习题 6

1. 写出下列二次型的矩阵：

(1) $f(x_1,x_2,x_3,x_4)=2x_1^2+3x_2^2-x_3^2+2x_1x_2+2x_1x_3-3x_2x_3$；

(2) $f(x_1,x_2,x_3)=\boldsymbol{x}^{\mathrm{T}}\begin{pmatrix} 1 & 2 & 3 \\ 4 & 5 & 6 \\ 7 & 8 & 9 \end{pmatrix}\boldsymbol{x}$.

2. 写出下列对称矩阵所对应的二次型：

(1) $\begin{pmatrix} 2 & 0 & 0 \\ 0 & -4 & 0 \\ 0 & 0 & 5 \end{pmatrix}$；　(2) $\begin{pmatrix} 1 & -1 & 0 \\ -1 & 3 & 2 \\ 0 & 2 & -4 \end{pmatrix}$；　(3) $\begin{pmatrix} 0 & 1 & 0 & 0 \\ 1 & 0 & -2 & 0 \\ 0 & -2 & 0 & 3 \\ 0 & 0 & 3 & 0 \end{pmatrix}$.

3. 求下列二次型的秩：

(1) $f(x_1,x_2,x_3)=5x_1^2+5x_2^2+3x_3^2-2x_1x_2+6x_1x_3-6x_2x_3$；

(2) $f(x_1,x_2,x_3)=x_1^2-2x_2^2-2x_3^2-4x_1x_2+4x_1x_3+8x_2x_3$.

4. 证明：二次型 $f=\boldsymbol{x}^{\mathrm{T}}\boldsymbol{A}\boldsymbol{x}$ 在 $\boldsymbol{x}$ 的模等于 1 这一约束条件下所取得的最大值就是矩阵 $\boldsymbol{A}$ 的最大特征值.

5. 求一个正交变换，化下列二次型成标准形：

(1) $f(x_1,x_2,x_3)=2x_1^2+3x_2^2+3x_3^2+4x_2x_3$；

(2) $f(x_1,x_2,x_3)=x_1^2+x_3^2+2x_1x_2-2x_2x_3$.

6. 用配方法化下列二次型为标准形，并指出所用的可逆线性变换：

(1) $f(x_1,x_2,x_3)=x_1^2+3x_2^2+5x_3^2+2x_1x_2-4x_1x_3$；

(2) $f(x_1,x_2,x_3)=x_1^2+2x_3^2+2x_1x_3+2x_2x_3$；

(3) $f(x_1, x_2, x_3)=2x_1^2+x_2^2+4x_3^2+2x_1x_2-2x_2x_3$.

7. 已知矩阵 $\boldsymbol{A}=\begin{pmatrix}0&1&0&0\\1&0&0&0\\0&0&k&1\\0&0&1&2\end{pmatrix}$ 的一个特征值为 3,

(1) 求 k 的值;

(2) 求可逆矩阵 $\boldsymbol{P}$, 使得 $(\boldsymbol{AP})^{\mathrm{T}}\boldsymbol{AP}$ 为对角矩阵.

8. 已知二次型 $f(x_1, x_2, x_3)=x_1^2+x_2^2+x_3^2+2ax_1x_2+2x_1x_3+2bx_2x_3$ 通过正交变换化为标准形 $f=y_2^2+2y_3^2$, 求参数 a、b 的值以及所对应的正交矩阵.

9. 求下列二次型的规范形, 指出它的秩和正惯性指数:

(1) $f(x_1, x_2, x_3)=x_1^2-2x_2^2+2x_1x_2-4x_1x_3+6x_2x_3$;

(2) $f(x_1, x_2, x_3)=x_1^2-x_2^2+x_3^2-2x_2x_3+6x_1x_2$;

(3) $f(x_1, x_2, x_3)=x_1^2+x_2^2+x_3^2-2x_1x_3$.

10. 判断下列对称矩阵是否正定:

(1) $\begin{pmatrix}1&\frac{5}{2}&0\\\frac{5}{2}&0&-\frac{3}{2}\\0&-\frac{3}{2}&0\end{pmatrix}$; (2) $\begin{pmatrix}2&2&-2\\2&5&-4\\-2&-4&5\end{pmatrix}$; (3) $\begin{pmatrix}0&\frac{1}{2}&0&0\\\frac{1}{2}&0&\frac{1}{2}&9\\0&\frac{1}{2}&0&\frac{1}{2}\\0&0&\frac{1}{2}&0\end{pmatrix}$.

11. 求一个正交变换将二次曲面 $3x^2+5y^2+5z^2+4xy-4xz-10yz=1$ 化成标准形.

12. 判别下列二次型的正定性:

(1) $f=2x_1^2+6x_2^2+4x_3^2-2x_1x_2-2x_1x_3$;

(2) $f=x_1^2+2x_2^2+3x_3^2+2x_1x_2-4x_2x_3$;

(3) $f=x_1^2+3x_2^2+9x_3^2+19x_4^2-2x_1x_2+4x_1x_3+2x_1x_4-6x_2x_4-12x_3x_4$.

13. 确定 a 的取值范围, 使得二次型 $f=2x_1^2+x_2^2+3x_3^2+2ax_1x_2+2x_1x_3$ 为正定二次型.

14. 设 $\boldsymbol{A}$ 是实满秩方阵, 证明 $\boldsymbol{A}^{\mathrm{T}}\boldsymbol{A}$ 是正定矩阵.

15. 设 $\boldsymbol{A}$ 是 n 阶正定矩阵, $\boldsymbol{E}$ 是 n 阶单位矩阵, 证明 $|\boldsymbol{A}+\boldsymbol{E}|>1$.

第 7 章　线性空间与线性变换

【学习目标】

(1) 理解线性空间的概念与性质，了解子空间的概念.

(2) 了解线性空间中维数、基与坐标的概念，掌握求给定线性空间的维数、基及坐标的方法.

(3) 掌握线性空间中基变换及坐标变换公式，理解过渡矩阵的概念，并能求解过渡矩阵.

(4) 理解线性变换的定义及性质，掌握求线性变换的矩阵表示式的方法.

线性空间是线性代数中一个最基本的概念. 在第 4 章中我们把有序数组叫作向量，并介绍过向量空间的概念. 在这一章中，我们要把这些概念推广，使向量及向量空间的概念更具一般性.

7.1　线性空间的定义与性质

7.1.1　线性空间的定义

定义 7.1　**设 V 是一个非空集合，$\mathbf{R}$ 为实数域. 如果在 V 中定义了一个加法，即对于任意两个元素 $\boldsymbol{\alpha}$，$\boldsymbol{\beta}\in V$，总有唯一的一个元素 $\boldsymbol{\gamma}\in V$ 与之对应，称为 $\boldsymbol{\alpha}$ 与 $\boldsymbol{\beta}$ 的和，记作 $\boldsymbol{\gamma}=\boldsymbol{\alpha}+\boldsymbol{\beta}$；在 V 中又定义了一个数与元素的乘法(简称数乘)，即对于任一数 $\lambda\in\mathbf{R}$ 与任一元素 $\boldsymbol{\alpha}\in V$，总有唯一的一个元素 $\boldsymbol{\delta}\in V$ 与之对应，称为 λ 与 $\boldsymbol{\alpha}$ 的数量积，记作 $\boldsymbol{\delta}=\lambda\boldsymbol{\alpha}$，并且这两种运算满足以下 8 条运算规律(设 $\boldsymbol{\alpha}$，$\boldsymbol{\beta}$，$\boldsymbol{\gamma}\in V$，λ，$\mu\in\mathbf{R}$)：**

(1) $\boldsymbol{\alpha}+\boldsymbol{\beta}=\boldsymbol{\beta}+\boldsymbol{\alpha}$；

(2) $(\boldsymbol{\alpha}+\boldsymbol{\beta})+\boldsymbol{\gamma}=\boldsymbol{\alpha}+(\boldsymbol{\beta}+\boldsymbol{\gamma})$；

(3) **在 V 中存在零元素 $\mathbf{0}$，对任何 $\boldsymbol{\alpha}\in V$，都有 $\boldsymbol{\alpha}+\mathbf{0}=\boldsymbol{\alpha}$；**

(4) **对任何 $\boldsymbol{\alpha}\in V$，都有 $\boldsymbol{\alpha}$ 的负元素 $\boldsymbol{\beta}\in V$，使 $\boldsymbol{\alpha}+\boldsymbol{\beta}=\mathbf{0}$；**

(5) $1\boldsymbol{\alpha}=\boldsymbol{\alpha}$；

(6) $\lambda(\mu\boldsymbol{\alpha})=(\lambda\mu)\boldsymbol{\alpha}$；

(7) $(\lambda+\mu)\boldsymbol{\alpha}=\lambda\boldsymbol{\alpha}+\mu\boldsymbol{\alpha}$；

(8) $\lambda(\boldsymbol{\alpha}+\boldsymbol{\beta})=\lambda\boldsymbol{\alpha}+\lambda\boldsymbol{\beta}$，

那么，V 就称为(实数域 $\mathbf{R}$ 上的)线性空间.

凡满足上述 8 条运算规律的加法及数乘运算就称为线性运算. 线性空间有时也被称为向量空间，但是其与第 4 章中的向量空间不同. 本章中向量空间中的元素多样(见后面的例题)，而第 4 章中向量空间中的元素只是 n 元数组. 容易验证，对 n 元数组定义的加法和数乘运算满足上述 8 条规律，因此，第 4 章中的向量空间对数组向量的加法和数乘运算构成向量空间. 可见，第 4 章中的向量空间是本章线性空间的特殊情形. 线性空间中的元素不论其本来的性质如何，统称为向量.

例 7.1 次数不超过 n 的多项式的全体记作 $P[x]_n$，即

$$P[x]_n=\{\boldsymbol{p}=a_nx^n+a_{n-1}x^{n-1}+\cdots+a_1x+a_0\,|\,a_n,\cdots,a_1,a_0\in\mathbf{R}\},$$

$P[x]_n$ 对于通常的多项式加法、数乘多项式的乘法构成线性空间. 这是因为：通常的多项式加法、数乘多项式的乘法两种运算显然满足线性运算规律，故只要验证 $P[x]_n$ 对运算封闭. 因为

$$\begin{aligned}&(a_nx^n+a_{n-1}x^{n-1}+\cdots+a_1x+a_0)+(b_nx^n+b_{n-1}x^{n-1}+\cdots+b_1x+b_0)\\=&(a_n+b_n)x^n+(a_{n-1}+b_{n-1})x^{n-1}+\cdots+(a_1+b_1)x+(a_0+b_0)\in P[x]_n,\\&\lambda(a_nx^n+a_{n-1}x^{n-1}+\cdots+a_1x+a_0)\\=&(\lambda a_n)x^n+(\lambda a_{n-1})x^{n-1}+\cdots+(\lambda a_1)x+(\lambda a_0)\in P[x]_n,\end{aligned}$$

所以 $P[x]_n$ 是一个线性空间.

例 7.2 n 次多项式的全体

$$Q[x]_n=\{\boldsymbol{p}=a_nx^n+a_{n-1}x^{n-1}+\cdots+a_1x+a_0\,|\,a_n,\cdots,a_1,a_0\in\mathbf{R},\text{且 }a_n\neq0\}$$

对于通常的多项式加法和数乘运算不构成线性空间. 这是因为

$$0\boldsymbol{p}=0x^n+0x^{n-1}+\cdots+0x+0\notin Q[x]_n,$$

即 $Q[x]_n$ 对运算不封闭.

例 7.3 正弦函数的集合

$$S[x]=\{\boldsymbol{s}=A\sin(x+B)\,|\,A,B\in\mathbf{R}\}$$

对于通常的函数加法及数乘函数的乘法构成线性空间. 这是因为通常的函数加法及数乘运算显然满足线性运算规律，故只要验证 $S[x]$对运算封闭.

设 $\boldsymbol{s}_1=A_1\sin(x+B_1)$，$\boldsymbol{s}_2=A_2\sin(x+B_2)$，则

$$\begin{aligned}\boldsymbol{s}_1+\boldsymbol{s}_2&=A_1\sin(x+B_1)+A_2\sin(x+B_2)\\&=(a_1\cos x+b_1\sin x)+(a_2\cos x+b_2\sin x)\\&=(a_1+a_2)\cos x+(b_1+b_2)\sin x\\&=A\sin(x+B)\in S[x],\end{aligned}$$

$$\lambda\boldsymbol{s}_1=\lambda A_1\sin(x+B_1)=(\lambda A_1)\sin(x+B_1)\in S[x],$$

所以 $S[x]$是一个线性空间.

从上面几例可见，如果一个集合定义的加法和数乘运算是线性运算，那么要检验这个集合是否构成线性空间，只需检验这个集合对所定义的运算是否封闭即可. 如果一个集合所定义的加法和数乘运算不是通常所给的运算(即不是通常的实数的加、乘运算)，那么要检验这个集合是否构成线性空间，除了要检验这个集合对所定义的运算是否封闭，还要逐一验证是否满足 8 条运算规律，也就是要验证所定义的运算是否是线性运算.

例 7.4 n 个有序实数组成的数组的全体

$$S^n=\{\boldsymbol{x}=(x_1,x_2,\cdots,x_n)^{\mathrm{T}}\,|\,x_1,x_2,\cdots,x_n\in\mathbf{R}\}$$

对于通常的有序数组的加法及如下定义的乘法

$$\lambda\cdot(x_1,x_2,\cdots,x_n)^{\mathrm{T}}=(0,0,\cdots,0)^{\mathrm{T}}$$

不构成线性空间. 可以验证 S^n 对运算封闭. 但因 $1\cdot\boldsymbol{x}=\boldsymbol{0}$，不满足运算规律(5)，即所定义的运算不是线性运算，所以 S^n 不构成线性空间.

为了对线性运算的理解更具有一般性，请看下例.

例 7.5　正实数的全体，记作 $\mathbf{R}_+$，在其中定义加法及数乘运算为

$$a \oplus b = ab \quad (a, b \in \mathbf{R}_+),$$

$$\lambda \cdot a = a^\lambda \quad (\lambda \in \mathbf{R}, a \in \mathbf{R}_+),$$

验证 $\mathbf{R}_+$ 对上述加法与数乘运算构成线性空间.

证明　实际上要验证 10 条：

对加法封闭：对任意的 $a, b \in \mathbf{R}_+$，有 $a \oplus b = ab \in \mathbf{R}_+$；

对数乘封闭：对任意的 $\lambda \in \mathbf{R}, a \in \mathbf{R}_+$，有 $\lambda \cdot a = a^\lambda \in \mathbf{R}_+$；

(1) $a \oplus b = ab = ba = b \oplus a$；

(2) $(a \oplus b) \oplus c = (ab) \oplus c = (ab)c = a(bc) = a \oplus (b \oplus c)$；

(3) $\mathbf{R}_+$ 中存在零元素 1，对任何 $a \in \mathbf{R}_+$，有 $a \oplus 1 = a \cdot 1 = a$；

(4) 对任何 $a \in \mathbf{R}_+$，有负元素 $a^{-1} \in \mathbf{R}_+$，使 $a \oplus a^{-1} = aa^{-1} = 1$；

(5) $1 \cdot a = a^1 = a$；

(6) $\lambda \cdot (\mu \cdot a) = \lambda \cdot a^\mu = (a^\mu)^\lambda = a^{\lambda\mu} = \lambda\mu \cdot a$；

(7) $(\lambda + \mu) \cdot a = a^{\lambda+\mu} = a^\lambda a^\mu = a^\lambda \oplus a^\mu = \lambda \cdot a \oplus \mu \cdot a$；

(8) $\lambda \cdot (a \oplus b) = \lambda \cdot ab = (ab)^\lambda = a^\lambda b^\lambda = a^\lambda \oplus b^\lambda = \lambda \cdot a \oplus \lambda \cdot b$.

因此，$\mathbf{R}_+$ 对于所定义的运算构成线性空间.

7.1.2　线性空间的性质

线性空间具有下述基本性质.

性质 7.1　零向量是唯一的.

证明　设 $\mathbf{0}_1$、$\mathbf{0}_2$ 是线性空间 V 中的两个零向量，即对任何 $\boldsymbol{\alpha} \in V$，有 $\boldsymbol{\alpha} + \mathbf{0}_1 = \boldsymbol{\alpha}$，$\boldsymbol{\alpha} + \mathbf{0}_2 = \boldsymbol{\alpha}$. 于是特别有

$$\mathbf{0}_2 + \mathbf{0}_1 = \mathbf{0}_2, \ \mathbf{0}_1 + \mathbf{0}_2 = \mathbf{0}_1,$$

所以

$$\mathbf{0}_1 = \mathbf{0}_1 + \mathbf{0}_2 = \mathbf{0}_2 + \mathbf{0}_1 = \mathbf{0}_2.$$

性质 7.2　任一向量的负向量是唯一的. $\boldsymbol{\alpha}$ 的负向量记作 $-\boldsymbol{\alpha}$.

证明　设 $\boldsymbol{\alpha}$ 有两个负向量 $\boldsymbol{\beta}$、$\boldsymbol{\gamma}$，即 $\boldsymbol{\alpha} + \boldsymbol{\beta} = \mathbf{0}$，$\boldsymbol{\alpha} + \boldsymbol{\gamma} = \mathbf{0}$. 于是

$$\boldsymbol{\beta} = \boldsymbol{\beta} + \mathbf{0} = \boldsymbol{\beta} + (\boldsymbol{\alpha} + \boldsymbol{\gamma}) = (\boldsymbol{\beta} + \boldsymbol{\alpha}) + \boldsymbol{\gamma} = (\boldsymbol{\alpha} + \boldsymbol{\beta}) + \boldsymbol{\gamma} = \mathbf{0} + \boldsymbol{\gamma} = \boldsymbol{\gamma}.$$

性质 7.3　$0\boldsymbol{\alpha} = \mathbf{0}$，$(-1)\boldsymbol{\alpha} = -\boldsymbol{\alpha}$，$\lambda\mathbf{0} = \mathbf{0}$.

证明　因为 $\boldsymbol{\alpha} + 0\boldsymbol{\alpha} = 1\boldsymbol{\alpha} + 0\boldsymbol{\alpha} = (1+0)\boldsymbol{\alpha} = 1\boldsymbol{\alpha} = \boldsymbol{\alpha}$，所以 $0\boldsymbol{\alpha} = \mathbf{0}$.

因为 $\boldsymbol{\alpha} + (-1)\boldsymbol{\alpha} = 1\boldsymbol{\alpha} + (-1)\boldsymbol{\alpha} = [1 + (-1)]\boldsymbol{\alpha} = 0\boldsymbol{\alpha} = \mathbf{0}$，所以 $(-1)\boldsymbol{\alpha} = -\boldsymbol{\alpha}$.

$$\lambda\mathbf{0} = \lambda[\boldsymbol{\alpha} + (-1)\boldsymbol{\alpha}] = \lambda\boldsymbol{\alpha} + (-\lambda)\boldsymbol{\alpha} = [\lambda + (-\lambda)]\boldsymbol{\alpha} = 0\boldsymbol{\alpha} = \mathbf{0}.$$

性质 7.4　如果 $\lambda\boldsymbol{\alpha} = \mathbf{0}$，则 $\lambda = 0$ 或 $\boldsymbol{\alpha} = \mathbf{0}$.

证明　若 $\lambda \neq 0$，在 $\lambda\boldsymbol{\alpha} = \mathbf{0}$ 两边乘 $\dfrac{1}{\lambda}$，得

$$\frac{1}{\lambda}(\lambda\boldsymbol{\alpha}) = \frac{1}{\lambda}\mathbf{0} = \mathbf{0},$$

而

$$\frac{1}{\lambda}(\lambda\boldsymbol{\alpha})=\left(\frac{1}{\lambda}\lambda\right)\boldsymbol{\alpha}=1\boldsymbol{\alpha}=\boldsymbol{\alpha},$$

所以 $\boldsymbol{\alpha}=\mathbf{0}$.

7.1.3 线性空间的子空间

定义 7.2 设 V 是实数域 $\mathbf{R}$ 上的线性空间，W 是 V 的一个非空子集，如果 W 关于 V 的加法和数乘运算也构成线性空间，则称 W 是 V 的一个子空间.

例如，n 元齐次线性方程组 $\boldsymbol{Ax}=\mathbf{0}$ 的解空间

$$S=\{\boldsymbol{x}\in\mathbf{R}^n\,|\,\boldsymbol{Ax}=\mathbf{0}\}$$

就是线性空间 V 的子空间.

一般说来，W 作为线性空间 V 的非空子集. W 中的向量关于 V 的线性运算自然满足运算规律(1)、(2)、(5)、(6)、(7)、(8). 我们只需验证 W 关于 V 的加法和数乘运算是封闭的，并且满足运算规律(3)、(4)，就可断言 W 是 V 的一个子空间. 实际上，如果 W 关于 V 的加法和数乘运算是封闭的，则对任意 $\boldsymbol{\alpha}\in W$，根据运算性质以及零向量和负向量的唯一性，必有

$$0\boldsymbol{\alpha}=\mathbf{0}\in W,\ (-1)\boldsymbol{\alpha}=-\boldsymbol{\alpha}\in W,$$

亦即 W 中的向量关于 V 的线性运算必满足运算规律(3)、(4). 于是，我们有下面的定理.

定理 7.1 实数域 $\mathbf{R}$ 上线性空间 V 的非空子集 W 成为 V 的一个子空间的充分必要条件是 W 关于 V 的加法和数乘运算是封闭的.

■习题 7.1

1. 检验下列集合对于矩阵的加法和数乘运算是否构成线性空间：

(1) 主对角线上元素之和等于 0 的二阶矩阵的全体 S_1；

(2) 二阶对称矩阵的全体 S_2；

(3) n 阶可逆矩阵的全体 S_3.

2. 检验向量空间 $\mathbf{R}^n$ 对于通常的向量加法和定义的数量乘法 $k\boldsymbol{\alpha}=\mathbf{0}$ 是否构成线性空间.

3. 下列集合 W 是否构成 $\mathbf{R}^n$ 的子空间？

(1) $W=\{(a_1, a_2, \cdots, a_n)\,|\,a_1+a_2=0\}$；

(2) $W=\{(a_1, a_2, \cdots, a_n)\,|\,a_1+a_2\neq 0\}$.

7.2 维数、基与坐标

在第 4 章中，我们讨论了由有序 n 元数组组成的向量空间，介绍了向量组的线性相关性、向量组的线性表示、向量组的等价等重要概念. 这些概念以及有关的性质只涉及线性运算，因此，对于一般的线性空间中的向量仍然适用. 以后我们将直接引用这些概念和性质. 当然，第 4 章中向量空间在基下的坐标、基变换与坐标变换等概念也适用于一般的线性空间，本节我们就在一般的线性空间中叙述这些概念.

定义 7.3　在线性空间 V 中，如果存在 n 个向量 $\boldsymbol{\alpha}_1$，$\boldsymbol{\alpha}_2$，…，$\boldsymbol{\alpha}_n$，满足：

(1) $\boldsymbol{\alpha}_1$，$\boldsymbol{\alpha}_2$，…，$\boldsymbol{\alpha}_n$ 线性无关；

(2) V 中任一向量 $\boldsymbol{\alpha}$ 总可由 $\boldsymbol{\alpha}_1$，$\boldsymbol{\alpha}_2$，…，$\boldsymbol{\alpha}_n$ 线性表示，

那么，$\boldsymbol{\alpha}_1$，$\boldsymbol{\alpha}_2$，…，$\boldsymbol{\alpha}_n$ 称为线性空间 V 的一个基，n 称为线性空间 V 的维数. 只含一个零向量的线性空间没有基，规定它的维数为 0.

若 V 的维数是有限的，则称 V 是有限维空间，否则称 V 是无限维空间. 例如，所有实系数多项式就构成一个无限维空间，1，x，x^2，…，x^n，…是它的一个基. 有限维空间和无限维空间在研究方法上有较大的差别，本书只讨论有限维空间. 为方便起见，将 n 维线性空间 V 记为 V_n.

定理 7.2　n 维线性空间 V_n 中任意 n 个线性无关的向量都是 V_n 的一个基.

证明　设 $\boldsymbol{\alpha}_1$，$\boldsymbol{\alpha}_2$，…，$\boldsymbol{\alpha}_n$ 是 n 维线性空间 V_n 中任意 n 个线性无关的向量，对任何 $\boldsymbol{\beta}\in V_n$，$\boldsymbol{\beta}$，$\boldsymbol{\alpha}_1$，$\boldsymbol{\alpha}_2$，…，$\boldsymbol{\alpha}_n$ 这 $n+1$ 个向量必线性相关，因而存在不全为零的数 k_0，k_1，k_2，…，k_n，使得

$$k_0\boldsymbol{\beta}+k_1\boldsymbol{\alpha}_1+k_2\boldsymbol{\alpha}_2+\cdots+k_n\boldsymbol{\alpha}_n=\mathbf{0}$$

成立. 由 k_0 必不等于零(否则就有 $\boldsymbol{\alpha}_1$，$\boldsymbol{\alpha}_2$，…，$\boldsymbol{\alpha}_n$ 线性相关)得

$$\boldsymbol{\beta}=-\frac{k_1}{k_0}\boldsymbol{\alpha}_1-\frac{k_2}{k_0}\boldsymbol{\alpha}_2-\cdots-\frac{k_n}{k_0}\boldsymbol{\alpha}_n,$$

又由 $\boldsymbol{\beta}$ 的任意性及基的定义知，$\boldsymbol{\alpha}_1$，$\boldsymbol{\alpha}_2$，…，$\boldsymbol{\alpha}_n$ 是 V_n 的一个基.

例 7.6　求矩阵空间

$$R_{2\times 2}=\{\boldsymbol{A}=(a_{ij})_{2\times 2}\mid a_{ij}\in\mathbf{R}\}$$

的维数和一个基.

解　任取 $\boldsymbol{A}=\begin{pmatrix}a_{11} & a_{12}\\ a_{21} & a_{22}\end{pmatrix}\in R_{2\times 2}$，则

$$\boldsymbol{A}=a_{11}\boldsymbol{E}_{11}+a_{12}\boldsymbol{E}_{12}+a_{21}\boldsymbol{E}_{21}+a_{22}\boldsymbol{E}_{22},$$

其中 $\boldsymbol{E}_{11}=\begin{pmatrix}1 & 0\\ 0 & 0\end{pmatrix}$，$\boldsymbol{E}_{12}=\begin{pmatrix}0 & 1\\ 0 & 0\end{pmatrix}$，$\boldsymbol{E}_{21}=\begin{pmatrix}0 & 0\\ 1 & 0\end{pmatrix}$，$\boldsymbol{E}_{22}=\begin{pmatrix}0 & 0\\ 0 & 1\end{pmatrix}$. 由

$$k_1\boldsymbol{E}_{11}+k_2\boldsymbol{E}_{12}+k_3\boldsymbol{E}_{21}+k_4\boldsymbol{E}_{22}=\begin{pmatrix}k_1 & k_2\\ k_3 & k_4\end{pmatrix}=\boldsymbol{O}$$

可得 k_1、k_2、k_3、k_4 全都为 0，故 $\boldsymbol{E}_{11}$，$\boldsymbol{E}_{12}$，$\boldsymbol{E}_{21}$，$\boldsymbol{E}_{22}$ 线性无关. 因此 $R_{2\times 2}$ 的维数为 4，且 $\boldsymbol{E}_{11}$，$\boldsymbol{E}_{12}$，$\boldsymbol{E}_{21}$，$\boldsymbol{E}_{22}$ 是 $R_{2\times 2}$ 的一个基.

对于 n 维线性空间 V_n，若知 $\boldsymbol{\alpha}_1$，$\boldsymbol{\alpha}_2$，…，$\boldsymbol{\alpha}_n$ 为 V_n 的一个基，则 V_n 可表示为

$$V_n=\{\boldsymbol{\alpha}=x_1\boldsymbol{\alpha}_1+x_2\boldsymbol{\alpha}_2+\cdots+x_n\boldsymbol{\alpha}_n\mid x_1,x_2,\cdots,x_n\in\mathbf{R}\},$$

即 V_n 是基所生成的线性空间，这就较清楚地显示出线性空间 V_n 的构造.

当 $\boldsymbol{\alpha}_1$，$\boldsymbol{\alpha}_2$，…，$\boldsymbol{\alpha}_n$ 为 V_n 的一个基时，V_n 中的任何向量都可由 $\boldsymbol{\alpha}_1$，$\boldsymbol{\alpha}_2$，…，$\boldsymbol{\alpha}_n$ 唯一地线性表示，因此有如下定义.

定义 7.4　设 $\boldsymbol{\alpha}_1$，$\boldsymbol{\alpha}_2$，…，$\boldsymbol{\alpha}_n$ 是线性空间 V_n 的一个基，对于任一向量 $\boldsymbol{\alpha}\in V_n$，总有且仅有一组有序数 x_1，x_2，…，x_n 使

$$\boldsymbol{\alpha}=x_1\boldsymbol{\alpha}_1+x_2\boldsymbol{\alpha}_2+\cdots+x_n\boldsymbol{\alpha}_n,$$

这组有序数就称为向量 $\boldsymbol{\alpha}$ 在 $\boldsymbol{\alpha}_1, \boldsymbol{\alpha}_2, \cdots, \boldsymbol{\alpha}_n$ 这个基下的坐标，记为 $(x_1, x_2, \cdots, x_n)^{\mathrm{T}}$.

例 7.7 求 $R_{2\times2}$ 中向量 $\boldsymbol{A}=\begin{pmatrix}2 & 1\\5 & 4\end{pmatrix}$ 在基 $\boldsymbol{E}_{11}, \boldsymbol{E}_{12}, \boldsymbol{E}_{21}, \boldsymbol{E}_{22}$ 下的坐标.

解 由于 $\boldsymbol{A}=2\boldsymbol{E}_{11}+1\boldsymbol{E}_{12}+5\boldsymbol{E}_{21}+4\boldsymbol{E}_{22}$，因此 $\boldsymbol{A}$ 在所给基下的坐标为 $(2, 1, 5, 4)^{\mathrm{T}}$.

例 7.8 在线性空间 $P[x]_4$ 中，$\boldsymbol{p}_1=1$，$\boldsymbol{p}_2=x$，$\boldsymbol{p}_3=x^2$，$\boldsymbol{p}_4=x^3$，$\boldsymbol{p}_5=x^4$ 就是它的一个基. 任一不超过 4 次的多项式

$$\boldsymbol{p}=a_4x^4+a_3x^3+a_2x^2+a_1x+a_0$$

都可表示为

$$\boldsymbol{p}=a_0\boldsymbol{p}_1+a_1\boldsymbol{p}_2+a_2\boldsymbol{p}_3+a_3\boldsymbol{p}_4+a_4\boldsymbol{p}_5,$$

因此 $\boldsymbol{p}$ 在这个基下的坐标为 $(a_0, a_1, a_2, a_3, a_4)^{\mathrm{T}}$.

若另取一个基 $\boldsymbol{q}_1=1$，$\boldsymbol{q}_2=1+x$，$\boldsymbol{q}_3=2x^2$，$\boldsymbol{q}_4=x^3$，$\boldsymbol{q}_5=x^4$，则

$$\begin{aligned}\boldsymbol{p}&=a_0+a_1x+a_2x^2+a_3x^3+a_4x^4\\&=(a_0-a_1)+a_1(1+x)+\frac{a_2}{2}2x^2+a_3x^3+a_4x^4\\&=(a_0-a_1)\boldsymbol{q}_1+a_1\boldsymbol{q}_2+\frac{1}{2}a_2\boldsymbol{q}_3+a_3\boldsymbol{q}_4+a_4\boldsymbol{q}_5,\end{aligned}$$

因此 $\boldsymbol{p}$ 在这个基下的坐标为 $\left(a_0-a_1, a_1, \frac{1}{2}a_2, a_3, a_4\right)^{\mathrm{T}}$.

建立了坐标以后，就把抽象的向量 $\boldsymbol{\alpha}$ 与具体的数组向量 $(x_1, x_2, \cdots, x_n)^{\mathrm{T}}$ 联系起来了，并且还可以把 V_n 中抽象的线性运算与 $\mathbf{R}^n$ 中数组向量的线性运算联系起来.

■习题 7.2

1. 求习题 7.1 的第 1 题中线性空间 S_1、S_2 的维数与基.

2. 在 $\mathbf{R}^4$ 中求向量 $\boldsymbol{\xi}$ 在基 $\boldsymbol{\varepsilon}_1, \boldsymbol{\varepsilon}_2, \boldsymbol{\varepsilon}_3, \boldsymbol{\varepsilon}_4$ 下的坐标：

(1) $\boldsymbol{\varepsilon}_1=(1, 1, 1, 1)^{\mathrm{T}}$，$\boldsymbol{\varepsilon}_2=(1, 1, -1, -1)^{\mathrm{T}}$，$\boldsymbol{\varepsilon}_3=(1, -1, 1, -1)^{\mathrm{T}}$，$\boldsymbol{\varepsilon}_4=(1, -1, -1, 1)^{\mathrm{T}}$，$\boldsymbol{\xi}=(1, 2, -2, -1)^{\mathrm{T}}$；

(2) $\boldsymbol{\varepsilon}_1=(1, 1, 0, 1)^{\mathrm{T}}$，$\boldsymbol{\varepsilon}_2=(2, 1, 3, -1)^{\mathrm{T}}$，$\boldsymbol{\varepsilon}_3=(1, 1, 0, 0)^{\mathrm{T}}$，$\boldsymbol{\varepsilon}_4=(0, 1, -1, -1)^{\mathrm{T}}$，$\boldsymbol{\xi}=(0, 0, 0, 1)^{\mathrm{T}}$.

3. 求 $R_{2\times2}$ 中 $\boldsymbol{\alpha}=\begin{pmatrix}2 & 3\\4 & -7\end{pmatrix}$ 在基 $\boldsymbol{\alpha}_1=\begin{pmatrix}1 & 1\\1 & 1\end{pmatrix}$，$\boldsymbol{\alpha}_2=\begin{pmatrix}0 & -1\\1 & 0\end{pmatrix}$，$\boldsymbol{\alpha}_3=\begin{pmatrix}1 & -1\\0 & 0\end{pmatrix}$，$\boldsymbol{\alpha}_4=\begin{pmatrix}1 & 0\\0 & 0\end{pmatrix}$ 下的坐标.

7.3 基变换与坐标变换

由例 7.8 可见，同一向量在不同基下有不同的坐标，那么，不同的基与不同的坐标之间有怎样的关系呢？

设 $\boldsymbol{\alpha}_1, \boldsymbol{\alpha}_2, \cdots, \boldsymbol{\alpha}_n$ 及 $\boldsymbol{\beta}_1, \boldsymbol{\beta}_2, \cdots, \boldsymbol{\beta}_n$ 是线性空间 V_n 的两个基，且

$$\begin{cases} \boldsymbol{\beta}_1 = p_{11}\boldsymbol{\alpha}_1 + p_{21}\boldsymbol{\alpha}_2 + \cdots + p_{n1}\boldsymbol{\alpha}_n, \\ \boldsymbol{\beta}_2 = p_{12}\boldsymbol{\alpha}_1 + p_{22}\boldsymbol{\alpha}_2 + \cdots + p_{n2}\boldsymbol{\alpha}_n, \\ \qquad \vdots \\ \boldsymbol{\beta}_n = p_{1n}\boldsymbol{\alpha}_1 + p_{2n}\boldsymbol{\alpha}_2 + \cdots + p_{nn}\boldsymbol{\alpha}_n, \end{cases} \tag{7.1}$$

把 $\boldsymbol{\alpha}_1, \boldsymbol{\alpha}_2, \cdots, \boldsymbol{\alpha}_n$ 这 n 个有序向量记作$(\boldsymbol{\alpha}_1, \boldsymbol{\alpha}_2, \cdots, \boldsymbol{\alpha}_n)$，记 n 阶矩阵 $\boldsymbol{P} = (p_{ij})_{n\times m}$，利用向量和矩阵的形式，式(7.1)可表示为

$$\begin{pmatrix} \boldsymbol{\beta}_1 \\ \boldsymbol{\beta}_2 \\ \vdots \\ \boldsymbol{\beta}_n \end{pmatrix} = \begin{pmatrix} p_{11} & p_{21} & \cdots & p_{n1} \\ p_{12} & p_{22} & \cdots & p_{n2} \\ \vdots & \vdots & & \vdots \\ p_{1n} & p_{2n} & \cdots & p_{nn} \end{pmatrix} \begin{pmatrix} \boldsymbol{\alpha}_1 \\ \boldsymbol{\alpha}_2 \\ \vdots \\ \boldsymbol{\alpha}_n \end{pmatrix} = \boldsymbol{P}^{\mathrm{T}} \begin{pmatrix} \boldsymbol{\alpha}_1 \\ \boldsymbol{\alpha}_2 \\ \vdots \\ \boldsymbol{\alpha}_n \end{pmatrix}$$

或

$$(\boldsymbol{\beta}_1, \boldsymbol{\beta}_2, \cdots, \boldsymbol{\beta}_n) = (\boldsymbol{\alpha}_1, \boldsymbol{\alpha}_2, \cdots, \boldsymbol{\alpha}_n)\boldsymbol{P}. \tag{7.2}$$

式(7.1)或式(7.2)称为基变换公式，矩阵 $\boldsymbol{P}$ 称为由基 $\boldsymbol{\alpha}_1, \boldsymbol{\alpha}_2, \cdots, \boldsymbol{\alpha}_n$ 到基 $\boldsymbol{\beta}_1, \boldsymbol{\beta}_2, \cdots, \boldsymbol{\beta}_n$ 的过渡矩阵. 由于 $\boldsymbol{\beta}_1, \boldsymbol{\beta}_2, \cdots, \boldsymbol{\beta}_n$ 线性无关，故过渡矩阵 $\boldsymbol{P}$ 可逆.

定理 7.3　**设 V_n 中的向量 $\boldsymbol{\alpha}$ 在基 $\boldsymbol{\alpha}_1, \boldsymbol{\alpha}_2, \cdots, \boldsymbol{\alpha}_n$ 下的坐标为 $(x_1, x_2, \cdots, x_n)^{\mathrm{T}}$，在基 $\boldsymbol{\beta}_1, \boldsymbol{\beta}_2, \cdots, \boldsymbol{\beta}_n$ 下的坐标为 $(x_1', x_2', \cdots, x_n')^{\mathrm{T}}$. 若两组基满足关系式(7.2)，则有坐标变换公式**

$$\begin{pmatrix} x_1 \\ x_2 \\ \vdots \\ x_n \end{pmatrix} = \boldsymbol{P} \begin{pmatrix} x_1' \\ x_2' \\ \vdots \\ x_n' \end{pmatrix} \text{或} \begin{pmatrix} x_1' \\ x_2' \\ \vdots \\ x_n' \end{pmatrix} = \boldsymbol{P}^{-1} \begin{pmatrix} x_1 \\ x_2 \\ \vdots \\ x_n \end{pmatrix}. \tag{7.3}$$

证明　因

$$(\boldsymbol{\alpha}_1, \boldsymbol{\alpha}_2, \cdots, \boldsymbol{\alpha}_n) \begin{pmatrix} x_1 \\ x_2 \\ \vdots \\ x_n \end{pmatrix} = \boldsymbol{\alpha} = (\boldsymbol{\beta}_1, \boldsymbol{\beta}_2, \cdots, \boldsymbol{\beta}_n) \begin{pmatrix} x_1' \\ x_2' \\ \vdots \\ x_n' \end{pmatrix}$$

$$= (\boldsymbol{\alpha}_1, \boldsymbol{\alpha}_2, \cdots, \boldsymbol{\alpha}_n)\boldsymbol{P} \begin{pmatrix} x_1' \\ x_2' \\ \vdots \\ x_n' \end{pmatrix},$$

又 $\boldsymbol{\alpha}_1, \boldsymbol{\alpha}_2, \cdots, \boldsymbol{\alpha}_n$ 线性无关，故即有关系式(7.3).

定理 7.3 的逆命题也成立. 即若任一向量的两种坐标满足坐标变换公式(7.3)，则两个基满足基变换公式(7.2).

例 7.9　在 $P[x]_3$ 中取两组基

$$\boldsymbol{\alpha}_1 = x^3 + 2x^2 - x,\ \boldsymbol{\alpha}_2 = x^3 - x^2 + x + 1,\ \boldsymbol{\alpha}_3 = -x^3 + 2x^2 + x + 1,\ \boldsymbol{\alpha}_4 = -x^3 - x^2 + 1$$

及

$$\boldsymbol{\beta}_1 = 2x^3 + x^2 + 1,\ \boldsymbol{\beta}_2 = x^2 + 2x + 2,\ \boldsymbol{\beta}_3 = -2x^3 + x^2 + x + 2,\ \boldsymbol{\beta}_4 = x^3 + 3x^2 + x + 2,$$

求坐标变换公式.

解 将 $\boldsymbol{\beta}_1, \boldsymbol{\beta}_2, \boldsymbol{\beta}_3, \boldsymbol{\beta}_4$ 用 $\boldsymbol{\alpha}_1, \boldsymbol{\alpha}_2, \boldsymbol{\alpha}_3, \boldsymbol{\alpha}_4$ 表示. 由

$$(\boldsymbol{\alpha}_1, \boldsymbol{\alpha}_2, \boldsymbol{\alpha}_3, \boldsymbol{\alpha}_4)=(x^3, x^2, x, 1)\boldsymbol{A},$$
$$(\boldsymbol{\beta}_1, \boldsymbol{\beta}_2, \boldsymbol{\beta}_3, \boldsymbol{\beta}_4)=(x^3, x^2, x, 1)\boldsymbol{B},$$

其中

$$\boldsymbol{A}=\begin{pmatrix}1 & 1 & -1 & -1\\ 2 & -1 & 2 & -1\\ -1 & 1 & 1 & 0\\ 0 & 1 & 1 & 1\end{pmatrix},\ \boldsymbol{B}=\begin{pmatrix}2 & 0 & -2 & 1\\ 1 & 1 & 1 & 3\\ 0 & 2 & 1 & 1\\ 1 & 2 & 2 & 2\end{pmatrix},$$

得

$$(\boldsymbol{\beta}_1, \boldsymbol{\beta}_2, \boldsymbol{\beta}_3, \boldsymbol{\beta}_4)=(\boldsymbol{\alpha}_1, \boldsymbol{\alpha}_2, \boldsymbol{\alpha}_3, \boldsymbol{\alpha}_4)\boldsymbol{A}^{-1}\boldsymbol{B}.$$

故坐标变换公式为

$$\begin{pmatrix}x_1'\\ x_2'\\ x_3'\\ x_4'\end{pmatrix}=\boldsymbol{B}^{-1}\boldsymbol{A}\begin{pmatrix}x_1\\ x_2\\ x_3\\ x_4\end{pmatrix}.$$

用矩阵的初等行变换求 $\boldsymbol{B}^{-1}\boldsymbol{A}$: 把矩阵 $(\boldsymbol{B}, \boldsymbol{A})$ 中的 $\boldsymbol{B}$ 变成 $\boldsymbol{E}$, 则 $\boldsymbol{A}$ 即变成 $\boldsymbol{B}^{-1}\boldsymbol{A}$, 即

$$(\boldsymbol{B}, \boldsymbol{A})=\left(\begin{array}{cccc:cccc}2 & 0 & -2 & 1 & 1 & 1 & -1 & -1\\ 1 & 1 & 1 & 3 & 2 & -1 & 2 & -1\\ 0 & 2 & 1 & 1 & -1 & 1 & 1 & 0\\ 1 & 2 & 2 & 2 & 0 & 1 & 1 & 1\end{array}\right)\xrightarrow{r}\left(\begin{array}{cccc:cccc}1 & 0 & 0 & 0 & 0 & 1 & -1 & 1\\ 0 & 1 & 0 & 0 & -1 & 1 & 0 & 0\\ 0 & 0 & 1 & 0 & 0 & 0 & 0 & 1\\ 0 & 0 & 0 & 1 & 1 & -1 & 1 & -1\end{array}\right),$$

于是坐标变换公式为

$$\begin{pmatrix}x_1'\\ x_2'\\ x_3'\\ x_4'\end{pmatrix}=\begin{pmatrix}0 & 1 & -1 & 1\\ -1 & 1 & 0 & 0\\ 0 & 0 & 0 & 1\\ 1 & -1 & 1 & -1\end{pmatrix}\begin{pmatrix}x_1\\ x_2\\ x_3\\ x_4\end{pmatrix}.$$

■习题 7.3

1. 已知 $\mathbf{R}^3$ 的两个基

$$(\text{Ⅰ}): \boldsymbol{\alpha}_1=\begin{pmatrix}1\\ 1\\ 1\end{pmatrix}, \boldsymbol{\alpha}_2=\begin{pmatrix}1\\ 0\\ -1\end{pmatrix}, \boldsymbol{\alpha}_3=\begin{pmatrix}1\\ 0\\ 1\end{pmatrix}; \qquad (\text{Ⅱ}): \boldsymbol{\beta}_1=\begin{pmatrix}1\\ 2\\ 1\end{pmatrix}, \boldsymbol{\beta}_2=\begin{pmatrix}2\\ 3\\ 4\end{pmatrix}, \boldsymbol{\beta}_3=\begin{pmatrix}3\\ 4\\ 3\end{pmatrix}.$$

(1) 求由基(Ⅰ)到基(Ⅱ)的过渡矩阵;

(2) 已知向量 $\boldsymbol{\alpha}$ 在基 $\boldsymbol{\alpha}_1, \boldsymbol{\alpha}_2, \boldsymbol{\alpha}_3$ 下的坐标为 $\begin{pmatrix}1\\ 0\\ -1\end{pmatrix}$, 求 $\boldsymbol{\alpha}$ 在基 $\boldsymbol{\beta}_1, \boldsymbol{\beta}_2, \boldsymbol{\beta}_3$ 下的坐标;

(3) 已知向量 $\boldsymbol{\beta}$ 在基 $\boldsymbol{\beta}_1, \boldsymbol{\beta}_2, \boldsymbol{\beta}_3$ 下的坐标为 $\begin{pmatrix}1\\ -1\\ 2\end{pmatrix}$, 求 $\boldsymbol{\beta}$ 在基 $\boldsymbol{\alpha}_1, \boldsymbol{\alpha}_2, \boldsymbol{\alpha}_3$ 下的坐标;

(4) 求在两个基下的坐标互为相反数的向量 $\boldsymbol{\gamma}$.

2. 已知 $P[x]_4$ 的两组基

（Ⅰ）：$f_1(x)=1+x+x^2+x^3$，$f_2(x)=-x+x^2$，$f_3(x)=1-x$，$f_4(x)=1$；

（Ⅱ）：$g_1(x)=x+x^2+x^3$，$g_2(x)=1+x^2+x^3$，$g_3(x)=1+x+x^3$，$g_4(x)=1+x+x^2$.

(1) 求由基（Ⅰ）到基（Ⅱ）的过渡矩阵；

(2) 求在两个基下有相同坐标的多项式 $f(x)$.

7.4　线性变换

线性变换是线性空间到自身的一类映射，它能保持线性空间中向量之间的线性关系不变，是线性代数非常重要的概念. 作为这一节的预备知识，我们先来了解“映射”的概念.

定义 7.5　设两个非空集合 A、B，如果对于 A 中任一元素 α，按照一定的规则，总有 B 中的一个确定的元素 β 和它对应，那么这个对应规则称为从集合 A 到集合 B 的映射，常记作 $T: A\to B$，并记

$$\beta=T(\alpha)\text{ 或 }\beta=T\alpha\quad(\alpha\in A).$$

β 称为 α 在映射 T 下的像，α 称为 β 在映射 T 下的源. A 称为映射 T 的源集，像的全体所构成的集合称为像集，记作 $T(A)$，即

$$T(A)=\{\beta=T(\alpha)\mid\alpha\in A\},$$

显然 $T(A)\subseteq B$.

映射的概念是函数概念的推广. 例如，设二元函数 $z=f(x, y)$ 的定义域为平面区域 G，函数值域为 Z，那么函数关系 f 就是一个从定义域 G 到实数域 $\mathbf{R}$ 的映射；函数值 $f(x_0, y_0)=z_0$ 就是元素 (x_0, y_0) 的像，(x_0, y_0) 就是 z_0 的源；G 就是源集，Z 就是像集.

7.4.1　线性变换的定义

定义 7.6　设 V_n、U_m 分别是 n 维和 m 维线性空间，T 是一个从 V_n 到 U_m 的映射，如果映射 T 满足：

(1) 任给 $\boldsymbol{\alpha}_1$，$\boldsymbol{\alpha}_2\in V_n$（从而 $\boldsymbol{\alpha}_1+\boldsymbol{\alpha}_2\in V_n$），有

$$T(\boldsymbol{\alpha}_1+\boldsymbol{\alpha}_2)=T(\boldsymbol{\alpha}_1)+T(\boldsymbol{\alpha}_2);$$

(2) 任给 $\boldsymbol{\alpha}\in V_n$，$\lambda\in\mathbf{R}$（从而 $\lambda\boldsymbol{\alpha}\in V_n$），有

$$T(\lambda\boldsymbol{\alpha})=\lambda T(\boldsymbol{\alpha}),$$

那么，T 称为从 V_n 到 U_m 的线性映射，或称为线性变换.

简言之，线性映射就是保持线性组合的对应的映射.

例如，关系式

$$\begin{pmatrix}y_1\\y_2\\\vdots\\y_m\end{pmatrix}=\begin{pmatrix}a_{11}&a_{12}&\cdots&a_{1n}\\a_{21}&a_{22}&\cdots&a_{2n}\\\vdots&\vdots&&\vdots\\a_{m1}&a_{m2}&\cdots&a_{mn}\end{pmatrix}\begin{pmatrix}x_1\\x_2\\\vdots\\x_n\end{pmatrix}$$

就确定了一个从 $\mathbf{R}^n$ 到 $\mathbf{R}^m$ 的映射，并且该映射是个线性映射.

特别地，在定义 7.6 中，如果 $V_n=U_m$，那么 T 是一个从线性空间 V_n 到其自身的线性映射，称为线性空间 V_n 中的线性变换.

下面我们只讨论线性空间 V_n 中的线性变换.

例 7.10 在线性空间 $P[x]_3$ 中，

(1) 微分运算 D 是一个线性变换. 这是因为，任取

$$\boldsymbol{p}=a_3x^3+a_2x^2+a_1x+a_0\in P[x]_3,\ \boldsymbol{q}=b_3x^3+b_2x^2+b_1x+b_0\in P[x]_3,$$

则有

$$\mathrm{D}\boldsymbol{p}=3a_3x^2+2a_2x+a_1,\ \mathrm{D}\boldsymbol{q}=3b_3x^2+2b_2x+b_1.$$

于是

$$\begin{aligned}\mathrm{D}(\boldsymbol{p}+\boldsymbol{q})&=\mathrm{D}[(a_3+b_3)x^3+(a_2+b_2)x^2+(a_1+b_1)x+(a_0+b_0)]\\&=3(a_3+b_3)x^2+2(a_2+b_2)x+(a_1+b_1)\\&=(3a_3x^2+2a_2x+a_1)+(3b_3x^2+2b_2x+b_1)\\&=\mathrm{D}\boldsymbol{p}+\mathrm{D}\boldsymbol{q},\end{aligned}$$

$$\begin{aligned}\mathrm{D}(\lambda\boldsymbol{p})&=\mathrm{D}(\lambda a_3x^3+\lambda a_2x^2+\lambda a_1x+\lambda a_0)\\&=\lambda(3a_3x^2+2a_2x+a_1)=\lambda\mathrm{D}\boldsymbol{p}.\end{aligned}$$

(2) 如果 $T(\boldsymbol{p})=1$，那么 T 是个变换，但不是线性变换. 这是因为

$$T(\boldsymbol{p}+\boldsymbol{q})=1,\ T(\boldsymbol{p})+T(\boldsymbol{q})=1+1=2,$$

故

$$T(\boldsymbol{p}+\boldsymbol{q})\neq T(\boldsymbol{p})+T(\boldsymbol{q}).$$

例 7.11 设有 n 阶矩阵

$$\boldsymbol{A}=\begin{pmatrix}a_{11}&a_{12}&\cdots&a_{1n}\\a_{21}&a_{22}&\cdots&a_{2n}\\\vdots&\vdots&&\vdots\\a_{n1}&a_{n2}&\cdots&a_{nn}\end{pmatrix}=(\boldsymbol{\alpha}_1,\boldsymbol{\alpha}_2,\cdots,\boldsymbol{\alpha}_n),$$

其中

$$\boldsymbol{\alpha}_j=\begin{pmatrix}a_{1j}\\a_{2j}\\\vdots\\a_{nj}\end{pmatrix}.$$

定义 $\mathbf{R}^n$ 中的变换 $\boldsymbol{y}=T(\boldsymbol{x})$ 为

$$T(\boldsymbol{x})=\boldsymbol{Ax}\quad(\boldsymbol{x}\in\mathbf{R}^n),$$

则 T 为线性变换. 这是因为：设 $\boldsymbol{a}$，$\boldsymbol{b}\in\mathbf{R}^n$，则有

$$T(\boldsymbol{a}+\boldsymbol{b})=\boldsymbol{A}(\boldsymbol{a}+\boldsymbol{b})=\boldsymbol{Aa}+\boldsymbol{Ab}=T(\boldsymbol{a})+T(\boldsymbol{b}),$$

$$T(\lambda\boldsymbol{a})=\boldsymbol{A}(\lambda\boldsymbol{a})=\lambda\boldsymbol{Aa}=\lambda T(\boldsymbol{a}).$$

例 7.12 由关系式

$$T\begin{pmatrix}x\\y\end{pmatrix}=\begin{pmatrix}\cos\varphi&-\sin\varphi\\\sin\varphi&\cos\varphi\end{pmatrix}\begin{pmatrix}x\\y\end{pmatrix}$$

确定 xOy 平面上的一个变换 T，说明变换 T 的几何意义(参看第 2 章图 2.2).

解 记 $\begin{cases}x=r\cos\theta,\\y=r\sin\theta,\end{cases}$ 于是

$$T\begin{pmatrix}x\\y\end{pmatrix}=\begin{pmatrix}x\cos\varphi-y\sin\varphi\\x\sin\varphi+y\cos\varphi\end{pmatrix}=\begin{pmatrix}r\cos\theta\cos\varphi-r\sin\theta\sin\varphi\\r\cos\theta\sin\varphi+r\sin\theta\cos\varphi\end{pmatrix}=\begin{pmatrix}r\cos(\theta+\varphi)\\r\sin(\theta+\varphi)\end{pmatrix},$$

这表示变换 T 把任一向量按逆时针方向旋转 φ 角(由例 7.11 可知这个变换是一个线性变换).

7.4.2 线性变换的性质

设 T 是线性空间 V_n 中的线性变换，则它具有下述基本性质。

性质 7.5 $T\mathbf{0}=\mathbf{0}$，$T(-\boldsymbol{\alpha})=-T\boldsymbol{\alpha}$.

性质 7.6 若 $\boldsymbol{\beta}=k_1\boldsymbol{\alpha}_1+k_2\boldsymbol{\alpha}_2+\cdots+k_m\boldsymbol{\alpha}_m$，则

$$T\boldsymbol{\beta}=k_1T\boldsymbol{\alpha}_1+k_2T\boldsymbol{\alpha}_2+\cdots+k_mT\boldsymbol{\alpha}_m.$$

性质 7.7 **若 $\boldsymbol{\alpha}_1$，$\boldsymbol{\alpha}_2$，…，$\boldsymbol{\alpha}_m$ 线性相关，则 $T\boldsymbol{\alpha}_1$，$T\boldsymbol{\alpha}_2$，…，$T\boldsymbol{\alpha}_m$ 亦线性相关.**

性质 7.5 至性质 7.7 的证明请读者作为练习.

需要注意的是，性质 7.7 的逆命题是不成立的，即若 $\boldsymbol{\alpha}_1$，$\boldsymbol{\alpha}_2$，…，$\boldsymbol{\alpha}_m$ 线性无关，则 $T\boldsymbol{\alpha}_1$，$T\boldsymbol{\alpha}_2$，…，$T\boldsymbol{\alpha}_m$ 不一定线性无关.

性质 7.8 **线性变换 T 的像集 $T(V_n)$ 是一个线性空间，称为线性变换 T 的像空间.**

证明 设 $\boldsymbol{\beta}_1$，$\boldsymbol{\beta}_2\in T(V_n)$，则有 $\boldsymbol{\alpha}_1$，$\boldsymbol{\alpha}_2\in V_n$，使 $T\boldsymbol{\alpha}_1=\boldsymbol{\beta}_1$，$T\boldsymbol{\alpha}_2=\boldsymbol{\beta}_2$，从而

$$\boldsymbol{\beta}_1+\boldsymbol{\beta}_2=T\boldsymbol{\alpha}_1+T\boldsymbol{\alpha}_2=T(\boldsymbol{\alpha}_1+\boldsymbol{\alpha}_2)\in T(V_n)(\text{因 }\boldsymbol{\alpha}_1+\boldsymbol{\alpha}_2\in V_n),$$

$$\lambda\boldsymbol{\beta}_1=\lambda T\boldsymbol{\alpha}_1=T(\lambda\boldsymbol{\alpha}_1)\in T(V_n)(\text{因 }\lambda\boldsymbol{\alpha}_1\in V_n),$$

由上述证明知，线性变换 T 的像集 $T(U_n)$ 对 V_n 中的线性运算封闭，故它是一个线性空间.

性质 7.9 **使 $T\boldsymbol{\alpha}=\mathbf{0}$ 的 $\boldsymbol{\alpha}$ 的全体**

$$S_T=\{\boldsymbol{\alpha}\mid\boldsymbol{\alpha}\in V_n,\ T\boldsymbol{\alpha}=\mathbf{0}\}$$

也是一个线性空间. S_T 称为线性变换 T 的核.

证明 $S_T\subseteq V_n$，且对任意 $\boldsymbol{\alpha}_1$，$\boldsymbol{\alpha}_2\in S_T$，$\lambda\in\mathbf{R}$，有 $T\boldsymbol{\alpha}_1=\mathbf{0}$，$T\boldsymbol{\alpha}_2=\mathbf{0}$，于是

$$T(\boldsymbol{\alpha}_1+\boldsymbol{\alpha}_2)=T\boldsymbol{\alpha}_1+T\boldsymbol{\alpha}_2=\mathbf{0},\ T(\lambda\boldsymbol{\alpha}_1)=\lambda T\boldsymbol{\alpha}_1=\lambda\mathbf{0}=\mathbf{0},$$

所以 $\boldsymbol{\alpha}_1+\boldsymbol{\alpha}_2\in S_T$，$\lambda\boldsymbol{\alpha}_1\in S_T$. 这说明 S_T 对 V_n 中的线性运算封闭，所以 S_T 是一个线性空间.

例如，例 7.11 中所给的线性变换 T 的像空间就是由 $\boldsymbol{\alpha}_1$，$\boldsymbol{\alpha}_2$，…，$\boldsymbol{\alpha}_n$ 所生成的线性空间

$$T(\mathbf{R}^n)=\{\boldsymbol{y}=x_1\boldsymbol{\alpha}_1+x_2\boldsymbol{\alpha}_2+\cdots+x_n\boldsymbol{\alpha}_n\mid x_1,\ x_2,\ \cdots,\ x_n\in\mathbf{R}\},$$

而 T 的核 S_T 就是齐次线性方程组 $\boldsymbol{Ax}=\mathbf{0}$ 的解空间.

■习题 7.4

1. 判断下面定义的变换是不是线性变换.

(1) 在线性空间 V 中，定义 $T\boldsymbol{\xi}=\boldsymbol{\xi}+\boldsymbol{\alpha}_0$，其中 $\boldsymbol{\alpha}_0$ 是 V 中一个固定的向量；

(2) 在线性空间 V 中，定义 $T\boldsymbol{\xi}=\boldsymbol{\alpha}_0$，其中 $\boldsymbol{\alpha}_0$ 是 V 中一个固定的向量；

(3) 在 $\mathbf{R}^3$ 中，定义 $T(x_1,\ x_2,\ x_3)=(x_1^2,\ x_2+x_3,\ x_3^2)$；

(4) 在 $\mathbf{R}^3$ 中，定义 $T(x_1,\ x_2,\ x_3)=(2x_1-x_2,\ x_2+x_3,\ x_1)$.

2. 说明 xOy 平面上变换 $T\begin{pmatrix}x\\y\end{pmatrix}=\boldsymbol{A}\begin{pmatrix}x\\y\end{pmatrix}$ 的几何意义，其中

(1) $\boldsymbol{A}=\begin{pmatrix}-1&0\\0&1\end{pmatrix}$；　　(2) $\boldsymbol{A}=\begin{pmatrix}0&0\\0&1\end{pmatrix}$；

(3) $\boldsymbol{A}=\begin{pmatrix}0&1\\1&0\end{pmatrix}$；　　(4) $\boldsymbol{A}=\begin{pmatrix}0&1\\-1&0\end{pmatrix}$.

7.5 线性变换的矩阵表示式

线性变换是一个很抽象的概念，如何将它具体化呢？我们发现，如果给定线性空间 V_n 的一个基 $\boldsymbol{\alpha}_1$，$\boldsymbol{\alpha}_2$，…，$\boldsymbol{\alpha}_n$，则对 V_n 中任意向量 $\boldsymbol{\alpha}$，有

$$\boldsymbol{\alpha}=k_1\boldsymbol{\alpha}_1+k_2\boldsymbol{\alpha}_2+\cdots+k_n\boldsymbol{\alpha}_n,$$

由线性变换的性质得

$$T(\boldsymbol{\alpha})=k_1T(\boldsymbol{\alpha}_1)+k_2T(\boldsymbol{\alpha}_2)+\cdots+k_nT(\boldsymbol{\alpha}_n),$$

于是 $\boldsymbol{\alpha}$ 在变换 T 下的像就由基的像 $T(\boldsymbol{\alpha}_1)$，$T(\boldsymbol{\alpha}_2)$，…，$T(\boldsymbol{\alpha}_n)$所唯一确定，而 $T(\boldsymbol{\alpha}_i)\in V_n$ $(i=1, 2, \cdots, n)$，所以 $T(\boldsymbol{\alpha}_i)(i=1, 2, \cdots, n)$也可由基 $\boldsymbol{\alpha}_1$，$\boldsymbol{\alpha}_2$，…，$\boldsymbol{\alpha}_n$ 线性表示，即有

$$\begin{cases} T(\boldsymbol{\alpha}_1)=a_{11}\boldsymbol{\alpha}_1+a_{21}\boldsymbol{\alpha}_2+\cdots+a_{n1}\boldsymbol{\alpha}_n, \\ T(\boldsymbol{\alpha}_2)=a_{12}\boldsymbol{\alpha}_1+a_{22}\boldsymbol{\alpha}_2+\cdots+a_{n2}\boldsymbol{\alpha}_n, \\ \qquad\vdots \\ T(\boldsymbol{\alpha}_n)=a_{1n}\boldsymbol{\alpha}_1+a_{2n}\boldsymbol{\alpha}_2+\cdots+a_{nn}\boldsymbol{\alpha}_n, \end{cases} \tag{7.4}$$

由式(7.4)得

$$T(\boldsymbol{\alpha}_1, \boldsymbol{\alpha}_2, \cdots, \boldsymbol{\alpha}_n)=(T(\boldsymbol{\alpha}_1), T(\boldsymbol{\alpha}_2), \cdots, T(\boldsymbol{\alpha}_n))=(\boldsymbol{\alpha}_1, \boldsymbol{\alpha}_2, \cdots, \boldsymbol{\alpha}_n)\boldsymbol{A},$$

其中

$$\boldsymbol{A}=\begin{pmatrix} a_{11} & a_{12} & \cdots & a_{1n} \\ a_{21} & a_{22} & \cdots & a_{2n} \\ \vdots & \vdots & & \vdots \\ a_{n1} & a_{n2} & \cdots & a_{nn} \end{pmatrix},$$

矩阵 $\boldsymbol{A}$ 称为线性变换 T 在基 $\boldsymbol{\alpha}_1$，$\boldsymbol{\alpha}_2$，…，$\boldsymbol{\alpha}_n$ 下的矩阵.

显然，矩阵 $\boldsymbol{A}$ 由基的像 $T(\boldsymbol{\alpha}_1)$，$T(\boldsymbol{\alpha}_2)$，…，$T(\boldsymbol{\alpha}_n)$唯一确定.

由此可见，若给定线性空间 V_n 的一个基，则 V_n 中任一线性变换 T 都对应一个 n 阶方阵 $\boldsymbol{A}$，方阵 $\boldsymbol{A}$ 由基在线性变换 T 下的像唯一确定.

反之，如果给定一个矩阵 $\boldsymbol{A}$ 作为某个线性变换 T 在基 $\boldsymbol{\alpha}_1$，$\boldsymbol{\alpha}_2$，…，$\boldsymbol{\alpha}_n$ 下的矩阵，也就是给出了这个基在变换 T 下的像，那么根据变换 T 保持线性关系的特性，我们可以推导出变换 T 必须满足的关系式.

V_n 中的任意向量记为 $\boldsymbol{\alpha}=\sum\limits_{i=1}^{n}x_i\boldsymbol{\alpha}_i$，有

$$\begin{aligned} T(\boldsymbol{\alpha})=T\left(\sum_{i=1}^{n}x_i\boldsymbol{\alpha}_i\right)&=\sum_{i=1}^{n}x_iT(\boldsymbol{\alpha}_i) \\ &=(T(\boldsymbol{\alpha}_1), T(\boldsymbol{\alpha}_2), \cdots, T(\boldsymbol{\alpha}_n))\begin{pmatrix} x_1 \\ x_2 \\ \vdots \\ x_n \end{pmatrix} \\ &=(\boldsymbol{\alpha}_1, \boldsymbol{\alpha}_2, \cdots, \boldsymbol{\alpha}_n)\boldsymbol{A}\begin{pmatrix} x_1 \\ x_2 \\ \vdots \\ x_n \end{pmatrix}, \end{aligned} \tag{7.5}$$

即

$$T\left[(\boldsymbol{\alpha}_1, \boldsymbol{\alpha}_2, \cdots, \boldsymbol{\alpha}_n)\begin{pmatrix}x_1\\x_2\\\vdots\\x_n\end{pmatrix}\right]=(\boldsymbol{\alpha}_1, \boldsymbol{\alpha}_2, \cdots, \boldsymbol{\alpha}_n)\boldsymbol{A}\begin{pmatrix}x_1\\x_2\\\vdots\\x_n\end{pmatrix}. \tag{7.6}$$

关系式(7.6)唯一地确定了一个以 $\boldsymbol{A}$ 为矩阵的线性变换 T. 这样，抽象的线性变换与具体的矩阵之间就有了一一对应的关系，从而线性变换的运算就可转化为矩阵的运算.

由关系式(7.6)可立即得出下面的定理.

定理 7.4　设线性变换 T 在基 $\boldsymbol{\alpha}_1, \boldsymbol{\alpha}_2, \cdots, \boldsymbol{\alpha}_n$ 下的矩阵是 $\boldsymbol{A}$，向量 $\boldsymbol{\alpha}$ 与 $T(\boldsymbol{\alpha})$ 在基 $\boldsymbol{\alpha}_1, \boldsymbol{\alpha}_2, \cdots, \boldsymbol{\alpha}_n$ 下的坐标分别为 $\begin{pmatrix}x_1\\x_2\\\vdots\\x_n\end{pmatrix}$ 和 $\begin{pmatrix}y_1\\y_2\\\vdots\\y_n\end{pmatrix}$，则有

$$\begin{pmatrix}y_1\\y_2\\\vdots\\y_n\end{pmatrix}=\boldsymbol{A}\begin{pmatrix}x_1\\x_2\\\vdots\\x_n\end{pmatrix},$$

按坐标表示，有

$$T(\boldsymbol{\alpha})=\boldsymbol{A}\boldsymbol{\alpha}.$$

例 7.13　在多项式的线性空间 $P[x]_3$ 中，取基

$$\boldsymbol{p}_1=x^3, \boldsymbol{p}_2=x^2, \boldsymbol{p}_3=x, \boldsymbol{p}_4=1,$$

求微分运算 D 的矩阵.

解　因为

$$\begin{cases}\mathrm{D}\boldsymbol{p}_1=3x^2=0\boldsymbol{p}_1+3\boldsymbol{p}_2+0\boldsymbol{p}_3+0\boldsymbol{p}_4,\\ \mathrm{D}\boldsymbol{p}_2=2x=0\boldsymbol{p}_1+0\boldsymbol{p}_2+2\boldsymbol{p}_3+0\boldsymbol{p}_4,\\ \mathrm{D}\boldsymbol{p}_3=1=0\boldsymbol{p}_1+0\boldsymbol{p}_2+0\boldsymbol{p}_3+1\boldsymbol{p}_4,\\ \mathrm{D}\boldsymbol{p}_4=0=0\boldsymbol{p}_1+0\boldsymbol{p}_2+0\boldsymbol{p}_3+0\boldsymbol{p}_4,\end{cases}$$

所以 D 在这个基下的矩阵为

$$\boldsymbol{A}=\begin{pmatrix}0&0&0&0\\3&0&0&0\\0&2&0&0\\0&0&1&0\end{pmatrix}.$$

例 7.14　在 $\mathbf{R}^3$ 中，T 表示将向量投影到 xOy 平面的线性变换，即

$$T(x\boldsymbol{i}+y\boldsymbol{j}+z\boldsymbol{k})=x\boldsymbol{i}+y\boldsymbol{j}.$$

(1) 取基为 $\boldsymbol{i}, \boldsymbol{j}, \boldsymbol{k}$，求变换 T 的矩阵；

(2) 取基为 $\boldsymbol{\alpha}=\boldsymbol{i}, \boldsymbol{\beta}=\boldsymbol{j}, \boldsymbol{\gamma}=\boldsymbol{i}+\boldsymbol{j}+\boldsymbol{k}$，求变换 T 的矩阵.

解　(1) 因为

$$\begin{cases}T(\boldsymbol{i})=\boldsymbol{i},\\T(\boldsymbol{j})=\boldsymbol{j},\\T(\boldsymbol{k})=\boldsymbol{0},\end{cases}$$

即

$$T(\boldsymbol{i},\boldsymbol{j},\boldsymbol{k})=(\boldsymbol{i},\boldsymbol{j},\boldsymbol{k})\begin{pmatrix}1&0&0\\0&1&0\\0&0&0\end{pmatrix},$$

所以变换 T 的矩阵为

$$\begin{pmatrix}1&0&0\\0&1&0\\0&0&0\end{pmatrix}.$$

(2) 因为

$$\begin{cases}T(\boldsymbol{\alpha})=\boldsymbol{i}=\boldsymbol{\alpha},\\T(\boldsymbol{\beta})=\boldsymbol{j}=\boldsymbol{\beta},\\T(\boldsymbol{\gamma})=\boldsymbol{i}+\boldsymbol{j}=\boldsymbol{\alpha}+\boldsymbol{\beta},\end{cases}$$

即

$$T(\boldsymbol{\alpha},\boldsymbol{\beta},\boldsymbol{\gamma})=(\boldsymbol{\alpha},\boldsymbol{\beta},\boldsymbol{\gamma})\begin{pmatrix}1&0&1\\0&1&1\\0&0&0\end{pmatrix},$$

所以变换 T 的矩阵为

$$\begin{pmatrix}1&0&1\\0&1&1\\0&0&0\end{pmatrix}.$$

由例 7.14 可见，同一个线性变换在不同的基下有不同的矩阵. 一般地，我们有如下定理.

定理 7.5 **在线性空间 V_n 中取定两个基 $\boldsymbol{\alpha}_1,\boldsymbol{\alpha}_2,\cdots,\boldsymbol{\alpha}_n$ 与 $\boldsymbol{\beta}_1,\boldsymbol{\beta}_2,\cdots,\boldsymbol{\beta}_n$，由基 $\boldsymbol{\alpha}_1,\boldsymbol{\alpha}_2,\cdots,\boldsymbol{\alpha}_n$ 到基 $\boldsymbol{\beta}_1,\boldsymbol{\beta}_2,\cdots,\boldsymbol{\beta}_n$ 的过渡矩阵为 $\boldsymbol{P}$，V_n 中的线性变换 T 在这两个基下的矩阵分别为 $\boldsymbol{A}$ 和 $\boldsymbol{B}$，那么 $\boldsymbol{B}=\boldsymbol{P}^{-1}\boldsymbol{A}\boldsymbol{P}$.**

证明 按定理的假设，有

$$(\boldsymbol{\beta}_1,\boldsymbol{\beta}_2,\cdots,\boldsymbol{\beta}_n)=(\boldsymbol{\alpha}_1,\boldsymbol{\alpha}_2,\cdots,\boldsymbol{\alpha}_n)\boldsymbol{P},$$

$\boldsymbol{P}$ 可逆，且

$$T(\boldsymbol{\alpha}_1,\boldsymbol{\alpha}_2,\cdots,\boldsymbol{\alpha}_n)=(\boldsymbol{\alpha}_1,\boldsymbol{\alpha}_2,\cdots,\boldsymbol{\alpha}_n)\boldsymbol{A},$$
$$T(\boldsymbol{\beta}_1,\boldsymbol{\beta}_2,\cdots,\boldsymbol{\beta}_n)=(\boldsymbol{\beta}_1,\boldsymbol{\beta}_2,\cdots,\boldsymbol{\beta}_n)\boldsymbol{B},$$

于是

$$\begin{aligned}(\boldsymbol{\beta}_1,\boldsymbol{\beta}_2,\cdots,\boldsymbol{\beta}_n)\boldsymbol{B}&=T(\boldsymbol{\beta}_1,\boldsymbol{\beta}_2,\cdots,\boldsymbol{\beta}_n)=T[(\boldsymbol{\alpha}_1,\boldsymbol{\alpha}_2,\cdots,\boldsymbol{\alpha}_n)\boldsymbol{P}]\\&=[T(\boldsymbol{\alpha}_1,\boldsymbol{\alpha}_2,\cdots,\boldsymbol{\alpha}_n)]\boldsymbol{P}=(\boldsymbol{\alpha}_1,\boldsymbol{\alpha}_2,\cdots,\boldsymbol{\alpha}_n)\boldsymbol{A}\boldsymbol{P}\\&=(\boldsymbol{\beta}_1,\boldsymbol{\beta}_2,\cdots,\boldsymbol{\beta}_n)\boldsymbol{P}^{-1}\boldsymbol{A}\boldsymbol{P},\end{aligned}$$

因为 $\boldsymbol{\beta}_1,\boldsymbol{\beta}_2,\cdots,\boldsymbol{\beta}_n$ 线性无关，所以

$$B=P^{-1}AP.$$

定理 7.5 表明 $\boldsymbol{B}$ 与 $\boldsymbol{A}$ 相似，且两个基之间的过渡矩阵 $\boldsymbol{P}$ 就是相似变换矩阵.

例 7.15 在 4 维空间 $P[x]_4$ 中，设线性变换 T 在基 $1, x, x^2, x^3$ 下的矩阵为

$$\boldsymbol{A}=\begin{pmatrix}-1 & 1 & 0 & 0\\ 0 & -1 & 2 & 0\\ 0 & 0 & -1 & 3\\ 0 & 0 & 0 & -1\end{pmatrix},$$

求 T 在基 $1, 1+x, x+x^2, x^2+x^3$ 下的矩阵 $\boldsymbol{B}$.

解 因为

$$(1, 1+x, x+x^2, x^2+x^3)=(1, x, x^2, x^3)\begin{pmatrix}1 & 1 & 0 & 0\\ 0 & 1 & 1 & 0\\ 0 & 0 & 1 & 1\\ 0 & 0 & 0 & 1\end{pmatrix},$$

所以从基 $1, x, x^2, x^3$ 到基 $1, 1+x, x+x^2, x^2+x^3$ 的过渡矩阵为

$$\boldsymbol{P}=\begin{pmatrix}1 & 1 & 0 & 0\\ 0 & 1 & 1 & 0\\ 0 & 0 & 1 & 1\\ 0 & 0 & 0 & 1\end{pmatrix},$$

且

$$\boldsymbol{P}^{-1}=\begin{pmatrix}1 & -1 & 1 & -1\\ 0 & 1 & -1 & 1\\ 0 & 0 & 1 & -1\\ 0 & 0 & 0 & 1\end{pmatrix},$$

因此

$$\boldsymbol{B}=\boldsymbol{P}^{-1}\boldsymbol{A}\boldsymbol{P},$$

故

$$\boldsymbol{B}=\begin{pmatrix}-1 & 1 & -1 & 1\\ 0 & -1 & 2 & -1\\ 0 & 0 & -1 & 3\\ 0 & 0 & 0 & -1\end{pmatrix}.$$

例 7.16 设 V_2 中的线性变换 T 在基 $\boldsymbol{\alpha}_1, \boldsymbol{\alpha}_2$ 下的矩阵为

$$\boldsymbol{A}=\begin{pmatrix}a_{11} & a_{12}\\ a_{21} & a_{22}\end{pmatrix},$$

求 T 在基 $\boldsymbol{\alpha}_2, \boldsymbol{\alpha}_1$ 下的矩阵.

解 因为

$$(\boldsymbol{\alpha}_2, \boldsymbol{\alpha}_1)=(\boldsymbol{\alpha}_1, \boldsymbol{\alpha}_2)\begin{pmatrix}0 & 1\\ 1 & 0\end{pmatrix},$$

所以从基 $\boldsymbol{\alpha}_1$，$\boldsymbol{\alpha}_2$ 到基 $\boldsymbol{\alpha}_2$，$\boldsymbol{\alpha}_1$ 的过渡矩阵为 $\boldsymbol{P}=\begin{pmatrix}0&1\\1&0\end{pmatrix}$，从而求得 $\boldsymbol{P}^{-1}=\begin{pmatrix}0&1\\1&0\end{pmatrix}$，于是 T 在基 $\boldsymbol{\alpha}_2$，$\boldsymbol{\alpha}_1$ 下的矩阵为

$$\boldsymbol{B}=\begin{pmatrix}0&1\\1&0\end{pmatrix}\begin{bmatrix}a_{11}&a_{12}\\a_{21}&a_{22}\end{bmatrix}\begin{pmatrix}0&1\\1&0\end{pmatrix}$$
$$=\begin{bmatrix}a_{21}&a_{22}\\a_{11}&a_{12}\end{bmatrix}\begin{pmatrix}0&1\\1&0\end{pmatrix}=\begin{bmatrix}a_{22}&a_{21}\\a_{12}&a_{11}\end{bmatrix}.$$

■习题 7.5

1. 在线性空间 $R_{2\times2}$ 中定义线性变换 T_1、T_2、T_3 分别为

$$T_1(\boldsymbol{X})=\begin{pmatrix}a&b\\c&d\end{pmatrix}\boldsymbol{X},$$
$$T_2(\boldsymbol{X})=\boldsymbol{X}\begin{pmatrix}a&b\\c&d\end{pmatrix},$$
$$T_3(\boldsymbol{X})=\begin{pmatrix}a&b\\c&d\end{pmatrix}\boldsymbol{X}\begin{pmatrix}a&b\\c&d\end{pmatrix},$$

其中 $\boldsymbol{X}\in R_{2\times2}$，求 T_1、T_2、T_3 在基 $\boldsymbol{E}_{11}$，$\boldsymbol{E}_{12}$，$\boldsymbol{E}_{21}$，$\boldsymbol{E}_{22}$ 下的矩阵.

2. 设线性空间 $\mathbf{R}^3$ 中的线性变换 T 定义如下：

$$T(x_1, x_2, x_3)=(2x_1-x_2, x_2-x_3, x_2+x_3) \quad ((x_1, x_2, x_3)\in\mathbf{R}^3),$$

(1) 求 T 在基 $\boldsymbol{\varepsilon}_1=(1, 0, 0)^{\mathrm{T}}$，$\boldsymbol{\varepsilon}_2=(0, 1, 0)^{\mathrm{T}}$，$\boldsymbol{\varepsilon}_3=(0, 0, 1)^{\mathrm{T}}$ 下的矩阵 $\boldsymbol{A}$；

(2) 求 T 在基 $\boldsymbol{\eta}_1=(1, 1, 0)^{\mathrm{T}}$，$\boldsymbol{\eta}_2=(0, 1, 1)^{\mathrm{T}}$，$\boldsymbol{\eta}_3=(0, 0, 1)^{\mathrm{T}}$ 下的矩阵 $\boldsymbol{B}$.

3. 已知 $\mathbf{R}^3$ 中的线性变换 T 在基 $\boldsymbol{\eta}_1=(-1, 1, 1)^{\mathrm{T}}$，$\boldsymbol{\eta}_2=(1, 0, -1)^{\mathrm{T}}$，$\boldsymbol{\eta}_3=(0, 1, 1)^{\mathrm{T}}$ 下的矩阵是 $\begin{bmatrix}1&0&1\\1&1&0\\-1&2&1\end{bmatrix}$，求 T 在基 $\boldsymbol{\varepsilon}_1=(1, 0, 0)^{\mathrm{T}}$，$\boldsymbol{\varepsilon}_2=(0, 1, 0)^{\mathrm{T}}$，$\boldsymbol{\varepsilon}_3=(0, 0, 1)^{\mathrm{T}}$ 下的矩阵.

7.6 典型例题

例 7.17 求线性空间 $V=\{(x_1, x_2, \cdots, x_n)\mid x_1+x_2+\cdots+x_n=0, x_i\in\mathbf{R}\}$ 的一个基与维数.

解 线性空间 V 是由齐次线性方程组 $x_1+x_2+\cdots+x_n=0$ 的解生成的，解方程组可得基础解系 $\boldsymbol{\xi}_1=(-1, 1, 0, \cdots, 0)^{\mathrm{T}}$，$\boldsymbol{\xi}_2=(-1, 0, 1, 0, \cdots, 0)^{\mathrm{T}}$，…，$\boldsymbol{\xi}_{n-1}=(-1, 0, \cdots, 0, 1)^{\mathrm{T}}$，$V$ 中任一向量为方程组的解，从而均可由 $\boldsymbol{\xi}_1$，$\boldsymbol{\xi}_2$，…，$\boldsymbol{\xi}_{n-1}$ 线性表示.

由于 $\boldsymbol{\xi}_1$，$\boldsymbol{\xi}_2$，…，$\boldsymbol{\xi}_{n-1}$ 线性无关，故 $\boldsymbol{\xi}_1$，$\boldsymbol{\xi}_2$，…，$\boldsymbol{\xi}_{n-1}$ 是 V 的一个基，V 的维数为 $n-1$.

注：当求线性空间的基与维数时，关键是找出一组向量 $\boldsymbol{\alpha}_1$，$\boldsymbol{\alpha}_2$，…，$\boldsymbol{\alpha}_n$，使其满足下面两个条件：

(1) $\boldsymbol{\alpha}_1$，$\boldsymbol{\alpha}_2$，…，$\boldsymbol{\alpha}_n$ 线性无关；

(2) V 中的任一向量 $\boldsymbol{\alpha}$ 总可由 $\boldsymbol{\alpha}_1$，$\boldsymbol{\alpha}_2$，…，$\boldsymbol{\alpha}_n$ 线性表示.

例 7.17 中求线性空间的基和维数方法与第 4 章中介绍的求向量空间的基与维数的方法相同，只是这里 $\boldsymbol{\alpha}_1$，$\boldsymbol{\alpha}_2$，…，$\boldsymbol{\alpha}_n$ 的范围更广泛，可以是向量组，也可以是矩阵、多项式、函数等.

例 7.18 已知两个基 $\boldsymbol{\varepsilon}_1=(1,0,0)^{\mathrm{T}}$，$\boldsymbol{\varepsilon}_2=(0,1,0)^{\mathrm{T}}$，$\boldsymbol{\varepsilon}_3=(0,0,1)^{\mathrm{T}}$ 和 $\boldsymbol{\alpha}_1=(1,0,0)^{\mathrm{T}}$，$\boldsymbol{\alpha}_2=(1,1,0)^{\mathrm{T}}$，$\boldsymbol{\alpha}_3=(1,1,1)^{\mathrm{T}}$.

(1) 求由基 $\boldsymbol{\varepsilon}_1$，$\boldsymbol{\varepsilon}_2$，$\boldsymbol{\varepsilon}_3$ 到基 $\boldsymbol{\alpha}_1$，$\boldsymbol{\alpha}_2$，$\boldsymbol{\alpha}_3$ 的过渡矩阵.

(2) 若由基 $\boldsymbol{\alpha}_1$，$\boldsymbol{\alpha}_2$，$\boldsymbol{\alpha}_3$ 到基 $\boldsymbol{\beta}_1$，$\boldsymbol{\beta}_2$，$\boldsymbol{\beta}_3$ 的过渡矩阵为 $\boldsymbol{A}=\begin{pmatrix}1&-1&0\\0&1&-1\\0&0&1\end{pmatrix}$，求 $\boldsymbol{\beta}_1$、$\boldsymbol{\beta}_2$、$\boldsymbol{\beta}_3$.

(3) 若 $\boldsymbol{\alpha}$ 在基 $\boldsymbol{\beta}_1$，$\boldsymbol{\beta}_2$，$\boldsymbol{\beta}_3$ 下的坐标为 $(1,2,3)^{\mathrm{T}}$，求 $\boldsymbol{\alpha}$ 在基 $\boldsymbol{\alpha}_1$，$\boldsymbol{\alpha}_2$，$\boldsymbol{\alpha}_3$ 下的坐标.

解 (1) 易知 $(\boldsymbol{\alpha}_1,\boldsymbol{\alpha}_2,\boldsymbol{\alpha}_3)=(\boldsymbol{\varepsilon}_1,\boldsymbol{\varepsilon}_2,\boldsymbol{\varepsilon}_3)\begin{pmatrix}1&1&1\\0&1&1\\0&0&1\end{pmatrix}$，故由基 $\boldsymbol{\varepsilon}_1$，$\boldsymbol{\varepsilon}_2$，$\boldsymbol{\varepsilon}_3$ 到基 $\boldsymbol{\alpha}_1$，$\boldsymbol{\alpha}_2$，$\boldsymbol{\alpha}_3$ 的过渡矩阵为

$$\boldsymbol{P}=\begin{pmatrix}1&1&1\\0&1&1\\0&0&1\end{pmatrix}.$$

(2) 由题意，有

$$(\boldsymbol{\beta}_1,\boldsymbol{\beta}_2,\boldsymbol{\beta}_3)=(\boldsymbol{\alpha}_1,\boldsymbol{\alpha}_2,\boldsymbol{\alpha}_3)\boldsymbol{A}=\begin{pmatrix}1&1&1\\0&1&1\\0&0&1\end{pmatrix}\begin{pmatrix}1&-1&0\\0&1&-1\\0&0&1\end{pmatrix}=\begin{pmatrix}1&0&0\\0&1&0\\0&0&1\end{pmatrix},$$

故 $\boldsymbol{\beta}_1=(1,0,0)^{\mathrm{T}}$，$\boldsymbol{\beta}_2=(0,1,0)^{\mathrm{T}}$，$\boldsymbol{\beta}_3=(0,0,1)^{\mathrm{T}}$.

(3) 设 $\boldsymbol{\alpha}$ 在 $\boldsymbol{\alpha}_1$，$\boldsymbol{\alpha}_2$，$\boldsymbol{\alpha}_3$ 下的坐标为 $(x_1,x_2,x_3)^{\mathrm{T}}$，则有

$$\boldsymbol{\alpha}=x_1\boldsymbol{\alpha}_1+x_2\boldsymbol{\alpha}_2+x_3\boldsymbol{\alpha}_3=(\boldsymbol{\alpha}_1,\boldsymbol{\alpha}_2,\boldsymbol{\alpha}_3)\begin{pmatrix}x_1\\x_2\\x_3\end{pmatrix},$$

又

$$\boldsymbol{\alpha}=\boldsymbol{\beta}_1+2\boldsymbol{\beta}_2+3\boldsymbol{\beta}_3=(\boldsymbol{\beta}_1,\boldsymbol{\beta}_2,\boldsymbol{\beta}_3)\begin{pmatrix}1\\2\\3\end{pmatrix}=(\boldsymbol{\alpha}_1,\boldsymbol{\alpha}_2,\boldsymbol{\alpha}_3)\boldsymbol{A}\begin{pmatrix}1\\2\\3\end{pmatrix},$$

故

$$\begin{pmatrix}x_1\\x_2\\x_3\end{pmatrix}=\boldsymbol{A}\begin{pmatrix}1\\2\\3\end{pmatrix}=\begin{pmatrix}1&-1&0\\0&1&-1\\0&0&1\end{pmatrix}\begin{pmatrix}1\\2\\3\end{pmatrix}=\begin{pmatrix}-1\\-1\\3\end{pmatrix}.$$

例 7.19 证明下列变换是线性变换：

(1) 定义在闭区间上的全体连续函数组成实数域上的一个线性空间 V，在这个空间中定义变换 $T[f(x)]=\int_a^x f(t)\mathrm{d}t$；

(2) 线性空间 V 中的恒等变换(或称单位变换) E：$E(\boldsymbol{\alpha})=\boldsymbol{\alpha}$，$\boldsymbol{\alpha}\in V$.

证明 (1) 设 $f(x)\in V$，$g(x)\in V$，$k\in\mathbf{R}$，则有

$$T[f(x)+g(x)]=\int_a^x [f(t)+g(t)]\mathrm{d}t$$
$$=\int_a^x f(t)\mathrm{d}t+\int_a^x g(t)\mathrm{d}t$$
$$=T[f(x)]+T[g(x)],$$
$$T[kf(x)]=\int_a^x kf(t)\mathrm{d}t=k\int_a^x f(t)\mathrm{d}t=kT[f(x)],$$

所以 T 是线性变换.

(2) 设 $\boldsymbol{\alpha}$，$\boldsymbol{\beta}\in V$，$k\in\mathbf{R}$，则有

$$E(\boldsymbol{\alpha}+\boldsymbol{\beta})=\boldsymbol{\alpha}+\boldsymbol{\beta}=E(\boldsymbol{\alpha})+E(\boldsymbol{\beta}),$$
$$E(k\boldsymbol{\alpha})=k\boldsymbol{\alpha}=kE(\boldsymbol{\alpha}),$$

所以恒等变换 E 是线性变换.

本章小结

一、主要内容

1. 线性空间

(1) 线性空间的定义. 设 V 是一个非空集合，$\mathbf{R}$ 为实数域. 如果在 V 中定义了一个加法，即对于任意两个元素 $\boldsymbol{\alpha}$，$\boldsymbol{\beta}\in V$，总有唯一的一个元素 $\boldsymbol{\gamma}\in V$ 与之对应，称为 $\boldsymbol{\alpha}$ 与 $\boldsymbol{\beta}$ 的和，记作 $\boldsymbol{\gamma}=\boldsymbol{\alpha}+\boldsymbol{\beta}$；在 V 中又定义了一个数与元素的乘法(简称数乘)，即对于任一数 $\lambda\in\mathbf{R}$ 与任一元素 $\boldsymbol{\alpha}\in V$，总有唯一的一个元素 $\boldsymbol{\delta}\in V$ 与之对应，称为 λ 与 $\boldsymbol{\alpha}$ 的数量积，记作 $\boldsymbol{\delta}=\lambda\boldsymbol{\alpha}$，并且这两种运算满足以下 8 条运算规律(设 $\boldsymbol{\alpha}$，$\boldsymbol{\beta}$，$\boldsymbol{\gamma}\in V$，λ，$\mu\in\mathbf{R}$)：

① $\boldsymbol{\alpha}+\boldsymbol{\beta}=\boldsymbol{\beta}+\boldsymbol{\alpha}$；

② $(\boldsymbol{\alpha}+\boldsymbol{\beta})+\boldsymbol{\gamma}=\boldsymbol{\alpha}+(\boldsymbol{\beta}+\boldsymbol{\gamma})$；

③ 在 V 中存在零元素 $\mathbf{0}$，对任何 $\boldsymbol{\alpha}\in V$，都有 $\boldsymbol{\alpha}+\mathbf{0}=\boldsymbol{\alpha}$；

④ 对任何 $\boldsymbol{\alpha}\in V$，都有 $\boldsymbol{\alpha}$ 的负元素 $\boldsymbol{\beta}\in V$，使 $\boldsymbol{\alpha}+\boldsymbol{\beta}=\mathbf{0}$；

⑤ $1\boldsymbol{\alpha}=\boldsymbol{\alpha}$；

⑥ $\lambda(\mu\boldsymbol{\alpha})=(\lambda\mu)\boldsymbol{\alpha}$；

⑦ $(\lambda+\mu)\boldsymbol{\alpha}=\lambda\boldsymbol{\alpha}+\mu\boldsymbol{\alpha}$；

⑧ $\lambda(\boldsymbol{\alpha}+\boldsymbol{\beta})=\lambda\boldsymbol{\alpha}+\lambda\boldsymbol{\beta}$，

那么，V 就称为(实数域 $\mathbf{R}$ 上的)线性空间.

(2) 线性空间的性质.

性质 1　零向量是唯一的.

性质 2　任一向量的负向量是唯一的. $\boldsymbol{\alpha}$ 的负向量记作 $-\boldsymbol{\alpha}$.

性质 3　$0\boldsymbol{\alpha}=\mathbf{0}$，$(-1)\boldsymbol{\alpha}=-\boldsymbol{\alpha}$，$\lambda\mathbf{0}=\mathbf{0}$.

性质 4　如果 $\lambda\boldsymbol{\alpha}=\mathbf{0}$，则 $\lambda=0$ 或 $\boldsymbol{\alpha}=\mathbf{0}$.

(3) 子空间的定义. 设 V 是实数域 $\mathbf{R}$ 上的线性空间，W 是 V 的一个非空子集，如果 W

关于 V 的加法和数乘运算也构成线性空间，则称 W 是 V 的一个子空间.

2. 维数、基

在线性空间 V 中，如果存在 n 个向量 $\boldsymbol{\alpha}_1, \boldsymbol{\alpha}_2, \cdots, \boldsymbol{\alpha}_n$，满足：

(1) $\boldsymbol{\alpha}_1, \boldsymbol{\alpha}_2, \cdots, \boldsymbol{\alpha}_n$ 线性无关，

(2) V 中任一向量 $\boldsymbol{\alpha}$ 总可由 $\boldsymbol{\alpha}_1, \boldsymbol{\alpha}_2, \cdots, \boldsymbol{\alpha}_n$ 线性表示，

那么，$\boldsymbol{\alpha}_1, \boldsymbol{\alpha}_2, \cdots, \boldsymbol{\alpha}_n$ 称为线性空间 V 的一个基，n 称为线性空间 V 的维数. 只含一个零向量的线性空间没有基，规定它的维数为 0.

3. 坐标及坐标变换

(1) 坐标的概念. 设 $\boldsymbol{\alpha}_1, \boldsymbol{\alpha}_2, \cdots, \boldsymbol{\alpha}_n$ 是线性空间 V_n 的一个基，对于任一向量 $\boldsymbol{\alpha} \in V_n$，总有且仅有一组有序数 $x_1, x_2, \cdots, x_n$ 使

$$\boldsymbol{\alpha} = x_1\boldsymbol{\alpha}_1 + x_2\boldsymbol{\alpha}_2 + \cdots + x_n\boldsymbol{\alpha}_n,$$

这组有序数就称为向量 $\boldsymbol{\alpha}$ 在 $\boldsymbol{\alpha}_1, \boldsymbol{\alpha}_2, \cdots, \boldsymbol{\alpha}_n$ 这组基下的坐标，记为 $(x_1, x_2, \cdots, x_n)^{\mathrm{T}}$.

(2) 过渡矩阵的定义. 设 $\boldsymbol{\alpha}_1, \boldsymbol{\alpha}_2, \cdots, \boldsymbol{\alpha}_n$ 及 $\boldsymbol{\beta}_1, \boldsymbol{\beta}_2, \cdots, \boldsymbol{\beta}_n$ 是线性空间 V_n 的两个基，且

$$(\boldsymbol{\beta}_1, \boldsymbol{\beta}_2, \cdots, \boldsymbol{\beta}_n) = (\boldsymbol{\alpha}_1, \boldsymbol{\alpha}_2, \cdots, \boldsymbol{\alpha}_n)\boldsymbol{P},$$

则上式称为由基 $\boldsymbol{\alpha}_1, \boldsymbol{\alpha}_2, \cdots, \boldsymbol{\alpha}_n$ 到基 $\boldsymbol{\beta}_1, \boldsymbol{\beta}_2, \cdots, \boldsymbol{\beta}_n$ 的基变换公式，矩阵 $\boldsymbol{P}$ 称为由基 $\boldsymbol{\alpha}_1, \boldsymbol{\alpha}_2, \cdots, \boldsymbol{\alpha}_n$ 到基 $\boldsymbol{\beta}_1, \boldsymbol{\beta}_2, \cdots, \boldsymbol{\beta}_n$ 的过渡矩阵. 由于 $\boldsymbol{\beta}_1, \boldsymbol{\beta}_2, \cdots, \boldsymbol{\beta}_n$ 线性无关，故过渡矩阵 $\boldsymbol{P}$ 可逆.

(3) 同一个向量在两组基的坐标间的关系. 设 V_n 中的向量 $\boldsymbol{\alpha}$ 在基 $\boldsymbol{\alpha}_1, \boldsymbol{\alpha}_2, \cdots, \boldsymbol{\alpha}_n$ 下的坐标为 $(x_1, x_2, \cdots, x_n)^{\mathrm{T}}$，在基 $\boldsymbol{\beta}_1, \boldsymbol{\beta}_2, \cdots, \boldsymbol{\beta}_n$ 下的坐标为 $(x_1', x_2', \cdots, x_n')^{\mathrm{T}}$. 若两个基满足

$$(\boldsymbol{\beta}_1, \boldsymbol{\beta}_2, \cdots, \boldsymbol{\beta}_n) = (\boldsymbol{\alpha}_1, \boldsymbol{\alpha}_2, \cdots, \boldsymbol{\alpha}_n)\boldsymbol{P},$$

则有坐标变换公式

$$\begin{pmatrix} x_1 \\ x_2 \\ \vdots \\ x_n \end{pmatrix} = \boldsymbol{P} \begin{pmatrix} x_1' \\ x_2' \\ \vdots \\ x_n' \end{pmatrix} \text{或} \begin{pmatrix} x_1' \\ x_2' \\ \vdots \\ x_n' \end{pmatrix} = \boldsymbol{P}^{-1} \begin{pmatrix} x_1 \\ x_2 \\ \vdots \\ x_n \end{pmatrix}.$$

4. 线性变换

(1) 线性变换的定义. 设 V_n、U_m 分别是 n 维和 m 维线性空间，T 是一个从 V_n 到 U_m 的映射，如果映射 T 满足：

① 任给 $\boldsymbol{\alpha}_1, \boldsymbol{\alpha}_2 \in V_n$（从而 $\boldsymbol{\alpha}_1 + \boldsymbol{\alpha}_2 \in V_n$），有

$$T(\boldsymbol{\alpha}_1 + \boldsymbol{\alpha}_2) = T(\boldsymbol{\alpha}_1) + T(\boldsymbol{\alpha}_2);$$

② 任给 $\boldsymbol{\alpha} \in V_n$，$\lambda \in \mathbf{R}$（从而 $\lambda\boldsymbol{\alpha} \in V_n$），有

$$T(\lambda\boldsymbol{\alpha}) = \lambda T(\boldsymbol{\alpha}),$$

那么，T 就称为从 V_n 到 U_m 的线性映射，或称为线性变换.

线性映射就是保持线性组合的对应的映射. 特别地，如果 $V_n = U_m$，那么 T 是一个从线性空间 V_n 到其自身的线性映射，称为线性空间 V_n 中的线性变换.

(2) 线性变换的性质.

性质 1　$T\mathbf{0} = \mathbf{0}$，$T(-\boldsymbol{\alpha}) = -T\boldsymbol{\alpha}$.

性质 2　若 $\boldsymbol{\beta}=k_1\boldsymbol{\alpha}_1+k_2\boldsymbol{\alpha}_2+\cdots+k_m\boldsymbol{\alpha}_m$，则

$$T\boldsymbol{\beta}=k_1T\boldsymbol{\alpha}_1+k_2T\boldsymbol{\alpha}_2+\cdots+k_mT\boldsymbol{\alpha}_m.$$

性质 3　若 $\boldsymbol{\alpha}_1, \boldsymbol{\alpha}_2, \cdots, \boldsymbol{\alpha}_m$ 线性相关，则 $T\boldsymbol{\alpha}_1, T\boldsymbol{\alpha}_2, \cdots, T\boldsymbol{\alpha}_m$ 亦线性相关.

性质 4　线性变换 T 的像集 $T(V_n)$ 是一个线性空间，称为线性变换 T 的像空间.

性质 5　使 $T\boldsymbol{\alpha}=\mathbf{0}$ 的 $\boldsymbol{\alpha}$ 的全体

$$S_T=\{\boldsymbol{\alpha}\mid\boldsymbol{\alpha}\in V_n, T\boldsymbol{\alpha}=\mathbf{0}\}$$

也是一个线性空间. S_T 称为线性变换 T 的核.

6. 线性变换的矩阵

(1) 线性变换的矩阵的定义. 设线性空间 V_n 的一个基为 $\boldsymbol{\alpha}_1, \boldsymbol{\alpha}_2, \cdots, \boldsymbol{\alpha}_n$，$T$ 是 V_n 中的线性变换，则

$$\begin{aligned}T(\boldsymbol{\alpha}_1, \boldsymbol{\alpha}_2, \cdots, \boldsymbol{\alpha}_n)&=(T(\boldsymbol{\alpha}_1), T(\boldsymbol{\alpha}_2), \cdots, T(\boldsymbol{\alpha}_n))\\&=(\boldsymbol{\alpha}_1, \boldsymbol{\alpha}_2, \cdots, \boldsymbol{\alpha}_n)\boldsymbol{A},\end{aligned}$$

矩阵 $\boldsymbol{A}$ 称为线性变换 T 在基 $\boldsymbol{\alpha}_1, \boldsymbol{\alpha}_2, \cdots, \boldsymbol{\alpha}_n$ 下的矩阵.

(2) 线性变换在不同基下矩阵的关系. 在线性空间 V_n 中取定两个基 $\boldsymbol{\alpha}_1, \boldsymbol{\alpha}_2, \cdots, \boldsymbol{\alpha}_n$ 与 $\boldsymbol{\beta}_1, \boldsymbol{\beta}_2, \cdots, \boldsymbol{\beta}_n$，由基 $\boldsymbol{\alpha}_1, \boldsymbol{\alpha}_2, \cdots, \boldsymbol{\alpha}_n$ 到基 $\boldsymbol{\beta}_1, \boldsymbol{\beta}_2, \cdots, \boldsymbol{\beta}_n$ 的过渡矩阵为 $\boldsymbol{P}$，V_n 中的线性变换 T 在这两个基下的矩阵分别为 $\boldsymbol{A}$ 和 $\boldsymbol{B}$，那么 $\boldsymbol{B}=\boldsymbol{P}^{-1}\boldsymbol{A}\boldsymbol{P}$.

二、重点练习内容

(1) 判定所给集合是否为线性空间.

(2) 求给定线性空间的维数、基及坐标.

(3) 求线性空间中由一个基到另一个基的过渡矩阵以及坐标变换.

(4) 求线性变换在所给基下的矩阵.

总习题 7

1. 验证：与向量 $(0, 1, 0)^T$ 不平行的全体三维数组向量对于数组向量的加法和数乘运算不构成线性空间.

2. 判断 $R_{2\times2}$ 的下列子集是否构成子空间，并说明理由：

(1) 由所有行列式为零的矩阵所组成的集合 W_1；

(2) 由所有满足 $\boldsymbol{A}^2=\boldsymbol{A}$ 的矩阵组成的集合 W_2.

3. 求二阶矩阵构成的线性空间 $R_{2\times2}$ 中向量 $\boldsymbol{A}=\begin{pmatrix}0&1\\2&-3\end{pmatrix}$ 在基 $\boldsymbol{G}_1=\begin{pmatrix}0&1\\1&1\end{pmatrix}$，$\boldsymbol{G}_2=\begin{pmatrix}1&0\\1&1\end{pmatrix}$，$\boldsymbol{G}_3=\begin{pmatrix}1&1\\0&1\end{pmatrix}$，$\boldsymbol{G}_4=\begin{pmatrix}1&1\\1&0\end{pmatrix}$ 下的坐标.

4. $\mathbf{R}^3$ 中的两个基为

$$\boldsymbol{\alpha}_1=(1, 1, 1)^T, \boldsymbol{\alpha}_2=(1, 0, -1)^T, \boldsymbol{\alpha}_3=(1, 0, 1)^T;$$

$$\boldsymbol{\beta}_1=(1, 2, 1)^T, \boldsymbol{\beta}_2=(2, 3, 4)^T, \boldsymbol{\beta}_3=(3, 4, 5)^T.$$

求由基 $\boldsymbol{\alpha}_1, \boldsymbol{\alpha}_2, \boldsymbol{\alpha}_3$ 到基 $\boldsymbol{\beta}_1, \boldsymbol{\beta}_2, \boldsymbol{\beta}_3$ 的过渡矩阵.

5. 在 $\mathbf{R}^3$ 中取两个基

$$\begin{cases} \boldsymbol{e}_1=(1,\ 0,\ 0,\ 0)^{\mathrm{T}}, \\ \boldsymbol{e}_2=(0,\ 1,\ 0,\ 0)^{\mathrm{T}}, \\ \boldsymbol{e}_3=(0,\ 0,\ 1,\ 0)^{\mathrm{T}}, \\ \boldsymbol{e}_4=(0,\ 0,\ 0,\ 1)^{\mathrm{T}}, \end{cases} \qquad \begin{cases} \boldsymbol{\alpha}_1=(2,\ 1,\ -1,\ 1)^{\mathrm{T}}, \\ \boldsymbol{\alpha}_2=(0,\ 3,\ 1,\ 0)^{\mathrm{T}}, \\ \boldsymbol{\alpha}_3=(5,\ 3,\ 2,\ 1)^{\mathrm{T}}, \\ \boldsymbol{\alpha}_4=(6,\ 6,\ 1,\ 3)^{\mathrm{T}}. \end{cases}$$

(1) 求由基 $\boldsymbol{e}_1$, $\boldsymbol{e}_2$, $\boldsymbol{e}_3$, $\boldsymbol{e}_4$ 到基 $\boldsymbol{\alpha}_1$, $\boldsymbol{\alpha}_2$, $\boldsymbol{\alpha}_3$, $\boldsymbol{\alpha}_4$ 的过渡矩阵；

(2) 求向量$(x_1,\ x_2,\ x_3,\ x_4)^{\mathrm{T}}$ 在基 $\boldsymbol{\alpha}_1$, $\boldsymbol{\alpha}_2$, $\boldsymbol{\alpha}_3$, $\boldsymbol{\alpha}_4$ 下的坐标；

(3) 求在两个基下有相同坐标的向量.

6. 设 $\mathbf{R}^3$ 的一个基是 $\boldsymbol{\alpha}_1$, $\boldsymbol{\alpha}_2$, $\boldsymbol{\alpha}_3$，且线性变换 T 在此基下的矩阵为 $\boldsymbol{A}=\begin{pmatrix} 4 & 6 & 0 \\ -3 & -5 & 0 \\ -3 & -6 & 1 \end{pmatrix}$，

(1) 证明 $-\boldsymbol{\alpha}_1+\boldsymbol{\alpha}_2+\boldsymbol{\alpha}_3$, $\boldsymbol{\alpha}_3$, $-2\boldsymbol{\alpha}_1+\boldsymbol{\alpha}_2$ 也是 $\mathbf{R}^3$ 的一个基；

(2) 求线性变换 T 在(1)中基下的矩阵.

7. 函数集合 $V_3=\{\boldsymbol{\alpha}=(a_2x^2+a_1x+a_0)\mathrm{e}^x \mid a_2,\ a_1,\ a_0\in\mathbf{R}\}$对于函数的线性运算构成 3 维线性空间，在 V_3 中取一个基 $\boldsymbol{\alpha}_1=x^2\mathrm{e}^x$, $\boldsymbol{\alpha}_2=x\mathrm{e}^x$, $\boldsymbol{\alpha}_3=\mathrm{e}^x$，求微分运算 D 在这个基下的矩阵.

8. 二阶对称矩阵的全体 $V_3=\left\{\boldsymbol{A}=\begin{pmatrix} x_1 & x_2 \\ x_2 & x_3 \end{pmatrix} \middle| x_1,\ x_2,\ x_3\in\mathbf{R}\right\}$对于矩阵的线性运算构成 3 维线性空间. 在 V_3 中取一组基 $\boldsymbol{A}_1=\begin{pmatrix} 1 & 0 \\ 0 & 0 \end{pmatrix}$, $\boldsymbol{A}_2=\begin{pmatrix} 0 & 1 \\ 1 & 0 \end{pmatrix}$, $\boldsymbol{A}_3=\begin{pmatrix} 0 & 0 \\ 0 & 1 \end{pmatrix}$，在 V_3 中定义合同变换

$$T(\boldsymbol{A})=\begin{pmatrix} 1 & 0 \\ 1 & 1 \end{pmatrix}\boldsymbol{A}\begin{pmatrix} 1 & 1 \\ 0 & 1 \end{pmatrix},$$

求 T 在基 $\boldsymbol{A}_1$, $\boldsymbol{A}_2$, $\boldsymbol{A}_3$ 下的矩阵.

9. 在线性空间 $\mathbf{R}^3$ 中，定义线性变换 T 如下：

$$T\boldsymbol{\eta}_1=(-5,\ 0,\ 3)^{\mathrm{T}},\ T\boldsymbol{\eta}_2=(0,\ -1,\ 6)^{\mathrm{T}},\ T\boldsymbol{\eta}_3=(-5,\ -1,\ 9)^{\mathrm{T}},$$

其中 $\boldsymbol{\eta}_1=(-1,\ 0,\ 2)^{\mathrm{T}}$, $\boldsymbol{\eta}_2=(0,\ 1,\ 1)^{\mathrm{T}}$, $\boldsymbol{\eta}_3=(3,\ -1,\ 0)^{\mathrm{T}}$，求 T 在基 $\boldsymbol{\varepsilon}_1=(1,\ 0,\ 0)^{\mathrm{T}}$, $\boldsymbol{\varepsilon}_2=(0,\ 1,\ 0)^{\mathrm{T}}$, $\boldsymbol{\varepsilon}_3=(0,\ 0,\ 1)^{\mathrm{T}}$ 下的矩阵及在基 $\boldsymbol{\eta}_1$, $\boldsymbol{\eta}_2$, $\boldsymbol{\eta}_3$ 下的矩阵.

附 录 习题参考答案

第 1 章

■习题 1.1

1. (1) 13； (2) $ab(b-a)$； (3) x^3-x^2-1；
   (4) -49； (5) 103； (6) $3abc-a^3-b^3-c^3$； (7) $(b-a)(c-a)(c-b)$；
   (8) $-2(x^3+y^3)$.
2. $x_1=-2$，$x_2=-2$，$x_3=1$.
3. $x=2$ 或 $x=3$.
4. $x\neq 0$ 且 $x\neq 2$.

■习题 1.2

1. (1) 4； (2) 3； (3) 13； (4) 7；
   (5) $n-1$； (6) $\dfrac{n(n-1)}{2}$.
2. $-a_{11}a_{23}a_{32}a_{44}$ 和 $a_{11}a_{23}a_{34}a_{42}$.
3. (1) 正号； (2) 负号； (3) 负号.
4. 当 $i=1$，$j=3$，$k=5$ 时，取负号；当 $i=5$，$j=3$，$k=1$ 时，取正号.
5. (1) 1； (2) 0； (3) $5!$； (4) $(-1)^{n-1}n!$.

■习题 1.3

1. (1) 6 123 000； (2) 0；
   (3) $4abcdef$； (4) $abcd+ad+dc+ab+1$；
   (5) 0； (6) 8.
2. (1) -270； (2) 160.
3. 略
4. (1) $n!$； (2) $b_1b_2\cdots b_n$；
   (3) $1-(a_1^2+a_2^2+\cdots a_n^2)$； (4) $a_1a_2\cdots a_n\left(1+\sum\limits_{i=1}^{n}\dfrac{1}{a_i}\right)$；
5. (1) $x_1=-3$，$x_2=-\sqrt{3}$，$x_3=\sqrt{3}$；
   (2) $x=\pm 1$ 或 $x=\pm 2$.

■习题 1.4

1. 0；29．

2. 15．

3. (1) $a+b+d$；　(2) 0．

4. (1) $a^{n-2}(a^2-1)$；　(2) $(x-a)^{n-1}[x+(n-1)a]$；

   (3) $(-1)^{n-1}(n-1)2^{n-2}$；　(4) x^2y^2；

   (5) $b^2(b+2a)(b-2a)$；　(6) $x^n+(-1)^{n+1}y^n$；

   (7) $(-1)^n a_1a_2\cdots a_n(n+1)$.

5. 72.

6. $3x^3+6x^2-6x-20$.

7. $(ad-bc)^n$.

■习题 1.5

1. (1) $x_1=1$，$x_2=-1$，$x_3=1$；

   (2) $x_1=1$，$x_2=1$，$x_3=-1$，$x_4=-1$；

   (3) $x_1=3$，$x_2=-4$，$x_3=-1$，$x_4=1$.

2. $\lambda=2$ 或 $\lambda=5$ 或 $\lambda=8$.

3. 仅有零解.

4. 略.

5. 公司原有主管 2 人，职员 20 人.

■总习题 1

一、填空题

1. 1；　2. 27；　3. 16；　4. 120；　5. -28．

二、选择题

1. A；　2. B；　3. B；　4. C；　5. D；　6. D；　7. B；　8. C；　9. A；　10. D.

三、解答题

1. (1) -8；　(2) $1-(x^2+y^2+z^2)$；

   (3) 665；　(4) 0；　(5) $n+1$；

   (6) $\left(x+\sum_{i=1}^{n}a_i\right)\prod_{i=1}^{n}(x-a_i)$；

   (7) $(-1)^{\frac{n(n-1)}{2}}\dfrac{n^n+n^{(n-1)}}{2}$.

2. 略.

3. $x=7$.

4. 0.

5. 12，-9.

6. (1) $x_1=1$, x_2-1, $x_3=1$, $x_4=-1$, $x_5=1$;

(2) $x_1=7$, $x_2=5$, $x_3=4$, $x_4=8$.

7. $\lambda=1$, $\mu=0$.

8. 甲、乙、丙三种电器的原价分别为 400 元、500 元、600 元.

第 2 章

■习题 2.1

1. $\begin{cases} y_1=-7x_1-4x_2+9x_3, \\ y_2=6x_1+3x_2-7x_3, \\ y_3=3x_1+2x_2-4x_3. \end{cases}$

2. $\begin{cases} x_1=-6z_1+z_2+3z_3, \\ x_2=12z_1-4z_2+9z_3, \\ x_3=-10z_1-z_2+16z_3. \end{cases}$

■习题 2.2

1. $\begin{pmatrix} 3 & 3 & 7 \\ -1 & -3 & 7 \end{pmatrix}$.

2. (1) $\begin{pmatrix} 6 & 5 & -3 \\ 0 & -1 & 0 \\ 4 & -2 & -2 \end{pmatrix}$;

(2) $\begin{pmatrix} 35 \\ 6 \\ 49 \end{pmatrix}$.

3. $\begin{pmatrix} -2 & 13 & 22 \\ -2 & -17 & 20 \\ 4 & 29 & -2 \end{pmatrix}$, $\begin{pmatrix} 0 & 5 & 8 \\ 0 & -5 & 6 \\ 2 & 9 & 0 \end{pmatrix}$.

4. (1) 取 $\boldsymbol{A}=\begin{pmatrix} 1 & 1 \\ -1 & -1 \end{pmatrix}$;

(2) 取 $\boldsymbol{A}=\boldsymbol{X}=\begin{pmatrix} 1 & 0 \\ 0 & 0 \end{pmatrix}$, $\boldsymbol{Y}=\begin{pmatrix} 1 & 0 \\ 0 & 1 \end{pmatrix}$.

5. $\boldsymbol{A}^n=\begin{pmatrix} 1 & 0 \\ n\lambda & 1 \end{pmatrix}$.

6. $\boldsymbol{B}=\begin{pmatrix} 2 & 3 & 2 \\ 3 & 7 & 1 \\ 2 & 1 & 0 \end{pmatrix}$, $\boldsymbol{C}=\begin{pmatrix} 0 & -1 & 2 \\ 1 & 0 & 2 \\ -2 & -2 & 0 \end{pmatrix}$.

7. 提示：用对称矩阵的性质 $\boldsymbol{A}^{\mathrm{T}}=\boldsymbol{A}$.

8. 提示：用对称矩阵的性质 $\boldsymbol{A}^{\mathrm{T}}=\boldsymbol{A}$.

9. $f(\boldsymbol{A})=\begin{pmatrix}21 & -23 & 15\\ -13 & 34 & 10\\ -9 & 22 & 25\end{pmatrix}$.

■习题 2.3

1. (1) $\boldsymbol{A}$ 可逆，$\boldsymbol{A}^{-1}=\begin{pmatrix}-2 & \frac{3}{2}\\ 1 & -\frac{1}{2}\end{pmatrix}$；

(2) $\boldsymbol{B}$ 可逆，$\boldsymbol{B}^{-1}=\begin{pmatrix}\cos x & -\sin x\\ \sin x & \cos x\end{pmatrix}$；

(3) $\boldsymbol{C}$ 可逆，$\boldsymbol{C}^{-1}=\begin{pmatrix}-11 & 2 & 2\\ -4 & 0 & 1\\ 6 & -1 & -1\end{pmatrix}$；

(4) $\boldsymbol{D}$ 可逆，$\boldsymbol{D}^{-1}=\begin{pmatrix}1 & 0 & 0 & 0\\ -a & 1 & 0 & 0\\ 0 & -a & 1 & 0\\ 0 & 0 & -a & 1\end{pmatrix}$.

2. $\frac{1}{2}\begin{pmatrix}1 & 1 & 1\\ 1 & 2 & 1\\ 1 & 1 & 3\end{pmatrix}$.

3. (1) $\frac{1}{2}\begin{pmatrix}3 & 1\\ 3 & -1\end{pmatrix}$；　(2) $\frac{1}{6}\begin{pmatrix}-2 & 2 & 8\\ 4 & 2 & 2\\ 4 & 5 & 8\end{pmatrix}$；　(3) $\begin{pmatrix}1 & 0\\ -4 & -4\\ 7 & 7\end{pmatrix}$.

4. -1.

5. $\begin{pmatrix}2-2^{n} & 2^{n}-1\\ 2-2^{n+1} & 2^{n+1}-1\end{pmatrix}$.

6. 证明略，$\boldsymbol{A}^{-1}=\dfrac{\boldsymbol{A}-2\boldsymbol{E}}{4}$.

7. $\begin{pmatrix}-4 & 0 & -2\\ 0 & -6 & 0\\ -6 & 0 & -4\end{pmatrix}$.

■习题 2.4

1. $|\boldsymbol{A}|=3$，$\boldsymbol{A}^{-1}=\begin{pmatrix}-2 & 1 & 0 & 0\\ 3 & -1 & 0 & 0\\ 0 & 0 & \frac{1}{3} & -\frac{2}{3}\\ 0 & 0 & 0 & -1\end{pmatrix}$，$|\boldsymbol{A}^{10}|=3^{10}$，$\boldsymbol{A}\boldsymbol{A}^{\mathrm{T}}=\begin{pmatrix}2 & 5 & 0 & 0\\ 5 & 13 & 0 & 0\\ 0 & 0 & 13 & 2\\ 0 & 0 & 2 & 1\end{pmatrix}$.

2. (1) $\begin{pmatrix} 1 & -2 & 0 & 0 \\ -2 & 5 & 0 & 0 \\ 0 & 0 & 2 & -3 \\ 0 & 0 & -5 & 8 \end{pmatrix}$;

(2) $\frac{1}{24}\begin{pmatrix} 24 & 0 & 0 & 0 \\ -12 & 12 & 0 & 0 \\ -12 & -4 & 8 & 0 \\ 3 & -5 & -2 & 6 \end{pmatrix}$.

3. 提示：根据逆矩阵的定义设分块矩阵来证明.

4. -5.

■总习题 2

一、填空题

1. $\begin{pmatrix} 8 & 14 \\ 6 & 8 \end{pmatrix}$;　2. $\begin{pmatrix} \frac{1}{5} & 0 & 0 \\ 0 & 1 & -1 \\ 0 & -2 & 3 \end{pmatrix}$;　3. -54;　4. 2;　5. -32.

二、选择题

1. C;　2. D;　3. B;　4. B;　5. D.

三、解答题

1. $\begin{pmatrix} -6 & -11 & 8 \\ 0 & 1 & 1 \\ -11 & -21 & 15 \end{pmatrix}$.

2. $\begin{pmatrix} 2 & 0 & 1 \\ 0 & 3 & 0 \\ 1 & 0 & 2 \end{pmatrix}$.

3. $\begin{pmatrix} 43 & 44 \\ -11 & -12 \end{pmatrix}$.

4. 提示：$\boldsymbol{A}\boldsymbol{A}^* = |\boldsymbol{A}|\boldsymbol{E}$.

5. $\begin{pmatrix} 3 & 0 & -2 \\ 2 & -1 & -2 \\ -2 & 4 & 5 \end{pmatrix}$.

6. $\frac{1}{4}\begin{pmatrix} 1 & 1 & 0 \\ 0 & 1 & 1 \\ 1 & 0 & 1 \end{pmatrix}$.

7. 128.

8. 提示：$(\boldsymbol{A}^{-1})^{\mathrm{T}} = \boldsymbol{A}^{-1}$

9. 提示：$\boldsymbol{A}\boldsymbol{A}^* = |\boldsymbol{A}|\boldsymbol{E}$.

10. 提示：逆矩阵的定义$(\boldsymbol{E}+\boldsymbol{A}+\boldsymbol{A}^2)(\boldsymbol{E}-\boldsymbol{A}) = \boldsymbol{E}$.

11. 提示：$\boldsymbol{AB}=-\boldsymbol{BA}$，$\boldsymbol{A}^2=\boldsymbol{A}\Rightarrow\boldsymbol{A}(\boldsymbol{A}-\boldsymbol{E})=\boldsymbol{O}$.

12. 提示：$|\boldsymbol{A}|=\sum_{i=1}^{n}a_{ij}A_{ij}$.

第 3 章

■习题 3.1

1. (1) $\begin{pmatrix}1&0\\1&1\end{pmatrix}\begin{pmatrix}1&-1&2\\2&3&0\end{pmatrix}=\begin{pmatrix}1&-1&2\\3&2&2\end{pmatrix}$，相当于将第二个矩阵的第一行加到了第二行；

(2) $\begin{pmatrix}2&3&-1\\1&0&-2\end{pmatrix}\begin{pmatrix}0&1&0\\1&0&0\\0&0&1\end{pmatrix}=\begin{pmatrix}3&2&-1\\0&1&-2\end{pmatrix}$，相当于将第一个矩阵的第一列与第二列互换位置.

2. (1) $\begin{pmatrix}1&-1&0\\0&0&1\\0&0&0\end{pmatrix}$；

(2) $\begin{pmatrix}1&0&0\\0&1&0\\0&0&1\end{pmatrix}$；

(3) $\begin{pmatrix}1&0&-2&-3\\0&1&2&2\\0&0&0&0\\0&0&0&0\end{pmatrix}$；

(4) $\begin{pmatrix}1&0&0&\frac{13}{2}\\0&1&0&-\frac{7}{2}\\0&0&1&-\frac{3}{2}\end{pmatrix}$.

3. (1) $\boldsymbol{A}$ 不可逆；

(2) $\boldsymbol{B}$ 可逆，$\boldsymbol{B}^{-1}=\begin{pmatrix}\frac{1}{2}&-\frac{3}{2}&-\frac{3}{2}\\0&1&1\\\frac{1}{2}&-\frac{3}{2}&-\frac{1}{2}\end{pmatrix}$；

(3) $\boldsymbol{C}$ 不可逆；

(4) $\boldsymbol{D}$ 可逆，$\boldsymbol{D}^{-1}=\begin{pmatrix}1 & 1 & -2 & -4\\0 & 1 & 0 & -1\\-1 & -1 & 3 & 6\\2 & 1 & -6 & -10\end{pmatrix}$.

4. (1) $\boldsymbol{X}=\begin{pmatrix}-11 & 2\\8 & -1\end{pmatrix}$； (2) $\boldsymbol{X}=\begin{pmatrix}-5 & 1\\8 & -1\\6 & -1\end{pmatrix}$；

(3) $\boldsymbol{X}=\begin{pmatrix}-1 & 0 & 3\\2 & 1 & 0\end{pmatrix}$； (4) $\boldsymbol{X}=\begin{pmatrix}25 & 6 & -33\\-9 & -2 & 12\\3 & 0 & -2\end{pmatrix}$.

■习题 3.2

1. (1) ×； (2) √； (3) √； (4) ×； (5) ×； (6) √.
2. (1) 1； (2) 2； (3) 3.
3. 当 $\lambda=3$ 时，$R(\boldsymbol{A})=2$，当 $\lambda\neq 3$ 时，$R(\boldsymbol{A})=3$.
4. $a=0$.
5. (1) $k=1$； (2) $k=-2$； (3) $k\neq 1$ 且 $k\neq -2$.

■习题 3.3

1. (1) $\begin{pmatrix}x_1\\x_2\\x_3\end{pmatrix}=\begin{pmatrix}0\\0\\0\end{pmatrix}$； (2) $\begin{pmatrix}x_1\\x_2\\x_3\\x_4\end{pmatrix}=\begin{pmatrix}\frac{4}{3}\\-3\\\frac{4}{3}\\1\end{pmatrix}$；

(3) $\begin{pmatrix}x_1\\x_2\\x_3\\x_4\end{pmatrix}=c_1\begin{pmatrix}2\\-2\\1\\0\end{pmatrix}+c_2\begin{pmatrix}\frac{5}{3}\\-\frac{4}{3}\\0\\1\end{pmatrix}$ （c_1、c_2 为任意常数）；

(4) $\begin{pmatrix}x_1\\x_2\\x_3\\x_4\end{pmatrix}=c_1\begin{pmatrix}-2\\1\\0\\0\end{pmatrix}+c_2\begin{pmatrix}1\\0\\0\\1\end{pmatrix}$ （c_1、c_2 为任意常数）.

2. (1) $\begin{pmatrix}x_1\\x_2\\x_3\end{pmatrix}=\begin{pmatrix}1\\2\\-3\end{pmatrix}$； (2) $\begin{pmatrix}x_1\\x_2\\x_3\end{pmatrix}=c\begin{pmatrix}-1\\2\\1\end{pmatrix}+\begin{pmatrix}2\\2\\0\end{pmatrix}$ （c 为任意常数）； (3) 无解；

(4) $\begin{pmatrix}x_1\\x_2\\x_3\\x_4\end{pmatrix}=c_1\begin{pmatrix}-2\\3\\1\\0\end{pmatrix}+c_2\begin{pmatrix}-2\\3\\0\\1\end{pmatrix}+\begin{pmatrix}3\\-2\\0\\0\end{pmatrix}$ （c_1、c_2 为任意常数）.

3. (1) 当 $a\neq5$ 时,方程组无解；　(2) 当 $a=5$ 时,方程组有解，且一般解为

$$\begin{pmatrix}x_1\\x_2\\x_3\\x_4\end{pmatrix}=c_1\begin{pmatrix}3\\2\\1\\0\end{pmatrix}+c_2\begin{pmatrix}-1\\0\\0\\1\end{pmatrix}+\begin{pmatrix}-3\\-2\\0\\0\end{pmatrix}$$ （c_1、c_2 为任意常数）.

4. 当 $\lambda\neq2$ 且 $\lambda\neq-3$ 时,方程组有唯一解；当 $\lambda=-3$ 时,方程组无解，

当 $\lambda=2$ 时,方程组有无穷多解,且一般解为 $\begin{pmatrix}x_1\\x_2\\x_3\end{pmatrix}=c\begin{pmatrix}5\\-4\\1\end{pmatrix}+\begin{pmatrix}0\\1\\0\end{pmatrix}$（$c$ 为任意常数）.

5. 当 $a=-3$ 或 $a=1$ 时,方程组有非零解.

6. 略.

■总习题 3

1. (1) $\boldsymbol{X}=\begin{pmatrix}1&3\\0&-1\\2&2\end{pmatrix}$；

(2) $\boldsymbol{X}=\begin{pmatrix}\frac{1}{4}&-\frac{1}{4}\\\frac{1}{2}&\frac{1}{2}\\-\frac{9}{4}&\frac{5}{4}\end{pmatrix}$.

2. $a=5$，$b=1$.

3. $a=\dfrac{1}{1-n}$.

4. 提示：利用性质“若 $\boldsymbol{A}_{m\times n}\boldsymbol{B}_{n\times s}=\boldsymbol{O}$，则 $R(\boldsymbol{A})+R(\boldsymbol{B})\leqslant n$”.

5. 3.

6. (1) 不能，反之可以，因为系数矩阵的秩和增广矩阵的秩不一定相等；

(2) 不能，反之可以，理由同上.

7. (1) 当 $a\neq1$ 且 $a\neq2$ 时，方程组有唯一解；当 $a=2$ 时，方程组无解；当 $a=1$ 时，原方程组的解为 $\begin{pmatrix}x_1\\x_2\\x_3\end{pmatrix}=c\begin{pmatrix}-1\\1\\0\end{pmatrix}+\begin{pmatrix}1\\0\\1\end{pmatrix}$（$c$ 为任意常数）.

8. 当 $a=1$ 或 $a=2$ 时，方程组有公共解. 当 $a=1$ 时，公共解为 $c(-1,0,1)^{\mathrm{T}}$（c 为任意常数）；当 $a=2$ 时，公共解为 $(0,1,-1)^{\mathrm{T}}$.

第4章

■习题4.1

1. 行向量组为 $\boldsymbol{\alpha}_1=(1, 2, 4, 0)$，$\boldsymbol{\alpha}_2=(3, 2, 7, 1)$；列向量组为 $\boldsymbol{\beta}_1=\begin{pmatrix}1\\3\end{pmatrix}$，$\boldsymbol{\beta}_2=\begin{pmatrix}2\\2\end{pmatrix}$，$\boldsymbol{\beta}_3=\begin{pmatrix}4\\7\end{pmatrix}$，$\boldsymbol{\beta}_4=\begin{pmatrix}0\\1\end{pmatrix}$.
2. $(-7, -9, -1)^{\mathrm{T}}$，$(7, 5, 2)^{\mathrm{T}}$.
3. $(-9, -6, 5)^{\mathrm{T}}$.
4. $\frac{79}{5}$.
5. (1) 当 $a=-1$，$b\neq 0$ 时，$\boldsymbol{\beta}$ 不能表示成 $\boldsymbol{\alpha}_1$，$\boldsymbol{\alpha}_2$，$\boldsymbol{\alpha}_3$，$\boldsymbol{\alpha}_4$ 的线性组合；
   (2) 当 $a\neq -1$ 时，$\boldsymbol{\beta}$ 能唯一由 $\boldsymbol{\alpha}_1$，$\boldsymbol{\alpha}_2$，$\boldsymbol{\alpha}_3$，$\boldsymbol{\alpha}_4$ 线性表示.

■习题4.2

1. (1) 线性相关；(2) 线性无关；(3) 线性无关.
2. 提示：求出两个向量组之间线性表示的矩阵.
3. (1) 线性无关；(2) 线性无关；(3) 线性相关.
4. $t=-1$ 或 2.
5. 提示：利用方程组解的唯一性的充分必要条件证明.

■习题4.3

1. (1) 2；　(2) 3；　(3) 3.
2. (1) 极大无关组为 $\boldsymbol{\alpha}_1$，$\boldsymbol{\alpha}_2$，$\boldsymbol{\alpha}_4$，$\boldsymbol{\alpha}_3=-\boldsymbol{\alpha}_1-\boldsymbol{\alpha}_2$，$\boldsymbol{\alpha}_5=4\boldsymbol{\alpha}_1+3\boldsymbol{\alpha}_2-3\boldsymbol{\alpha}_4$；
   (2) 极大无关组为 $\boldsymbol{\alpha}_1$，$\boldsymbol{\alpha}_2$，$\boldsymbol{\alpha}_4$，$\boldsymbol{\alpha}_3=2\boldsymbol{\alpha}_1-\boldsymbol{\alpha}_2$.
3. 提示：利用推论4.2证明.
4. 证明：利用推论4.2证明，且 $\boldsymbol{A}=\boldsymbol{B}\begin{pmatrix}-1 & -\frac{3}{2} & \frac{1}{2}\\ 2 & 2 & 0\\ -2 & -\frac{1}{2} & -\frac{1}{2}\end{pmatrix}$
5. $a=2$，$b=5$.
6. 提示：利用向量组和它的极大无关组的等价关系证明.

■习题 4.4

1. (1) $\boldsymbol{\xi}_1=(1, 1, 0, 0)^T$，$\boldsymbol{\xi}_2=(-3, 0, 1, 1)^T$；

(2) $\boldsymbol{\xi}_1=\left(-\frac{3}{2}, \frac{7}{2}, 1, 0\right)^T$，$\boldsymbol{\xi}_2=(-1, -2, 0, 1)^T$.

2. 当 $\lambda=-1$ 或 $\lambda=4$ 时，方程组有非零解. 当 $\lambda=-1$ 时，通解为 $\boldsymbol{x}=k\boldsymbol{\xi}$（$k$ 为任意实数），基础解系为 $\boldsymbol{\xi}=(-2, -3, 1)^T$；当 $\lambda=4$ 时，通解为 $\boldsymbol{x}=k\boldsymbol{\xi}$（$k$ 为任意实数），基础解系为 $\boldsymbol{\xi}=(1, -1, -3)^T$.

3. (1) $\boldsymbol{x}=(1, 0, 0)^T$；

(2) $\boldsymbol{x}=(0, 1, 0, 0)^T+k(1, -2, 0, 0)^T$（$k$ 为任意实数）.

4. 当 $a\neq1$ 且 $a\neq-2$ 时，方程组有唯一解；当 $a=-2$ 时，方程组无解；当 $a=1$ 时，方程组有无穷多解，其通解为 $\boldsymbol{x}=(1, 0, 0)^T+k_1(-1, 1, 0)^T+k_2(-1, 0, 1)^T$（$k_1$、$k_2$ 为任意实数）.

5. 提示：利用例 4.13 和例 4.16 的结论证明.

6. 略.

■习题 4.5

1. V_2 是向量空间，V_1 不是向量空间，原因略.

2. 提示：只需证明 $\boldsymbol{\alpha}_1$，$\boldsymbol{\alpha}_2$，$\boldsymbol{\alpha}_3$ 构成 $\mathbf{R}^3$ 的一个基即可.

3. 证明略，$\boldsymbol{\beta}_1$ 在基 $\boldsymbol{\alpha}_1$，$\boldsymbol{\alpha}_2$，$\boldsymbol{\alpha}_3$ 下的坐标为 2，3，-1；$\boldsymbol{\beta}_2$ 在基 $\boldsymbol{\alpha}_1$，$\boldsymbol{\alpha}_2$，$\boldsymbol{\alpha}_3$ 下的坐标为 3，-3，-2.

■总习题 4

一、填空题

1. $\boldsymbol{\alpha}=-\boldsymbol{\alpha}_1-\boldsymbol{\alpha}_2+\boldsymbol{\alpha}_3$；　2. $a\neq-2$；　3. -1；　4. 3；

5. b_1，b_2-b_1k，b_3；　6. 1；　7. $a_1+a_2+a_3+a_4=0$；　8. 1；

9. $k(1, 1, \cdots, 1)^T$（k 为任意实数）；

10. $k_1\xi_2+\cdots+k_{n-1}\xi_n$（$k$ 为任意实数）.

二、选择题

1. A；　2. C；　3. C；　4. C；　5. B；

6. A；　7. A；　8. C；　9. D；　10. B.

三、解答题

1. $\boldsymbol{\beta}=\boldsymbol{\alpha}_1+2\boldsymbol{\alpha}_2-\boldsymbol{\alpha}_3$.

2. (1) 当 $a\neq-4$ 时，$\boldsymbol{\beta}$ 可由 $\boldsymbol{\alpha}_1$，$\boldsymbol{\alpha}_2$，$\boldsymbol{\alpha}_3$ 线性表示，且表示式唯一；

(2) 当 $a=-4$ 且 $3b-c\neq1$ 时，$\boldsymbol{\beta}$ 不能由 $\boldsymbol{\alpha}_1$，$\boldsymbol{\alpha}_2$，$\boldsymbol{\alpha}_3$ 线性表示；

(3) 当 $a=-4$ 且 $3b-c=1$ 时，$\boldsymbol{\beta}$ 可由 $\boldsymbol{\alpha}_1$，$\boldsymbol{\alpha}_2$，$\boldsymbol{\alpha}_3$ 线性表示，但表示式不唯一，一般表示式为 $\boldsymbol{\beta}=k\boldsymbol{\alpha}_1-(2k+b+1)\boldsymbol{\alpha}_2+(2b+1)\boldsymbol{\alpha}_3$（$k$ 为任意实数）.

3. 向量组 A 和向量组 B 等价.

4. 当 $t=1$ 时，向量组 A 和向量组 B 等价，且 $\boldsymbol{\alpha}_1=\frac{7}{9}\boldsymbol{\beta}_1+\frac{4}{9}\boldsymbol{\beta}_2$，$\boldsymbol{\alpha}_2=-\frac{1}{9}\boldsymbol{\beta}_1+\frac{2}{9}\boldsymbol{\beta}_2$，$\boldsymbol{\beta}_1=\boldsymbol{\alpha}_1-2\boldsymbol{\alpha}_2$，$\boldsymbol{\beta}_2=\frac{1}{2}\boldsymbol{\alpha}_1+\frac{7}{2}\boldsymbol{\alpha}_2$.

5. (1) 当 $a=-4$ 时，$\boldsymbol{\alpha}_1$，$\boldsymbol{\alpha}_2$ 线性相关；当 $a\neq-4$ 时，$\boldsymbol{\alpha}_1$，$\boldsymbol{\alpha}_2$ 线性无关.

(2) 当 $a=-4$ 或 $a=\frac{3}{2}$时，$\boldsymbol{\alpha}_1$，$\boldsymbol{\alpha}_2$，$\boldsymbol{\alpha}_3$ 线性相关；当 $a\neq-4$ 且 $a\neq\frac{3}{2}$时，$\boldsymbol{\alpha}_1$，$\boldsymbol{\alpha}_2$，$\boldsymbol{\alpha}_3$ 线性无关.

(3) a 为任意实数时，$\boldsymbol{\alpha}_1$，$\boldsymbol{\alpha}_2$，$\boldsymbol{\alpha}_3$，$\boldsymbol{\alpha}_4$ 线性相关.

6. 当 $m\neq0$ 且 $m\neq\pm2$ 时，$\boldsymbol{\beta}_1$，$\boldsymbol{\beta}_2$，$\boldsymbol{\beta}_3$ 线性相关；当 $m=0$ 或 $m=2$ 或 $m=-2$ 时，$\boldsymbol{\beta}_1$，$\boldsymbol{\beta}_2$，$\boldsymbol{\beta}_3$ 线性无关.

7. 极大无关组为 $\boldsymbol{\alpha}_1$，$\boldsymbol{\alpha}_2$，$\boldsymbol{\alpha}_3$，且 $\boldsymbol{\alpha}_4=2\boldsymbol{\alpha}_1+\boldsymbol{\alpha}_2-\boldsymbol{\alpha}_3$.

8. 提示：直接用定义证明.

9. 提示：向量 $\boldsymbol{\alpha}_1$，$\boldsymbol{\alpha}_2$，$\boldsymbol{\alpha}_3$，$\boldsymbol{\beta}_1$，$\boldsymbol{\beta}_2$ 线性相关.

10. $\boldsymbol{\xi}_1=(0,1,0,4)^{\mathrm{T}}$，$\boldsymbol{\xi}_2=\left(-4,\frac{3}{4},1,-3\right)^{\mathrm{T}}$.

11. $p=-1$，$q=1$，通解为 $k_1(-1,1,1,0)^{\mathrm{T}}+k_2(1,-1,0,1)^{\mathrm{T}}$($k_1$、$k_2$ 为任意实数).

12. $\begin{cases}x_1-x_2+2x_3=0,\\x_1-x_3+x_4=0,\end{cases}$

13. (1) $\boldsymbol{\xi}_1=(-1,1,0,1)^{\mathrm{T}}$，$\boldsymbol{\xi}_2=(0,0,1,0)^{\mathrm{T}}$；

(2) $k(-1,1,2,1)^{\mathrm{T}}$(k 为任意实数).

14. $k(-3,-2,3,1)^{\mathrm{T}}$($k$ 为任意实数).

15. 提示：由于 $\boldsymbol{B}\neq\boldsymbol{0}$，齐次方程组存在非零解，故 $k=1$.

16. 提示：首先证明$(\boldsymbol{E}+\boldsymbol{AB})(\boldsymbol{E}-\boldsymbol{AB})=\boldsymbol{O}$，再利用例 4.13 和例 4.16 的结论证明.

17. (1) 当 $\lambda\neq\frac{1}{2}$时，方程组的通解为$\left(0,-\frac{1}{2},\frac{1}{2},0\right)^{\mathrm{T}}+k(-2,1,-1,2)^{\mathrm{T}}$($k$ 为任意实数)；

当 $\lambda=\frac{1}{2}$时，方程组的通解为$\left(-\frac{1}{2},1,0,0\right)^{\mathrm{T}}+k_1(1,-3,1,0)^{\mathrm{T}}+k_2(-1,-2,0,2)^{\mathrm{T}}$($k_1$、$k_2$ 为任意实数).

(2) 当 $\lambda\neq\frac{1}{2}$，$x_2=x_3$ 时，方程组的解为$(-1,0,0,1)^{\mathrm{T}}$；当 $\lambda=\frac{1}{2}$，$x_2=x_3$ 时，方程组的解为$\left(-\frac{1}{4},\frac{1}{4},\frac{1}{4},0\right)^{\mathrm{T}}+k\left(-\frac{3}{4},-\frac{1}{4},-\frac{1}{4},1\right)^{\mathrm{T}}$($k$ 为任意实数).

18. 方程组的通解为$(0,3,0,1)^{\mathrm{T}}+k(1,-2,1,0)^{\mathrm{T}}$($k$ 为任意实数).

19. 方程组的通解为$(0,0,-1)^{\mathrm{T}}+k(-1,1,0)^{\mathrm{T}}$($k$ 为任意实数).

第 5 章

■习题 5.1

1. (1) $[\boldsymbol{a},\boldsymbol{b}]=-4$，$\theta=\arccos\left(-\frac{4}{9}\right)$；

(2) $[\boldsymbol{a},\boldsymbol{b}]=18$，$\theta=\frac{\pi}{4}$.

2. $\lambda=-2$，$\boldsymbol{b}=\begin{pmatrix}-2\\2\\-1\end{pmatrix}$.

3. (1) $\boldsymbol{e}_1=\frac{1}{\sqrt{6}}\begin{pmatrix}1\\2\\-1\end{pmatrix}$，$\boldsymbol{e}_2=\frac{1}{\sqrt{3}}\begin{pmatrix}-1\\1\\1\end{pmatrix}$，$\boldsymbol{e}_3=\frac{1}{\sqrt{2}}\begin{pmatrix}1\\0\\1\end{pmatrix}$；

(2) $\boldsymbol{e}_1=\frac{1}{\sqrt{10}}\begin{pmatrix}1\\2\\2\\-1\end{pmatrix}$，$\boldsymbol{e}_2=\frac{1}{\sqrt{26}}\begin{pmatrix}2\\3\\-3\\2\end{pmatrix}$，$\boldsymbol{e}_3=\frac{1}{\sqrt{10}}\begin{pmatrix}2\\-1\\-1\\-2\end{pmatrix}$；

(3) $\boldsymbol{e}_1=\frac{1}{2}\begin{pmatrix}1\\1\\1\\1\end{pmatrix}$，$\boldsymbol{e}_2=\frac{1}{\sqrt{14}}\begin{pmatrix}0\\-2\\-1\\3\end{pmatrix}$，$\boldsymbol{e}_3=\frac{1}{\sqrt{6}}\begin{pmatrix}1\\1\\-2\\0\end{pmatrix}$.

4. 与 $\boldsymbol{a}_1$、$\boldsymbol{a}_2$ 都正交的向量为 $k\begin{pmatrix}1\\0\\-1\end{pmatrix}$ $(k\in\mathbf{R})$.

5. 提示：利用正交矩阵的定义证明.

6. 提示：利用正交矩阵的定义证明.

7. (1) 不是；(2) 是.

8. 提示：利用对称矩阵和正交矩阵的定义证明.

9. 略.

■习题 5.2

1. $\boldsymbol{a}$ 是 $\boldsymbol{A}$ 的特征向量，$\boldsymbol{b}$ 不是 $\boldsymbol{A}$ 的特征向量.

2. (1) $\lambda_1=7$，$\boldsymbol{p}_1=k\begin{pmatrix}1\\1\end{pmatrix}$ $(k\neq0)$；$\lambda_2=-2$，$\boldsymbol{p}_2=k\begin{pmatrix}4\\-5\end{pmatrix}$ $(k\neq0)$；

(2) $\lambda_1=\lambda_2=\lambda_3=-1$，$\boldsymbol{p}=k\begin{pmatrix}1\\1\\-1\end{pmatrix}$ $(k\neq 0)$；

(3) $\lambda_1=\lambda_2=-2$，$\boldsymbol{p}_1=$ $\boldsymbol{p}_2=k\begin{pmatrix}1\\1\\0\end{pmatrix}$ $(k\neq 0)$；$\lambda_3=4$，$\boldsymbol{p}_3=k\begin{pmatrix}0\\1\\1\end{pmatrix}$ $(k\neq 0)$.

3. (1) $\frac{1}{2}$，$\frac{1}{4}$，$-\frac{1}{6}$；　(2) -6，-3，2；　(3) 93.
4. 80.
5. $a=-5$，$b=4$.
6. 证明：由于$|\boldsymbol{A}^{\mathrm{T}}-\lambda\boldsymbol{E}|=|(\boldsymbol{A}-\lambda\boldsymbol{E})^{\mathrm{T}}|=|\boldsymbol{A}-\lambda\boldsymbol{E}|$，故 $\boldsymbol{A}$ 与 $\boldsymbol{A}^{\mathrm{T}}$ 具有相同的特征值.
7. 证明：若 $\boldsymbol{A\xi}=\lambda\boldsymbol{\xi}$，则 $\boldsymbol{A\xi}=\boldsymbol{A}^2\boldsymbol{\xi}=\boldsymbol{A}(\boldsymbol{A\xi})=\boldsymbol{A}(\lambda\boldsymbol{\xi})=\lambda^2\boldsymbol{\xi}$，即 $\lambda^2\boldsymbol{\xi}=\lambda\boldsymbol{\xi}$. 又 $\boldsymbol{\xi}\neq\boldsymbol{0}$，即得 $\lambda^2-\lambda=0$，解得 $\lambda=0$ 或 $\lambda=1$，所证成立.
8. 提示：证明 0 是 $\boldsymbol{A}$、$\boldsymbol{B}$ 的公共特征值；证明方程 $\begin{pmatrix}\boldsymbol{A}\\\boldsymbol{B}\end{pmatrix}\boldsymbol{x}=\boldsymbol{0}$ 有非零解，即为公共特征向量.

■习题 5.3

1. 提示：利用 $\boldsymbol{BA}=(\boldsymbol{A}^{-1}\boldsymbol{A})\boldsymbol{BA}=\boldsymbol{A}^{-1}(\boldsymbol{AB})\boldsymbol{A}$ 来证明.
2. 提示：利用矩阵相似的定义证明.
3. $x=0$，$y=-2$.
4. $x=3$.
5. (1) $\boldsymbol{P}=\begin{pmatrix}1&-1&1\\0&1&0\\0&0&1\end{pmatrix}$；

   (2) $\boldsymbol{P}=\begin{pmatrix}-1&-2&0\\1&1&0\\1&0&1\end{pmatrix}$.
6. $\boldsymbol{A}^{10}=\begin{pmatrix}2^{10}&0&0\\2^{10}-1&2^{10}&1-2^{10}\\2^{10}-1&0&1\end{pmatrix}$
7. 不相似.
8. (1) $a=-3$，$b=0$，特征值为-1

   (2) 不能，提示：经计算可知，三阶方阵$|\boldsymbol{A}|$只有 1 个线性无关的特征向量.
9. $\boldsymbol{A}=\frac{1}{3}\begin{pmatrix}-1&0&2\\0&1&2\\2&2&0\end{pmatrix}$.
10. $\begin{pmatrix}0&0&0\\0&0&0\\0&0&0\end{pmatrix}$.

■习题 5.4

1. $\boldsymbol{P}=\begin{pmatrix} \frac{1}{\sqrt{2}} & \frac{1}{\sqrt{2}} \\ \frac{1}{\sqrt{2}} & -\frac{1}{\sqrt{2}} \end{pmatrix}$.

2. $\boldsymbol{P}=\begin{pmatrix} \frac{1}{3} & \frac{2}{3} & \frac{2}{3} \\ \frac{2}{3} & \frac{1}{3} & -\frac{2}{3} \\ \frac{2}{3} & -\frac{2}{3} & \frac{1}{3} \end{pmatrix}$.

3. (1) $a=-2$;

(2) $\boldsymbol{P}=\begin{pmatrix} \frac{1}{\sqrt{2}} & \frac{1}{\sqrt{6}} & \frac{1}{\sqrt{3}} \\ 0 & -\frac{2}{\sqrt{6}} & \frac{1}{\sqrt{3}} \\ -\frac{1}{\sqrt{2}} & \frac{1}{\sqrt{6}} & \frac{1}{\sqrt{3}} \end{pmatrix}$.

4. $\boldsymbol{A}=\frac{1}{3}\begin{pmatrix} -1 & 0 & 2 \\ 0 & 1 & 2 \\ 2 & 2 & 0 \end{pmatrix}$.

5. $\boldsymbol{A}=\begin{pmatrix} 4 & 1 & 1 \\ 1 & 4 & 1 \\ 1 & 1 & 4 \end{pmatrix}$.

6. $\begin{pmatrix} -2 & -2 \\ -2 & -2 \end{pmatrix}$.

7. $\begin{pmatrix} 2 & 2 & -4 \\ 2 & 2 & -4 \\ -4 & -4 & 8 \end{pmatrix}$.

8. $x=1$, $y=-4$, $\boldsymbol{P}=\begin{pmatrix} \frac{2}{3} & \frac{1}{\sqrt{2}} & \frac{1}{3\sqrt{2}} \\ \frac{1}{3} & 0 & -\frac{4}{3\sqrt{2}} \\ \frac{2}{3} & -\frac{1}{\sqrt{2}} & \frac{1}{3\sqrt{2}} \end{pmatrix}$.

9. 0, λ_2.

10. 提示：证明存在正交矩阵 $\boldsymbol{P}_1$，$\boldsymbol{P}_2$，使得 $\boldsymbol{P}_1^{-1}\boldsymbol{A}\boldsymbol{P}_1=\boldsymbol{P}_2^{-1}\boldsymbol{B}\boldsymbol{P}_2=\boldsymbol{\Lambda}$(对角矩阵).

■总习题 5

一、判断题

1. √； 2. ×； 3. ×； 4. ×； 5. ×； 6. ×； 7. ×； 8. ×； 9. √；
10. √； 11. √； 12. √； 13. ×； 14. √； 15. √.

二、选择题

1. C； 2. B； 3. C； 4. D； 5. C.

三、填空题

1. 0 和 4； 2. 1，0； 3. $\begin{pmatrix}1&0&0\\0&0&1\\0&1&0\end{pmatrix}$； 4. $\begin{pmatrix}1&0&0&0\\0&1&0&0\\0&0&0&0\\0&0&0&0\end{pmatrix}$； 5. $-\dfrac{1}{2}$.

四、解答题

1. $\boldsymbol{\eta}_1=\begin{pmatrix}\frac{1}{\sqrt{2}}\\\frac{1}{\sqrt{2}}\\0\\0\end{pmatrix}$，$\boldsymbol{\eta}_2=\begin{pmatrix}\frac{1}{\sqrt{6}}\\\frac{-1}{\sqrt{6}}\\\frac{2}{\sqrt{6}}\\0\end{pmatrix}$，$\boldsymbol{\eta}_3=\begin{pmatrix}\frac{-1}{2\sqrt{3}}\\\frac{1}{2\sqrt{3}}\\\frac{1}{2\sqrt{3}}\\\frac{\sqrt{3}}{2}\end{pmatrix}$.

2. 是.

3. $a=-1$，$\boldsymbol{A}=\dfrac{1}{6}\begin{pmatrix}1&-4&1\\-4&-2&-4\\1&-4&1\end{pmatrix}$.

4. $\boldsymbol{A}=\begin{pmatrix}0&1&0\\1&0&0\\0&0&1\end{pmatrix}$.

5. 提示：利用内积和正交矩阵的定义证明.

6. (1) 是； (2) 是.

7. 4 和 -1.

8. 6.

9. (1) $a=5$，$b=6$； (2) $\boldsymbol{P}=\begin{pmatrix}1&1&1\\-1&0&-2\\0&1&3\end{pmatrix}$.

10. $|\boldsymbol{B}|=-288$，$|\boldsymbol{A}-5\boldsymbol{E}|=-72$.

11. 0 和 1.

12. $\boldsymbol{A}^{10}=\begin{pmatrix}1&0\\1-2^{10}&2^{10}\end{pmatrix}$.

13. 提示：由 $|A+E|=|A+A^TA|=|(E+A^T)A|=|E+A||A|=-|A+E|$，推出 $|A+E|=0$，即证.

14. 提示：设 $\boldsymbol{\xi}(\neq \mathbf{0})$ 是 AB 的对应于 λ 的特征向量，则 $AB\boldsymbol{\xi}=\lambda\boldsymbol{\xi}\neq\mathbf{0}$，且 $B\boldsymbol{\xi}\neq\mathbf{0}$. 由 $(BA)B\boldsymbol{\xi}=B(AB\boldsymbol{\xi})=B(\lambda\boldsymbol{\xi})=\lambda(B\boldsymbol{\xi})$ 即证结论成立.

15. 提示：由题知，存在可逆矩阵 P，对角阵 Λ 满足 $P^{-1}AP=\Lambda$，则可得 $(P^{-1}AP)^T=\Lambda^T$，即 $\Lambda=P^TA^T(P^{-1})^T=P^TA^T(P^T)^{-1}$，故 A^T 可相似对角化，且一定有 4 个线性无关的特征向量，即证.

第 6 章

■习题 6.1

1. (1) $A=\begin{pmatrix}1 & 1 & 0\\ 1 & 1 & -\frac{5}{2}\\ 0 & -\frac{5}{2} & -2\end{pmatrix}$；

(2) $A=\begin{pmatrix}2 & 2 & -1\\ 2 & 3 & \frac{1}{2}\\ -1 & \frac{1}{2} & -1\end{pmatrix}$；

(3) $A=\begin{pmatrix}1 & \frac{3}{2} & 2\\ \frac{3}{2} & 2 & 5\\ 2 & 5 & 5\end{pmatrix}$.

2. (1) $f(x_1, x_2)=x_1^2+4x_2^2+6x_1x_2$；

(2) $f(x_1, x_2, x_3)=x_1^2+4x_3^2+2x_1x_2+10x_1x_3+6x_2x_3$；

(3) $f(x_1, x_2, x_3)=2x_1^2+x_2^2+6x_1x_2+8x_2x_3$；

(4) $f(x_1, x_2, \cdots x_n)=\sum_{i=1}^{n} a_i^2x_i^2+2\sum_{1\leqslant i<j\leqslant n} a_ia_jx_ix_j$.

3. (1) 1；　(2) 2.

4. $X=A^{-1}Y$.

5. $c=3$.

6. $C=\begin{pmatrix}0 & 0 & 1\\ 0 & 1 & 0\\ 1 & 0 & 0\end{pmatrix}$.

7. (1) $\boldsymbol{P}=\begin{pmatrix}\frac{1}{\sqrt{3}} & -\frac{1}{\sqrt{2}} & -\frac{1}{\sqrt{6}}\\ \frac{1}{\sqrt{3}} & \frac{1}{\sqrt{2}} & -\frac{1}{\sqrt{6}}\\ \frac{1}{\sqrt{3}} & 0 & \frac{2}{\sqrt{6}}\end{pmatrix}$, $\boldsymbol{x}=\boldsymbol{P}\boldsymbol{y}$, $f=5y_1^2-y_2^2-y_3^2$;

(2) $\boldsymbol{P}=\begin{pmatrix}\frac{1}{3} & -\frac{2}{\sqrt{5}} & \frac{2}{3\sqrt{5}}\\ \frac{2}{3} & \frac{1}{\sqrt{5}} & \frac{4}{3\sqrt{5}}\\ -\frac{2}{3} & 0 & \frac{\sqrt{5}}{3}\end{pmatrix}$, $\boldsymbol{x}=\boldsymbol{P}\boldsymbol{y}$, $f=10y_1^2+y_2^2+y_3^2$.

8. (1) 标准形为 $f=2y_1^2-y_2^2+2y_3^2$, $\boldsymbol{C}=\begin{pmatrix}1 & 1 & -1\\ 0 & 1 & -2\\ 0 & 0 & 1\end{pmatrix}$, 秩为 3.

(2) 标准形为 $f=2z_1^2-2z_2^2+4z_3^2$, $\boldsymbol{C}=\begin{pmatrix}1 & 1 & 1\\ 1 & -1 & -2\\ 0 & 0 & 1\end{pmatrix}$, 秩为 3.

■习题 6.2

1. (1) 规范形为 $f=y_1^2-y_2^2-y_3^2$, 秩为 3, 正惯性指数为 1;

(2) 规范形为 $f=y_1^2+y_2^2+y_3^2$, 秩为 3, 正惯性指数为 3.

2. r

3. 略.

■习题 6.3

1. (1) 正定; (2) 非正定.
2. 提示:利用正定矩阵的定义和分块矩阵的运算性质证明.
3. 提示:考虑特征值.
4. 提示:必要性用定义证明,充分性由 $\boldsymbol{A}^{\mathrm{T}}\boldsymbol{A}$ 正定和 $|\boldsymbol{A}^{\mathrm{T}}\boldsymbol{A}|>0$ 推出.
5. 提示:利用正定矩阵的定义证明.

■总习题 6

1. (1) $\begin{pmatrix}2 & 1 & 1 & 0\\ 1 & 3 & -\frac{3}{2} & 0\\ 1 & -\frac{3}{2} & -1 & 0\\ 0 & 0 & 0 & 0\end{pmatrix}$; (2) $\begin{pmatrix}1 & 3 & 5\\ 3 & 5 & 7\\ 5 & 7 & 9\end{pmatrix}$.

2. (1) $f(x_1, x_2, x_3)=2x_1^2-4x_2^2+5x_3^2$;

(2) $f(x_1, x_2, x_3)=x_1^2+3x_2^2-4x_3^2-2x_1x_2+4x_2x_3$；

(3) $f(x_1, x_2, x_3, x_4)=2x_1x_2-4x_2x_3+6x_3x_4$.

3. (1) 2； (2) 3.

4. 略.

5. (1) $\boldsymbol{P}=\begin{pmatrix} 0 & 1 & 0 \\ -\frac{1}{\sqrt{2}} & 0 & \frac{1}{\sqrt{2}} \\ \frac{1}{\sqrt{2}} & 0 & \frac{1}{\sqrt{2}} \end{pmatrix}$，$\boldsymbol{x}=\boldsymbol{P}\boldsymbol{y}$，$f=y_1^2+2y_2^2+5y_3^2$；

(2) $\boldsymbol{P}=\begin{pmatrix} -\frac{1}{\sqrt{6}} & \frac{1}{\sqrt{2}} & -\frac{1}{\sqrt{3}} \\ \frac{2}{\sqrt{6}} & 0 & -\frac{1}{\sqrt{3}} \\ \frac{1}{\sqrt{6}} & \frac{1}{\sqrt{2}} & \frac{1}{\sqrt{3}} \end{pmatrix}$，$\boldsymbol{x}=\boldsymbol{P}\boldsymbol{y}$，$f=-y_1^2+y_2^2+2y_3^2$.

6. (1) $\boldsymbol{C}=\begin{pmatrix} 1 & -1 & 3 \\ 0 & 1 & -1 \\ 0 & 0 & 1 \end{pmatrix}$，$\boldsymbol{x}=\boldsymbol{C}\boldsymbol{y}$，$f=y_1^2+2y_2^2-y_3^2$；

(2) $\boldsymbol{C}=\begin{pmatrix} 1 & -1 & 1 \\ 0 & 0 & 1 \\ 0 & 1 & -1 \end{pmatrix}$，$\boldsymbol{x}=\boldsymbol{C}\boldsymbol{y}$，$f=y_1^2+y_2^2-y_3^2$；

(3) $\boldsymbol{C}=\begin{pmatrix} 1 & -\frac{1}{2} & -1 \\ 0 & 1 & 2 \\ 0 & 0 & 1 \end{pmatrix}$，$\boldsymbol{x}=\boldsymbol{C}\boldsymbol{y}$，$f=2y_1^2+\frac{1}{2}y_2^2+2y_3^2$.

7. (1) $k=2$；

(2) $\boldsymbol{P}=\begin{pmatrix} 1 & 0 & 0 & 0 \\ 0 & 1 & 0 & 0 \\ 0 & 0 & 1 & -\frac{4}{5} \\ 0 & 0 & 0 & 1 \end{pmatrix}$.

8. $a=b=0$，正交矩阵为 $\boldsymbol{P}=\begin{pmatrix} -\frac{1}{\sqrt{2}} & 0 & \frac{1}{\sqrt{2}} \\ 0 & 1 & 0 \\ \frac{1}{\sqrt{2}} & 0 & \frac{1}{\sqrt{2}} \end{pmatrix}$.

9. (1) 规范形为 $f=y_1^2-y_2^2+y_3^2$，秩为 3，正惯性指数为 2；

(2) 规范形为 $f=y_1^2-y_2^2+y_3^2$，秩为 3，正惯性指数为 2；

(3) 规范形为 $f=y_1^2+y_2^2$，秩为 2，正惯性指数为 2.

10. (1) 非正定； (2) 正定； (3) 非正定.

11. $\boldsymbol{P}=\begin{pmatrix} 0 & \frac{2\sqrt{2}}{3} & -\frac{1}{3} \\ \frac{1}{\sqrt{2}} & -\frac{1}{3\sqrt{2}} & -\frac{2}{3} \\ \frac{1}{\sqrt{2}} & \frac{1}{3\sqrt{2}} & \frac{2}{3} \end{pmatrix}$，$\begin{pmatrix} x \\ y \\ z \end{pmatrix}=\boldsymbol{P}\begin{pmatrix} u \\ v \\ w \end{pmatrix}$，$2v^2+11w^2=1$.

12. (1) 正定；　(2) 非正定；　(3) 正定.

13. $|a|<\sqrt{\frac{5}{3}}$.

14. 略.

15. 略.

第 7 章

■习题 7.1

1. (1) 是；　(2) 是；　(3) 否.
2. 否，验证过程略.
3. (1) 是；　(2) 否.

■习题 7.2

1. S_1 的维数是 3，一个基是$\begin{pmatrix} 1 & 0 \\ 0 & -1 \end{pmatrix}$，$\begin{pmatrix} 0 & 1 \\ 0 & 0 \end{pmatrix}$，$\begin{pmatrix} 0 & 0 \\ 1 & 0 \end{pmatrix}$.

S_2 的维数是 3，一个基是$\begin{pmatrix} 1 & 0 \\ 0 & 0 \end{pmatrix}$，$\begin{pmatrix} 0 & 0 \\ 0 & 1 \end{pmatrix}$，$\begin{pmatrix} 0 & 1 \\ 1 & 0 \end{pmatrix}$.

2. (1) $\left(\frac{5}{4}, \frac{1}{4}, -\frac{1}{4}, -\frac{1}{4}\right)^{\mathrm{T}}$；　(2) $(1, 0, -1, 0)^{\mathrm{T}}$.

3. $(-7, 11, -21, 30)^{\mathrm{T}}$.

■习题 7.3

1. (1) $\boldsymbol{C}=\begin{pmatrix} 2 & 3 & 4 \\ 0 & -1 & 0 \\ -1 & 0 & -1 \end{pmatrix}$；　(2) $\left(\frac{3}{2}, 0, -\frac{1}{2}\right)^{\mathrm{T}}$；　(3) $(7, 1, -3)^{\mathrm{T}}$；

   (4) $k(-1, 0, 7)^{\mathrm{T}}$（k 为任意常数）.

2. (1) $\begin{pmatrix} 1 & 1 & 1 & 0 \\ 0 & 0 & -1 & 1 \\ 0 & 1 & 1 & -2 \\ -1 & -1 & -1 & 3 \end{pmatrix}$；　(2) $f(x)=0$.

■习题 7.4

1. （1）当 $\boldsymbol{\alpha}_0=\mathbf{0}$ 时，T 是线性变换；当 $\boldsymbol{\alpha}_0\neq\mathbf{0}$ 时，T 不是线性变换；
   （2）当 $\boldsymbol{\alpha}_0=\mathbf{0}$ 时，T 是线性变换；当 $\boldsymbol{\alpha}_0\neq\mathbf{0}$ 时，T 不是线性变换；
   （3）T 不是线性变换；　（4）T 是线性变换.
2. （1）关于 y 轴对称；　（2）投影到 y 轴；　（3）关于直线 $y=x$ 对称；
   （4）顺时针旋转 90°.

■习题 7.5

1. T_1、T_2、T_3 在基 $\boldsymbol{E}_{11}$，$\boldsymbol{E}_{12}$，$\boldsymbol{E}_{21}$，$\boldsymbol{E}_{22}$ 下的矩阵分别为 $\begin{pmatrix} a & 0 & b & 0 \\ 0 & a & 0 & b \\ c & 0 & d & 0 \\ 0 & c & 0 & d \end{pmatrix}$，

   $\begin{pmatrix} a & c & 0 & 0 \\ b & d & 0 & 0 \\ 0 & 0 & a & c \\ 0 & 0 & b & d \end{pmatrix}$，$\begin{pmatrix} a^2 & ac & ab & bc \\ ab & ad & b^2 & bd \\ ac & c^2 & ad & cd \\ bc & cd & bd & d^2 \end{pmatrix}$.

2. （1）$\boldsymbol{A}=\begin{pmatrix} 2 & -1 & 0 \\ 0 & 1 & -1 \\ 0 & 1 & 1 \end{pmatrix}$；

   （2）$\boldsymbol{B}=\begin{pmatrix} 1 & -1 & 0 \\ 0 & 1 & -1 \\ 1 & 1 & 2 \end{pmatrix}$.

3. $\begin{pmatrix} 2 & 3 & 5 \\ -1 & 0 & -1 \\ -1 & 1 & 0 \end{pmatrix}$.

■总习题 7

1. 与向量$(0,1,0)^{\mathrm{T}}$不平行的全体三维数组向量的集合记作 V，$\boldsymbol{\alpha}=(1,1,1)^{\mathrm{T}}$，$\boldsymbol{\beta}=(1,0,1)^{\mathrm{T}}\in V$，但 $\boldsymbol{\alpha}-\boldsymbol{\beta}=(0,1,0)^{\mathrm{T}}\notin V$，所以 V 不构成线性空间.
2. （1）不构成. 取 $\boldsymbol{A}=\begin{pmatrix} 1 & 0 \\ 0 & 0 \end{pmatrix}$，$\boldsymbol{B}=\begin{pmatrix} 0 & 0 \\ 0 & 1 \end{pmatrix}$，$\boldsymbol{A}$，$\boldsymbol{B}\in W_1$，但是 $\boldsymbol{A}+\boldsymbol{B}=\begin{pmatrix} 1 & 0 \\ 0 & 1 \end{pmatrix}$，$|\boldsymbol{A}+\boldsymbol{B}|=1$，因此 $\boldsymbol{A}+\boldsymbol{B}\notin W_1$，加法运算不封闭.

   （2）不构成. 取单位矩阵 $\boldsymbol{E}=\begin{pmatrix} 1 & 0 \\ 0 & 1 \end{pmatrix}$，$\boldsymbol{E}^2=\boldsymbol{E}$，$\boldsymbol{E}\in W_2$，但$(2\boldsymbol{E})^2=4\boldsymbol{E}\neq 2\boldsymbol{E}$，所以 $2\boldsymbol{E}\notin W_2$，数乘运算不封闭.
3. $(0,-1,-2,3)^{\mathrm{T}}$.
4. $\begin{pmatrix} 2 & 3 & 4 \\ 0 & -1 & -1 \\ -1 & 0 & 0 \end{pmatrix}$.

5. (1) $\begin{pmatrix} 2 & 0 & 5 & 6 \\ 1 & 3 & 3 & 6 \\ -1 & 1 & 2 & 1 \\ 1 & 0 & 1 & 3 \end{pmatrix}$； (2) $\frac{1}{27}\begin{pmatrix} 12 & 9 & -27 & -33 \\ 1 & 12 & -9 & -23 \\ 9 & 0 & 0 & -18 \\ -7 & -3 & 9 & 26 \end{pmatrix}\begin{pmatrix} x_1 \\ x_2 \\ x_3 \\ x_4 \end{pmatrix}$；

(3) $k(1, 1, 1, -1)^{\mathrm{T}}(k\in\mathbf{R})$.

6. (1) 提示：证明$-\boldsymbol{\alpha}_1+\boldsymbol{\alpha}_2+\boldsymbol{\alpha}_3$，$\boldsymbol{\alpha}_3$，$-2\boldsymbol{\alpha}_1+\boldsymbol{\alpha}_2$ 与 $\boldsymbol{\alpha}_1$，$\boldsymbol{\alpha}_2$，$\boldsymbol{\alpha}_3$ 等价；

(2) $\begin{pmatrix} -2 & 0 & 0 \\ 0 & 1 & 0 \\ 0 & 0 & 1 \end{pmatrix}$.

7. $\begin{pmatrix} 1 & 0 & 0 \\ 2 & 1 & 0 \\ 0 & 1 & 1 \end{pmatrix}$.

8. $\begin{pmatrix} 1 & 0 & 0 \\ 1 & 1 & 0 \\ 1 & 2 & 1 \end{pmatrix}$.

9. T 在基 $\boldsymbol{\varepsilon}_1$，$\boldsymbol{\varepsilon}_2$，$\boldsymbol{\varepsilon}_3$ 下的矩阵为$\frac{1}{7}\begin{pmatrix} -5 & 20 & -20 \\ -4 & -5 & -2 \\ 27 & 18 & 24 \end{pmatrix}$；在基 $\boldsymbol{\eta}_1$，$\boldsymbol{\eta}_2$，$\boldsymbol{\eta}_3$ 下的矩阵为

$\frac{1}{7}\begin{pmatrix} 14 & 21 & 25 \\ -7 & 0 & 13 \\ -7 & 7 & 20 \end{pmatrix}$.

参考文献

[1] 同济大学数学系. 工程数学：线性代数[M].6 版. 北京：高等教育出版社，2014.
[2] 华中科技大学数学系. 线性代数[M].3 版. 北京：高等教育出版社，2008.
[3] 吴传生. 经济数学：线性代数[M].4 版. 北京：高等教育出版社，2020.
[4] 吴赣昌. 线性代数(理工类·简明版)[M].5 版. 北京：中国人民大学出版社，2017.
[5] 刘金旺，李冬梅. 线性代数(修订版). 天津：天津大学出版社，2010.
[6] 北京大学数学系前代数小组. 高等代数[M].5 版. 北京：高等教育出版社，2019.